Agile Project Management for Dummies, 3rd Edition by Mark C. Layton, Steven J. Ostermiller, and Dean J. Kynaston

# Mr. Agile®直伝
# これならうまくいく
# アジャイル
# プロジェクトマネジメント
# 決定版
[PMI-ACP 試験対応]

マーク・C・レイトン　Mr. Agile®
スティーブン・J・オスターミラー
ディーン・J・カイナストン

株式会社テプコシステムズ●訳
張　嵐・横田和彦●監訳

**Note of The Original Work:**

Authorized translation from the English language edition, entitled Agile Project Management for Dummies, 3rd Edition by Mark C. Layton, Steven J. Ostermiller, and Dean J. Kynaston, Copyright © 2023 Mark C. Layton.

All rights reserved. No part of this book may be reproduced or transmitted in any form or by any means, electronic or mechanical, including photocopying, recording or by any information storage retrieval system, without permission from Mark C. Layton.

JAPANESE language edition published by SIBACCESS CO. LTD.,

Japanese language Copyright © 2024 TEPCO SYSTEMS CORPORATION.

特別なあなたへ。私の人生になくてはならないあなたと共に、波瀾万丈な旅を分かち合える
ことにとても感謝している。これからも世界を驚かせていこう。

—マーク

　グウェン、私の道を照らす完璧な人へ。君たちのおかげで、私は検査と適応を欠かさずに済
んでいる。

—スティーブン

　「最後まで力を尽くす」ことの模範を示し、私を育ててくれた素晴らしい女性、天使のような
母へ。

—ディーン

# 日本語版の刊行にあたって

このたび、『Agile Project Management for Dummies, 3rd Edition』の日本語版の刊行が実現でき、大変光栄に思っております。

本書が日本の皆様に届けられることを、心より嬉しく感じております。このプロジェクトを実現するにあたり、私たちを信頼してくださった SiB Access 様、そしてご支援くださった株式会社テプコシステムズ様に深く感謝申し上げます。特に、張嵐さんの多大なるご尽力に心より感謝いたします。

私はこれまで何度も日本を訪れ、アジャイルやスクラムの分野でご活躍されているリーダーの皆様、また Agile Japan や Regional Scrum Gathering Tokyo のコミュニティの皆様との貴重な出会いを経験してまいりました。研修やイベントを通じて多くのアジャイル実践者の方々と交流し、共に学び、成長できたことは、私にとって非常に有意義な時間でした。

この書籍が、アジャイルに関心をお持ちの日本の皆様にとって価値ある一冊となり、さらなるアジャイルの普及と、日本のコミュニティとの絆を深める助けとなることを、心より願っております。

本書は、アジャイルの旅の第一歩に過ぎません。今後も、日本のアジャイルコミュニティと共に歩みを進め、新たな知見と喜びを共有できることを楽しみにしています。

Platinum Edge 創設者、著者代表 Mark C. Layton

米国出版社 Wiley 社の For Dummies シリーズの『Agile Project Management for Dummies, 3rd Edition』の邦訳出版が実現したことは、当社にとって非常に喜ばしい出来事です。私たちはアジャイル導入を推進しており、その正しい実践を行うためには、多くの企業のアジャイル変革を支援してきた Mark さんの専門知識と経験が非常に重要だと考えています。Mark さんが本書の邦訳を私たちに託してくださったことに、心より感謝申し上げます。この書籍は、私たちが進めるアジャイルの旅において、貴重なガイドとなるでしょう。

本書の邦訳出版に携わってくださった出版社、翻訳者、監訳者、そしてレビュー者の皆様にも深く感謝いたします。本書は、当社にとって初めての翻訳書籍であり、多くの日本のアジャイルに関心を持つ方々や実践者にとって有益な一冊となることを心より願っております。この書籍が、日本におけるアジャイル実践にさらなる飛躍をもたらすことを期待しています。

株式会社テプコシステムズ　代表取締役社長　権田勇治

本書を日本の読者の皆様にお届けできることを、大変うれしく思います。

アジャイルは、DX 推進が必要な今、ますますその重要性を増しています。当社でもアジャイルの導入を進めていますが、このタイミングで本書の邦訳の機会を得たことに、感謝いたします。

また、本書の監訳とレビューを担当した当社のスタッフに感謝の意を表します。彼らは、アジャイルの実践者としての視点から、翻訳内容の精査と適切なアドバイスを行い、本書の品質を高めるために尽力しました。彼らの専門知識と情熱が、本書の完成度を一層高めることに寄与したと確信しています。

　本書には原著者のみなさまの知識と経験が詰まっており、考え方・行動がよりアジャイルになるための真髄を余すところなく伝えています。

　本書を通じて、読者のみなさまがアジャイルの本質を理解し、自社のプロジェクト等に適用する際のヒントを得られることを期待しています。そして、実践につないでいただくことにより、みなさまご自身、所属されているチーム・企業の成長と発展の一助となることを願っております。

　本書が、日本でのアジャイルの進展に少しでも貢献できれば幸いです。

Be Agile!

株式会社テプコシステムズ　取締役常務執行役員　沼田克彦

# はじめに

『これならうまくいく　アジャイルプロジェクトマネジメント　決定版』へようこそ。アジャイルプロジェクトマネジメントは、ソフトウェアプロダクト開発だけでなく、プロダクト開発における他の様々な管理手法と同様に一般的なものとなった。私たちは、20 年近くにわたり、世界中の大小様々な企業に対して、プロダクト開発においても、組織運営においても、より軽快に、適応性と対応力を持てるようにトレーニングやコーチングを行ってきた。その仕事を通じて、経験の有無にかかわらず誰もが理解できる、消化しやすい手引きを書く必要があることに気づいた。

本書では、アジャイルプロダクト開発とは何か、またそうでないものは何かについての謎を解き明かしていく。また、アジャイルテクニックを使って成功するために必要な情報も提供する。

## 本書について

本書は、単なるアジャイルプラクティスとアプローチの紹介にとどまらない。本書を通じて、読者の皆さんが、考え方と行動において、よりアジャイル (agile、俊敏) になるための方法を発見できれば幸いである。本書の内容は理論にとどまらず、どのような経験レベルにも役立つフィールドガイドであり、プロダクト開発の現場でアジャイルテクニックを使って成功するために必要なツールや情報を提供することを意図している。

本書は、ビジネスのアジリティ (俊敏性) についてもっと知りたいと考えているすべての人のための参考書として執筆した。あなたが組織のリーダーであろうと、プロジェクトマネジャーであろうと、プロダクトチームのメンバーであろうと、アジャイル愛好家であろうと、プロダクト関係者であろうと、顧客のニーズや問題に、よりアジャイルに対応しようと努力しているならば、本書はあなたの「アジャイルジャーニー」と名付ける旅の助けになるだろう。

本書は、あなたの経験やなじみの度合いに関わらず、役に立つ知見を提供する。本書が、読者がこれまでに遭遇したアジャイルプロダクト開発に関する混乱や謎を解決する手助けになることを願っている。

## どこから読むべきか？

本書は、どのような順番で読んでいただいても構わない。あなたの役割により適した章を、よりじっくりと読んでいただきたい。例えば、

- プロダクト開発とアジャイルアプローチについて学び始めたばかりの人は、第 1 章から始めて、そのまま最後まで読んでほしい。
- プロダクトチームのメンバーで、アジャイルプロダクト開発の基本を知りたい人は、第 3 部 (第 9 章から第 12 章) の情報を確認してほしい。
- プロダクト開発のためのアジャイルアプローチに移行しているプロジェクトマネジャーならば、アジャイルテクニックが時間、コスト、スコープ、調達、品質、リスクの管理をどのように改善するか

を学ぶことに興味があるかもしれない。その場合は第4部（第13章から第17章）を確認してほしい。

● アジャイルプロダクト開発の基本を知っていて、アジャイルプラクティスを自社に導入したり、アジャイルの影響を組織全体に拡大しようと考えているなら、第5部（第18章から第20章）に書かれた情報が役に立つだろう。

## その他の情報

本書はアジャイルプロジェクトマネジメントの方法について幅広く網羅しているが、決められたページ数で伝えられる範囲は限られている。本書を読み終えて「実に素晴らしい内容だった。アジャイルアプローチを使ってプロダクトを進歩させる方法について、もっと学ぶにはどうしたらよいのだろう？」と思ったら、第24章へと進んでほしい。また、https://platinumedge.com では、AI コーチングツールである「Ask Mr. Agile」を含む、多くのリソースを提供している。

## 本書で使用するコラム

本書では、本文を補足する話題を以下のコラムで説明する。

### <秘訣>
アジャイルプロダクト開発の旅を進める上で役立つポイント。時間を節約し、特定のトピックを素早く理解するのに役立つ。

### <覚えておこう！>
読み終えた章の情報を復習してもらうためのもの。また、忘れやすい常識的な原則をリマインドすることも。重要な用語や概念を再確認するのに役立ててほしい。

### <注意！>
特定の行動や振る舞いに注意するよう促すためのもの。大きな問題に発展しないためにも、ぜひご一読を。

### <豆知識>
興味深いが本筋ではない情報を紹介している。紹介する情報は、アジャイルプロダクト開発の理解を深めるためには読む必要はないものの、読者の興味をそそるかもしれない。

# 謝　辞


　まずは、これまでの版でご協力頂き出版の実現に貢献してくださった多くの方々に改めてお礼を申し上げる。

　本書第3版をさらに価値あるガイドブックにするために尽力してくださった次の方々に深く感謝する。

　編集主幹であり深い洞察をくれたアンドリュー・ワークモン（Andrew Workmon）、概念の理解における可視化の重要性を確信させてくれたキャロリン・パッチェン（Caroline Patchen）。スケーリングという選択肢を広めるきっかけを作り、本書の「大規模アジャイルへの対応」の章では貴重なフィードバックをくれたクレイグ・ラーマン（Craig Larman）、バス・ヴォッデ（Bas Vodde）、ジェフ・サザーランド（Jeff Sutherland）、ディーン・レフィングウェル（Dean Leffingwell）。

　本書の英語版でお世話になったエイミー・ファンドレイ（Amy Fandrei）、スーザン・ピンク（Susan Pink）をはじめとする John Wiley & Sons の皆さん。素晴らしいプロフェッショナルである皆さんが、本書の質をさらに高める機会を与えてくださったことに心より感謝する。

　そして、アジャイル宣言の署名者たちに敬意を表す。あなたたちが集まって、意識を共有し、もっとアジャイルになるための議論の口火を切って下さったことに深い感謝を捧げる。

　以下の出版社スタッフにも感謝する。
　　　アクイジションエディター：エイミー・ファンドレイ
　　　プロジェクトエディター：スーザン・ピンク
　　　コピーエディター：スーザン・ピンク
　　　テクニカルエディター：　アンドリュー・ワークモン
　　　シニアエディトリアルアシスタント：シェリー・ケース
　　　プロダクションエディター：アントニー・サミ

# 著者について

　マーク・C・レイトン（Mark C. Layton）は、プロジェクト/プログラム・マネジメント分野で20年の実績を持つ組織戦略家で、「Mr. Agile®」として世界的に知られる。

　Scrum Alliance®認定トレーナー（CST）、プロジェクトマネジメント協会（PMI）南ネバダ支部の2020年度会長、Agile Leadership Network のロサンゼルス支部長を務める。著書『Scrum For Dummies』『Agile Project Management For Dummies』(本書オリジナル)は米国のみならず各国でも翻訳版が出版されている。アジャイルの基礎を動画で教える「Agile Foundations Complete Video Course」の制作者でもある。組織のアジャイルトランスフォーメーションを支援する企業変革のコンサルティング会社 Platinum Edge の創設者/経営者でもある。

　レイトンは、2001年に同社を設立する以前、コンサルティング会社のエグゼクティブ、プログラムマネジメントコーチ、実際の現場のプロジェクトリーダーとしてその専門性を高めた。また、暗号専門家として11年間米空軍に勤務、その功績により Commendation 勲章および Achievement 勲章を授与された。

　レイトンはカリフォルニア大学ロサンゼルス校およびシンガポール国立大学で MBA を取得、ピッツァー大学とラ・バーン大学で行動科学の理学士号（最優等位）、空軍の Air College で電子システムの理学士号を取得した。また空軍の Leadership School の優秀卒業生であり、認定スクラムトレーナー（CST）、認定プロジェクトマネジメント・プロフェッショナル（PMP）、スタンフォード大学の認定アドバンスト・プロジェクトマネジメント資格（SCPM）、認定 SAFe®（スケールド・アジャイル・フレームワーク）プラクティス・コンサルタント（SPC）の有資格者である。

　執筆や動画講座の制作に加え、リーン、スクラム、DevSecOps といったアジャイルソリューションに関する主要なカンファレンスで精力的な講演活動を行っている。

　より詳細な情報は platinumedge.com へ。

　スティーブン・J・オスターミラー（Steven J. Ostermiller）は、リーンおよびアジャイル原則の実践を通じて、組織がビジネス価値を最大化し、リスクを最小化するためのトレーニング、コーチング、およびメンタリングを行っている。また、米ユタ州のビジネス、テクノロジー、そして個人のアジリティを高めるための非営利の専門家コミュニティ Utah Agile の設立者でありエグゼクティブディレクターも務めている。ユタ州ソルトレイクシティのエンサインカレッジではアジャイルプロジェクトマネジメントのカリキュラムを作成、教鞭を執るだけでなく顧問委員としても貢献している。『Scrum For Dummies』初版および『Agile Foundations Complete Video Course』(Pearson Education) のテクニカルエディターを務めた。

　オスターミラーはプロジェクトマネジャー、プロダクトマネジャー、オペレーションエグゼクティブ、スクラムマスター、アジャイルコーチ、トレーナー、コンサルタントとして、約20年にわたり成功と失敗を経験し、専門知識を深めた。フォーチュン社のリストに掲載されるような、様々な企業の経営幹部やプロダクト開発チームとの協働も多数。Scrum Alliance®認定スクラムトレーナー（CST）、ICAgile 認定コーチングプロフェッショナル（ICP-ACC）、プロジェクトマネジメント・プロフェッショナル（PMP）の有資格者。ブリガムヤング大学マリオット・スクール・オブ・マネジメントで経営管理/組織行動学の学士号を取得。

**ディーン・J・カイナストン**（Dean J. Kynaston）は、熟練のスクラムマスター、コーチ、メンターであり、約 20 年にわたって組織のリーダーやチーム、個人のアジャイルジャーニーを支援してきた。スティーブンと共にユタ州ソルトレイクシティのエンサインカレッジでアジャイルプロジェクトマネジメントを教えた。『Scrum For Dummies』第 2 版のテクニカルエディターであり、Platinum Edge のブログ記事も多数担当している。

　カイナストンは Platinum Edge のトレーニング受講生で、元プロジェクトマネジメント・プロフェッショナル（PMP）でもある。多数の組織と協働しアジャイルの価値観と原則の導入に貢献した。特に、不動産、建設、自動車、医療、製薬分野の企業や非営利団体幹部およびチームとの協働経験が豊富。認定スクラムプロフェッショナル（CSP-SM および CSP-PO）の有資格者。ボイシ州立大学で MBA を取得、ブリガムヤング大学マリオット・スクール・オブ・マネジメントではファイナンスを中心とした経営管理の学士号を取得。8 人の子を持つ多忙な父親でもあり、家族というチームでもスクラムを活用している。

# 目　　次

| | |
|---|---|
| 日本語版の刊行にあたって | v |
| はじめに | vii |
| 本書について | vii |
| どこから読むべきか？ | vii |
| その他の情報 | viii |
| 本書で使用するコラム | viii |
| 謝　辞 | ix |
| 著者について | x |

| | |
|---|---|
| **第1部　アジリティについて理解する** | **1** |
| **第1章　プロジェクトマネジメントのアップグレード** | **2** |
| 1-1　プロジェクトマネジメントには変革が必要だった | 2 |
| 現状の問題点 | 3 |
| プロジェクトマネジメントの起源 | 3 |
| 1-2　アジャイルプロジェクトマネジメントとは？ | 5 |
| アジャイルプロジェクトの仕組み | 7 |
| 1-3　アジャイル「プロジェクト」マネジメントから | |
| アジャイル「プロダクト」マネジメントへ | 8 |
| プロジェクトマネジメントとプロダクト開発の違い | 9 |
| なぜアジャイルプロダクト開発がうまくいくのか？ | 10 |
| **第2章　アジャイル宣言と原則の適用** | **11** |
| 2-1　アジャイル宣言を理解する | 11 |
| 2-2　アジャイル宣言の4つの価値観を概説する | 13 |
| 価値観1：プロセスやツールよりも個人と対話 | 13 |
| 価値観2：包括的なドキュメントよりも動くソフトウェア | 14 |
| 価値観3：契約交渉よりも顧客との協調 | 16 |
| 価値観4：計画に従うことよりも変化への対応 | 17 |
| 2-3　12のアジャイル原則を定義する | 17 |
| 顧客満足のアジャイル原則 | 18 |
| 品質のアジャイル原則 | 20 |
| チームワークのアジャイル原則 | 21 |
| プロダクト開発のアジャイル原則 | 23 |
| 2-4　Platinum Edgeの原則を追加する | 25 |
| 形式にこだわらない | 25 |
| チームとして考え、行動する | 26 |

|  | 文書化するより視覚化する | 26 |
|---|---|---|
| 2-5 | アジャイルの価値観がもたらす変化 | 27 |
| 2-6 | アジャイルのリトマス試験 | 28 |

## 第3章　なぜアジャイルの方がうまくいくのか？　29

| 3-1 | アジャイルの利点を評価する | 29 |
|---|---|---|
| 3-2 | アジャイルアプローチは従来のアプローチをどう凌駕するか？ | 33 |
|  | 高い柔軟性と安定性 | 33 |
|  | 非生産的な仕事の削減 | 35 |
|  | より高い品質で、より迅速なデリバリー | 37 |
|  | チームのパフォーマンス向上 | 37 |
|  | 統制の強化 | 38 |
|  | 早期の失敗は、失敗のコストをより抑える | 39 |
| 3-3 | なぜ人々はアジャイルになりたいのか？ | 40 |
|  | 経営陣 | 40 |
|  | プロダクト開発と顧客 | 40 |
|  | 管理職 | 41 |
|  | 開発チーム | 42 |

## 第4章　アジリティにつなげる顧客中心のアプローチ　43

| 4-1 | 顧客を知る | 43 |
|---|---|---|
|  | 不確実性を受け入れる | 43 |
|  | 顧客を特定するための一般的な手法 | 44 |
| 4-2 | 顧客が解決すべき問題を把握する | 50 |
|  | 科学的手法を使用する | 51 |
|  | 早期の失敗は成功の一形態 | 51 |
|  | 顧客中心のビジネスゴールを定める | 52 |
|  | ストーリーマッピング | 53 |
|  | リベレイティング・ストラクチャー――イノベーションの文化を解き放つシンプルなルール | 54 |
| 4-3 | 根本原因分析を理解する | 54 |
|  | パレートの法則 | 55 |
|  | なぜなぜ分析、5つのなぜ？ | 55 |
|  | 石川ダイアグラム | 56 |

## 第2部　アジャイルであること　59

## 第5章　アジャイルアプローチ　60

| 5-1 | アジャイルアプローチは1つではない | 60 |
|---|---|---|
| 5-2 | アジャイルテクニックのトップ3：リーン、スクラム、XP | 63 |
|  | リーンの概要 | 63 |
|  | スクラムの概要 | 66 |
|  | エクストリームプログラミングの概要 | 70 |
| 5-3 | まとめ | 72 |

## 第6章　アジャイルの実践：環境編　73

| 6-1 | 物理的な環境作りをする | 73 |
|---|---|---|
|  | チームメンバーのコロケーション | 74 |
|  | 専用エリアの設置 | 75 |
|  | 集中を妨げるものを取り除く | 76 |
| 6-2 | ローテクなコミュニケーション | 77 |

| 6-3 | ハイテクなコミュニケーション | 79 |
|---|---|---|
| 6-4 | ツールの選択 | 80 |
| | ツールの目的 | 80 |
| | リモートワークの成功を支援するツール | 81 |
| | 組織と互換性の制約 | 82 |

## 第7章　アジャイルの実践：行動編　83

| 7-1 | アジャイルにおける役割を確立する | 83 |
|---|---|---|
| | プロダクトオーナー | 84 |
| | 開発チームメンバー | 87 |
| | スクラムマスター | 88 |
| | ステークホルダー | 90 |
| | アジャイルメンター | 91 |
| 7-2 | 新しい価値観を確立する | 91 |
| | コミット | 91 |
| | 集中 | 92 |
| | 公開性（オープンさ） | 93 |
| | 敬意 | 93 |
| | 勇気 | 94 |
| 7-3 | チーム哲学を変える | 94 |
| | 専任のチーム | 95 |
| | 機能横断 | 96 |
| | 自己組織化 | 97 |
| | 自己管理 | 98 |
| | 人数制限 | 99 |
| | オーナーシップ | 100 |

## 第8章　恒久的なチーム　101

| 8-1 | 長期的なプロダクト開発チームを実現する | 101 |
|---|---|---|
| | 長期的な知識と能力を活用する | 102 |
| | タックマンモデルで導くチームパフォーマンス | 103 |
| | 基礎を重視する | 104 |
| | ワーキングアグリーメントを作成する | 104 |
| 8-2 | 自律性、熟達、目的を与える | 105 |
| | 自律性 | 105 |
| | 熟達 | 105 |
| | 目的 | 106 |
| | 高度に連携し、高度に自律したチーム | 106 |
| 8-3 | チームの知識と能力を高める | 107 |

## 第3部　アジャイルの計画作りと実行　109

## 第9章　プロダクトビジョンとプロダクトロードマップの定義　110

| 9-1 | アジャイル計画 | 111 |
|---|---|---|
| | 段階的精緻化 | 112 |
| | 検査と適応 | 113 |
| 9-2 | プロダクトビジョンの定義 | 113 |
| | ステップ1：プロダクトの目標の考案 | 114 |
| | ステップ2：ビジョンステートメントの草案の作成 | 115 |
| | ステップ3：ビジョンステートメントの検証と修正 | 116 |
| | ステップ4：ビジョンステートメントの確定 | 117 |

| 9-3 | プロダクトロードマップの作成 | 117 |
|---|---|---|
| | ステップ1：プロダクトのステークホルダーの特定 | 118 |
| | ステップ2：プロダクトの要件の確立 | 119 |
| | ステップ3：プロダクトのフィーチャーの整理 | 120 |
| | ステップ4：工数の見積もりと要件の順序付け | 121 |
| | ステップ5：大まかな時間枠の決定 | 123 |
| 9-4 | プロダクトバックログの完成 | 124 |

## 第10章　リリースプランニングとスプリントプランニング　126

| 10-1 | 要件と見積もりの洗練化 | 126 |
|---|---|---|
| | ユーザーストーリーとは何か？ | 126 |
| | ユーザーストーリーの作成手順 | 128 |
| | 要件の分解 | 131 |
| | 見積もりポーカー | 132 |
| | 親和性の見積もり | 134 |
| 10-2 | リリースプランニング | 136 |
| 10-3 | リリースの準備 | 139 |
| | プロダクトのデプロイに向けた準備 | 139 |
| | 運用サポートの準備 | 139 |
| | 組織の準備 | 141 |
| | 市場の準備 | 141 |
| 10-4 | スプリントプランニング | 142 |
| | スプリントバックログ | 143 |
| | スプリントプランニング | 144 |

## 第11章　1日の仕事の流れ　149

| 11-1 | 1日の計画を立てる：デイリースクラム | 149 |
|---|---|---|
| 11-2 | 進捗状況を把握する | 151 |
| | スプリントバックログ | 152 |
| | タスクボード | 155 |
| 11-3 | スプリントにおけるアジャイルの役割 | 156 |
| | プロダクトオーナーが日々成果を上げるための鍵 | 157 |
| | 開発チームメンバーが日々成果を上げるための鍵 | 157 |
| | スクラムマスターが日々成果を上げるための鍵 | 158 |
| | ステークホルダーが日々成果を上げるための鍵 | 159 |
| | アジャイルメンターが日々成果を上げるための鍵 | 159 |
| 11-4 | 出荷可能な機能を作成する | 160 |
| | 精緻化 | 160 |
| | 開発 | 160 |
| | 検証 | 161 |
| | 障害の特定 | 163 |
| 11-5 | 情報ラジエーター | 164 |
| 11-6 | 1日の終わり | 165 |

## 第12章　成果のお披露目・検査・適応　167

| 12-1 | スプリントレビュー | 167 |
|---|---|---|
| | デモの準備 | 168 |
| | スプリントレビュー | 168 |
| | スプリントレビューでのフィードバック収集 | 171 |
| 12-2 | スプリントレトロスペクティブ | 171 |

| | | |
|---|---|---|
| | レトロスペクティブの準備 | 173 |
| | スプリントレトロスペクティブの実施 | 173 |
| | 検査と適応 | 175 |

## 第4部　アジリティマネジメント　　177

### 第13章　ポートフォリオマネジメント：価値の追求　　178

| 13-1 | アジャイルポートフォリオマネジメントは何がどう違うのか？ | 178 |
|---|---|---|
| | 投資すべきか？ | 179 |
| | プロダクト投資リターンを予測するための要因 | 180 |
| 13-2 | アジャイルプロダクトポートフォリオマネジメント | 183 |
| | 投資を続けるべきか？ | 188 |
| | 検査し、次の機会に適応する | 189 |

### 第14章　スコープと調達のマネジメント　　190

| 14-1 | アジャイルスコープマネジメントは何がどう違うのか？ | 190 |
|---|---|---|
| 14-2 | アジャイルスコープマネジメント | 192 |
| | プロダクト開発全体でのスコープを理解する | 192 |
| | スコープを変更する | 194 |
| | スコープの変更を管理する | 194 |
| 14-3 | アジャイル調達マネジメントは何がどう違うのか？ | 196 |
| | スコープマネジメントにアジャイル作成物を活用する | 196 |
| 14-4 | アジャイル調達マネジメント | 198 |
| | ニーズの決定とベンダーの選定 | 198 |
| | サービス調達における費用アプローチと契約を理解する | 199 |
| | ベンダーとの協働 | 201 |
| | 契約の終了 | 202 |

### 第15章　時間とコストのマネジメント　　203

| 15-1 | アジャイルタイムマネジメントは何がどう違うのか？ | 203 |
|---|---|---|
| 15-2 | アジャイルスケジュールマネジメント | 204 |
| | ベロシティの導入 | 205 |
| | ベロシティのモニタリングと調整 | 205 |
| | 時間的観点からスコープの変更を管理する | 210 |
| | 複数のチームによるタイムマネジメント | 211 |
| | アジャイル作成物を用いたタイムマネジメント | 211 |
| 15-3 | アジャイルコストマネジメントは何がどう違うのか？ | 212 |
| 15-4 | アジャイル予算マネジメント | 213 |
| | 初期予算を立てる | 213 |
| | 自己資金でプロダクトを作る | 214 |
| | ベロシティを使って長期的なコストを定める | 214 |
| | コストマネジメントのためにアジャイル作成物を使う | 216 |

### 第16章　チームダイナミクスとコミュニケーションのマネジメント　　217

| 16-1 | アジャイルチームダイナミクスは何がどう違うのか？ | 217 |
|---|---|---|
| 16-2 | アジャイルチームダイナミクスマネジメント | 219 |
| | 自己管理と自己組織化 | 219 |
| | チームを支えるサーバントリーダー | 222 |
| | 専任のチーム | 223 |
| | 機能横断的なチーム | 224 |
| | 公開性を強化する | 226 |

|  | 開発チームの規模を制限する | 227 |
|  | 分散したチームのプロダクト開発マネジメント | 227 |
| 16-3 | アジャイルコミュニケーションは何がどう違うのか？ | 229 |
| 16-4 | アジャイルコミュニケーションマネジメント | 230 |
|  | アジャイルコミュニケーションの方法を理解する | 230 |
|  | ステータスと進捗の報告 | 232 |

## 第17章　品質とリスクのマネジメント　　235

| 17-1 | アジャイル品質マネジメントは何がどう違うのか？ | 235 |
| 17-2 | アジャイル品質マネジメント | 237 |
|  | 品質マネジメントとスプリント | 237 |
|  | 先手を打つ品質マネジメント | 238 |
|  | 定期的な検査と適応による品質マネジメント | 242 |
|  | 自動テスト | 243 |
| 17-3 | アジャイルリスクマネジメントは何がどう違うのか？ | 244 |
| 17-4 | アジャイルリスクマネジメント | 246 |
|  | 本質的なリスクの低減 | 246 |
|  | リスクの特定、優先順位付け、早期対応 | 250 |

## 第5部　確実に成果を上げる　　253

## 第18章　アジャイルの土台を固める　　254

| 18-1 | 組織と個人のコミット | 254 |
|  | 組織的なコミット | 254 |
|  | 個人のコミット | 255 |
|  | コミットを得る | 256 |
|  | どうすれば移行できるか？ | 256 |
|  | 移行のタイミングを図る | 257 |
| 18-2 | 適切なパイロットチームメンバーの選択 | 258 |
|  | アジャイル推進者 | 258 |
|  | アジャイル移行チーム | 258 |
|  | プロダクトオーナー | 259 |
|  | 開発チーム | 260 |
|  | スクラムマスター | 260 |
|  | ステークホルダー | 261 |
|  | アジャイルメンター | 261 |
| 18-3 | アジリティを可能にする環境づくり | 261 |
| 18-4 | アジリティの獲得を持続的にサポートする | 263 |

## 第19章　大規模アジャイルへの対応　　265

| 19-1 | 複数チームによるアジャイル開発 | 266 |
| 19-2 | 垂直スライスで仕事をこなしやすくする | 267 |
|  | スクラム・オブ・スクラムズ | 267 |
| 19-3 | LeSSによる複数チームの協調 | 270 |
|  | LeSSの基本フレームワーク | 270 |
|  | LeSS Hugeフレームワーク | 271 |
|  | バザー形式でのスプリントレビュー | 272 |
|  | デイリースクラムにオブザーバーとして参加 | 273 |
|  | コンポーネントのコミュニティとメンター | 273 |
|  | 複数チームでの会議体 | 273 |

xvii

|  |  | トラベラー | 273 |
| --- | --- | --- | --- |
|  | 19-4 | Scrum@Scaleによる役割の連携 | 274 |
|  |  | スクラムマスターのサイクル | 274 |
|  |  | プロダクトオーナーのサイクル | 275 |
|  |  | 1日あたり1時間の同期 | 276 |
|  | 19-5 | SAFeによる大部屋プランニング | 277 |
|  |  | 大規模プランニング：PIプランニング | 279 |
|  |  | マネジャー向けの明確化 | 279 |
|  | 19-6 | ディシプリンドアジャイル（DA）ツールキット | 280 |

## 第20章　チェンジエージェントの役割　　　　　　　282

|  |  |  |  |
| --- | --- | --- | --- |
|  | 20-1 | アジャイルになるには変革が必要 | 282 |
|  | 20-2 | 待っていても変革は実現しない | 282 |
|  | 20-3 | チェンジマネジメント、そして変革に向けた戦略的アプローチ | 283 |
|  |  | レヴィンの変革モデル | 284 |
|  |  | ADKARの変革への5つのステップ | 284 |
|  |  | コッターの変革を導く8段階のプロセス | 285 |
|  | 20-4 | Platinum Edgeの変革ロードマップ | 286 |
|  |  | ステップ1：アジャイル監査を実施し、実施戦略と成功の指標を定義する | 287 |
|  |  | ステップ2：意識と期待感を高める | 289 |
|  |  | ステップ3：アジャイル移行チームを結成し、パイロットを決める | 289 |
|  |  | ステップ4：成功へ導く環境を作る | 291 |
|  |  | ステップ5：十分なトレーニングを行い、必要に応じて新規採用する | 291 |
|  |  | ステップ6：パイロットにアクティブコーチングを取り入れる | 292 |
|  |  | ステップ7：価値創出のロードマップを実行する | 293 |
|  |  | ステップ8：フィードバックを収集し、改善する | 293 |
|  |  | ステップ9：改善を成熟させ、定着させる | 293 |
|  |  | ステップ10：組織内で段階的に拡大していく | 294 |
|  | 20-5 | 模範を示しながら導く | 294 |
|  |  | アジャイル組織におけるサーバントリーダーの役割 | 294 |
|  | 20-6 | 変革の落とし穴を避ける | 296 |
|  |  | アジャイルリーダーシップの落とし穴を避ける | 298 |
|  | 20-7 | 変革がうまくいっていない兆候 | 298 |

## 第6部　知っておくべきトップ10のリスト集　　　　　301

## 第21章　アジャイルプロダクト開発の10大メリット　　302

|  |  |  |  |
| --- | --- | --- | --- |
|  | 21-1 | 顧客満足度の向上 | 302 |
|  | 21-2 | プロダクトの品質向上 | 302 |
|  | 21-3 | リスクの低減 | 303 |
|  | 21-4 | コラボレーションと当事者意識の向上 | 303 |
|  | 21-5 | より関連性の高い指標 | 304 |
|  | 21-6 | パフォーマンスの可視性の向上 | 305 |
|  | 21-7 | 投資管理の強化 | 305 |
|  | 21-8 | 予測可能性の向上 | 305 |
|  | 21-9 | チームの構造の最適化 | 306 |
|  | 21-10 | チームの士気向上 | 306 |

| 第22章 | アジャイルプロダクト開発を成功に導く10大要素 | 308 |
|---|---|---|
| 22-1 | 専任のチームメンバー | 308 |
| 22-2 | コロケーション | 309 |
| 22-3 | 完成＝出荷可能 | 309 |
| 22-4 | スクラムで露呈した課題への対処 | 309 |
| 22-5 | 明確なプロダクトビジョンとロードマップ | 309 |
| 22-6 | プロダクトオーナーのエンパワーメント | 310 |
| 22-7 | 開発者の多様性 | 310 |
| 22-8 | スクラムマスターの影響力 | 310 |
| 22-9 | リーダーたちの学習支援 | 311 |
| 22-10 | 移行サポート | 311 |

| 第23章 | 組織がアジャイルでない10の兆候 | 312 |
|---|---|---|
| 23-1 | プロダクトインクリメントが出荷可能ではない | 312 |
| 23-2 | リリースサイクルが長い | 313 |
| 23-3 | ステークホルダーの関与が不足している | 313 |
| 23-4 | 顧客と連携できていない | 314 |
| 23-5 | スキルの多様性に乏しい | 314 |
| 23-6 | プロセスを自動化していない | 315 |
| 23-7 | 仕事よりもツールを優先している | 315 |
| 23-8 | クリエイターに対してマネジャーの比率が高い | 316 |
| 23-9 | スクラムで明らかになったことに対処しない | 317 |
| 23-10 | フェイクアジャイルを実践している | 318 |

| 第24章 | アジャイルプロフェッショナルのためのリソース10選 | 320 |
|---|---|---|
| 24-1 | 『Scrum For Dummies』 | 320 |
| 24-2 | Scrum Alliance | 320 |
| 24-3 | Agile Alliance | 320 |
| 24-4 | Business Agility Institute | 321 |
| 24-5 | International Consortium for Agile（ICAgile） | 321 |
| 24-6 | Mind the Product/ProductTank | 321 |
| 24-7 | Lean Enterprise Institute | 321 |
| 24-8 | エクストリームプログラミング | 322 |
| 24-9 | プロジェクトマネジメント協会のアジャイルコミュニティ | 322 |
| 24-10 | Platinum Edge | 322 |

| 索　引 | 323 |
|---|---|
| 監訳者あとがき | 327 |

# 図目次

| | | |
|---|---|---|
| 図1-1 | 求められたソフトウェアのフィーチャーの実際の使用頻度 | 4 |
| 図1-2 | ウォーターフォールプロジェクトとアジャイルプロジェクトの比較 | 8 |
| 図2-1 | 従来のプロジェクトとアジャイルアプローチにおける変更対応の機会とコスト | 17 |
| 図2-2 | 透明性を高めるためのチャートとグラフ | 27 |
| 図3-1 | 従来のプロジェクトマネジメントとアジャイルの概念の比較 | 30 |
| 図3-2 | ウォーターフォールプロジェクトのサイクルは一方通行の線形的なアプローチである | 31 |
| 図3-3 | アジャイルアプローチには、反復的な開発サイクルがある | 31 |
| 図3-4 | アジャイルプロダクト開発の柔軟性が持つ安定性 | 34 |
| 図3-5 | ウォーターフォールとアジャイルアプローチでリスクと投資を比較したチャート | 39 |
| 図4-1 | 価値があり、実現可能で、使い勝手が良いスイートスポット | 44 |
| 図4-2 | プロダクトキャンバス | 45 |
| 図4-3 | 顧客のジャーニーマップ | 47 |
| 図4-4 | 顧客の共感マップ | 47 |
| 図4-5 | ジョブ理論のタイムライン | 48 |
| 図4-6 | 科学的手法 | 50 |
| 図4-7 | ユーザーストーリーマップ | 53 |
| 図4-8 | 石川ダイアグラム | 56 |
| 図5-1 | 初期のハードウェアとソフトウェア | 61 |
| 図5-2 | ウォーターフォールの起源 | 62 |
| 図5-3 | ウォーターフォールにおけるイテレーション | 62 |
| 図5-4 | スクラムアプローチ | 66 |
| 図5-5 | スプリントは繰り返し行われるプロセスである | 67 |
| 図6-1 | コロケーションによるコミュニケーションの向上 | 74 |
| 図6-2 | 壁やホワイトボード上で見せるスクラムのタスクボード | 78 |
| 図6-3 | バーチャル教室のイメージ | 81 |
| 図6-4 | バーチャルコラボレーションボードのイメージ | 81 |
| 図7-1 | プロダクトチーム、スクラムチーム、開発チーム | 84 |
| 図7-2 | プロダクトオーナーのコミュニケーションサイクル | 85 |
| 図7-3 | 開発チームメンバーのスキル開発 | 88 |
| 図7-4 | チームコミュニケーションの複雑さはチームの規模の関数である | 100 |
| 図8-1 | チームの連携と自律性に関する4象限 | 107 |
| 図9-1 | 従来の計画とスクラムの計画の比較 | 110 |
| 図9-2 | 価値創出のロードマップで示したアジャイルの計画作りと実行のステージ | 111 |
| 図9-3 | 価値創出のロードマップの一部としてのプロダクトビジョンステートメント | 114 |
| 図9-4 | ムーアのビジョンステートメントを基に作成したテンプレート | 115 |
| 図9-5 | 価値創出のロードマップの一部としてのプロダクトロードマップ | 117 |
| 図9-6 | テーマごとにグループ化されたフィーチャー | 121 |
| 図9-7 | 要件が順番に並んだプロダクトロードマップ | 123 |
| 図10-1 | カードで記載するユーザーストーリーの例 | 127 |
| 図10-2 | ユーザーストーリーのサンプル | 131 |
| 図10-3 | ユーザーストーリーの分解に関するガイドライン | 131 |
| 図10-4 | 見積もりポーカーのカードセット（一人分） | 133 |
| 図10-5 | Tシャツのサイズで表したストーリーの規模と対応するフィボナッチ数 | 135 |
| 図10-6 | 価値創出のロードマップの一部としてのリリースプランニング | 136 |
| 図10-7 | リリース計画のサンプル | 138 |
| 図10-8 | 運用サポートのスクラムチームのモデル | 140 |
| 図10-9 | 価値創出のロードマップの一部としてのスプリントプランニング | 143 |
| 図10-10 | スプリントバックログのサンプル | 144 |
| 図10-11 | スプリントの期間に対するスプリントプランニングの時間 | 145 |
| 図11-1 | 価値創出のロードマップにおけるスプリントとデイリースクラム | 150 |
| 図11-2 | スプリントバックログのサンプル | 152 |
| 図11-3 | バーンダウンチャート | 153 |

| 図11-4 | バーンダウンチャートのパターン | 153 |
| 図11-5 | タスクボードのサンプル | 156 |
| 図11-6 | ユーザーストーリーの検証 | 163 |
| 図12-1 | 価値創出のロードマップにおけるスプリントレビュー | 167 |
| 図12-2 | アジャイルプロジェクトのフィードバックループ | 169 |
| 図12-3 | スプリントの期間に対するスプリントレビューの時間 | 169 |
| 図12-4 | 価値創出のロードマップにおけるスプリントレトロスペクティブ | 172 |
| 図12-5 | スプリントの期間に対するスプリントレトロスペクティブの時間 | 174 |
| 図13-1 | 価値とリスクを評価する4象限 | 181 |
| 図13-2 | 投資機会の優先順位付けをしたポートフォリオのバックログ | 185 |
| 図13-3 | 逐次開発とスラッシングを行うチームによる並行開発の価値提供の比較 | 187 |
| 図13-4 | 収益逓減の法則 | 188 |
| 図14-1 | 価値創出のロードマップ | 193 |
| 図14-2 | 新しい要件をプロダクトバックログに追加する | 195 |
| 図16-1 | メールと対面での会話の比較 | 226 |
| 図16-2 | タイプ別コミュニケーションの比較 | 231 |
| 図16-3 | バーンダウンチャートのパターン | 234 |
| 図17-1 | 品質フィードバックサイクル | 237 |
| 図17-2 | スプリント内でのテスト | 238 |
| 図17-3 | ユーザーストーリーと受け入れ基準 | 241 |
| 図17-4 | アジャイルプロダクト開発におけるリスク減少のモデル | 246 |
| 図17-5 | 完成の定義の例 | 247 |
| 図18-1 | アジャイル移行チームとパイロットのスクラムチームのケイデンスの連携 | 259 |
| 図18-2 | 価値創出のロードマップ | 262 |
| 図19-1 | 複数のスクラムチームによって実装されるプロダクトフィーチャーの垂直スライス | 267 |
| 図19-2 | スクラムチーム間を協調するスクラム・オブ・スクラムズ | 268 |
| 図19-3 | スクラム・オブ・スクラムズのタスクボード | 269 |
| 図19-4 | LeSSの基本フレームワーク | 271 |
| 図19-5 | LeSS Hugeのフレームワーク | 272 |
| 図19-6 | Scrum@ScaleのSoSモデル | 274 |
| 図19-7 | Scrum@ScaleのSoSoSモデル | 275 |
| 図19-8 | Scrum@Scaleのエグゼクティブアクションチーム（EAT） | 275 |
| 図19-9 | Scrum@Scaleのプロダクトオーナーチーム | 276 |
| 図19-10 | Scrum@Scaleのエグゼクティブメタスクラム（EMS） | 276 |
| 図19-11 | リーンな企業向けのSAFe 6.0 | 278 |
| 図20-1 | レヴィンの理論「解凍—変革—再凍結」 | 284 |
| 図20-2 | Platinum Edgeのアジャイル移行ロードマップ | 287 |
| 図20-3 | アジャイルテクニックの恩恵を受けられるプロダクト開発の取り組み | 290 |
| 図20-4 | サティアの曲線 | 291 |

## 表目次

| 表1-1 | アジャイルプロジェクトマネジメントの進化 | 6 |
| 表2-1 | 「個人と対話」と「プロセスとツール」の比較 | 14 |
| 表2-2 | 有用な文書かどうかの判断 | 15 |
| 表2-3 | 顧客不満足とアジャイルが役立つ可能性 | 19 |
| 表2-4 | 従来のプロジェクトマネジメントとアジャイルプロダクトマネジメントの比較 | 24 |
| 表4-1 | 顧客へのインタビューにおける注意点 | 49 |
| 表5-1 | XPの主なプラクティスの例 | 71 |
| 表5-2 | リーン、スクラム、XPの類似点 | 72 |
| 表6-1 | 集中を妨げる一般的なもの | 76 |
| 表7-1 | 優れたプロダクトオーナーの特性 | 86 |
| 表7-2 | 優れた開発チームメンバーの特性 | 88 |
| 表7-3 | 優れたスクラムマスターの特性 | 89 |

| 表9-1 | プロダクトバックログのサンプル | 124 |
|---|---|---|
| 表10-1 | 要件の分解 | 132 |
| 表11-1 | よくある障害と解決策 | 164 |
| 表13-1 | 効果的なアジャイルポートフォリオマネジメントの鍵 | 186 |
| 表14-1 | 従来のスコープマネジメントとアジャイルスコープマネジメントの比較 | 191 |
| 表14-2 | アジャイル作成物とスコープマネジメントの役割 | 196 |
| 表14-3 | 従来の調達マネジメントとアジャイル調達マネジメントの比較 | 197 |
| 表15-1 | 従来のタイムマネジメントとアジャイルタイムマネジメントの比較 | 204 |
| 表15-2 | アジャイル作成物とタイムマネジメント | 211 |
| 表15-3 | 従来のコストマネジメントとアジャイルのコストマネジメントの比較 | 212 |
| 表15-4 | 1スプリントが2週間の場合のスクラムチームの予算例 | 213 |
| 表15-5 | 6か月後に初めてリリースされる従来のプロジェクトの収入 | 214 |
| 表15-6 | 毎月リリースした場合の収入と、6か月後の最終リリース時の合計収入 | 214 |
| 表16-1 | 従来のチームマネジメントとアジャイルチームのダイナミクスの比較 | 218 |
| 表16-2 | プロダクトマネジメントと自己管理するチーム | 220 |
| 表16-3 | 同じ場所で作業するスクラムチームと分散したスクラムチームの成功率 | 228 |
| 表16-4 | 従来のコミュニケーションマネジメントとアジャイルコミュニケーションマネジメントの比較 | 230 |
| 表16-5 | アジャイルのコミュニケーションチャネル | 231 |
| 表17-1 | 従来の品質マネジメントとアジャイルの品質マネジメントの比較 | 236 |
| 表17-2 | アジャイルとウォーターフォールのプロジェクト成功率の比較 | 245 |
| 表17-3 | 従来のリスクマネジメントとアジャイルリスクマネジメントの比較 | 245 |
| 表17-4 | 6か月後に初めてリリースされる従来のプロジェクトの収入 | 248 |
| 表17-5 | 毎月リリースした場合の収入と、6か月後の最終リリース時の合計収入 | 248 |
| 表17-6 | ウォーターフォールプロジェクトにおける失敗のコスト | 249 |
| 表17-7 | アジャイルテクニック適用時の失敗のコスト | 249 |
| 表17-8 | アジャイルリスクマネジメントツール | 251 |
| 表20-1 | よくあるアジャイル移行の問題と解決策 | 296 |

# 第1部　アジリティについて理解する

第 1 部では…

- 従来のプロジェクトマネジメントのアプローチには欠陥や弱点があるということと、プロジェクトマネジメントがアップグレードされた経緯について理解する。
- アジャイルメソッドがプロジェクトよりもプロダクトに焦点を当てるようになった理由を知り、アジャイルプロダクト開発の土台であるアジャイル宣言と 12 のアジャイル原則に精通する。
- アジャイルテクニックを採用することで、プロダクト、プロジェクト、チーム、顧客、組織が得られる利点を発見する。
- 顧客のニーズを最優先することの重要性と、顧客をすべての意思決定、機能、問題の中心に据える上でアジャイルテクニックがなぜ役立つのかを理解する。

# 第1章

# プロジェクトマネジメントのアップグレード

---

**この章の内容**
- なぜプロジェクトマネジメントに変革が必要なのかを理解する
- アジャイルプロジェクトマネジメントがどのようにアジャイルプロダクトマネジメントに変化しているのかを確認する
- アジャイルプロダクト開発について知る

---

　アジャイル[†]とは、プロジェクトマネジメントに対する、ある種の考え方である。この考え方は、ビジネス価値の早期提供、プロダクトおよびプロダクトを作成するプロセスの継続的な改善、プロジェクトや計画の範囲つまりスコープの柔軟性、チームによるインプット、そして顧客のニーズを反映し十分にテストされたプロダクトを提供することに重点を置く。

　この章では、なぜアジャイルプロセスが1990年代半ばにソフトウェア開発プロジェクトマネジメントのアプローチとして登場したのか、そして、なぜアジャイル方法論（methodology）がプロジェクトマネジャー、新しいプロダクトやサービスの開発に投資する顧客、そしてプロダクト開発に資金提供する企業の経営陣の注目を集めているのかを知ることができる。ビジネスアジリティはソフトウェアプロダクト開発で求められるが、アジャイルの価値観、原則、テクニックは、ソフトウェアだけでなく、多くの業界や目的で適用できる。また、この章では、歴史ある従来のプロジェクトマネジメントと比較したアジャイルアプローチの利点についても説明する。

## 1-1　プロジェクトマネジメントには変革が必要だった

　プロジェクトとは、明確な工期、工程、計画を決め、完成に向けて計画的に一連の作業を実施していくことである。プロジェクトにはゴールと目標があり、多くの場合、一定の期間と予算内で完了させなければならない。

　この本を読んでいるあなたはおそらく、プロジェクトマネジャーか、プロジェクトを立ち上げたり、プロジェクトに携わったり、何らかの形でプロジェクトの影響を受けたりしている人だろう。

　アジャイルアプローチは、プロジェクトマネジメントのアップグレードの必要性に応えたものである。アジャイルアプローチがプロダクト開発にどのような革命をもたらしているかを理解するためには、プロジェクトマネジメントの歴史と目的、そして今日プロジェクトが直面している問題について少し知っておくことが役に立つ。

---

†　（訳注）アジャイルは英語の agile で、辞書的に訳せば「敏捷」だが、その意図する思想は7ページの＜秘訣＞や60ページを参照。

## プロジェクトマネジメントの起源

プロジェクトは古代から存在してきた。万里の長城からマヤのティカルのピラミッド、印刷機の発明、そしてインターネットの発明まで、人々は大小様々なプロジェクトを成し遂げてきた。

しかし、プロジェクトマネジメントが専門分野として形になったのは、20世紀半ばのことだ。第二次世界大戦の頃、世界中の研究者たちが、主に米軍向けのコンピューターの構築やプログラミングを大いに進歩させた。そしてこれらのプロジェクトを完成させるために、彼らはプロジェクトマネジメントプロセスを形にし始めた。最初のプロセスは、第二次世界大戦中に米軍が使用した段階的な製造モデルに基づいていた。

コンピューティング分野に携わる人たちがこの段階的な製造モデルを採用したのは、初期のコンピューター関連プロジェクトがハードウェアに大きく依存していたからである。当時はコンピューターが部屋全体を埋め尽くしていたのとは対照的に、プロジェクトにソフトウェアが占める割合は小さかった。1940年代や1950年代のコンピューターは、何千本もの真空管を搭載していたが、内部のプログラミングコードは30行にも満たなかっただろう。こうした初期のコンピューターに用いられた1940年代の製造プロセスが、ウォーターフォールとして知られるプロジェクトマネジメント方法論の基礎となっている。

1970年、コンピューター科学者ウィンストン・ロイスがIEEEに発表した論文「Managing the Development of Large Software Systems（大規模ソフトウェアシステム開発の管理）」に、ウォーターフォール方法論のフェーズが記述されている。ウォーターフォール（滝）という用語は後に作られたものだが、各フェーズは呼び名が異なる場合があるにせよ、基本的にはロイスが最初に定義したものと同じである。

1. 要件（Requirements）
2. 設計（Design）
3. 開発（Development）
4. 統合（Integration）
5. テスト（Testing）
6. デプロイ（Deployment）

ウォーターフォールプロジェクトでは、その名前からイメージされるように、前のフェーズが完了してから次のフェーズに移る。

> **＜豆知識＞**
>
> 前のフェーズを完全に完了させてから次のフェーズに移るという純粋なウォーターフォールプロジェクトマネジメントは、実はロイスが提唱した内容の誤った解釈である。ロイスは、このアプローチが本質的に危険であることを認識し、イテレーション（反復、繰り返し）の中で開発とテストを行ってプロダクトを生み出すことを推奨した。しかし、ウォーターフォール方法論を採用した多くの組織がこれを見落としてしまったのである。

ウォーターフォール方法論は、2008年頃にアジャイルテクニックに基づき改善されたアプローチによって凌駕されるまで、ソフトウェア開発で最も一般的なプロジェクトマネジメントのアプローチであった。

## 現状の問題点

当然ながら、コンピューター技術は前世紀から大きく様変わりした。多くの人が手首につけているコンピューターは、ウォーターフォール方法論を使い始めた頃に存在した最も大きく最も高価なマシンより、パワーもメモリーも能力も上だ。

同時に、コンピューターのユーザー層も変わった。一部の研究者や軍のための最小限のプログラムしか持たない巨大なマシンではなく、一般の人々のためにハードウェアやソフトウェアが作られるようになった。多くの国で、ほぼすべての人がタブレットやスマートフォンを毎日、直接的または間接的に使用している。ソフトウェアが自動車や家電製品、住宅設備を動かし、日々の情報や娯楽を提供している。2歳の子どもが親よりもiPhoneを使いこなしているほどだ。より新しく、より優れたプロダクトへの需要は絶え間ない。

1-1　プロジェクトマネジメントには変革が必要だった

このようなテクノロジーの進化のなかで、どういうわけか製造/開発プロセスが取り残された。ソフトウェア開発者はいまだに1950年代のプロジェクトマネジメント方法論を使用している。これらのアプローチはすべて、20世紀半ばのハードウェア主体のコンピューター向けの製造プロセスから派生したものである。

今日、従来のプロジェクトは、成功しても1つの問題に悩まされることが多い。それがプロダクトの不要なフィーチャー（機能、特徴）の導入に伴うスコープの肥大化である。あなたが毎日使っているソフトウェアプロダクトについて考えてみよう。例えば、今私たちが使っている文書作成・編集ソフトには多くの機能やツールがある。しかし、毎日このソフトウェアで文章を書いていても、いつも使う機能はごく一部だ。他の機能やツールを使うことはほとんどないし、一度も使ったことのないものもかなりある。皆さんもそうではないだろうか。そうした、ほとんどの人が使わないフィーチャーは、スコープが肥大化した結果である。

スコープの肥大化は、複雑なエンタープライズアプリケーションから誰もが使うウェブサイトまで、あらゆる種類のソフトウェアで見られる。図1-1は、スコープの肥大化がいかに一般的かを示す、Standish Groupの調査データである。この図から、求められたフィーチャーの80%が、使用頻度が低いか、全く使用されていないことが分かる。

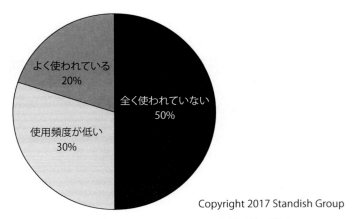

図1-1　求められたソフトウェアのフィーチャーの実際の使用頻度

図1-1の数字から、膨大な時間と費用が浪費されていることが分かる。この無駄は、従来のプロジェクトマネジメントプロセスが変化に対応できないことを直接示すものだ。プロジェクトマネジャーとステークホルダーは、プロジェクト途中での変更は歓迎されないことを知っている。そのため、プロジェクト開始のタイミングは、今後求められるかもしれないフィーチャーを手に入れる最大の機会であるため、彼らは次をリクエストする。

- 必要なすべてのフィーチャー
- 必要かもしれないすべてのフィーチャー
- 欲しいすべてのフィーチャー
- 欲しくなるかもしれないすべてのフィーチャー

その結果、フィーチャーが肥大化し、図1-1のような統計結果になる。

時代遅れのマネジメントや開発のアプローチによる問題は、決して些細なものではない。こうした問題で、年間数十億ドルが浪費されている。2015年にプロジェクトの失敗で失われた数十億ドル（補足記事「ソフトウェアプロジェクトの成功と失敗」を参照）は、世界中の数百万人の雇用に相当する可能性がある。

この30年間、プロジェクトで作業する人々は、従来のプロジェクトマネジメントの問題が大きくなっていることを認識し、より良いモデルを作り出そうと努力してきた。

**ソフトウェアプロジェクトの成功と失敗**

従来のプロジェクトマネジメントアプローチの停滞が、ソフトウェア業界を追い詰めている。2015 年、IT リサーチ会社 Standish Group が、米国における 1 万件のプロジェクトの成功率と失敗率に関する調査を行った。その結果、次のことが分かった。

- **従来のプロジェクトの 29％が完全に失敗した。** これらのプロジェクトは完了する前に中止され、プロダクトリリースには至らなかった。こうしたプロジェクトは何の価値ももたらさなかった。
- **従来のプロジェクトの 60％が問題を抱えていた。** プロジェクトは完了したが、コスト、時間、品質、またはこれらの要素の組み合わせに関して、期待と現実との間でギャップがあった。時間やコストが超過した、フィーチャーが提供されなかった、など、プロジェクトに期待された結果と実績との差の平均は 100％をはるかに超えていた。
- **プロジェクトの 11％が成功した。** プロジェクトが完了し、当初期待された時間と予算で期待されたプロダクトが提供された。

米国内だけで、プロダクト開発に費やされた数千億ドルのうち数十億ドルが、1 つの機能も提供できなかったプロジェクトに浪費されたのだ。

# 1-2　アジャイルプロジェクトマネジメントとは？

アジャイルテクニックはずっと昔からあった。実際、アジャイルの価値観、原則、プラクティスは、単に一般的な常識を成文化したものである。次ページの表 1-1 は、アジャイルプロジェクトマネジメントの簡単な歴史を示したものであり、その起源は 1930 年代にウォルター・シューハートが提唱したプロジェクト品質に対する PDSA（Plan-Do-Study-Act）アプローチにさかのぼる。

1986 年、竹内弘高と野中郁次郎は、*Harvard Business Review* 誌に「The New New Product Development Game（新しい新製品開発競争）」という論文を発表した。この論文で、スピードの速いプロダクト需要に対応するための、迅速で柔軟な開発戦略について述べ、初めて「スクラム」という用語がプロダクト開発と結び付けされた（スクラムは元々ラグビーの選手フォーメーションを指す用語である）。スクラムは最終的に、顧客に価値を提供するための最も有名なアジャイルフレームワークの 1 つになった。

2001 年、ソフトウェアとプロジェクトの専門家が集まり、成功するプロジェクトに何が共通するのかを話し合った。彼らが作成したのが、アジャイルソフトウェア開発宣言（一般にアジャイル宣言と呼ばれる）である。

> **アジャイルソフトウェア開発宣言**[*]
> 私たちは、ソフトウェア開発の実践あるいは実践を手助けする活動を通じて、よりよい開発方法を見つけ出そうとしている。この活動を通して、私たちは以下の価値に至った。
>> プロセスやツールよりも**個人と対話**を、
>> 包括的なドキュメントよりも**動くソフトウェア**を、
>> 契約交渉よりも**顧客との協調**を、
>> 計画に従うことよりも**変化への対応**を、
>
> 価値とする。すなわち、左記のことがらに価値があることを認めながらも、私たちは右記のことがらにより価値をおく。

---

[*]　Agile Manifesto Copyright © 2001: Kent Beck, Mike Beedle, Arie van Bennekum, Alistair Cockburn, Ward Cunningham, Martin Fowler, James Grenning, Jim Highsmith, Andrew Hunt, Ron Jeffries, Jon Kern, Brian Marick, Robert C. Martin, Steve Mellor, Ken Schwaber, Jeff Sutherland, Dave Thomas
　この宣言は、この注意書きも含めた形で全文を含めることを条件に自由にコピーしてよい。

**表 1-1　アジャイルプロジェクトマネジメントの進化**

| 1930 年代 | ウォルター・シューハートが品質向上の方法として短サイクルの PDSA（Plan 計画-Do 実施-Study 研究-Act 改善）を提唱 |
|---|---|
| 1940 年代 | 無駄が許されない状況で、米政府はトップの科学者たちをロスアラモス国立研究所に集め、対面で理論的な原子爆弾を迅速に開発 |
| 1950〜60 年代初期 | 米軍は X-15 超音速ロケット飛行機の開発に IID を使用し成功裏に終えた。プロジェクトマーキュリーでは、NASA が IID をソフトウェア開発に活用し、タイムボックス、テストファースト、トップダウン/スタブ開発などを実施 |
| 1960 年代後半 | 反復的なリファインメントの価値と優位性について、IBM の内部で報告された。巨大企業であるため、この報告書は事実上箪笥の肥やしになった |
| 1970 年 | ロイス博士は「Managing the Development of Large Software Systems（大規模ソフトウェアシステム開発の管理）」を発表。彼は、「ウォーターフォール」方式自体は効果がなく、成功するには少なくとも 2 回反復する必要があると示唆 |
| 1970 年代初期 | IBM の連邦政府システム部門と TRWは、反復的な手法を使用し、弾道ミサイル防衛プログラムの指揮統制ソフトウェアも含む 1 億ドル以上のプロジェクトを完了した |
| 1980 年代 | オブジェクト指向プログラミングの第一人者グラディ・ブーチは「スパイラル開発方式」を提唱 |
| 1986 年 | 竹内と野中は Harvard Business Review に「The New New Product Development Game（新しい新製品開発競争）」を発表 |
| 1990 年代 | ジェフ・サザーランドとケン・シュワーバーが、ホンダで使用されている日本の IID 技術（サシミ）と「新しい新製品開発競争」の概念を組み合わせ、タイムボックスを活用した アプローチ「Scrum」を考案 |
| 2001 年 | DSDM、XP、Scrum、FDD、およびリーン方法論に関する専門家 17 名が集まり、IID の将来について話し合った。会議の結果として、「アジャイルメソッド」という用語が生まれ、Agile Alliance が設立された |
| 2001 年 | マーク・C・レイトンが最初のアジャイル変革企業の 1 つである Platinum Edge を設立 |
| 2004 年 | Scrum Alliance が設立された |
| 2010 年 | 米国国防総省がすべての IT プロジェクトでアジャイル手法の使用を義務付ける（NDA セクション 804） |
| 2012 年 | 本書の初版が出版 |
| 2015 年 | 『Scrum For Dummies』が出版 |
| 2020 年 | 本書の第 3 版が出版 |

訳者注
IID：反復型開発（Iterative and Incremental Development）
DSDM：動的システム開発手法（Dynamic Systems Development Method）
XP：エクストリームプログラミング（Extreme Programming）
FDD：ユーザー機能駆動開発（Feature Driven Development）
TRW：TRWオートモーティブ・ホールディングス（TRW Automotive Holdings Corp.）、1970 年当時 Thompson Ramo Wooldridge Inc.

また、専門家たちは、アジャイル宣言の価値観について補足するアジャイル宣言の背後にある12のアジャイル原則も作成した。第2章でそれらをリストアップし、アジャイル宣言について詳しく説明する。

プロダクト開発におけるアジャイルとは、人、コミュニケーション、プロダクト、柔軟性に焦点を当てたアプローチを説明するものである。アジャイル方法論そのものは明文化されていないが、すべてのアジャイル方法論（例えば、クリスタル）、フレームワーク（例えば、スクラム）、テクニック（例えば、ユーザーストーリー要件）、ツール（例えば、相対見積もり）には1つの共通点がある。それが、アジャイル宣言と12のアジャイル原則の順守だ。

### ＜秘訣＞

アジャイル宣言の共著者の一人であるマーティン・ファウラーは、自分たちのムーブメントの名前には様々な候補が挙がったと述べている。彼らが求めていた変化への適応性と対応力を最もよく表す言葉として**アジャイル**にたどり着くまでに、「軽量メソッド」、「アダプティブ」といった多くの言葉が検討された。他の類義語には、「レジリエント」、「軽快」、「健全」などがある。アジャイルといえば、まず「健全」を思い浮かべてほしい。健全な組織やチームは、アジャイルで、レジリエントで、軽快で、対応力がある。
*resilient* *nimble* *healthy*

## アジャイルプロジェクトの仕組み

アジャイルアプローチは、経験的プロセス制御理論、つまりプロジェクトで観察された現実をもとに意思決定を行うプロセスに基づいている。ソフトウェア開発方法論の文脈において、経験的アプローチは、新しいプロダクトの開発でも、機能強化やアップグレードプロジェクトでも効果的である。これまでの作業を頻繁に直接検査することで、必要に応じた調整を即座に行うことができる。経験的アプローチには以下が求められる。

- **十分な透明性**：アジャイルプロジェクトに関わるすべての人に、何が起きているか、プロジェクトがどのように進行しているかが分かる。
- **頻繁な検査**：プロダクトとプロセスに最も投資している人が、定期的にプロダクトとプロセスを評価する。
- **即時の適応**：検査で変更すべき点が見つかれば、即座に変更する。迅速に調整を行うことで、問題を最小限に抑える。

頻繁な検査と即時の適応に対応するため、アジャイルプロジェクトではイテレーション（反復を基にプロジェクト全体を複数の短い期間に分ける）単位で作業する。アジャイルプロダクト開発の工程には、従来のウォーターフォールプロジェクトと同じような作業が含まれる。つまり、要件と設計を作成し、プロダクトのフィーチャーを開発し、何がなぜ行われたかを文書化し、新しいフィーチャーを継続的に統合する。プロダクトをテストし、問題があれば修正し、使用できるようにプロダクトをデプロイする。しかし、ウォーターフォールプロジェクトのように、すべてのフィーチャーを工程ごとに一度に完了させるのではなく、個々のフィーチャーを優先順位順で、スプリント（1か月以下のイテレーション）を通じて順次完成させていく。
*integration*

次ページの図1-2は、直線的なウォーターフォールプロジェクトとアジャイルプロジェクトの違いを示している。

### ＜注意！＞

1つのプロジェクトに、従来のプロジェクトマネジメント手法とアジャイルアプローチを混在させるということは、「テスラのモデルSの左前輪に馬車の車輪を使いたい。どうすればこの車を他のテスラと同じくらい速く、高性能にできるだろうか？」と言っているようなものだ。しかし、そんなことはもちろん、できない。アジャイルアプローチを全面的に利用することで、プロジェクト成功の可能性が高まるだろう。

1-2　アジャイルプロジェクトマネジメントとは？

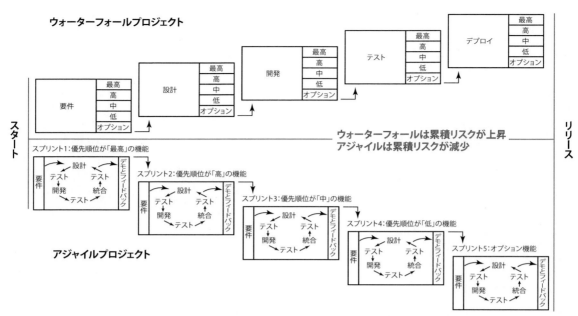

図1-2　ウォーターフォールプロジェクトとアジャイルプロジェクトの比較

## 1-3　アジャイル「プロジェクト」マネジメントから アジャイル「プロダクト」マネジメントへ

　従来のプロジェクトは、ビジネス企画書で企画された特定の利益を達成するために編成された一時的なチームにより実行される、と定義できよう。予算、スケジュール、期待値の設定は、情報が最も少ないプロジェクトの開始時に行わなければならない。そしてプロジェクトが終了すると、チームは解散し、不慣れなオペレーションチームが顧客とプロダクトのサポートのために残される。もし追加の作業が必要になった場合、新しいメンバーが新規プロジェクトに割り当てられ、改めてそのプロダクトのアーキテクチャに習熟しなければならない。プロジェクトは通常、成果物が本番環境にリリースされた時点で終了し、他のメンバーがサポートを行い、ビジネスへの影響を評価することになる。

　今日では、プロダクトは長期的な価値を創造する資産と見なされる。そしてビジネス上のアウトカム（成果・効果）が達成されるまで、プロダクトの精緻化、設計、開発、テスト、統合、文書化、さらにはサポートを反復的に行う恒久的なチームが必要とされる。高いパフォーマンスを発揮するチームが、顧客の問題が解決されるまで継続的に検査と適応を行い、チームにはその過程で得た知識が残る。チームは、文書化された仕様に従うよりも、協力して価値を創造する。

　プロジェクト主導のアプローチが、顧客に価値を早く頻繁に提供する上で足枷になっているとの見方はますます広がっている。アジャイルアプローチを使ってプロダクトを開発すると、時間やお金よりも価値を重視できる。組織が次の公式を使って優先順位を変えるタイミングを判断すれば、最も効果的に価値を提供できる。

$$V（価値）< AC（実際のコスト）+ OC（機会費用）$$

　プロダクトの追加要件に取り組むことで生じる実際のコスト（AC）と、他の投資機会に取り組まないことによる機会費用（OC）の合計が、残りのプロダクト要件を提供することで期待できる価値（V）を上回った場合、チームはより価値の高い投資機会の開発にシフトする。

## プロジェクトマネジメントとプロダクト開発の違い

プロジェクトマネジメントとプロダクト開発には、主に3つの違いがある。

- プロダクトは、安定的、長期的チーム、または恒久的なチームから最も恩恵を受ける。
- プロダクトは短期的な資産であるだけでなく、長期的な資産でもある。現役のプロダクトは、維持や改良が必要なため、本当の意味で完成することはない。
- プロダクトは、仕様を超えた価値を最大化するように設計された投資資産（ポートフォリオ）の一部である。

### プロジェクト中心のチームを超える恒久的なチーム

寿命の長いプロダクトは、長期的、さらには恒久的なチームによって開発され、メンテナンスされる。創発的なアーキテクチャを繰り返し構築し、そのケイパビリティとパフォーマンスを拡張するチームでは、一緒に働く期間が長いほど、顧客をより理解でき、チームの予測可能性が高まる。プロジェクト中心のチームは、特定の期間だけ集まり、終わると新しいプロジェクトに移ってしまう。そこでは人、技術、顧客といった背景が変わる可能性が高いので、プロジェクトの終了時に学んだ教訓は、次のプロジェクトで通用する可能性が低い。安定した恒久的なチームなら、透明性、検査、適応（経験的プロセス制御）が実現する。

#### ＜秘訣＞

アジャイルプロダクトチームが「恒久的」であるからといって、変化がなくキャリアアップができないわけではない。しかし、チームの人事異動は規定ではなくあくまでも例外である。特にケイパビリティを高めて価値を提供できる人には、キャリアアップの機会が与えられる。恒久的なチームのメンバーは、一時的なプロジェクト限りのグループとしてではなく、家族のように振る舞うことが理想である。

### プロダクトは、プロジェクトの成果物としてではなく、長期的な資産

プロダクト開発にはリスクが伴う。至るところに不確実性があふれている。しかし不確実性こそが、アジャイルプロダクト開発を理想的なものにしているのだ。従来のプロジェクトは、一定の時間枠の中で特定のシステム成果物を完成させることが任務であったが、アジャイルプロダクト開発では、使用可能で、完全に機能するプロダクトの一部であるプロダクトインクリメントをスプリント単位で作り上げ、開発全体を通して頻繁なフィードバックを収集して実装することによって、不確実性が反復的に低減される。そうしたプロダクトは、顧客のニーズに適った、問題解決のための資産となる。現役のプロダクトはメンテナンスが必要であり、改良が可能であるため、決して完成することがない。

特に今日の設備投資戦略では、時間、資金、人への投資によって、プロダクトが減価償却可能な資産に変わるため、収益だけでなくコスト削減も実現する。プロダクト開発をコストではなく資産を生み出すものと見なすことで、関係者全員の視点が変わる。アジャイルプロダクト開発を通じて顧客価値を継続的に提供することで、追加資金調達の可能性が高まる。

#### ＜豆知識＞

一般に **CapEx** と呼ばれる**資本的支出**は、土地、建物、産業プラント、技術、設備などの物理的資産を取得、アップグレード、維持するために企業が使用する資金のことである。CapEx は多くの場合、企業による新規プロジェクトや投資に使用される。

### 仕様を超えた価値の追求

早期の失敗はアジリティの重要な要素である。アジャイルチームは、顧客価値を創造するためにリスクを冒すことに余念がない。科学者のように、仮説を立て、現実世界でテストし、結果を評価し、仮説を調整し

て再度テストする。このプロセスを何度も何度も繰り返しながら、プロダクトを顧客のニーズに近づけていく。チームは、大量の仕様よりも、顧客からの実際のフィードバックを重視する。アジャイルプロダクト開発では、機能の優先順位は、解決すべき問題に最も精通している人々によって設定される。

## なぜアジャイルプロダクト開発がうまくいくのか？

　本書を読めば、アジャイルプロダクト開発が従来のプロジェクトよりもなぜうまくいくのかが分かる。そして、アジャイルアプローチで、より優れたプロダクトを生み出すことができる。補足記事「ソフトウェアプロジェクトの成功と失敗」で触れた Standish Group の調査によると、従来のプロジェクトの29%が完全に失敗したのに対し、アジャイルテクニックを使った場合、その数字はわずか9%に減少した。アジャイルプロダクト開発による失敗の減少は、アジャイルチームが進捗と顧客満足度を頻繁に検査し、即座に適応を行った結果である。

　ここでは、アジャイルプロダクト開発アプローチが従来のプロジェクトマネジメント手法よりも優れている重要な点を紹介する。

- **プロジェクトの成功率**：第17章では、アジャイルプロダクト開発によって、プロジェクトが壊滅的に失敗するリスクがほとんどゼロになることが分かる。ビジネス価値とリスクによって優先順位を付けるアジャイルアプローチを用いると、成功か失敗かを早期に明らかにできる。プロダクト開発全体を通してテストを行うアジャイルアプローチは、大量の時間とコストを費やす前に、問題を確実に発見するのに役立つ。
- **スコープクリープ**：第9章、第10章、および第14章では、アジャイルアプローチがプロダクト開発全体を通してどのように変化に対応し、プロジェクト要件の増加である「スコープクリープ」を最小限に抑えるのかを見ていく。アジャイル原則に従えば、開発の流れを中断させることなく、各スプリントの最初に新しい要件を追加することができる。優先順位の高いフィーチャーを最初に完全に開発することで、スコープクリープが重要な機能を脅かすのを防ぐことができる。
- **検査と適応**：第12章と第16章では、アジャイルプロダクト開発全体を通して、定期的な検査と適応がどのように機能するかについての詳細が述べられている。アジャイルチームは、完全な開発サイクルからの頻繁なフィードバックと、動作し出荷可能な機能を武器に、スプリントごとにプロセスとプロダクトを改善することができる。

　本書の多くの章を通じて、ビジネスアジリティがプロダクトのアウトカムを高めるのにどのように役立つかを知ることができる。早期かつ頻繁なテスト、必要に応じた優先順位の調整、より良いコミュニケーション手法の使用、そしてプロダクト機能の定期的なデモとリリースによって、様々な要因をコントロールし、微調整することが可能になる。

# 第 2 章

# アジャイル宣言と原則の適用

---

**この章の内容**

- アジャイル宣言と 12 のアジャイル原則の定義を学ぶ
- Platinum Edge の原則を学ぶ（「24-10　Platinum Edge」の節も参照）
- プロジェクトマネジメントにもたらされた変化を知る
- アジャイルのリトマス試験を行う

---

　この章では、アジャイル宣言で説明されている「アジャイルであること」の意味の基本を、その 4 つの価値観と、アジャイル宣言の背後にある 12 のアジャイル原則と共に説明する。また、本書の共著者であり、Platinum Edge の創業者でもあるマーク・C・レイトンが組織のビジネスアジリティの向上を長年支援してきた経験から生み出した、Platinum Edge の 3 つの原則を追加して、これらの基本をさらに発展させる。

　チームがアジャイル原則に従っているかどうか、またその行動や振る舞いがアジャイルの価値観と一致しているかどうかを評価するためにプロダクト開発チームに必要な情報は、この基本を知れば分かる。この価値観と原則を理解すれば、「これはアジャイルだろうか？」と疑問を持ち、その答えに自信を持てるようになる。開発チームについてもっと学ぶには、第 7 章を参照してほしい。

## 2-1　アジャイル宣言を理解する

　1990 年代半ば、私たちはインターネットで世界が変わるのを目の当たりにした。活況を呈していたドットコム業界で働く人々は、急速に変化するテクノロジーを使っていち早く市場に乗り込まなければというプレッシャーに常にさらされていた。開発チームは昼夜を問わず働き、競合他社に遅れを取る前に新しいソフトウェアをリリースしようと奮闘していた。情報技術（IT）業界は、わずか数年で大きく変革された。

　当時の変化のペースを考えれば、従来のプロジェクトマネジメントのプラクティスに亀裂が生じたのは必然と言えよう。第 1 章で説明したウォーターフォールのような従来の方法論では、開発者は市場のダイナミックな性質やビジネスへの新しいアプローチに十分に対応することができなかった。開発チームは、そのようなプロジェクトマネジメントの時代遅れなアプローチに代わるものを模索し始めた。その過程で、彼らはより良い結果を生み出すいくつかの共通テーマに気づいた。

　2001 年 2 月、こうした新しい方法論の先駆者 17 人が米国ユタ州スノーバードに集まり、自分たちの経験、アイデア、プラクティスを共有し、それらをどのように表現するのがベストかを議論し、どうすればソフトウェア開発の世界をより良いところにできるかを提案した。この会合が、プロジェクトマネジメントの未来にどのような影響を与えることになるのか、彼らは想像もしていなかっただろう。彼らが作成した宣言とそれに続く原則のシンプルさと明快さは、情報技術の世界を一変させ、ソフトウェアだけでなく、あらゆ

る業界のプロダクト開発に今も革命をもたらしている。

それから数か月の間に、彼らは以下のようなものを構築した。

- **アジャイル宣言**（元々はアジャイルソフトウェア開発宣言）：開発の核となる価値観を意図的に合理化して表現したもの
- **アジャイル原則**：プロダクト開発チームが価値を提供し、順調に進むための指針となる 12 の概念
- **アジャイルアライアンス**：アジャイル原則とプラクティスを適用する個人と組織を支援することに焦点を当てたコミュニティ開発組織

このグループの活動は、ソフトウェア業界をより生産的で、より人間らしく、より持続可能なものにするように運命づけられた。

アジャイル宣言は、少ない言葉で入念に練られたパワフルな声明である。重要なので再掲する。

> **アジャイルソフトウェア開発宣言\***
>
> 私たちは、ソフトウェア開発の実践あるいは実践を手助けする活動を通じて、よりよい開発方法を見つけ出そうとしている。この活動を通して、私たちは以下の価値に至った。
>
> > プロセスやツールよりも**個人と対話**を、
> >
> > 包括的なドキュメントよりも**動くソフトウェア**を、
> >
> > 契約交渉よりも**顧客との協調**を、
> >
> > 計画に従うことよりも**変化への対応**を、
>
> 価値とする。すなわち、左記のことがらに価値があることを認めながらも、私たちは右記のことがらにより価値をおく。

\* Agile Manifesto Copyright © 2001: Kent Beck, Mike Beedle, Arie van Bennekum, Alistair Cockburn, Ward Cunningham, Martin Fowler, James Grenning, Jim Highsmith, Andrew Hunt, Ron Jeffries, Jon Kern, Brian Marick, Robert C. Martin, Steve Mellor, Ken Schwaber, Jeff Sutherland, Dave Thomas
この宣言は、この注意書きも含めた形で全文を含めることを条件に自由にコピーしてよい。

アジャイル宣言が簡潔かつ拠り所となる声明であることは誰も否定できない。従来のアプローチでは計画に融通が利かないこと、変化が避けられること、すべてが文書化されること、階層ベースの管理が奨励されることが際立っているが、この宣言は次のことに重点を置いている。

- 人
- コミュニケーション
- プロダクト
- 柔軟性

アジャイル宣言は、プロダクトをどのように構想し、作り、管理するかについての焦点が大きく転換したことを表している。右側の項目を読んだだけで、宣言に署名した人々が思い描いた新しいパラダイムが理解できる。彼らは、個人と対話をより重視することで、チームは価値ある顧客との協調を通じて、また変化に適切に対応することにより、より効果的に動くソフトウェアを生み出すことができると考えた。対照的に、従来のようにプロセスやツールを重視すると、契約交渉に応じたり、不変の計画に従ったりするために、包括的で過剰な文書が生じることが多い。

なぜアジャイルの価値観の理解が重要なのかは、研究と経験が物語っている。

- **プロセスやツールよりも個人と対話**：個人と対話を正しく理解することで、パフォーマンスが 50 倍向上するという研究結果がある。これを行う方法の 1 つが、権限を与えられたプロダクトオーナーと開発チームを同じ場所に配置することだ。
- **包括的なドキュメントよりも動くソフトウェア**：スプリント内で不具合の検出と修正を怠ると、次のスプリントで最大 24 倍の工数とコストが掛かる可能性がある。また、機能が市場に提供された後、

プロダクト開発に関与していないサポートチームがテストと修正を行った場合、そのコストは最大で100倍になる。

- **契約交渉よりも顧客との協調**：熱意があり相談しやすいプロダクトオーナーは、開発チームにその場で明確な説明を行い、顧客の優先順位と実行中の作業を一致させることで、生産性を4倍向上させることができる。
- **計画に従うことよりも変化への対応**：プロダクト開発チームの計画量が、ウォーターフォールチームより少ないわけではない。ウォーターフォールモデルで開発されたフィーチャーの80％は、使用頻度が低いか、全く使用されない（第1章で述べたとおり）。計画を立ててスタートすることは重要だが、スタート時は最も知識が少ない。そのため、プロダクト開発チームはジャストインタイム（Just-In-Time）のアプローチを取り、戦略的なプロダクトのビジョンとロードマップをサポートするために、必要な時に必要なだけの計画を立てる。途中で現実に合わせて計画を適応させることで、チームは無駄な機能を回避し、顧客に喜ばれるプロダクトを提供することができる。

アジャイル宣言の作成者たちは、IT業界で働いていたため、元々ソフトウェア開発に焦点を絞っていた。しかし、アジャイルテクニックはソフトウェア開発だけにとどまらず、コンピューター関連のプロダクト以外にも広がっている。今日、スクラムのようなアジャイルアプローチは、Apple、Microsoft、Amazonのような企業を先頭に、バイオテクノロジー、製造、航空宇宙、エンジニアリング、マーケティング、建築、金融、海運、自動車、公共事業、エネルギーといった各業界に破壊的革命をもたらしている。提供するプロダクトやサービスについて、早期に経験に即したフィードバックを得たいのであれば、アジャイルメソッドからその恩恵を受けることができる。

「State of Scrum 2017-2018」レポートには、スクラムアライアンスのボードメンバーによる「アジャイルトランスフォーメーションを行わない企業は滅びるだろう。それはコンピューターを使うことを拒否する会社と同じだ」という言葉が引用されている。

> **＜覚えておこう！＞**
> アジャイル宣言とアジャイル原則が直接言及しているのは、ソフトウェアのことである。本書でアジャイル宣言と原則を引用する時は、これらの言及をそのまま残す。ソフトウェア以外のプロダクトを作っている人は、自分のプロダクトに置き換えて読んでほしい。アジャイルの価値観と原則は、ソフトウェアだけでなく、すべてのプロダクト開発活動に適用される。

## 2-2　アジャイル宣言の4つの価値観を概説する

アジャイル宣言は、理論からではなく、実際の経験から生まれた。以下のセクションで説明されている価値観を確認しながら、それらを実践することがどのような意味を持つかを考えてみてほしい。これらの価値観は、市場投入時間の短縮というゴールに適うこと、変化に対処すること、そして人によるイノベーションを重視することをどのように支援するだろうか。

アジャイルの価値観と原則には番号が振られていないが、参照しやすいように、本書では番号を振る。番号は宣言における順番と同じである。

### 価値観1：プロセスやツールよりも個人と対話

一人一人がプロダクトに独自の価値を提供できるようにすれば、その結果は力強いものになる。こうした人間同士の対話で問題解決を集中的に行うことで、共通の目的が生まれる。しかも、合意に至るまでに使用されるプロセスやツールは従来のものよりもはるかにシンプルである。

プロダクトの問題をシンプルな形式で話し合えば、比較的短時間で多くの問題を解決することができる。メール、スプレッドシート、文書で実際の会話を模倣しようとすると、多大なオーバーヘッドコストと遅延

が発生する。このような管理されたコミュニケーションは、明瞭さを増すどころか、あいまいで時間の掛かるものになりがちで、開発チームをプロダクト作りの作業から遠ざけてしまう。

　個人と対話を重視することの意味を考えてみよう。表2-1は、個人と対話を重視することと、プロセスとツールを重視することの違いを示している。

表2-1　「個人と対話」と「プロセスとツール」の比較

| | 個人と対話を重視する | プロセスとツールを重視する |
|---|---|---|
| 長所 | ● コミュニケーションが明確で効果的になる。<br>● コミュニケーションが迅速で効率的になる。<br>● 人々が協力することによってチームワークが高まる。<br>● 開発チームが自己組織化†できる。<br>● 開発チームによるイノベーションの機会が増える。<br>● 開発チームが必要に応じて迅速にプロセスを調整できる。<br>● 開発チームのメンバーが、プロダクトの個人的なオーナーシップを持つことができる。<br>● 開発チームのメンバーが、仕事により満足感を得ることができる。 | ● プロセスが明確で、フォローしやすい。<br>● 文書によるコミュニケーション記録が残る。 |
| 短所 | ● チームに、より権限を与え指揮統制を減らすには、マネジャーが従来のリーダーシップの取り方を捨て去らなければならない場合がある。<br>● チームの一員としてうまく働くため、メンバーは個人的なエゴや自己中心的な欲求を置き去りにしなければならない場合がある。 | ● 良いプロダクトを作るための最良の方法を見つけることなく、プロセスに過度に依存してしまう場合がある。<br>● 1つのプロセスがすべてのチームに合うわけではない。<br>● メンバーが変われば、仕事のスタイルも変わる。<br>● 1つのプロセスがすべてのプロダクトに合うわけではない。<br>● コミュニケーションが曖昧になり時間が掛かる場合がある。 |

**＜覚えておこう！＞**

　プロセスやツールがプロダクト開発とそれに関連するすべてのものを管理する方法と見なされるなら、人々も、仕事への取り組み方も、そのプロセスやツールに適合しなければならなくなる。こうした考え方が、新しいアイデア、新しい要件、新しい考え方を受け入れにくくしてしまう。しかしアジャイルアプローチは、プロセスよりも人を大切にする。個人とチームを重視することで、その人たちのエネルギー、イノベーション、問題解決能力が重要になってくる。アジャイルプロダクトマネジメントでもプロセスやツールを使用するが、それらは意図的に合理化され、プロダクト作りを直接サポートする。プロセスやツールが堅牢であればあるほど、そのメンテナンスに費やす費用は増え、それに依存する量も増える。しかし、人を最優先に考えることで、生産性は飛躍的に向上する。人間中心で参加型のアジャイルな環境では、新しいアイデアやイノベーションに容易に適応することができる。

## 価値観2：包括的なドキュメントよりも動くソフトウェア

　開発チームは、実際に動く機能を作り出すことを重視すべきだ。アジャイル開発において、プロダクト要件が本当に完了したかどうかを測る唯一の方法は、その要件に結び付いた動く機能を作り出すことである。ソフトウェアプロダクトにとって、動くソフトウェアとは、私たちが「完成の定義」と呼んでいるもの（少なくとも開発、テスト、統合、文書化を終えている）を満たしたソフトウェアを意味する。最終的には、動くプロダクトこそが投資する理由になるのだ。

†　（訳注）自己組織化（self-organization）は、特定の集団が外部からの指示や管理なしに、自らの内部の相互作用を通じて秩序や構造を形成するプロセスを指す。自己組織化されたアジャイルチームでは、共通のゴールを達成するために、チームメンバーが自律的に役割を担い、計画策定、実施、問題解決を行う。

あなたはこれまでに、進捗報告会議で「プロジェクトが75%終わった」などと報告したことはあるだろうか？顧客から「資金が足りなくなった。今すぐ75%分もらえないか？」と言われたらどうなるだろうか。従来のプロジェクトでは、その段階で顧客に提供できるものは何もない。従来の75%完成とは、75%進行中で、0%完成という意味だ。しかし、アジャイルプロダクト開発では、完成の定義を使うことで、そのプロダクトは要件の75%、つまり最も優先順位の高い75%の要件に対し、動作して、潜在的に出荷可能な機能を持つことになる。

<覚えておこう！>
　　アジャイルアプローチのルーツはソフトウェア開発にあるが、他の種類のプロダクトにも使うことができる。
　　アジャイルのこの2つ目の価値観は、「包括的なドキュメントよりも**動く機能**」と読み変えることができる。

　価値ある機能を生み出すことに集中できなくするタスクは、動作するプロダクトの作成をサポートするのか、逆に妨げるのかを見定めなければならない。表2-2は、従来のプロジェクト文書の例とその有用性を示している。あなたが最近関わったプロジェクトで作成された文書が、顧客に提供する機能に付加価値を与えたかどうかを考えてみてほしい。

表2-2　有用な文書かどうかの判断

| 文書 | その文書はプロダクトの価値を高めるか？ | その文書は必要最小限なものか、それとも金メッキか？ |
| --- | --- | --- |
| 高額なプロジェクトマネジメントソフトウェアで作成されたプロジェクトスケジュール（ガントチャート付き） | 高めない。プロダクト開発の開始から終了までのスケジュールに、詳細なタスクや日付まで含める必要はない。また、これらの詳細の多くは、将来のフィーチャーを開発する前に変更される。 | 金メッキ。プロジェクトマネジャーは、プロジェクトスケジュールの作成と更新に多くの時間を費やすかもしれないが、チームメンバーは、重要な成果物の日付だけを知りたがる傾向がある。また、上層部は、成果物が予定通りか、予定より早く進んでいるか、遅れているかだけを知りたがる。 |
| 要件文書 | 高める。すべてのプロダクトには、プロダクトのフィーチャーやニーズに関する詳細な要件がある。開発チームは、プロダクトを作る際にそのニーズを知る必要がある。 | 金メッキになりうるが、必要最小限にすべき。要件文書は、不必要な詳細を含めようとするとすぐに大きくなる。アジャイルアプローチでは、プロダクトの要件に関する会話を可能にするシンプルな方法が提供される。 |
| プロダクトの技術仕様 | 高める。プロダクトをどのように作ったかを文書化することで、将来の変更が容易になる。 | 金メッキになりうるが、必要最小限にすべき。アジャイル文書には、必要なものだけが含まれる。開発チームには余分な飾りを付加する時間がないことが多く、彼らは文書を最小限に抑えることに熱心である。 |
| 週次進捗報告 | 高めない。週次進捗報告は管理目的であり、プロダクト作りを支援するものではない。 | 金メッキ。状況を知ることは有益だが、従来の進捗報告は古い情報を含むもので、必要以上の負担になる。 |
| 詳細なプロジェクトコミュニケーション計画 | 高めない。連絡先リストは役に立つが、多くのコミュニケーション計画の詳細は、プロダクト開発チームにとっては役に立たない。 | 金メッキ。コミュニケーション計画は、往々にして文書化のための文書で終わってしまう。余分な雑務の一例だ。 |

2-2　アジャイル宣言の4つの価値観を概説する

<覚えておこう！>

　アジャイルプロダクト開発では、「必要最小限」はポジティブな表現であり、タスク、文書、会議、あるいはゴールを達成するために必要なだけのどんな作成物も含んでいる。必要最小限であることは、実用的で効率的である。不足がなければ、問題はないのだ。必要最小限の反対は「金メッキ」つまり、フィーチャー、タスク、文書、会議、その他あらゆるものに不要な飾りや手間を加えられることである。

　すべての開発には何らかの文書化が必要である。アジャイルプロダクト開発では、文書は開発をサポートする場合にのみ役に立ち、動くプロダクトの設計、デリバリー、デプロイには最も直接的で形式張らない、必要最小限な形で役割を果たす。アジャイルアプローチでは、時間、コストマネジメント、スコープマネジメント、報告に関する管理事務作業が劇的に簡素化される。

<秘訣>

　私たちはしばしば文書の作成を中止し、不満がある人がいるかを確認する。文書の要求者が分かれば、その文書がなぜ必要なのかをより深く理解しようと努める。このような状況では「なぜなぜ分析」が効果的だ。答え1つ1つに「なぜ」と問いかけ、文書作成の根本的理由を突き止める。文書作成の核となる理由が分かったら、アジャイル作成物（p.68 参照）や合理的プロセスでそのニーズを満たす方法を確認する。

　プロダクト開発チームは、文書の数を少なくすることで、文書がより合理的になり、メンテナンスに掛かる時間を短縮し、潜在的な問題をより可視化することができる。以降の章では、チームが毎日要件を理解し、リアルタイムのステータスを評価できるようになるシンプルなツール（プロダクトバックログ、スプリントバックログ、タスクボードなど）を作成し、使用する方法について説明する。アジャイルアプローチでは、チームは開発に多くの時間を費やし、文書化に費やす時間を減らすことで、動くプロダクトをより効率的に提供する。プロダクトバックログについては第9章を、スプリントバックログについては第10章を参照してほしい。

## 価値観 3：契約交渉よりも顧客との協調

　顧客は敵ではない。これは真理だ。
　従来のプロジェクトマネジメントのアプローチでは、通常、顧客の関与は一部の開発段階に限定される。

- **プロジェクトの開始時**：顧客とプロジェクトチームが契約内容を交渉する時。
- **プロジェクト中にスコープが変更された時**：顧客とプロジェクトチームが契約内容の変更について交渉する時。
- **プロジェクトの終了時**：プロジェクトチームが完成したプロダクトを顧客に提供した時。プロダクトが顧客の期待に沿わない場合、プロジェクトチームと顧客は契約の追加変更について交渉する。

　交渉を重視し、スコープの変更を避け、顧客による直接の関与を制限してきた従来のやり方では、貴重な顧客からのインプットを阻害し、顧客とプロジェクトチームとの間に敵対的な関係さえ生み出しかねない。

<注意！>

　開発の開始時ほど、プロダクトの知識が乏しい時期はない。開発当初にプロダクトの詳細を契約書に記載しようとすると、不完全な知識に基づいて意思決定をしなければならなくなる。プロダクトとそのプロダクトが対象とする顧客についての知識が深まるにつれて、柔軟に変更することができれば、最終的により良いプロダクトを生み出すことができる。

　アジャイルの先駆者たちは、対立するよりも協調するほうが、より優れた、無駄のない、有用なプロダクトを生み出せることを理解していた。この理解があることで、アジャイルメソッドにおいて、顧客は常にプロダクト開発の一部になる。
　アジャイルアプローチを実際に使用することで、顧客とプロダクト開発チームのパートナーシップを実感でき、開発過程での発見、質問、学習、調整が日常的、好意的、体系的に行われる。このパートナーシッ

プの結果、顧客のニーズにより適した優れたプロダクトが生まれる。

### 価値観 4：計画に従うことよりも変化への対応

変化は、優れたプロダクトを生み出す上で価値あるものだ。顧客、プロダクトのユーザー、そして市場に素早く対応できるチームなら、人々が使いたくなるような、適切で役に立つプロダクトを開発することができる。

残念ながら、従来のプロジェクトマネジメントのアプローチは、変化という怪物と格闘し、地面に押さえつけているようなものである。厳格な変更管理手続きと、新しいプロダクト要件に対応できない予算構造が、変化を難しくしている。従来のプロジェクトチームは、しばしば何も考えず計画に従ってしまい、より価値のあるプロダクトを生み出す機会を逃したり、さらに悪い場合は変化する市場環境にタイムリーに対応できなかったりする。

図 2-1 は、従来のプロジェクトにおける時間、変更の機会、変更のコストの関係を示している。時間、そしてプロダクトに関する知識が蓄積するにつれて、変化することが難しくなり、より多くのコストが掛かるようになる。

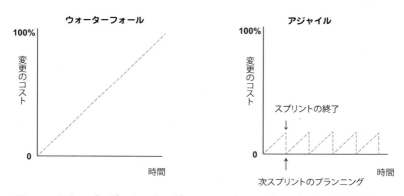

**図 2-1　従来のプロジェクトとアジャイルアプローチにおける変更対応の機会とコスト**

対照的に、アジャイル開発は体系的に変化に対応する。アジャイルアプローチの柔軟性により、プロダクトの変更が予測可能で管理可能になるため、安定性が高まる。つまり、プロダクト開発チームにとっても予測可能になり、作業の中断がなくなる。後の章では、計画、作業、優先順位付けに対するアジャイルアプローチによって、チームが変化にどのように迅速に対応できるようになるのかを見ていく。

新たな出来事が発生すると、チームはその現実を進行中の作業に取り込む。どんな新しい項目も、避けるべき障害ではなく、付加価値を提供する機会となるため、開発チームが成功の機会を得られる。

## 2-3　12のアジャイル原則を定義する

アジャイル宣言を発表してから数か月間、最初の署名者たちはやり取りを続けた。そして、アジャイルアプローチに移行するチームを支援するために、アジャイル宣言の 4 つの価値観を 12 のアジャイル原則で補強した。

> **＜覚えておこう！＞**
> これらの原則は、Platinum Edge の原則（「2-4　Platinum Edge の原則を追加する」の節で後述）と共に、チームの具体的な実践がアジャイルのムーブメントの意図に即しているかどうかを確認するためのリトマス試験として使用することができる。

以下の文章は、アジャイルアライアンスによって 2001 年に発表された 12 の原則のオリジナルである。

1. 顧客満足を最優先し、価値のあるソフトウェアを早く継続的に提供します。
2. 要求の変更はたとえ開発の後期であっても歓迎します。変化を味方につけることによって、お客様の競争力を引き上げます。
3. 動くソフトウェアを、2〜3週間から2〜3か月というできるだけ短い時間間隔でリリースします。
4. ビジネス側の人と開発者は、プロジェクトを通して日々一緒に働かなければなりません。
5. 意欲に満ちた人々を集めてプロジェクトを構成します。環境と支援を与え仕事が無事終わるまで彼らを信頼します。
6. 情報を伝える最も効率的で効果的な方法はフェイス・トゥ・フェイスで話をすることです。
7. 動くソフトウェアこそが進捗の最も重要な尺度です。
8. アジャイルプロセスは持続可能な開発を促進します。一定のペースを継続的に維持できるようにしなければなりません。
9. 技術的卓越性と優れた設計に対する不断の注意が機敏さを高めます。
10. シンプルさ（ムダなく作れる量を最大限にすること）が本質です。
11. 最良のアーキテクチャ・要求・設計は、自己組織的なチームから生み出されます。
12. チームがもっと効率を高めることができるかを定期的に振り返り、それに基づいて自分たちのやり方を最適に調整します。

これらのアジャイル原則は、開発チームに実践的な指針を提供し、次の4つのグループに分けられる。

- 顧客満足
- 品質
- チームワーク
- プロダクト開発

以下のセクションでは、これらのグループ別に原則を説明する。

## 顧客満足のアジャイル原則

アジャイルアプローチは顧客満足を重視するが、これは理にかなっている。結局のところ、顧客こそがプロダクトを開発する動機なのだから。

12のアジャイル原則はどれも顧客を満足させるというゴールをサポートするものだが、とりわけ原則1、2、3、4が注目に値する。

1. 顧客満足を最優先し、価値のあるソフトウェアを早く継続的に提供します。
2. 要求の変更はたとえ開発の後期であっても歓迎します。変化を味方につけることによって、お客様の競争力を引き上げます。
3. 動くソフトウェアを、2〜3週間から2〜3か月というできるだけ短い時間間隔でリリースします。
4. ビジネス側の人と開発者は、プロジェクトを通して日々一緒に働かなければなりません。

プロダクトの顧客は様々な文言で定義できる。

- 顧客とは、プロダクトの代金を支払う個人または団体である。
- 組織によっては、組織の外部のクライアントが顧客になる場合もある。
- 他の組織では、組織内のステークホルダーが顧客になる場合もある。
- プロダクトを最終的に使用する人も顧客である。分かりやすくするため、また12のアジャイル原則と合わせるため、そのような人を「ユーザー」と呼ぶことにする。

これらの原則を実行可能にするにはどうすればよいのか。次のことを考えてみよう。

- スクラムチーム（スクラムは最も使われているアジャイルフレームワークであり、スクラムについては第5章で詳しく学ぶ）には、プロダクトオーナーという、顧客が求めているものをプロダクト要件に言い換える責任者がいる。プロダクトオーナーの役割については、第7章を参照してほしい。

- プロダクトオーナーは、ビジネス価値やリスクの高い順に、プロダクトのフィーチャーに優先順位と要件を明確にし、開発チームにそれを伝える。開発チームは、イテレーションあるいはスプリントと呼ぶ短い開発サイクルで、最も価値のあるフィーチャーを提供する。
- プロダクトオーナーは、フィードバックを提供し、プロダクト開発中に生じる多くの質問に素早く答えるために、毎日密接に、継続的に関与する。
- 動くプロダクトのフィーチャーを頻繁に提供することで、プロダクトオーナーと顧客は、プロダクトがどのように開発されているかを完全に把握することができる。
- 開発チームが1週間から8週間以内に、完成し、動き、潜在的に出荷可能な機能を提供し続けることで、プロダクト全体の価値が、その機能的ケイパビリティと同様に、段階的に成長する。
- 顧客は、開発の終盤にリリース可能な機能を初めて一度だけ受け取るのではなく、開発が進む中で、新しくすぐに使える機能をその都度受け取ることによって、自分の投資に見合う価値を定期的に蓄積していく。

　表2-3では、プロダクト開発中によく発生する顧客満足の問題を挙げている。表2-3を使って、あなたが遭遇した顧客不満足の例をいくつか挙げてみてほしい。よりアジャイルになることで、違いが生まれるだろうか？　その理由は何だろうか？

表2-3　顧客不満足とアジャイルが役立つ可能性

| プロダクト開発での顧客不満足の例 | アジャイルアプローチでどのように顧客満足度を高められるか？ |
| --- | --- |
| プロダクト要件が開発チームに誤解されていた。 | プロダクトオーナーが顧客と密接に協力し、プロダクト要件を定義し、改良し、開発チームに明確さを提供する。<br>プロダクト開発チームは、定期的に動く機能のデモを行い、提供する。プロダクトが顧客の意図したように動作しない場合、手遅れになる開発終了時ではなく、スプリントの終了時に顧客がフィードバックを提供することができる。 |
| 顧客が必要とする時にプロダクトが提供されなかった。 | スプリントで作業することで、チームは優先順位の高い機能を早期に頻繁に提供できる。 |
| 顧客が変更を要求する際に追加コストと時間が掛かった。 | アジャイルプロセスは変更を想定して構築されている。開発チームは、スプリントごとに、新しい要件、要件の更新、優先順位の変更に対応することができる。めったに、あるいは全く使用されない機能など、優先順位の低い要件を削除することで、変更に伴うコストを抑えることができる。 |

**＜秘訣＞**

　顧客満足のためのアジャイル戦略には次のようなものがある。
- 各イテレーションでは、最も優先順位の高いフィーチャーを最初に作り出す。
- コミュニケーションの障壁をなくすために、プロダクトオーナーとチームの他のメンバーを同じ場所に配置することが理想的である。
- 短いイテレーションごとに価値を提供できるように、要件をより小さな塊に分割する。
- 文書化された要件をシンプルに保ち、より確実で効果的な対面コミュニケーションを促進する。
- 機能が完成したらすぐにプロダクトオーナーによる受け入れを行う。
- フィーチャーのリストを定期的に見直し、最も価値のある要件が常に最優先されるようにする。

## 品質のアジャイル原則

　プロダクト開発チームは、開発から文書化、統合、テスト結果に至るまで、作成するすべてのプロダクトのインクリメントにおいて、日々品質を生み出すことにコミットする。チームの各メンバーは、常に最高の

仕事をするように貢献する。12 のアジャイル原則はどれも品質提供のゴールをサポートするものだが、特に注目すべきなのが原則 1、3、4、6〜9、12 である。

1. 顧客満足を最優先し、価値のあるソフトウェアを早く継続的に提供します。
3. 動くソフトウェアを、2〜3 週間から 2〜3 か月というできるだけ短い時間間隔でリリースします。
4. ビジネス側の人と開発者は、プロジェクトを通して日々一緒に働かなければなりません。
6. 情報を伝える最も効率的で効果的な方法はフェイス・トゥ・フェイスで話をすることです。
7. 動くソフトウェアこそが進捗の最も重要な尺度です。
8. アジャイルプロセスは持続可能な開発を促進します。一定のペースを継続的に維持できるようにしなければなりません。
9. 技術的卓越性と優れた設計に対する不断の注意が機敏さを高めます。
12. チームがもっと効率を高めることができるかを定期的に振り返り、それに基づいて自分たちのやり方を最適に調整します。

これらの原則を日常的に実践する場合、次のように具体化することができる。

- 開発チームのメンバーは、技術的品質に対する完全なオーナーシップを持ち、問題を解決する権限を持っていなければならない。彼らがプロダクトをどのように作るかを決定し、プロダクトを作るために必要な技術的作業を決定し、プロダクト開発の企画から実行までの一連の責任を負う。作業を行わない人は、作業のやり方を指示しない。
- ソフトウェア開発のアジャイルアプローチでは、プロダクトのコーディングとテストをモジュール化することで柔軟にし、拡張可能にするアーキテクチャが必要となる。設計は現時点の問題に対処するだけでなく、避けられない変更に対応できるよう、できるだけシンプルにしなければならない。
- 机上の設計では、何がうまくいくかは決して分からない。プロダクトの品質がデモされ、最終的に短期間で出荷できるようなものであれば、スプリントの最後に、全員がそのプロダクトが機能することが分かる。
- 開発チームがフィーチャーを完成させた時に、チームがプロダクトオーナーにプロダクトの機能を見せ、それが受け入れ基準を満たしているかどうかの検証を受ける。プロダクトオーナーによるレビューは、イテレーション全体を通して、理想的には要件の開発が完了したその日に行われるべきである。プロダクトオーナーからのフィードバックは、フィーチャーの開発中であっても必要な場合が多い。
- すべてのイテレーション（ほとんどのチームでは 2 週間以内）の終わりに、動く機能を顧客に示す。進捗が明確で測定しやすい。
- テストは開発に不可欠で、継続するものであり、イテレーションの最後ではなく、1 日を通して行う。テストは可能な限り自動化する。自動テストの詳細については、第 17 章を参照のこと。
- ソフトウェア開発では、新しいコードを確実にテストし、以前のバージョンとの統合が小さいインクリメントで 1 日に数回（Google、Amazon、Facebook などの組織では 1 日に数千回）行われるようにする。継続的インテグレーション（CI）と呼ばれるこのプロセスは、新しいコードが既存のコードベースに追加された時に、ソリューション全体が引き続き動作することを保証するのに役立つ。
- ソフトウェア開発における技術的卓越性の例としては、コーディング規約の確立、サービス指向アーキテクチャの使用、自動テストの実装、将来の変化に対応した構築などが挙げられる。

**＜覚えておこう！＞**

　アジャイル原則はソフトウェアプロダクト以外にも適用される。技術的卓越性は、マーケティングキャンペーンを企画するにしても、本を出版するにしても、製造に携わるにしても、研究開発に携わるにしても、極めて重要である。どの分野にも、チームが品質向上のために使用できる一連の技術的プラクティスがある。

**＜秘訣＞**

アジャイルアプローチは、品質マネジメントのために次のような戦略を提供する。

● 開発当初に「完成」（出荷可能）とは何かを定義し、その定義を品質のベンチマークとして使用する。
● 自動化された手段を使用して積極的に毎日テストする。
● 必要な時に、必要な機能だけを構築する。
● ソフトウェアコードをレビューし最適化する（リファクタリング[†]）。
● プロダクトオーナーに受け入れられた機能のみをステークホルダーや顧客にデモする。
● 1 日を通して、またイテレーション、プロダクトライフサイクルを通じて、複数のフィードバックポイントを設ける。

## チームワークのアジャイル原則

　チームワークはアジャイルプロダクト開発には欠かせない。良いプロダクトを作るには、顧客やステークホルダーを含めたチームのメンバー全員の協力が必要である。アジャイルアプローチは、チームビルディングとチームワークをサポートし、開発チームの自己管理においては信頼が重視される。スキルがあり、やる気があり、一体感があり、権限を与えられた恒久的なチームが、成功するチームとなる。恒久的なチームについて詳しくは、第 8 章を参照してほしい。

　12 のアジャイル原則はすべて、チームワークのゴールをサポートするものだが、原則 4〜6、8、11、12は、チームの権限付与、効率化、優位性を促すものとして注目に値する。

4. ビジネス側の人と開発者は、プロジェクトを通して日々一緒に働かなければなりません。
5. 意欲に満ちた人々を集めてプロジェクトを構成します。環境と支援を与え仕事が無事終わるまで彼らを信頼します。
6. 情報を伝える最も効率的で効果的な方法はフェイス・トゥ・フェイスで話をすることです。
8. アジャイルプロセスは持続可能な開発を促進します。一定のペースを継続的に維持できるようにしなければなりません。
11. 最良のアーキテクチャ・要求・設計は、自己組織的なチームから生み出されます。
12. チームがもっと効率を高めることができるかを定期的に振り返り、それに基づいて自分たちのやり方を最適に調整します。

**＜秘訣＞**

　アジャイルアプローチは持続可能な開発に重点を置いている。知識労働者である私たちの頭脳こそが、プロダクト開発に価値をもたらすものだ。利己的な理由だけを考えたとしても、組織は十分に休養を取ってクリアになった頭脳に働いてほしいはずだ。激しいオーバーワークの時期を設けるのではなく、規則正しい仕事のペースを維持することで、各チームメンバーの思考を明晰に保ち、プロダクトの品質を高く保つことができる。この事実は 1908 年には既に知られていて、エルンスト・アッベ博士が 1 日の労働時間を 12 時間から 8 時間に短縮したところ、累積生産高が実際に増加したことを数値化した。『The Economics of Fatigue and Unrest（疲労と不安の経済学）』の著者である P・サーガント・フローレンスは、1 日 8 時間の労働は 9 時間の労働よりも16％から 20％総生産量が高くなることを示した。

　このチームワークのビジョンを実現するために、あなたが取り入れることができる実践方法をいくつか紹介しよう。

● 開発チームのメンバーに適切なスキルとモチベーションを持たせる。
● タスクを行うために十分なトレーニングを提供する。
● 自己組織化した開発チームが、何をどのように行うか決定するのをサポートする。マネジャーからチームに何をすべきかを言ってはならない。
● チームのメンバーは個人としてではなく、1 つのチームとして責任を持つ。

---

†　（訳注）リファクタリング（refactoring）はソフトウェアの挙動を変えることなく、その内部構造を整理すること。

● 迅速かつ効率的に情報を伝えるために、対面でのコミュニケーションを活用する。

<注意！>
　あなたが普段、シャロンとメールでやり取りしているとしよう。あなたは時間をかけてメッセージを作成し、送信する。メッセージはシャロンの受信トレイに置かれ、やがて彼女はそれを読む。シャロンに質問があれば、その質問を別のメールで送信する。そのメッセージは、あなたが読むまで、あなたの受信トレイに置かれる。そして以降も同じことが繰り返される。こうしたピンポンゲームのようなメールの応酬によるコミュニケーションは、迅速なイテレーションの最中には効率が悪すぎる。5分程度のディスカッションであれば、誤解のリスクも少なく、遅延のコストも抑えながら、素早く問題に対処できる。

● 知識、理解、効率を高めるために、1日を通して自発的に会話する。
● 明確で効率的なコミュニケーションを図るため、チームメイトを近くに集める。同じ場所にいることが不可能な場合は、メールではなくビデオチャットを使用する。書面でのコミュニケーションに頼っているチームは、協調に時間が掛かり、ミスコミュニケーションが起こりやすい。チーム内の文書によるコミュニケーションは負担で無益である。
● 「教訓」が、プロジェクト終了時だけのものではなく、継続的なフィードバックループになるようにする。各イテレーションの最後には、レトロスペクティブを開催すべきである。振り返りと適応によって開発チームの生産性が即座に改善し、より高いレベルで効率化することができる。開発終了時の反省会には、最低限の価値しかない。なぜならば、次に作るプロダクトでは、グループもプラクティスも変わる可能性があるからだ。レトロスペクティブの詳細については、第12章を参照してほしい。最初のレトロスペクティブは、その後のレトロスペクティブと同じくらい（あるいはそれ以上に）価値がある。最初にチームが変更を加えることで、以降のプロダクト開発にメリットがあるからだ。

<秘訣>
以下の戦略が、効率的なチームワークを促進する。
- 効率的でリアルタイムのコミュニケーションに物理的な障壁がないように、開発チームを同じ場所に配置する。
- 協調のためにプラスになるような物理的環境を用意する。チームルームにはホワイトボードやカラーペンなど、すぐに手に取ってアイデアを練ったり伝えたりできる道具を用意し、考えを共有できるようにする。
- チームメンバーが自分の考えを話しやすい環境を作る。
- 可能な限り顔を合わせること。会話で解決できる問題であれば、メールを送らないこと。
- 1日を通して、必要な時に説明を受ける。
- マネジャーがチームの問題を解決するのではなく、チームが問題を解決するよう促す。
- チームメンバーをシャッフルしたくなる誘惑に負けない。チームが安定的で、恒久的で、パフォーマンスが高く、ケイパビリティを高められるチームになるようにする。

<覚えておこう！>
　長期的なプロダクトの視点には、長期的で恒久的なチームが必要である。高パフォーマンスのチームを構築するには数年かかる。顧客に対する理解、各リリースからのフィードバック、提供するプロダクトへのサポート、およびプロダクト開発環境への習熟度。これらのすべてが、チームが可能な限り安定した状態を維持できるように促す。チームメンバーは、チーム外でキャリアアップの新たな機会を求めるかもしれないが、最大限の価値を発揮するためには、チームが可能な限り一定であるべきだ。新しいフィーチャーが作られてもチームを一定に保つことで、顧客によるプロダクトの導入をサポートし、学ぶことができる。

## プロダクト開発のアジャイル原則

　プロダクトマネジメントにおけるアジリティには、3つの重要な分野がある。
- 開発チームの生産性を高め、長期にわたって持続的に生産性を向上させること。
- 開発チームに最新情報の提供を求めることで、開発活動の流れを中断させることなく、プロダクトの

進捗に関する情報をステークホルダーが入手できるようにすること。

● 新しいフィーチャーのリクエストにその都度対応し、プロダクト開発サイクルに組み込むこと。

アジャイルアプローチでは、リリースできる最高のプロダクトを生み出すための作業の計画と実行を重視する。このアプローチは、オープンにコミュニケーションすること、邪魔や無駄な活動を排除すること、プロダクト開発の進捗が誰にとっても明確になるようにすることによって支えられる。

12 の原則はすべてプロダクトマネジメントを支援するものだが、とりわけ 1～3 と 7～10 が注目に値する。

1. 顧客満足を最優先し、価値のあるソフトウェアを早く継続的に提供します。

2. 要求の変更はたとえ開発の後期であっても歓迎します。変化を味方につけることによって、お客様の競争力を引き上げます。

3. 動くソフトウェアを、2～3 週間から 2～3 か月というできるだけ短い時間間隔でリリースします。

7. 動くソフトウェアこそが進捗の最も重要な尺度です。

8. アジャイルプロセスは持続可能な開発を促進します。一定のペースを継続的に維持できるようにしなければなりません。

9. 技術的卓越性と優れた設計に対する不断の注意が機敏さを高めます。

10. シンプルさ（ムダなく作れる量を最大限にすること）が本質です。

以下は、アジャイルプロダクトマネジメントを採用することの利点である。

● プロダクト開発チームは、市場投入までの時間を短縮し、その結果としてコスト削減を達成できる。アジャイルアプローチでは、従来のウォーターフォールプロジェクトの初期段階に必要だった綿密な計画と文書化が最小限に抑えられるため、従来のアプローチよりも早期に開発を開始できる。

● プロダクト開発チームが自己組織化し、自己管理できる。通常、管理者が開発者に仕事の進め方を指示するために費やす労力を、チームの動きを鈍らせる阻害要因や組織内の障害の排除に充てられる。

● アジャイル開発チームが、イテレーションでどれだけの仕事を達成できるかを決定し、そのゴール達成にコミットできる。開発チーム自らがコミットするのであって、外部で策定されたコミットに従うわけではないので、オーナーシップは根本的に異なる。

● アジャイルアプローチは、必要になるかもしれないフィーチャーや余分な改良をすべて含めることに集中するのではなく、「さらに価値を高めるために設定できる最小限のゴールは何か」を問う。アジャイルアプローチは通常、合理化を意味する。例えば、必要最小限の文書化、不要な会議の排除、非効率的なコミュニケーション（メールでのやり取りなど）の回避、水面下にある複雑なものの最小化（機能するのに十分ならば良い）などが含まれる。

**＜注意！＞**

プロダクト開発に役立たない複雑な文書を作るのは労力の無駄だ。決定を文書化するのは構わないが、その決定が下された経緯や細かい情報を何ページも書く必要はない。文書を必要最小限にとどめることで、開発チームのサポートに集中する時間を増やすことができる。

● 開発を数週間以内の短いイテレーション（スプリント）に区切ることで、現在のイテレーションの目標を守りつつ、後続のイテレーションでの変更に対応できる。各スプリントの期間は開発期間中変わらないため、チームにとって長期的に予測可能な目安となる。

● プランニング、要件の精緻化、開発、テスト、機能のデモがイテレーション内で行われるため、誤った方向に長期間進んだり、顧客が望まないものを開発したりするリスクが低くなる。

● アジャイルのプラクティスでは、生産的で健全な安定したペースの開発が奨励される。例えば、エクストリームプログラミング（XP）と呼ばれる一般的なアジャイルソフトウェア開発のプラクティスでは、最大労働時間は 40 時間で、望ましい労働時間は 35 時間である。アジャイルプロダクト開発

は一定で持続可能であり、特に長期的には生産性が高くなる。

**＜注意！＞**

従来のアプローチでは、**デスマーチ**が日常的に発生する。デスマーチでは、チームは何日も、そして最後には何週間も、突然決まった非現実的な期限に間に合わせるために、膨大な時間を費やすことになる。デスマーチが進むと、生産性は劇的に低下する傾向にある。より多くの不具合が発生し、しかもその不具合を別の機能を壊さないように修正する必要があるため、不具合の修正は最もコストの掛かる作業となる。不具合は、システムのオーバーロード、具体的には持続可能でない作業ペースが求められることが原因である。悪影響については Platinum Edge のプレゼンテーション「Racing in Reverse（逆走するレース）」(https://platinumedge.com/video-of-mark-laytons-racing-in-reverse-presentation）を視聴してほしい。

- 優先順位、既存プロダクトの経験、そして最終的には、各スプリント内で開発が行われるスピードが明確であるため、所定の時間内でどれくらい実行できるか、あるいは実行すべきかを適切に決定できる。

従来のプロジェクトに携わったことがあれば、プロジェクトマネジメント活動の基本はご存じであろう。表 2-4 は、いくつかのプロジェクトマネジメントのタスクと、アジャイルアプローチでそれらのニーズをどのように満たすかをリストアップしたものだ。表 2-4 を使って、自分の経験や、アジャイルアプローチが従来のプロジェクトマネジメントとどのように違うかについて、考えをまとめてほしい。

**表 2-4　従来のプロジェクトマネジメントとアジャイルプロダクトマネジメントの比較**

| 従来のプロジェクトマネジメントタスク | アジャイルアプローチによるプロダクト開発タスク |
|---|---|
| プロジェクト開始時に、完全かつ詳細なプロジェクト要件の文書を作成する。プロジェクト全体を通して、要件の変更を管理する。 | プロダクトバックログ（要件を優先順位別にしたシンプルなリスト）を作成する。<br>プロダクト開発中に要件や優先順位が変わったら、プロダクトバックログをすぐに更新する。 |
| プロジェクトのすべてのステークホルダーおよび開発者と毎週進捗報告会議を実施する。各会議後には詳細な議事録と進捗報告を送信する。 | 開発チームは、毎日の開始時に 15 分以内の短い会議を行い、その日の作業と障害について調整し、共有する。チームは、1 日の終わりに 1 分以内に一元的に進捗状況を確認できるバーンダウンチャートを更新できる。ステークホルダーを含む全員が、必要な時にリアルタイムの進捗状況を確認できる。 |
| プロジェクト開始時に、すべてのタスクを記載した詳細なプロジェクトスケジュールを作成する。プロジェクトのタスクはスケジュール通りに進めるようにする。定期的にスケジュールを更新する。 | スプリント内で作業し、アクティブなスプリントのために、具体的なタスクの特定を行う。 |
| 開発チームにタスクを割り当てる。 | 阻害要因や干渉事項を排除することで、開発チームをサポートする。開発チームは、自分たちのタスクを定義し、（プッシュされるのではなく）プルする。 |

**＜秘訣＞**

以下のようなアジャイルアプローチが、プロダクト開発の成功を促す。

- 質問にリアルタイムで回答することで開発チームをサポートし、競合する優先事項から影響を受けないように守り、彼らに解決策を見出したり、各イテレーションでどれだけの仕事を引き受けるかを決定したりする権限を与える。
- 必要最小限の文書を作成する。
- プロジェクトマネジャーが長い時間をかけて情報を引き出すのではなく、開発チームが数秒で情報をプッシュできるよう、進捗報告を合理化する。
- 開発以外のタスクを最小限に抑える。
- 変化することが当たり前で有益なものであって、恐れたり忌避したりするものではないという前提を定め

る。
- ジャストインタイムの要件の洗練化を採用することで、変更による混乱と無駄な労力を最小限に抑える。
- 開発チームと協調して現実的なスケジュール、ターゲット、ゴールを作成する。
- プロダクトゴールが損なわれないよう、プロダクトの目標に関係のない仕事など、組織内の干渉からチームを守る。
- 効率的な開発には、適切なワークライフバランスをとることが欠かせないことを理解する。
- プロダクトを長期的な投資として捉えるには、仕様よりも価値を追求する恒久的なチームが必要である。

## 2-4 Platinum Edgeの原則を追加する

アジャイルプロダクト開発に移行するチームと協力し、世界中の様々な規模の組織でフィールドテストを行った現場経験を通して、私たちはアジャイルプロダクト開発の3つの追加原則を開発した。これをPlatinum Edge の原則と呼ぶことにする。
- 形式にこだわらない。
- チームとして考え、行動する。
- 文書化するより視覚化する。

それぞれの原則については、以下のセクションで詳しく説明する。

### 形式にこだわらない

どんなアジャイルプロダクト開発チームでも、過剰な形式化に流れてしまうことがある。例えば、数秒で解決できるような簡単な問題を会議で議論するためにチームメンバーが待機することはよくある。このような会議ではアジェンダや議事録が作成されることが多く、出席するだけでもある程度大掛かりな準備が必要になる。アジャイルアプローチでは、このような形式的なことは必要ない。

#### <注意！>

形式化や不必要で派手な演出には常に疑問を持つべきだ。例えば、必要なものをもっと簡単に手に入れる方法はないか？ 現在の活動は、高品質のプロダクトをできるだけ早く開発するために、どのように役立つのか？ これらの質問に答えることで、生産的な仕事に集中し、不必要なタスクを回避することができる。

アジャイルシステムでは、議論や物理的な作業環境はオープンで自由であり、文書化は、プロダクトの妨げにならず、プロダクトに価値をもたらすような最小限の量と複雑さにとどめ、装飾だらけのプレゼンテーションのような派手な演出は避ける。チームにとって最良なのはプロフェッショナルで率直なコミュニケーションであり、組織全体の環境は、オープンで快適なものでなければならない。

#### <秘訣>

形式から脱するための戦略には、以下のようなものがある。
- チーム内の肩書をなくすことで、可能な限り組織の垣根を減らす。
- 特にスプリントの終わりに出荷可能な機能のデモを行う場合は、凝ったスライドプレゼンテーションや格式ばった議事録のような、見た目への過剰な注力を避ける。
- 凝った演出を要求するステークホルダーには、そのような演出の高いコストと低いリターンについて教育する。

### チームとして考え、行動する

チームメンバーは、チーム全体としていかに生産的になるかに集中すべきである。それに集中することで、個人の得意分野やパフォーマンス指標を手放すことになる場合がある。アジャイル環境では、チーム全体が、ゴールへのコミット、作業範囲のオーナーシップ、およびそのコミットを達成するために使える時間の認識

において、足並みを揃えるべきである。

チームとして考え、行動するための戦略には、以下のようなものがある。

- ペアで開発し、パートナーを頻繁に入れ替える。ペアプログラミング（各パートナーがその分野の知識を持つ）とシャドーイング（1人のパートナーだけがその分野の知識を持つ）は両方とも、プロダクトの品質とチームメンバーのケイパビリティを高め、単一障害点（特定の個人が不在になることで業務が停止するという脆弱な状況）を減らすことに役立つ。ペアプログラミングについては第17章で詳しく説明する。
- 個々の業務での肩書を、統一された「プロダクト開発者」の肩書に置き換える。開発活動には、単なるコーディングや組み立て作業だけでなく、設計、実装、テスト、文書化など、要件を機能として実現するために必要なすべてのタスクが含まれる。
- チームを細分化した特別なマネジメントレポートを作成するのではなく、チームレベルのみでレポートを作成する。
- 個人のパフォーマンス指標をチームのパフォーマンス指標に置き換える。

## 文書化するより視覚化する

プロダクト開発チームは、単純な図であれ、コンピューター化されたモデリングツールであれ、できる限り視覚化を利用すべきである。視覚表現は言葉よりもはるかに強力だ。文書の代わりに図やモックアップを使えば、顧客が概念や内容をより深く理解できる。

システムのフィーチャーを定義する能力は、グラフィカルな表現を使って対話を進めることで、飛躍的に向上する。グラフィカルな表現は、ほとんどの場合、文字による表現よりも優れており、機能は実際に使ってみるのが一番良い。

<秘訣>
紙に描いたスケッチでも、きちんとした文字ベースの文書より効果的なコミュニケーションツールになり得る。1枚の絵は1000の言葉より雄弁だ。お互いの共通認識を確認したい場合、文字での説明ほど伝わりにくいものはない。「質問があればご連絡ください」という依頼とともに説明をメールで送る場合は特にそうだ。

視覚化のための戦略には、以下のようなものがある。

- 描画ツールがすぐに使えるように、作業環境にホワイトボード、ポスター用紙、ペン、紙をたくさん用意しておく。
- 概念を伝える際は文字の代わりにモデルを使用する。
- 進捗報告には図2-2のようにチャート、グラフ、ダッシュボードを使用する。

# 2-5　アジャイルの価値観がもたらす変化

アジャイル宣言と12の原則は、プロセスが多すぎるのは問題にはなっても解決策にはならないこと、そして適切なプロセスとその適切な量は状況によって異なることを示した。

- **アジャイルアプローチが、プロダクトマネジメントのプロセスに対する態度を変えた。**
プロセスの改善を試みる場合、過去の方法論者は、プロセスを多くし、より形式化されているほどより良い結果をもたらすと仮定して、あらゆる条件下で使用できる普遍的なプロセスを開発しようとした。しかし、このアプローチは、より多くの時間、オーバーヘッド、コストが必要になり、しばしば品質を低下させた。アジャイル宣言と12の原則は、プロセスが多すぎるのは問題にはなっても解決策にはならないこと、そして適切なプロセスと適切な量は状況によって異なることを認めた。
- **アジャイルアプローチが、知識労働者に対する態度を変えた。**
開発チームメンバーが使い捨てのリソースではなく、すべてのプロダクトに変化をもたらすスキル、

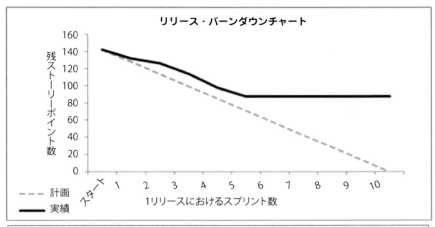

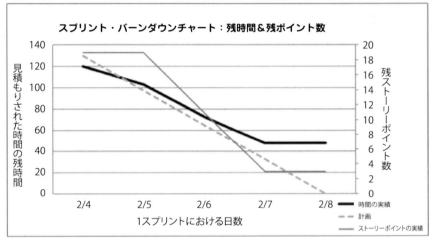

図 2-2　透明性を高めるためのチャートとグラフ

才能、イノベーションを持つ個人であると、IT 側は認識を改めた。プロダクトが同じでも、それを生み出したチームメンバーが変われば、それは違うプロダクトなのだ。

- **アジャイルアプローチが、ビジネス側と IT 側の関係を変えた。**

 アジャイルプロダクト開発は、ビジネス側と IT 側の間の歴史的な分離に伴う問題に対処するために、それぞれの貢献者を同じチームに集め、同等のレベルで関与させ、ゴールを共有させた。

- **アジャイルアプローチが、変化に対する態度を修正した。**

 従来のアプローチは、変化を避けるべき、最小限に抑えるべき問題と見なしていた。アジャイル宣言とその原則が、変化を最も情報に基づいたアイデアを確実に実施する機会であると認識するのに役立った。

---

### 来るべき変化

 企業は、ビジネス上の問題を解決するために、広範囲にアジャイルテクニックを活用できる。アジャイル方法論を使う IT グループや非 IT グループは劇的な変革を遂げているものの、これらのグループを取り巻く組織は従来の手法や概念を使い続けていることが多い。例えば、企業の資金調達や支出のサイクルは、いまだに以下のような方向に向けられている。

- プロジェクトの最後に動くソフトウェアを提供するという長期の開発労力
- 年間予算編成

- プロジェクト開始時点ですべてが確定できるという仮定
- チームのパフォーマンスよりも個人のパフォーマンスを重視した企業インセンティブ体系

その結果生じる摩擦のせいで、組織はアジャイルテクニックで約束された効率性と大幅なコスト削減を十分に実現できない。

組織が前世紀の伝統から脱却し、「顧客、プロダクト、チームにとって何が最善か？」を絶えず問い続ける仕組みを、あらゆるレベルで作り上げることを促進するため、組織全体で一貫したアジャイルアプローチが必要だ。

その組織がアジャイルでないと、プロダクト開発チームはアジャイルであり続けることができない。このムーブメントが進化し続ける中で、アジャイル宣言とその原則に明示されている価値観は、個々のプロダクト、顧客中心の解決策、そして組織全体をより生産的で高収益体質に変化させるための強力な基盤となる。この進化は、アジャイルの原則とプラクティスを探求し、適用し続ける情熱的な方法論者によって推進されるだろう。

## 2-6　アジャイルのリトマス試験

アジャイルであるためには、「これはアジャイルだろうか？」と問う必要がある。特定のプロセス、プラクティス、ツール、またはアプローチが、アジャイル宣言や 12 の原則に準拠しているかどうか疑わしくなったら、次に挙げる質問を考えてみてほしい。

1. 今やっていることは、価値あるソフトウェアの早期かつ継続的デリバリーをサポートしているか？
2. そのプロセスは変化を歓迎し、変化を活用しているか？
3. そのプロセスは動く機能のデリバリーにつながり、それをサポートしているか？
4. 開発者とプロダクトオーナーは毎日一緒に仕事をしているか？ 顧客とビジネスのステークホルダーはチームと密接に連携しているか？
5. チームが仕事を成し遂げるために必要なサポートを受けられる環境になっているか？
6. 電話やメールではなく、直接顔を合わせてコミュニケーションしているか？
7. 動く機能をどれくらい生み出したかで進捗を測っているか？
8. 現在の開発ペースをいつまでも維持できるか？
9. 技術的卓越性と、将来の変更を可能にする優れた設計をサポートしているか？
10. 行わない仕事量を最大化しているか？　つまり、顧客のためにプロダクトゴールを達成できるように、ムダな作業を最小限に抑え、必要な作業だけを行っているか？
11. 開発チームは自己組織化され、自己管理されているか？ 成功するための自由があるか？
12. 定期的に振り返り、それに応じて行動を修正しているか？

これらの質問にすべて「はい」と答えた方には「おめでとう！」と言おう。これからさらにアジャイルになっていくだろう。そうでない方は、その答えを「はい」に変えるために何ができるかを考えてみてほしい。いつでもこの質問に戻り、自分自身のためだけでなく、チームや組織全体に対してアジャイルのリトマス試験を行うことができる。

# 第3章

# なぜアジャイルのほうがうまくいくのか？

### この章の内容
- アジャイルプロダクト開発の利点を見つける
- アジャイルアプローチと従来のアプローチを比較する
- アジャイルテクニックが好まれる理由を探る

　アジャイルアプローチが実社会でうまく機能するのはなぜだろうか？　この章では、アジャイルプロセスが人々の働き方を改善し、オーバーヘッドを防ぐ仕組みを検証する。従来の手法との比較によって、アジャイルテクニックによる改善点が浮き彫りになる。

　アジャイルプロダクト開発の利点について語ると、2つの結論に行き着く。成功、そしてステークホルダーの満足だ。

## 3-1　アジャイルの利点を評価する

　プロダクト開発におけるアジャイルの概念は、これまでのプロジェクトマネジメントのアプローチや方法論とは異なる。第1章で述べたように、アジャイルアプローチは、ウォーターフォールのような従来のプロジェクトマネジメント手法の主な課題に対処するものであるが、それだけでなく、もっと深いところまで踏み込んでいる。アジャイル原則は、どのように「仕事をしたい」か、つまり、複雑な問題を解決する時に私たちが本来どのように対処すべきかについてのフレームワークを提供する。

　プロジェクトマネジメントの従来の手法は、新しいプロダクトの開発のような現代的な開発ライフサイクルのためではなく、より単純明快なシステムのために開発された。人工知能、航空機、サイバーセキュリティ、医療機器、財務管理システム、モバイルアプリケーション、ウェブ中心のオブジェクト指向アプリケーションなど、競争力維持のために絶え間ないイノベーションを必要とするような、複雑で現代的なプロダクトを構築しようとすると、こうしたプロジェクトマネジメント手法が合わなくなるのは当然だ。特にソフトウェア開発で、従来の方法論を適用した場合の結果はひどいものだ。伝統的な方法で実行されたプロジェクトの失敗率がいかに高いかについての詳細は、第1章に示した Standish Group の調査をご覧いただきたい。

#### ＜覚えておこう！＞
　アジャイルプロダクト開発のテクニックは、ソフトウェア開発以外にも多くの業界で利用できる。プロダクトを作成していて、プロセス全体を通して早期のフィードバックが欲しい場合、アジャイルプロセスから恩恵を受けることができる。

　重要な締め切りが迫っている時、あなたは本能的に「アジャイルになっている」だろう。形式に構わず、腕まくりをしてやるべきことに集中し、素早く、現実的に、必要性の高い順に問題を解決し、最も重要なタ

スクから確実に完了させるはずだ。

　これからアジャイルになること以上に、「アジャイルである」ことが重要だ。アジャイルになれば、集中力アップのために無茶な締め切りを設けることもなくなる。その代わりに、人はぎりぎりの状況にあっても現実的に問題を解決できることを知る。例えば、マシュマロチャレンジと題された人気のチームビルディングの演習がある。この演習では、4人のグループで20本のスパゲティ、90cmのテープと90cmのひもを使って、18分以内に、自立可能でできるだけ高いタワーを立て、タワーの上にマシュマロを置く。この演習のコンセプトと背景については https://tomwujec.com を見てほしい。このサイトでは、トム・ウージェック氏によるTEDトークも見ることができる。

　ウージェックによれば、幼い子どもたちのほうが、大人よりも高くて面白い構造のタワーを作るという。大人は1つの完成品を作るのに計画に時間を掛けすぎて、間違いを修正する時間がなくなってしまう。子どもたちは、「ビッグバン開発」、つまり過度な先行計画と一発勝負のプロダクト作りはうまくいかないという貴重な教訓を与えてくれる。形式にこだわり、未知の将来に時間を掛けて詳細な計画を立て、1つの計画に固執することは、成功の妨げとなることが多い。

　マシュマロチャレンジでは、現実を模倣した開始条件が設定される。固定されたリソース（4人、スパゲティなど）と固定された時間（18分）を使って、タワーという構造物（これはプロダクト開発に相当する）を構築する。最終的に何ができるかは誰にも分からない。しかし、従来のプロジェクトマネジメント手法の根底にある前提では、最初に正確な目的地（フィーチャーまたは要件）を決定しないと、必要な人員、リソース、時間を見積もることができない。

　この前提は、現実の生活とは逆さまだ。図3-1で分かるように、従来の手法の理論とアジャイルアプローチは真逆である。私たちは左の世界に生きているふりをしているが、実際には右の世界に生きているのだ。

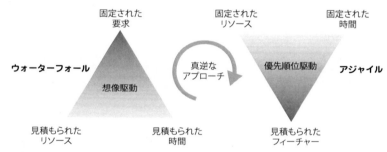

**図3-1　従来のプロジェクトマネジメントとアジャイルの概念の比較**

　要件を決めた上で、プロダクトのデリバリーを一気に行う従来のアプローチでは、結果は完全に成功か、完全に失敗かの一発勝負だ。統合や顧客テストといったサイクルの最終段階の一番最後に行われる作業（つまり、マシュマロをタワーに乗せる作業）にすべてが懸かっているため、非常にリスクが高い。

　図3-2を見ると、ウォーターフォールプロジェクトの各フェーズが、前のフェーズにどのように依存しているかが分かる。チームがすべてのフィーチャーをまとめて設計して開発するということは、どんなに優先順位の高いフィーチャーも、最も優先順位の低いフィーチャーの開発が終わるまでは手に入らないということだ。顧客は、プロダクトのどの要素であれ、プロジェクトの最後に最終的なデリバリーが行われるまで待たなければならない。

　ウォーターフォールプロジェクトでは、テストフェーズで、顧客にようやく待望のプロダクトの一部がお披露目される。それまでの投資と労力は甚大なもので、失敗した時のリスクは高い。そして、完成したプロダクトの要件から不具合を見つけるのは、トウモロコシ畑から一本の雑草を探すと同様に困難なことだ。

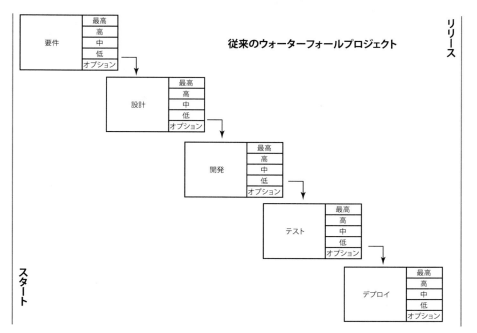

図 3-2　ウォーターフォールプロジェクトのサイクルは一方通行の線形的なアプローチである

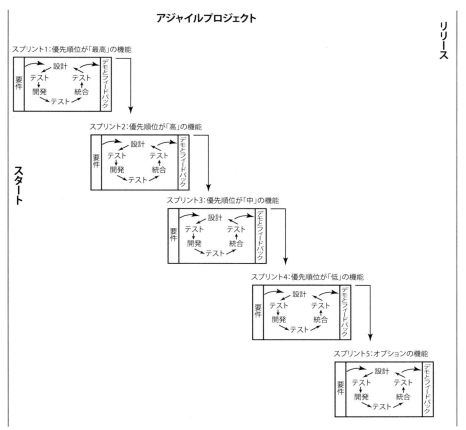

図 3-3　アジャイルアプローチには、反復的な開発サイクルがある

3-1　アジャイルの利点を評価する

アジャイルアプローチは、プロダクト開発のあるべき姿の概念を根底からひっくり返す。アジャイルメソッドを使用すると、図3-3に示すように、イテレーションあるいはスプリントと呼ぶ短い反復的なサイクルで、プロダクト要件の小さなグループを開発し、テストし、統合する。テストは、開発の最後ではなく、各イテレーションで行われる。顧客のところに不具合が到達しないように、開発チームは不具合を見つけて取り除く。トウモロコシ畑ではなく、植木鉢の中で雑草を見つけることのように簡単になる。また、雑草を見つけて取り除けるだけでなく、植木鉢の中で雑草の種が発芽するのも防ぐことができる。

ラグビーでのスクラムは、試合で選手たちがボールポゼッションを獲得するために集まる状況を指す。アジャイルアプローチとしてのスクラムは、作業を整理し効率的に進め、進捗を可視化するための一般的なアジャイルフレームワークを指し、ラグビーのように、チームが共通のゴールに向かって緊密に協力し、結果に責任を持つことを奨励する（スクラムや他のアジャイルテクニックについては第5章で詳しく説明する）。

さらに、アジャイルプロダクト開発では、短いサイクルが終わるたびに顧客はプロダクトを見ることができる。優先順位の高いフィーチャーを最初に作ることができるので、顧客が多額の投資をしていない初期段階で、最大の価値を確保する機会が得られる。

アジャイルアプローチによるプロダクト開発では、イテレーションのたびにリスクが軽減される。さらに、プロダクトに市場価値があれば、開発中であっても収益が入ることがある。これで、自己資金を基にプロダクトを作ることができる。

## ウォーターフォールの欠点

第1章で述べたように、2008年以前は、ウォーターフォールが伝統的なプロジェクトマネジメント方法論として最も広く使われてきた。以下のリストは、プロジェクトマネジメントに対するウォーターフォールアプローチの主な欠点をまとめたものである。

- チームは、時間、予算、チームメンバー、リソースを見積もるために、すべての要件を前もって知っておく必要がある。プロジェクト開始時にすべての要件を把握しておくことは、開発が始まる前に詳細な要件収集に高い投資をしなければならないことを意味する。
- 見積もりが複雑で、完了するには高度な能力と豊富な経験、そして多大な労力が必要になる。
- 顧客やステークホルダーは、要件収集や設計の段階で必要な情報をすべて提供したと思い込んでいるため、開発期間中に質問に答えられないことがある。
- 新しい要件が増えるとプロジェクトの作業が増え、スケジュールが延び、予算が増えるため、チームは、追加に抵抗するか、変更指図として文書化する必要がある。
- チームは、プロジェクトの管理や統制のために大量のプロセス文書を作成し、メンテナンスを行わなければならない。
- いくつかのテストは進めながら行うことができるが、最終的なテストは、すべての機能が開発され、統合されるプロジェクトが終わるまで完了しない。
- プロジェクトが終了し、すべての機能が完成するまでは、完全で包括的な顧客フィードバックができない。
- 資金提供は継続的に行われるが、プロジェクト終了時にならないと価値が現れないため、リスクが高い。
- 価値が実現するには、プロジェクトが完全に完了しなければならない。プロジェクト終了前に資金が枯渇した場合、プロジェクトの価値はゼロとなる。

## 3-2　アジャイルアプローチは従来のアプローチをどう凌駕するか？

アジャイルフレームワークは、柔軟性と安定性の向上、非生産的な仕事の削減、より高い品質でより迅速なデリバリー、開発チームのパフォーマンス向上、より厳密な管理、より速い障害検出など、従来の手法に対する大きな利点を約束する。この節では、これらすべての結果について説明する。

しかし、こうした結果は、高い能力を持ち、恒久的で機能的な開発チームなしには達成できない。プロダクトの成功には開発チームが極めて重要である。アジャイルメソッドでは、開発チームに提供されるサポートと、チームメンバーの行動や対話が重視される。

> **＜覚えておこう！＞**
> アジャイル宣言の最初の価値観は、「プロセスやツールよりも個人と対話」である。開発チームを育てることが、アジャイルプロダクト開発の中心であり、チームが育成されて初めて、アジャイルアプローチで成功を収めることができるのだ。

スクラムチームは、開発チーム（フィーチャー作成者、テスター、デザイナー、その他プロダクトを作成する実際の作業を行うすべての人が含まれる）と、次の2つの重要な役割が中心となる。彼らなくして、開発者は機能しない。

● **プロダクトオーナー**：プロダクトオーナーは、プロダクトと顧客のビジネスニーズに精通する専門家である。プロダクトオーナーは、ビジネスコミュニティと協力し、プロダクト要件に優先順位を付け、日々の説明や開発チームへの最終受け入れを行うことで開発チームをサポートする。

● **スクラムマスター**：スクラムマスターは、開発作業を遅らせる阻害要因から、開発チームを守る役目を果たす。スクラムマスターはさらに、アジャイルプロセスに関する専門知識を提供し、開発チームの進捗を妨げる障害を取り除く手助けをする。また、合意形成とチームの継続的な改善を促進する。

プロダクトオーナー、開発チーム、スクラムマスターについては、第7章に詳しい説明がある。この章の後半では、プロダクトオーナーとスクラムマスターの最優先事項が、開発チームのサポートとパフォーマンスの最適化であることについて説明する。

### 高い柔軟性と安定性

アジャイルプロダクト開発は、従来のプロジェクトよりも高い柔軟性と高い安定性の両方をもたらす。まず、アジャイルプロダクト開発がどのように柔軟性をもたらすのかを知り、次に安定性について説明する。

プロジェクトやプロダクトのマネジメント方法にかかわらず、チームはプロダクト開発のスタート時点で2つの大きな課題に直面する。

● チームがプロダクトの最終状態について限られた知識しか持っていない。
● チームが未来を予測できない。

プロダクトと将来のビジネスニーズに関する知識が限られているため、変更はほぼ避けられない。

> **＜覚えておこう！＞**
> アジャイル宣言の4つ目の価値観は、「計画に従うことよりも変化への対応を」である。数多くのアジャイルフレームワークは、柔軟性を念頭に置いて作られている。

アジャイルアプローチを用いれば、チームは、開発が進んでも新しい知識や新しい要件に適応することができる。ここでは、プロダクト開発チームが変化に対応するのを支援するいくつかのプロセスを簡単に説明しよう。

● プロダクト開発の開始時に、プロダクトオーナーがステークホルダーから大まかなプロダクト要件を聞き取り、優先順位を付ける。プロダクトオーナーは、すべての要件を前もって詳細に分解する必要はない。プロダクトが何を達成すべきかについて適切に理解していれば十分だ。

- 開発チームとプロダクトオーナーが協力して、まず最優先すべき要件をより細かな要件に分解する。その結果、価値ある仕事の小さな塊に分かれ、そこから開発チームがすぐに開発を開始できる。
- 優先順位が設定されてからどれくらい経っているかに関係なく、各スプリントの最優先事項に集中する。

<秘訣>
　イテレーション（スプリント）は短く、最長で4週間、多くの場合は1週間か2週間である。スプリントについての詳細は10章から12章を参照してほしい。

- 開発チームは、各スプリント内で要件のグループに取り組み、スプリントを重ねるごとにプロダクトについてより深く学んでいく。
- 開発チームは、一度に1つのスプリントを計画し、各スプリントの開始時に要件をさらに掘り下げる。開発チームは通常、次に優先順位の高い要件にのみ取り組む。
- 一度に1つのスプリントに集中し、最も優先順位の高い要件に集中することで、チームは各スプリントの最初に優先順位の高い新しい要件に対応することができる。
- 変更が生じた場合、プロダクトオーナーは将来のスプリントで扱うべき要件のリストを更新する。プロダクトオーナーは、市場やビジネスの状況の変化に基づいて、定期的にリストの優先順位を変更する。
- プロダクトオーナーは、優先順位の高いフィーチャーから資金を投入することができ、開発全体を通してどのフィーチャーに資金を投入すべきかを選択することができる。
- プロダクトオーナーと開発チームは、各スプリントの終わりにクライアントのフィードバックを収集し、そのフィードバックに基づいて行動する。クライアントからのフィードバックは、既存の機能の変更や、新しい価値ある要件につながることが多い。さらに、本当は必要でない要件の削除や優先順位の見直しにつながることもある。
- プロダクトオーナーは、プロダクトゴールを達成するのに十分な機能がプロダクトに備わったと判断した時点で、開発を終えることができる。アジャイルプロダクト開発では、時間や資金が尽きる前でも、追加の開発が顧客にとって有意義な価値を提供しなくなる場合、早めに終了することが多い。

図3-4は、アジャイル開発での変更のほうが、ウォーターフォールでの変更よりも安定していることを示している。図の2つの画像を鉄の棒と考えよう。上の棒は2年間のプロジェクトを表している。棒は長さがあるため、歪んだり、曲がったり、折れたりしやすい。プロジェクトの変更も同じように考えることができる。長いプロジェクトは、構造上、不測の事態に対して脆弱だ。というのも、長期のプロジェクトには、立ち止まって変更する機会が設けられていないからである。

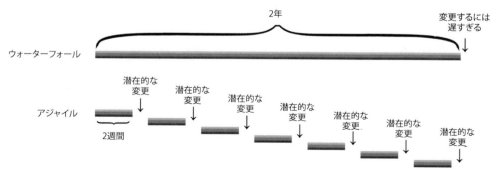

図3-4　アジャイルプロダクト開発の柔軟性が持つ安定性

第3章　なぜアジャイルのほうがうまくいくのか？

図 3-4 の短い棒はそれぞれ 2 週間のイテレーションを表している。このような短い棒のほうが長い棒よりも安定し、変化しづらい。同じように、既知の変更点が設けられている小さいインクリメントのほうが安定しやすい。2 週間はビジネスに変更なしと言うほうが、2 年間変更なしと言うよりもはるかに簡単で現実的である。

　アジャイルプロダクト開発が戦術的に柔軟なのは、その根底にある戦略が安定しているからである。アジャイルアプローチでは、日常的なプロセスに定期的な変更の手段が組み込まれているため、変化に対応しやすい。同時に、イテレーションは安定性のことも考慮されている。チームはプロダクトバックログの変更にはいつでも対応するが、スプリント中に外部からスコープ変更の依頼があっても、通常は対応しない。なので、プロダクトバックログは常に変化するかもしれないが、緊急時を除いて、スプリントは通常、安定している。

　イテレーションの最初に、開発チームはそのスプリントで完了する作業を計画する。スプリントを開始すると、開発チームは計画された要件にのみ取り組む。この計画に例外が発生することもある。例えば、開発チームが早期に終了した場合は、さらなる作業を要求することができる。緊急事態が発生した場合は、プロダクトオーナーがスプリントを中止することができる。しかし一般的には、スプリントは開発チームにとって非常に安定した時間である。

　この安定性がイノベーションにつながる。開発チームのメンバーに安定性があれば、つまり、その期間内に何に取り組むかが決まっていれば、彼らは仕事中に意識的にタスクについて考えるようになる。また、仕事を離れても無意識にタスクについて考え、時間を問わず解決策を思いつく傾向がある。

　アジャイルプロダクト開発では、開発、フィードバック、変更の一定のサイクルが生まれるため、適切なフィーチャーのみを備えたプロダクトを作成できる柔軟性と、創造的になるための安定性が得られる。

## 非生産的な仕事の削減

　プロダクト開発時は、勤務時間中のいつでも、プロダクトの作成か、プロダクトの作成を管理し制御する周辺プロセスのどちらかに取り組むことができる。しかし、最大化を目的とする前者のほうが、最小化を目的とする後者よりも価値があるのは明らかだ。

　プロダクトを開発するには、解決策に注力しなければならない。この言葉は当たり前のように聞こえるが、ウォーターフォールプロジェクトでは日常的にその作業が軽視されている。ソフトウェアプロジェクトによっては、プログラマーが機能を生み出すのに費やす時間は全体の 20% に過ぎず、残りの時間は会議やメールの作成、不必要なプレゼンテーションや文書の作成に費やされている。

　プロダクト開発は、一定時間の集中力を必要とする過酷な活動だ。多くの開発者は、通常の勤務時間中に他の種類の作業をしているため、十分な開発時間を確保できず、プロジェクトのスケジュールについていくことができない。その結果、次のような因果の連鎖が生じる。

　労働時間が長い→開発者が疲れる→不要な不具合が発生する→不具合修正がさらに増える→リリースが遅れる→価値創造までに時間が掛かる

> **＜注意！＞**
> 　一度週末に働いたら、それが一度きりになると思ってはいけない。大抵の場合、週末に一度働き始めたら、それ以降はほとんどの週末に働くことになるだろう。時間外労働をすることで、誤った基準が設けられてしまう。
> 　一度これをやってしまうと、その先も週末の作業が期待されるようになるだろう。

　生産的な仕事を最大化するためには、残業をなくし、開発者が勤務時間中に機能を生み出すようにしよう。生産的な仕事を増やすには、非生産的な仕事を減らさなければならない。

3-2　アジャイルアプローチは従来のアプローチをどう凌駕するか？

## 会議

会議は、貴重な時間を大きく浪費する可能性がある。従来のプロジェクトで、会議に時間を掛けた割に開発者にはほとんど、あるいは全く利益をもたらさなかった経験があるのではないだろうか。開発チームが生産的で有意義な会議だけに時間を費やせるようにするには、アジャイルアプローチが以下の点で役に立つ。

- アジャイルプロセスには、正式な会議体が数種類しかない。これらの会議では、限られた時間で特定のトピックを集中的に話し合う。通常、これらの会議以外、つまりアジャイルでない会議に出席する必要はない。
- スクラムマスターの仕事の1つは、アジャイルでない会議など、開発チームの作業時間を中断するようなリクエストを遮断することである。開発者を開発以外の作業に引き入れたいという要求があったとき、スクラムマスターは本当に必要かどうかを検討するため、その理由を考える。スクラムマスターは、プロダクトオーナーと協力することで、開発チームを邪魔することなくその必要性を満たす方法を見つけ出すことができるだろう。
- アジャイルプロダクト開発では、多くの場合、現在のステータスが組織全体で視覚的に確認できるため、進捗報告会議の必要性がなくなる。進捗報告を効率化する方法は、第16章に記載されている。

## メール

メールは、問題を解決するためのコミュニケーション手段として効率的ではない。メールのプロセスは非同期で時間が掛かる。メールを送り、返事を待ち、また質問をして、また電子メールを送る。このプロセスは、もっと生産的に使えるはずの時間を浪費する。

メールを送る代わりに、チームは顔を合わせてディスカッションを行い、その場で疑問や問題を解決する。情報を送信する必要がある場合や、単純な「Yes」か「No」の回答が必要な場合などには、参加者全員が同時に会話できる常設チャットツールなどを利用する。

## プレゼンテーション

顧客に機能をプレゼンテーション（プレゼン）する準備の際、プロダクト開発チームはよく次のようなテクニックを使う。

- **プレゼンではなく、デモをする**。つまり、作ったものを顧客に説明するのではなく、見せるのだ。プロダクト開発チームは常に、出荷可能なプロダクトのインクリメントのデモができるように準備しておく。仕掛かり作業について仮定の報告をしたくなる誘惑に負けないこと。

### ＜秘訣＞
顧客やステークホルダーがデモの中で、キーボードやプロダクトを実際に触り、プロダクトのインクリメントを体験すれば、彼らはさらに良いフィードバックを提供できる。

- **機能がどのように要件に対応し、受け入れ基準を満たすかを示す**。つまり、「こちらが要件です。これらが、そのフィーチャーが完成したことを示すために必要な基準です。この基準を満たした結果の機能がこちらです。」などと言ってみよう。
- **形式的なスライドによるプレゼンと、それに要するすべての準備は避ける**。機能が動くことを実演できれば、それで十分だ。デモでは余分な飾り付けをせず、ありのままを見せよう。

## プロセス文書

文書化は、長い間プロジェクトマネジャーや開発者の負担となってきた。プロダクト開発チームは、以下のアプローチで文書化を最小限に抑えることができる。

- **反復的な開発を行う**。何か月も何年も前の決定を参照するために、多くの文書が作成される。反復的な開発では、決定からプロダクト開発までの時間が、数か月や数年から、数日にまで短縮される。プロダクトとそれに関連する自動テストでは、決定事項のみが文書化されるため、膨大なペーパーワークがなくなる。
- **万能な文書などない**。プロダクトオーナー、ステークホルダー、顧客に対し、開発作業の報告としてすべて同じ文書を作成しない。彼らにとって意味のあるものを作ること。
- **形式張らない柔軟な文書ツールを使用する**。ホワイトボード、付箋、チャートなど、作業計画を視覚的に表現するツールがあれば十分だ。
- **経営陣にプロダクト開発の進捗状況に関する適切な情報が伝わるシンプルなツールを取り入れる**。報告のために、広範な進捗報告などの特別な進捗報告書を作成しない。プロダクト開発チームは、バーンダウンチャートなどの視覚的なチャートを使用して、状況を容易に伝えると共に、「動くソフトウェア（プロダクト）こそが進捗の最も重要な尺度」（原則7）ということを忘れないようにする。

## より高い品質で、より迅速なデリバリー

従来のプロジェクトでは、要件収集の完了から顧客テスト開始までの期間が、うんざりするほど長くなることがある。この間、顧客は何らかの結果を待っており、開発チームは開発に追われている。プロジェクトマネジャーは、プロジェクトチームが計画通りに進んでいることを確認し、変更を防ぎ、頻繁に詳細な報告を行って、結果を知りたがっているすべての人に最新情報を提供する。

テストがプロジェクト終了間際に始まると、不具合によって予算が増えたり、スケジュールが遅れたり、さらにはプロジェクトが中止されてしまうことさえある。テストはプロジェクト最大の未知の要素であり、従来のプロジェクトではその未知の要素が最後まで残った。

アジャイルプロダクト開発では、高品質で出荷可能な機能を迅速に提供することを以下のような方法で実現する。

- クライアントは、各スプリントの終わりに動く機能をレビューし、次のスプリントが始まるとすぐに、検査と適応のためにチームに即座にフィードバックを提供する。
- 短い開発イテレーション（スプリント）では、その期間に開発するフィーチャーの数と複雑さが絞られるため、各スプリントの完成品がテストしやすくなる。1スプリントで作成できるものの量は限られているため、1つのスプリントでは複雑になりすぎるフィーチャーは、開発チームが分解する。
- 開発チームは、毎日ビルドとテストを行い、プロダクト開発全体を通して、動くプロダクトのメンテナンスを行う。
- プロダクトオーナーは1日を通して関与し、質問に答え、誤解を素早く解く。
- 開発チームは権限を持ち、モチベーションを高く保ち、合理的な勤務時間を確保する。開発チームが疲れ果てていないため、不具合の発生が少なくなる。
- 開発者が作業を完了した時点でテストを行うため、エラーが迅速に検出される。広範な自動テストを頻繁に行い、必要であればコードがチェックインされるたびに行う。
- 最新のソフトウェア開発ツールは、プログラミングせずに、多くの要件をテストスクリプトとして記述できるため、自動テストが迅速に行われる。

## チームのパフォーマンス向上

アジャイルプロダクト開発の中心にあるのは、チームメンバーの経験である。ウォーターフォールのような従来のアプローチと比較して、プロダクト開発チームはより多くの環境的、組織的なサポートを得て、より多くの時間を仕事に集中させ、プロセスの継続的な改善に貢献することができる。これらの特徴が実際にどのような意味を持つかについて説明しよう。

## チームのサポート

アジャイルアプローチから成果を得られるかは、開発チームが潜在的に出荷可能な機能を提供できるかどうかに掛かっている。これは、次のような支援の仕組みによって達成される。

- 一般的なアジャイルプラクティスであるコロケーションを適用する。つまり、開発チーム、スクラムマスター、プロダクトオーナーを一箇所に集め、物理的に顧客の近くにいるようにすることである。コロケーションによって連携が促され、コミュニケーションが迅速で、明瞭で、簡単になる。席を立って直接会話をすれば、曖昧さや不確実性がすぐに解消される。
- プロダクトオーナーは、開発チームからの質問や説明の要求に遅滞なく対応できるため、混乱がなくなり、作業がスムーズに進むようになる。
- スクラムマスターは、阻害要因を取り除き、開発チームが集中し、最大の生産性を達成するために必要なものがすべて揃っていることを確認する。

## 集　中

アジャイルプロセスを使用することで、開発チームは可能な限り多くの作業時間をプロダクト開発に集中させることができる。以下のアプローチが、アジャイル開発チームの集中を助ける。

- 1つのチームゴールに開発チームのメンバーが100％割り当てられるため、コンテキストスイッチ（実行中の作業を中断し、別の作業を実行するための思考の切り替え）によってロスする時間と集中力が失われることを排除する。
- 開発チームのメンバーは、チームメイトが常に協力できることを知っている。
- 開発チームのメンバーは、他の機能からできるだけ独立した、小さな機能単位に集中する。毎朝、開発チームはその日何ができれば成功なのかを知る。
- スクラムマスターには、開発チームを外部の干渉から守るための明確な責任がある。
- 非生産的な作業が減少するため、開発チームが創作や生産的な活動に費やす時間が増加する。

## 継続的改善

アジャイルプロセスは、単純にチェックリストを消化するようなアプローチではない。第12章のスプリントレトロスペクティブの議論にあるように、様々なタイプのプロダクトやチームが、それぞれの状況に適応することができる。以下は、チームが継続的に改善するためのいくつかの方法である。

- 反復的な開発では、新しいイテレーションごとに新たなスタートを切るため、継続的な改善が実現する。
- スプリントは1〜2週間で行われるため、チームはプロセスの変更を素早く取り入れることができる。
- レトロスペクティブと呼ぶレビュープロセスを各イテレーションの終わりに行い、改善のためのアクションを見つけ出し、計画するための専用の場をチームメンバーに提供する。
- プロダクトオーナー、開発チームメンバー、スクラムマスターからなるスクラムチーム全体が、改善が必要と思われる部分をレビューする。
- スクラムチームは、レトロスペクティブから学んだ教訓をその後のスプリントに生かす。これによって生産性が向上する。

## 統制の強化

アジャイル開発では、ウォーターフォール開発よりも作業が迅速に進む。生産性の向上は、以下のような統制の強化に役立つ。

- アジャイルプロセスでは、絶えず情報が共有される。開発チームは、朝会（デイリースクラム）で一緒に仕事を計画し、1日を通してタスクの状況を更新する。
- スプリントごとに、顧客はビジネスニーズに基づいてプロダクト要件の優先順位を見直す機会がある。
- 各スプリントの終わりに提供される動く機能に基づき、最新の知識と新たな優先順位に従って次のスプリントの作業を決定する。数日前、数週間前、数か月前、数年前に設定された優先順位に縛られることはない。
- プロダクトオーナーが次のスプリントの優先順位を決めたとしても、この行動は現在のスプリントには影響しない。アジャイル開発では、要件の変更で管理コストや時間が増えることはなく、進行中の作業が中断することもない。
- アジャイルテクニックではプロダクトの終了が容易になる。各イテレーションの終わりには、プロダクトのフィーチャーが十分かどうかを判断できる。優先順位の低い項目は、開発する必要がないかもしれない。

ウォーターフォールでは、プロジェクトの指標が数週間前のものであり、デモ可能な機能は数か月待たなければならない場合がある。一方、アジャイルでは、指標が日々更新され、完了した作業は毎日コンパイル・統合され、動作するプロダクトは遅くとも数週間ごとにデモされる。最初のスプリントから開発終了まで、すべてのチームメンバーはチームが成果を出しているかどうかを把握している。最新の知識と迅速な優先順位決定能力により、高度な統制が可能になる。

## 早期の失敗は、失敗のコストをより抑える

ウォーターフォールプロジェクトでは、失敗を検出できるかどうかは、理論上、完成した作業がすべて出揃い、投資の大半を使い果たした、プロジェクトスケジュールの終了間際まで分からない。プロジェクトの最後の数週間や数日まで、プロダクトに深刻な問題があるかどうかが分からないのは、関係者全員にとってリスキーである。図 3-5 は、ウォーターフォールとアジャイルアプローチでリスクと投資プロファイル[†]を比較したものである。

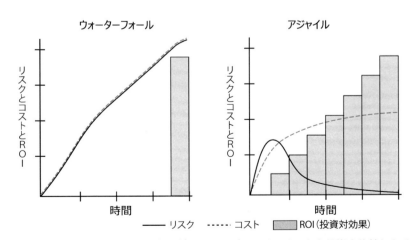

図 3-5　ウォーターフォールとアジャイルアプローチでリスクと投資を比較したチャート

アジャイルフレームワークでは、より厳密な統制ができるだけでなく、次のことも実現する。

---

[†] （訳注）リスクと投資プロファイルは、どの段階でどれだけの資金やリソースが投入されるか、投資のリスクやリターンがどのように変動するかなどを示すものである。

- より早く、より頻繁に失敗を検出できる
- 数週間ごとに評価とアクションを取る機会がある
- 失敗のコストが削減される

あなたはこれまでにプロジェクトでどのような失敗を見てきただろうか？ アジャイルアプローチは役に立つだろうか？ アジャイルプロダクト開発におけるリスクについては、第17章で詳しく説明する。

## 3-3　なぜ人々はアジャイルになりたいのか？

アジャイルプロダクト開発によって、組織がいかに迅速なデリバリーとコスト削減の恩恵を受けられるか、お分かりいただけただろう。以降のセクションでは、直接的または間接的に、関係者にどのような利点があるのかについて説明する。

### 経営陣

アジャイル開発には、経営陣にとって特に魅力的な2つの利点がある。効率性、そして迅速に表れる高い投資対効果だ。

### 効率性

アジャイルプラクティスの実践を通じ、以下の理由で開発プロセスの効率を大幅に向上させることができる。

- アジャイル開発チームが非常に生産的になる。彼らは自分たちで仕事を整理・管理し、開発活動に集中する。集中を妨げる障害があれば、プロダクトオーナーとスクラムマスターが守ってくれる。
- 非生産的な作業が最小限に抑えられる。アジャイルアプローチでは、実りのない作業は排除され、開発に集中できる。
- グラフや図など、シンプルでタイムリーなオンデマンドの視覚的補助を使用することで、何が完了し、何が進行中で、何がこれから行われるかが分かり、開発の進捗状況を一目で理解しやすくなる。
- 継続的なテストにより、不具合が早期に発見され、修正される。
- 十分な機能が備わった時点で開発を中止できる。

### ROIの機会増大

アジャイルアプローチを用いると、以下の理由によりROI（投資対効果）が大幅に向上する。

- **より早く市場に機能性が提供される**。開発終盤で、すべてのフィーチャーをまとめて一度にリリースするのではなく、完成したフィーチャーをグループ単位で段階的にリリースする。
- **プロダクト品質が高くなる**。開発のスコープが管理可能な塊に分割され、継続的にテストと検証が行われる。
- **収益機会を早めることができる**。プロダクトのインクリメントが、従来のプロジェクトアプローチよりも早く市場にリリースされる。市場化までの時間が短いという優位性には対抗する方法はない。
- **プロダクトを自己資金で賄うことができる**。後続のフィーチャーが開発されている間に、リリースされた機能によって収益が得られる可能性がある。

### プロダクト開発と顧客

顧客がアジャイルプロダクト開発を好むのは、変化する要件に対応し、より価値の高いプロダクトを生み出すことができるからだ。

## 変化への適応力の向上

プロダクト要件、優先順位、スケジュール、予算の変更は、従来のプロジェクトを大きく混乱させる可能性がある。対照的に、アジャイルプロセスは次のような有益な方法で変更に対処する。

- 開発の後期においても、停止せず変更を取り入れて、顧客満足度と投資対効果を高める機会を生み出す。
- チームメンバーとスプリントの期間が一定であるため、従来のアプローチよりもプロダクトの変更から生じる問題が少ない。必要な変更は優先順位に基づいてフィーチャーリストに入れられ、優先順位の低い項目はリストの下に追いやられる。最終的には、プロダクトオーナーが、今後の投資が十分な価値をもたらさない時点で、開発を終了するタイミングを選択する。
- 開発チームが最も価値の高い項目を先に開発し、プロダクトオーナーが優先順位付けを管理するため、プロダクトオーナーはビジネスの優先順位と開発活動が一致していることを確信できる。

## より大きな価値

反復型開発では、開発チームがプロダクトのフィーチャーを完成させてから即座にリリースすることができる。そのため、次のような点でより大きな価値がある。

- チームが優先順位の高いプロダクトのフィーチャーほど早く提供できる。
- チームが価値あるプロダクトをより早く提供できる。
- チームが市場の変化や顧客からのフィードバックに基づいて要件を調整することができる。

## 管理職

管理職の人々は、アジャイル開発を好む傾向がある。それは、アジャイル開発がプロダクトの品質向上、時間と労力の無駄の削減、そして有用性が疑わしいフィーチャーの検討よりもプロダクトの価値を重視するためである。

## より高い品質

ソフトウェア開発では、テスト駆動開発、継続的インテグレーション、動くソフトウェアに対する顧客からの頻繁なフィードバックなどを通じて、より高い品質を事前にプロダクトに組み込むことができる。

もしかしたら、あなたはソフトウェアを含まないプロダクトの開発に携わっているかもしれないが、どのようなタイプのプロダクトであれ、品質保証のための技術的プラクティスは存在する。ソフトウェア以外の開発で、品質を前もって向上させる方法として、どのようなものが考えられるだろうか？

## プロダクトとプロセスの無駄の削減

アジャイル開発には、無駄な時間とフィーチャーを削減できる多くの戦略がある。

- **ジャストインタイム（JIT）の精緻化**：その時に最も優先順位の高い要件のみを詳細化して考えることで、開発されないかもしれないフィーチャーに時間を浪費することがなくなる。
- **顧客とステークホルダーの参加**：顧客やその他のステークホルダーは各スプリントでフィードバックを提供することができ、開発チームはそのフィードバックを次のスプリントですぐにプロダクトに反映させることができる。開発とフィードバックが継続することで、顧客にとっての価値が高まる。
- **対面での会話の優先**：迅速で明確なコミュニケーションで、時間の浪費と混乱が抑えられる。
- **変化の有効利用が組み込まれる**：優先順位の高いフィーチャーのみが開発される。
- **実際に機能が動くことの重視**：フィーチャーが動作しない、または価値のある方法で動作しなかったりした場合でも、低コストで早期に発見される。

**価値の重視**

シンプルさというアジャイルの原則では、開発を直接的かつ効率的にサポートしないプロセスやツールを排除し、目に見える価値がほとんどないフィーチャーを除外する。この原則は、開発だけでなく、管理や文書化にも次のように適用される。

- より少なく、短く、集中的な会議
- 過剰な装飾の削減
- 必要最小限の文書化
- プロダクトの品質と価値に対する顧客とチームの共同責任

## 開発チーム

アジャイルアプローチによって、開発チームは以下のような適切な条件で最高の仕事ができるようになる。

- 成功の明確な定義（プロダクトオーナーと共同でスプリントゴールの設定や要件開発中の受け入れ基準の特定）
- 開発を自分たちのやり方で行う権限と敬意
- 価値を提供するために必要な顧客フィードバック
- 専任のスクラムマスターによる、阻害要因の排除と干渉の防止
- 人間らしく持続可能な仕事のペース
- 自己開発とプロダクト改善の両方を支援する学習の文化
- 開発以外の時間を最小限に抑える仕組み

上記のような条件下では、開発チームが活気づき、より早く、より高い品質で結果を出すことができる。

**＜覚えておこう！＞**

ブロードウェイでもハリウッドでも、舞台やスクリーンに登場するパフォーマーの多くが「タレント」と呼ばれる。多くの観客がショーを見に来るのは彼らのおかげであり、裏方の脚本家、ディレクター、プロデューサーは、彼らを確実に輝かせるために存在する。アジャイル環境では、開発チームが「タレント」である。タレントが成功すれば、全員が成功するのだ。

# 第4章

# アジリティにつなげる顧客中心のアプローチ

---

**この章の内容**
- 顧客を知る
- プロダクト開発には顧客の抱える問題の理解が欠かせない
- 対症療法ではなく、根本原因の予防に取り組む

---

　プロダクト開発チームは、顧客が必要とするプロダクトを作り、メンテナンスを行う。どんな顧客なのか、そしてその顧客が解決したい問題が何かを理解することが、プロダクト開発の価値を高める。この章では、顧客が誰であるか、顧客が解決すべき問題が何か、そして症状ではなく根本的な原因を理解するために、チームがどのように取り組むかを学ぶ。

## 4-1　顧客を知る

　「自分の顧客は誰か?」は、プロダクト開発を始める際に誰もが自問しなければならない基本的な質問である。プロダクト開発チームは、プロダクトと顧客の利用データを使って傾向を見たり、業界や市場を注意深く観察したりしながら、この問いについて頻繁に考えている。顧客が誰であるかを明確に理解していないと、プロダクト開発は困難になり、舵取りができなくなる。

　顧客は社外の有料顧客から社内ユーザーまで多岐にわたる。時には、卸売業者、流通業者、小売業者など、何層にもわたって顧客が存在することもある。また、プロダクトを取り巻く環境も劇的に変化し、不確実になっている。ベビーブーマーからミレニアル世代まで、新しい世代のユーザーはいつも新しいニーズや懸念事項をもたらす。さらに、文化、人種、民族、技術や発明の新興や変化、新しい法律や規制、さらには競合ベンチマーキングから得た結果も加わる。顧客は常に、より速く、より良く、より安いものを求め続けている。OS(オペレーティングシステム)のアップデートを毎週受信する自動車から、ウェアラブルデバイス、ホームオートメーションに至るまで、顧客はより多くのものを、より頻繁に手に入れたいと思っている。このような需要に応えることができるプロダクト提供者は、存在感を維持できる。

　顧客が誰であるかを知ることが、プロダクト開発の取り組みを正しい道に導く。しかし、自分が正しい道を歩んでいるかどうか、どうすれば分かるのだろうか? 不確実性は不安の原因になる。

### 不確実性を受け入れる

　現代のプロダクト開発は不確実性に満ちている。それどころか、プロダクト開発で確実なのはこの一点だけだ。顧客からの変化し続ける問題に対して、同じ解決策を講じて対処できることはめったにない。プロダクト提供者は「顧客のことを正確に理解できているか? 適切な問題に対処できているか?」を常に問い続

ける。プロダクト開発チームは、不確実性を受け入れる必要があるのだ。

　反復型のプロダクト開発では、チームはスプリントごとに、中途半端なインクリメントではなく、完全に機能する動くインクリメントを提示して、フィードバックを得ることができる。各スプリントの緊密で一貫したフィードバックループを通じて、プロダクトが顧客のニーズにどんどん近づいていく。チームは、自分たちが顧客の求めているものを作っているという確信を深めていく。そして、途中で仮定を検証することで、不確実性が減っていく。

　不確実性を受け入れることが重要なのは、それによってチームの視点が変わるからである。不確実性があるからこそ、チームは誤った安心感を得ることなく、好奇心を高めていけるのだ。イノベーションとより良いアイデアは、好奇心旺盛なチームから生まれる。これは、あらゆる有名な発明家によって証明されている。

　不確実性は、チームの不安、疑念、リスクを、成長と機会という実りある学習経験に変える。不確実性はチームのモチベーションを高める。これは、アジャイル原則5の「意欲に満ちた人々を集めてプロジェクトを構成します。環境と支援を与え仕事が無事終わるまで彼らを信頼します。」と適合する。プロダクト開発は、良い意味でリスキーなビジネスなのだ。

## 顧客を特定するための一般的な手法

　顧客とそのニーズを特定する手法はいろいろあるが、ここではプロダクト開発チームがよく使う方法について説明する。アジャイル開発の文脈では、エンドユーザーを「顧客」と呼び、プロダクトやサービスの代金を支払う人々を「クライアント」と呼ぶ。

　顧客をよりよく理解するためのテクニックに精通しているプロダクトオーナーや開発者は、組織やチームにとって貴重な存在である。これらのテクニックの活用を促進させることができるスクラムマスターも同様に価値がある。どのテクニックも、チームを確実性の高い道に導く。

### プロダクトキャンバス

　『INSPIRED 熱狂させる製品を生み出すプロダクトマネジメント』(佐藤真治、関満徳 監訳、神月謙一 訳、日本能率協会マネジメントセンター) の中で、著者マーティ・ケーガンは「価値があり、使い勝手がよく、実現可能なプロダクトを発見せよ」と書いている。図4-1 に示すように、成功するプロダクト開発は、以下の3つの条件が満たされたスイートスポットが見つかった時に生まれる。

- **価値がある**：顧客はそれを買うだろうか？
- **使い勝手が良い**：顧客はそれを必要としているか？
- **実現可能である**：開発可能か？

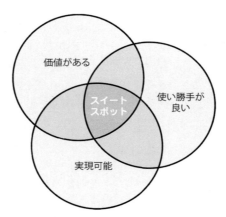

図4-1　価値があり、実現可能で、使い勝手が良いスイートスポット

多くのチームは、プロダクトキャンバスのような視覚化のテクニックを使って、重要な成功要因、パートナー、独自の価値提案、問題点、可能性のある解決策を探り、理解することから始め、そこから価値、使い勝手の良さ、実現可能性が合致するスイートスポットを見つける。

プロダクトキャンバスは、チームが短時間で次の2つのタスクを達成するためのコラボレーションツールである。1つ目は、望ましいゴールやプロダクトのアウトカムを特定すること。2つ目は、顧客のために解決すべき問題についての仮定を検証し、チームが開発に向けた準備を整えることだ。プロダクトキャンバスを使うと、明確なプロダクトビジョンにインスピレーションを与えることができる。プロダクトビジョンについては、第9章で詳しく説明する。

チームは可視化のためにプロダクトキャンバスを使用し、顧客とそのニーズについての共通の理解を深める。チームの仮説の出発点として機能するこのツールは、新しいプロダクトの洞察を深く掘り下げて収集することを可能にする。

### ＜秘訣＞

プロダクト開発チームは、可視化・視覚化によって共通の理解を深める。彼らにとって最も効果的なコミュニケーションは、ホワイトボードやフリップチャートなど、物理的に全体が見渡せる媒体を使うことだ。ホワイトボードなら、説明だけでなく、その意味を絵に描くこともできるからである。『あなたのチームは、機能してますか？』（伊豆原弓 訳、翔泳社）の著者であるパトリック・レンシオーニは、「組織内全員の船を同じ方向に舵取りできれば、どんな業界でも、どんな市場でも、どんな競争相手に対しても、いつでも優位に立つことができる」と述べている。理解を共有することは、チームが同じ方向に漕ぎ出すのを助ける。

リーンキャンバスやビジネスオポチュニティキャンバスなど、キャンバスには多くのバリエーションがある。これらはすべて、アイデアを整理し、前提に挑戦し、協力して戦略的方向性を見つけるという、同じような目的を果たす。図4-2は、アジャイルプロダクトチームでよく使用するプロダクトキャンバスを示している。左半分は市場と顧客の問題を扱い、顧客セグメント、顧客の問題と代替案、価値提案、チャネル、収益予測を定義する。右半分はプロダクトとビジネスの問題を扱い、解決策、主要ステークホルダー、成功要因、リソース、パートナー、コストを定義する。左右両方を見ることで、チームはプロダクトをより詳細に評価することができる。以下に、チームがプロダクトキャンバスを作成する際に使用するカテゴリーを挙げる。

| 顧客セグメント | 問題 | 独自の価値提案 | 解決策 | 重要な成功要因 |
|---|---|---|---|---|
| アーリーアドプター | 既存の代替案 | チャネル | 主要ステークホルダー | 主要なリソースとパートナー |
| 収益/事業価値 | | コスト構造 | | |

市場/顧客　　　　　　　　　　　　　　プロダクト/ビジネス

図4-2　プロダクトキャンバス（© Shardul Mehta 2015）

- **顧客セグメント**：問題解決を必要とするターゲット顧客のセグメントを記述する。誰のために価値を創造するのか？
- **アーリーアドプター**：初期のターゲット顧客を記述する。少なくとも最初は、あなたのプロダクトが

すべての人に当てはまるわけではないということを忘れないでほしい。プロダクトのアイデアを最初にテストする機会は、どの市場セグメントにあるだろうか？

- **問題**：ターゲット顧客のセグメントが経験する主な問題を記述する。
- **既存の代替案**：あなたのプロダクトに代わって利用可能な代替案を記述する。
- **独自の価値提案**：あなたのプロダクトがなぜ、またはどのように異なり、購入する価値があるのかを示す、明確かつ説得力のあるメッセージを簡潔に記述する。
- **チャネル**：顧客を獲得し、維持し、増やすための手段や経路を記述する。認知、関心、活性化、利用を生み出すアイデアを列挙する。顧客の再訪や、口コミを促すものを記述する。アップセル（より上位モデルの商品を提案する販売手法）の機会をリストアップする。
- **解決策**：ターゲット顧客のセグメントの問題の解決方法を記述する。
- **主要ステークホルダー**：プロダクトにとって最も重要な人物をリストアップする。このリストには、賛同や支援を必要とする人物、経営幹部、影響力のある人物などが含まれる。あなたのプロダクトを批判し、真実を教えてくれる、信頼できる人は誰だろうか？
- **重要な成功要因**：成功の測定方法を記述する。アウトプットではなくアウトカムを測定すること。仮説の検証に使用できる主要な測定基準はあるだろうか？

<覚えておこう！>
指標を用いることで、プロダクト開発チームは各プロダクトリリースの成否を評価することができる。指標は、顧客の問題を本当に理解し、解決しているかどうかを確認するのに役立つ。プロダクト開発チームは、こうした目標が達成されるまで、自分たちの仕事が完全に終わったとは考えない。本章で概説したプロダクトキャンバスやその他のツールは、こうしたビジネス指標を早期に見極めるのに役立つ。アジャイルプロダクト開発テクニックを使えば、悪いアイデアや間違ったアイデアを早い段階で断念することができる。

- **主要なリソースとパートナー**：顧客に解決策を提供するために必要な社内外の重要な人材、設備、リソースを記述する。
- **収益/事業価値**：プロダクト、サービス、ケイパビリティを提供することによるビジネス価値を記述する。何が収益向上、コスト削減、顧客満足度向上、競合との差別化、市場でのポジショニング改善などにつながるかを検討する。
- **コスト構造**：プロダクトモデルに内在する重要なコストを記述する。リソース、活動、開発、マーケティング、サポートなど、特にコストが掛かっているものを特定する。

プロダクトキャンバスをベースに用いることで、顧客と望ましいアウトカムをチームがより理解できるだけでなく、プロダクトオーナーも簡潔でいて戦略的なプロダクトビジョンステートメントと、それを支えるプロダクトロードマップを構築できる。プロダクトビジョンステートメントとプロダクトロードマップについては、第9章で説明する。

## 顧客マップ

顧客のさらなる理解が必要なチームが強力な視覚化を行う上で役立つ、顧客重視のマッピングツールは他にもある。ここでは、一般的な2つの顧客マッピングツール、「ジャーニーマップ」と「共感マップ」を紹介しよう。

ジャーニーマップは、顧客のゴールとそこに至るまでの行動ステップ、洞察、感情の関係をチームが視覚化するのに役立つ。ゴールに至るまでの行動と、ユーザーの感情や考えがタイムライン形式で表示される。ジャーニーマップは物語を生み出す。得られた洞察はプロダクトの設計に反映される。図4-3は、ジャーニーマップの流れと、ゴール、ステップ、洞察、感情の関係を概説したものだ。

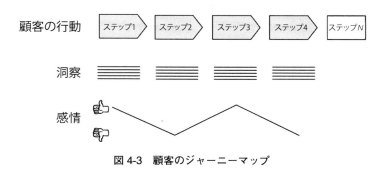

図 4-3　顧客のジャーニーマップ

共感マップ（図 4-4）は、ユーザーの感情や感覚に基づいてチームが考えるのを助ける。顧客が何を見て、何を聞き、何を考え、何を感じ、何をするかが分かる。顧客が経験する問題や、顧客が求める利益をプロダクトでどのように提供できるかが明らかになる。

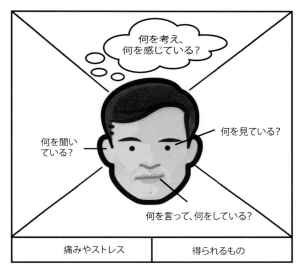

図 4-4　顧客の共感マップ

チームは一緒に顧客マップを作成し、顧客のニーズ、動機、課題を学び、掘り下げていく。チームは、自分たちの認識、観察内容、洞察についてオープンに話し合い、その過程で自分たちの理解を検証する。

## 片付けるべきジョブのレンズ

ジョブ理論とは、破壊的イノベーションの理論が圧倒的な支持を得たことを受け、その提唱者であるクレイトン・クリステンセンとハーバード・ビジネススクールが共同で開発したもので、顧客がなぜそのような選択をするのかを機能的、社会的、感情的な側面で発見するために用いるアプローチを指す。この理論によれば、プロダクトやサービスは顧客の進歩を助けるために「雇われる」。この顧客の進歩の過程のことを「Jobs-to-be-done（片付けるべきジョブ）」と呼び、それを理解することで大きなイノベーションが可能になるという。プロダクトが雇われることもあれば、解雇されることもあるので注意が必要である。

片付けるべきジョブのアプローチは次の 4 つの原則に従う。

- ジョブとは、ある状況において個人が本当に成し遂げようとしていることを簡潔に実現するものである。プロダクト開発チームは、顧客が生み出そうとしている体験を理解する必要があるが、これが

一筋縄ではいかないのだ。
- 顧客の特性、プロダクトの属性、新しい技術、傾向よりも状況が重要である。この原則は、顧客の状況というレンズを通してイノベーションを見ることについて説明したものだ。
- 優れたイノベーションは、以前は不十分な解決策しかなかった、あるいは解決策がなかった問題を解決する。2つの選択肢しか提示されていなかったところに、あらゆるニーズに対応する第3の選択肢を提示することで、決断を躊躇していた様子見中の見物者を顧客に変える。
- ジョブは決して単なる機能ではなく、強力な社会的・感情的側面を持っている。顧客の選択における社会的・感情的側面を理解することが、顧客の購買決定を一変させる。

クリステンセンは、「片付けるべきジョブ」というレンズを通してプロダクトを見ることで、サンプル集団の売上が大幅に増加したことを紹介している。具体的な例としては、ミルクシェイク、マンション、そしてReese'sのピーナッツバターカップなどを挙げている。

プロダクト開発チームは、プロダクト開発を通して、特に顧客がニーズを発見してから購入するまでのタイムラインを評価する際に、ジョブ理論を使用する。図4-5にジョブ理論のタイムラインの例を示す。ステークホルダーや顧客との密接な対話は、彼らの前提を検証するのに役立つ。

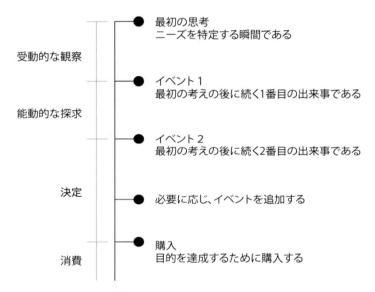

図4-5　ジョブ理論のタイムライン

プロダクト開発チームは、プロダクトやサービスが顧客のニーズを満たすために果たすべきジョブを考えることで、利益を得ることができる。片付けるべきジョブをより理解するには、顧客にインタビューし、真のニーズを把握する必要がある。

### マンション販売における「片付けるべきジョブ」

クレイトン・クリステンセンは、2006年にデトロイトのある住宅メーカーが、ファミリー向け住宅からのダウンサイジングを考えている定年退職者、離婚した家庭、一人親などにマンションを販売した話を紹介している。この住宅メーカーは、売り上げアップのために、細かなニーズに対応した多くの選択肢を用意した。例えば、出窓の追加、色の変更、構造の変更などを検討し、その変更によって売れ行きに違いが出たかどうかを評価したが、結果はほとんど変わらなかった。

この住宅メーカーは、以前に購入した顧客から、マンション購入に至った理由や、購入までのタ

イムラインを聞き取ることにした。そこで分かったのは、ただ1つのパターンだった。すべての購入者が、ダイニングテーブルについての懸念を述べていたのだ。当初、同社は困惑したが、たとえ高級品でもなく、使いこまれて古くなっていても、ダイニングテーブルは家事、誕生日、休日、その他の集まりといった家族の活動の中心になっていることに気づいた。ダイニングテーブルは家族の象徴だったのだ。

　購入者がマンションの購入をためらっていたのは、物理的な構造ではなく、深い思い出があるものを手放さなければならない不安によるものだった。片付けるべきジョブは、購入者が家をダウンサイジングしても家族の集まりや思い出、伝統を維持できるようにすることだった。

　これを受けて、マンションはダイニングテーブルを置くスペースが広くなるように設計し直され、新規購入者には荷物の仕分けができる2年分の収納庫が与えられた。クリステンセンは、この変更によって、この会社は競合他社と差別化できただけでなく、価格も上げることができたと述べている。さらに、当時深刻な不景気に見舞われていた業界で、ビジネスは25%成長した。片付けるべきジョブを理解することが、大きな違いを生んだのだ。

## 顧客へのインタビュー

　顧客のニーズを理解するのに、顧客と話すこと以上に良い方法があるだろうか? チームが顧客にインタビューするのは、「契約交渉よりも顧客との協調」、「プロセスやツールよりも個人との対話」を重視するからだ。顧客へのインタビューは、分解やストーリーマッピングのような段階的精緻化のテクニックを実現するのに不可欠である。ストーリーマッピングについては本章を、段階的精緻化については第9章を参照してほしい。

　インタビューを成功させる鍵は、顧客が自分の問題について語り、可能な解決策を想像できるようにすることだ。自分の視点から顧客の視点に切り替えよう。インタビューを受ける側は、自分が知らなかったことを発見でき、インタビュアーは、自分が間違った思い込みをしていないかを発見できる。インタビューは、チームの思い込みを検証し、良いアイデアと悪いアイデアの両方を吟味する機会だと考えてほしい。

　表4-1は、インタビュアーが尋ねるべき質問とそうでない質問のタイプをまとめたものだ。

表4-1　顧客へのインタビューにおける注意点

| やるべきこと | やってはいけないこと |
|---|---|
| ● 「なぜ」「どうやって」「何を」で始まる自由回答式の質問をする。「もっと詳しく教えてください」などの質問でフォローアップする。 | ● プロダクトのアイデアに関する話から始める。 |
| ● ストーリーを語らせるような質問をする。例: | ● 多肢選択式または一問一答の質問をする。例: |
| 　● 〜について教えてください。 | 　● 〜は好きですか? |
| 　● 〜をどうやって知りましたか? | 　● 〜が欲しいですか? |
| 　● 〜の例を挙げていただけますか? | 　● これを使いますか? |
| 　● 〜ができたら、何をしたいですか? | 　● 私たちのプロダクトをどう思いますか? |
| 　● 〜について何を知っていますか? | 　● どのような要件を加えるべきですか? |
| 　● 〜についてどう思いますか? | 　● どのくらいの頻度で〜しますか? |
| 　● もし〜だったら、生活はどう変わっていましたか? | 　● 〜を使うと思いますか? |
| 　● 最後に〜したのはいつですか? | 　● 〜にお金を払いますか? |
| 　● 〜した時、何がありましたか? | 　● もし〜ができたら、どれくらいの頻度で〜しますか? |
| ● 仮定や理想ではなく、過去の行動について尋ねる。例: | ● 「難しい」「高い」「複雑」といった曖昧な単語を言葉通りに受け取る。 |
| 　● 〜はどういう意味ですか? | |

　左側の質問タイプは、顧客にストーリーテリングを促す。あなたの思い込みを越えた答えが出るかもしれ

ない。右の例は、質問の答えを大きく制約するため、会話やストーリーテリングをあまり促さない。そうではなく、顧客から話を引き出そう。

### プロダクト発見ワークショップ

プロダクト発見ワークショップは、プロダクト開発チームがステークホルダーやスクラムチームのメンバーからプロダクトのアイデアや洞察を集めるために行う。こうしたワークショップには様々な形式や用途がある。

ワークショップは、正しく行うことで、創造力を引き出すことができる。重要なのは、アイデアをオープンに安心して共有できる環境を作ることだ。トピックに関してタイムボックスを設ける（ディスカッションの時間を制限する）のも有効だし、付箋やマーカーをたくさん用意するのもいい。発散、収束、探求、発見を自由にできるようにしよう。

特に内向的な人の中には、事前にアジェンダ案を用意するほうが、考えがまとまりやすいという人もいる。アジェンダ案は、全員が準備した状態でワークショップに臨み、目的を確実に達成するのにも役立つ。ただし、アジェンダ案によって枠組みを過度に設定しすぎないように注意してほしい。特にワークショップでは、枠組みを緩く設定したほうが、議論を本来あるべき方向に進めることができる。

ワークショップの頻度と参加者は、チーム、プロダクト、解決すべき問題によって異なる。

## 4-2　顧客が解決すべき問題を把握する

顧客の問題の解決策は、あなたが考えるものとは違うかもしれない。顧客が最初に考えていたものとは違うかもしれないし、「こういうものがほしい」と顧客が言うものとも違うかもしれない。プロダクト開発をあなたに依頼している顧客と、エンドユーザーとでは、最初に必要なものについて相反する見解を持っている可能性さえある。多くの顧客は、プロダクトに触れてみるまで自分が何を望んでいるのか分からない。これがプロダクト開発で難しいことの1つだ。

顧客が誰であるかを明確にすることで、顧客の問題を理解することがはるかに容易になる。チームはこのことを考慮し、時間を掛けて顧客の問題とその根本原因を理解する。症状に対処するのはコストがかかる。186件の特許を所有するチャールズ・ケタリングは、「問題をきちんと説明できれば、半分解決したようなものだ」と言っている。顧客の問題とその根本原因を深く掘り下げるには、いくつかの手法がある。

### 科学的手法を使用する

アジャイルプロダクト開発の中心にあるのは科学的手法である。17世紀以来、自然科学を特徴付けてきた科学的手法は、体系的な観察、測定、実験、公式化、検証、仮説の修正から成る。プロダクト開発チームは、仮説を立てるために質問をし、その仮説を検証し、結果を評価することを何度も繰り返す。

図4-6に示すように、チームは科学的手法を使って、顧客のニーズや問題に対する理解を不確実なものから確実なものへと変えていく。

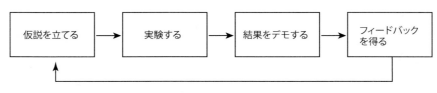

図4-6　科学的手法

科学的手法を用いるため、チームはまず、特定の顧客の問題について観察や質問から始める。そしてチームはその問題について仮説を立てる。次に、仮説を検証するために、可能な解決策を要件という形で議論する。各要件では、チームが結果を評価できるように、測定すべき望ましいアウトカムが特定される。

チームはスプリント中にプロダクトインクリメントを構築し、スプリントレビューでフィードバックを収集する。フィードバックはバックログと照らし合わせて優先順位付けされる。プロダクトオーナーは、十分な価値が創造され、要件が実際にテストできる状態になったと感じたら、インクリメントをリリースする。そしてチームは、より多くの顧客からフィードバックを得るための準備を整える。このサイクルを必要に応じて繰り返す。すべてのプロダクトバックログ項目が、望ましいアウトカムを達成しなければならない。

### ＜秘訣＞

チームは、プロダクト開発だけでなく、レトロスペクティブでも科学的手法を用いて開発プロセスを改善する。各スプリントのレトロスペクティブでは、改善に向けた新しい仮説を立て、スプリント中の実験でその仮説を検証し、結果を評価する。これも、科学的手法がアジリティの中心になっている一例だ。

---

### 科学的手法と研究開発

研究開発を行うクライアントは、一連の前提に基づいた仮説を持っている。各スプリントでは、経験的事実を批評できるその分野の専門家からフィードバックを集めながら、その前提が正当か否かを経験的に検証する。検証結果が不十分ならば、スクラムチームはその前提を正当化できるようになるまで反復する。検証結果が十分ならば、チームは次の前提に進む。最後に、チームは「この仮説は有効/無効であり、それを経験的にどのように見つけたか」を説明するホワイトペーパーや学術論文を書く。

---

## 早期の失敗は成功の一形態

ジョン・C・マクスウェルが残した「早く失敗し、頻繁に失敗し、しかし常に前進するための失敗をする」という名言は、継続的かつ早期に価値を提供しながら学習を加速させるチームを後押ししてくれる。つまり、より多くの投資をする前に、コストの低い実験をいくつか試し、その結果を評価するのだ。これにより、チームは断念されるかもしれない解決策に費やす時間と労力を最小限に抑えることができる。顧客が解決を必要としている問題を理解するには、試行錯誤を繰り返す必要がある。プロダクト開発チームは、失敗（特にコストの低い失敗）を学習として受け入れよう。

### ＜覚えておこう！＞

たった1週間分の労力で失敗などしようがないのだ。

プロダクト発見のアジャイルアプローチでは、前提の正当性を否定することは、前提を正当化することと同じである。目標は、大規模な投資を行う前に、何がうまくいき、何がうまくいかないかを早期に学ぶことである。

---

### NORDSTROM のイノベーションラボ

Nordstrom は、イノベーションラボと呼ばれるチームを使って、店舗で様々なプロダクトのアイデアを実験した。店舗で顧客と直接やり取りする迅速なフィードバックループに基づいてプロダクトを作る1週間のスプリントで、アイデアを証明するというものだ。

あるチームが、写真を使ってサングラスを比較しながら購入できる iPad アプリを作成した。開発チームは、新しい要件を実装するたびに、そのアプリを販売員に渡して顧客に使ってもらい、顧客がどのように使ったか、気に入っていたかについてのフィードバックをすぐに収集した。チーム

は、顧客の評判が悪かったいくつかの要件を捨て、フィードバックに基づき、チームが計画中に考えもしなかった要件を作成した。

　当時は、顧客もスタッフもそのプロダクトを気に入っていた。しかし、興味深いのはその後の話だ。このプロダクトは現在、Nordstrom では使われていない。なぜだろうか？ 分からない。しかし、これが失敗だったとは思わない。プロダクトの開発に無駄な時間を費やしたとしても、それはたった 1 週間のことだ。彼らの失敗のコストは低かったので、チームは次の、より価値のある問題に取り組むことができたのだ。

### ＜覚えておこう！＞

　**実用最小限のプロダクト**（MVP）という言葉は、リーンスタートアップでエリック・リースによって導入された概念であり、チームが失敗を迅速かつ低コストで経験できるようにするためのものである。ポイントは、何かを提供してテストする前に、すべてを作ろうとしないことだ。プロダクトオーナーと開発チームは、自分たちの解決策が実行可能かどうかをテストし検証するために必要な、次の実用最小限のプロダクトを探す。アジャイル原則 10「シンプルさ（ムダなく作れる量を最大限にすること）が本質です」を思い出してほしい。

## 顧客中心のビジネスゴールを定める

　アジャイルプロダクト開発は目的主導型である。つまり、常に顧客にとって望ましいアウトカムを明確に定義し、理解することから始まる。すべてのリリース、スプリント、要件、タスクが、特定のアウトカムを念頭に置いて計画される。顧客の条件でゴールを設定することで、チームは常に顧客を重視し、戦略的な安定性を維持し、解決すべき問題を達成するための戦術的な柔軟性を確保することができる。

### ＜秘訣＞

　プロダクト開発チームは望ましいアウトカムを達成するため、絶えず自分たちのはしごが正しい壁に掛けられているかどうかを検証する。悪いプロダクトを早く作ることは良い考えではない。

　チームが顧客を重視できるように、ゴールは様々な形で設定できる。シンプルで、感情に訴え、やる気を起こさせ、記憶に残るものが、最も効果的なゴールステートメントである。プロダクト開発チームは、デイリースクラムでゴールについて毎日話し合う。

### ＜覚えておこう！＞

　ジョン・F・ケネディ米大統領は 1961 年、次のようなゴールを掲げた。「米国は、この 10 年間で、人類を月面に着陸させ、地球に安全に帰還させるというゴールを達成することを約束すべきである」。このゴールは簡潔で、感情に訴え、やる気を起こさせ、力強いものだった。このゴールを掲げたことが望ましいアウトカムとなり、その後のプロダクト開発を推し進めた。

　プロダクトリリースのゴールは、「顧客が〜をできるようにする」で始まる。イテレーションまたはスプリントのゴールは、「〜ができることをデモする」で始まる。個々の要件レベル（ユーザーストーリーと呼ばれることもある）であっても、ゴールステートメントを使って要件を記述しよう。それらは簡潔で、対象顧客を定義し、どのような利点があるかとその理由を定義するからだ。具体的に使用するパターンに関係なく、顧客にとって望ましいアウトカムを常に前面に押し出すことが重要である（リリースプランニング、スプリントプランニング、ユーザーストーリーについては、第 10 章を読んでほしい）。

　こうすることで、スプリントを通じてチームが行うことすべてが顧客に利益をもたらし、顧客の問題が何らかの形で解決される。1 つ 1 つのタスクがより意味のあるものになり、障害が 1 つ 1 つ克服されるはずだ。パフォーマンスが高いチームは、ゴールを掲げることでビジネスのアウトカムを反復的に、一歩一歩、学びながら達成する。

　ゴールは、ピーター・ドラッカーが 1954 年に出版した『現代の経営』（上田惇生訳、ダイヤモンド社）の

中で提唱した「目標による管理」にあるように、SMART（具体的、測定可能、受け入れ可能、現実的、期限がある）なものでなければならない。

## ストーリーマッピング

　プロダクト開発チームが行うもう1つの視覚化が、ジェフ・パットンとピーター・エコノミーの著書『ユーザーストーリーマッピング』（川口恭伸監修、長尾高弘訳、オライリージャパン）で有名になったストーリーマッピングである。ジャーニーマップと似ているが、ストーリーマップは、ユーザーや顧客がプロダクトに求めるプロセスやジャーニー（進行）、そして、エクスペリエンス（経験、体験）を反復的に改善するための様々な選択肢について、チームが共通の理解を得るのに役立つ。ストーリーマップは、将来のリリースの道筋だけでなく、実用最小限のプロダクトを明確にするために編成される。自分たちのアイデアが全体的なユーザーエクスペリエンスにどのように適合するかを、チームがより全体的に見ることができる。

　例えば、図4-7は、モバイルバンキングアプリケーションの使用中に不正請求が行われた場合、ユーザーがどのように取引の異議申し立てを行うかの概要を示している。1行目には、望ましいアウトカムを達成するために最小限の機能が左から右への順序で並んでいる。各ステップで最終的にユーザーエクスペリエンスを改善するための他の選択肢は、上から下に優先順位が付けられている。

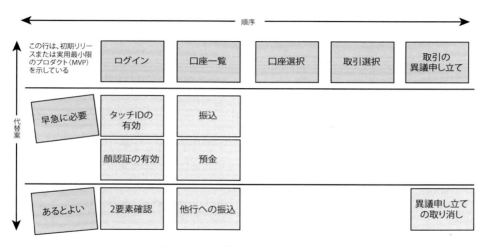

図4-7　ユーザーストーリーマップ

　チームとしてプロセスをマッピングし、可視化することで、個々の要件がより理にかなったものになる。チームは一緒にプロダクトバックログを作成することができ、顧客の経験に基づいてチームが定義した一貫性のある解決策が作成される。

## リベレイティング・ストラクチャー
## ──イノベーションの文化を解き放つシンプルなルール

　最後にとりわけ重要な手法であるリベレイティング・ストラクチャー（自由解放構造）を紹介する。これはキース・マクキャンドレスとヘンリー・リップマノヴィッチによって考案されたもので（www.liberatingstructures.com）、コラボレーションを構築し促進するための新しい方法である。これは、共有されたミクロ構造のセットで、最小限の構造化された対話を行うことで、内容やアイデアを自由に共有できるようにし、複雑な問題を理解し、解決できるように設計されている。

<豆知識>

　マクロ構造とは、ミクロ構造の活動を制約する組織の方針とプロセスを指す。旧来の（リベレイティングでない）ミクロ構造にも、従来型のプレゼンテーション、ディスカッション、ブレインストーミング、レポーティングなどが含まれる。

　リベレイティング・ストラクチャーの数十種類のメニューに、参加の呼びかけ、必要な場づくりや機材の手配方法、参加者の役割と関与方法、グループの構成方法、一連のステップとタイムボックスが定義されている。どのリベレイティング・ストラクチャーも、複雑で困難な問題に関するブレインストーミング、ディスカッション、解決策の発見に利用できる。

　プロダクト開発チームでよく使用されるリベレイティング・ストラクチャーが 1-2-4-All だ。これは、ワークショップに参加する全員が、同時に質問、アイデア、提案を生み出せるように設計されている。この演習は、質問として共有された課題について、1 分間黙想することから始まる。次に、2 人一組になり、2 分間でアイデアを出し合う。その次に、4 人 1 組のグループで 4 分間、アイデアの相違点と類似点を記録し、新しいアイデアを発展させる。最後に、各グループで際立った重要なアイデアを 1 つずつ、5 分間で発表する。ベルやタイマーを使えば、全員が時間内に作業を終えることができる。必要に応じて、このサイクルを繰り返すこともできる。数分でグループは集団の思考力を活用し、より多くの、より良いアイデアを生み出すことができる。

　リベレイティング・ストラクチャーは、アジャイルプロダクト開発チームが日々顧客の問題を解決するような場合に最適である。

## 4-3　根本原因分析を理解する

　根本原因分析（RCA：Root Cause Analysis）とは、問題や事象の根本原因と、それに対応するためのアプローチを特定するための体系的アプローチである。効果的な管理には、問題の症状に対処するだけでなく、問題を未然に防ぐ方法を見つけることが必要であるという基本的な考えに基づいている。

　RCA は、顧客が解決しようとしている問題を評価する際に考慮すべき重要な側面である。医師と同じように、プロダクト開発チームも、症状ではなく根本から問題に対処しようと努力する。根本原因が解決し、予防もされれば、症状は消える。根本原因への対処はより難しいことだが、よりエレガントでシンプルな解決策が得られることが多い。

　以下は、チームが根本原因分析を行う際の典型的な手順である。

1. **問題を定義する**：共同で問題の定義を作成する。
2. **データを収集する**：問題を裏付けるデータを集める。
3. **原因として考えられる要因を特定する**：収集したデータから、問題の原因となる要因をリストアップする。
4. **根本原因を特定する**：根本原因をリストアップする。
5. **解決策を提案し、実行する**：検証のための仮説を立てる。

<秘訣>

　RCA は、プロダクトオーナーや開発者が顧客を重視した問題を解決する時だけでなく、スクラムマスターが阻害要因を取り除いたり、チームにそれを教えたりする時にも非常に役に立つ。阻害要因は、二度と発生しないように根本から解決する必要がある。スクラムマスターは、戦術的（その都度即応的に除去する reactive）だけでなく、戦略的（先手を打つことで防止する proactive）にも阻害要因を解決する。

　プロダクト開発チームはいつでも、解決したい問題の根本原因をより理解するために、いくつかのアプローチを用いることができる。このセクションでは、3 つのアプローチについて説明する。

- **パレート（80/20）の法則**：根本原因の 20％に対処すれば、残りの 80％にポジティブな影響を与える可能性がある。
- **なぜなぜ分析**：ある問題を 5 回（あるいはそれ以上）さかのぼって議論することで、根本原因を発見することができる。
- **石川ダイアグラム（フィッシュボーンダイアグラム）**：問題を複数のカテゴリー（通常は、人、プロセス、ツール、文化）にまたがって評価し、根本原因を明らかにすることができる。

## パレートの法則

　経済学者ヴィルフレド・パレートにちなんで 1985 年に命名されたパレートの法則は、「80/20 の法則」とも呼ばれ、結果の 80％は原因の 20％から生じることを説明したものである。この法則は、インプットとアウトプットの関係は釣り合わないということを思い出させる。

　チームは、例えばヘルプデスクのインシデントや顧客からの苦情からデータを収集する際、根本原因分析の一環としてパレートの法則を使用する。そのデータから、チームは、報告されたインシデントの 80％に影響する上位 20％の障害を分類することができる。プロダクト開発へのパレートの法則の応用例をいくつか考えてみよう。

- クレームの 80％は、顧客の 20％から発生している。
- プロダクトの機能の 80％は、開発者の 20％の努力から生まれる。
- 利益の 80％はプロダクトの 20％の顧客からもたらされる。
- 携帯電話の全アプリのうち、ユーザーが頻繁に使用するのは約 20％である。
- 20％を正しく理解することで、より高いリターンが得られ、根本原因を解決し、症状を軽減することができる。

　　**＜秘訣＞**

　　パレートの法則は、プロダクトオーナーがプロダクトバックログを管理する際によく使われる。この法則によれば、バックログの 20％が顧客価値の 80％を生み出す。まず上位 20％に優先順位を付けよう。その後に再評価を行うが、20％が達成されたら次の投資アイデアに移れるように準備しよう。アジャイルプロジェクトにおいては、価値創造の前に時間や資金が尽きることはない。

## なぜなぜ分析、5 つのなぜ？

　5 つ（リベレイティング・ストラクチャーでは 9 つ）の理由を問うなぜなぜ分析は、一連のなぜという質問を使って問題を掘り下げていく手法である。なぜと問うたびに、その答えが次のなぜの基礎になるというのが基本的な考え方だ。これは、あまり複雑でない問題に有効なシンプルなツールである。

　中心となる問題の定義から始めるマインドマップは、この分析を行いながらグループやチームを導くのに役立つ。グループが 5 つ目（または 9 つ目）のなぜに達すると、根本原因に近づいていることをより確信できる。

　このテクニックの応用例の 1 つは、パレート分析の結果をより深く分析することである。ここでは、この章の前半で検討したのと同じモバイルバンキングアプリで、5 つのなぜをどのように使うかの例を示す。

　**問題**：顧客は過大な当座貸越手数料に不満を抱いている。

　**なぜ 1**：なぜ顧客は過大な当座貸越手数料に不満を持つのか？

　**答え 1**：顧客に当座貸越が通知されないから。

　**なぜ 2**：なぜ当座貸越について顧客に通知されないのか？

　**答え 2**：当座貸越が発生する場合、顧客にインジケーターやアラートが提供されないから。

　**なぜ 3**：当座貸越が発生しているにもかかわらず、顧客にインジケーターやアラートが表示されない

4-3　根本原因分析を理解する

のはなぜか？
**答え3**：銀行の方針では、当座貸越が発生した場合、物理的な書簡を送付することが義務付けられているから。
**なぜ4**：なぜ銀行の方針では、物理的な当座借越通知書を顧客に送付する必要があるのか？
**答え4**：顧客が署名した新規口座契約書には、物理的な書簡が規定されているから。
**なぜ5**：新規口座契約では、なぜ当座貸越通知書が郵送されることになっているのか？
**答え5**：新規口座契約が作成された時点では、モバイルアプリが存在していなかったから。

　もちろん、問題を解決するためには 5 回以上、「なぜ」と問わなければならないこともある。ポイントは、表面化している問題から根本的な原因にたどり着くことだ。なぜなぜ分析は、チームが問題について議論している時や、プロダクトや開発プロセスに関する問題をより理解する必要がある時に、いつでも使うことができる。

## 石川ダイアグラム

　石川ダイアグラム（フィッシュボーンダイアグラム）は、1968 年に石川馨が作成した、特定の事象の原因を示す因果関係図である。石川ダイアグラムは、図 4-8 に示すように、考えられる原因を、元の問題から枝分かれした様々なカテゴリーに分類する。特性要因図とも呼ばれる石川ダイアグラムは、特定された各カテゴリーから分岐した複数の下位要因を持つことがある。

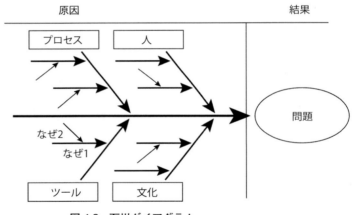

**図 4-8　石川ダイアグラム**

　はじめに、チームは 1 つの問題の定義について認識を一致させる。全員が同意できる文言を考える。全員が納得するまで、問題の定義を何度も繰り返す必要があるかもしれない。

　問題の定義が明確になったら、チームでフィッシュボーン（魚の骨）の背骨にあたるカテゴリーを選ぶ。カテゴリーは、人、プロセス、文化、ツールなど、チームが問題分析に役立つと考えるものであれば何でもよい。材料、環境、管理、プロダクトライン、国、状態などのカテゴリーも役に立つ。

　石川ダイアグラムとなぜなぜ分析を組み合わせることで、フィッシュボーンの根本原因までたどることができる。分析の結果、同じ根本原因に何度も行き当たることがよくある。これは、症状ではなく、問題を真に理解するための正しい道を歩んでいるという確かなサインである。

　この章では、顧客とその問題を理解することがいかにアジリティに貢献するかを述べた。これを忘れれば無駄と後悔を引き起こすし、しっかり覚えておけばイノベーションと成功につながる。顧客とその問題を把握することは難しいかもしれないが、あなたは不確実なプロダクトを反復的に確実なものへと近づけるために、チームの会話を導くためのテクニックを学んだはずだ。

根本原因を理解することで、チームは医師のように、一時的な症状ではなく問題に対処することができる。プロダクト開発チームが根本原因を突き止めるためには、様々なアジャイルフレームワークが利用できる。次の章ではそれらのフレームワークについて説明する。

4-3　根本原因分析を理解する

# 第2部　アジャイルであること

第 2 部では…

- アジャイルであることの意味を理解し、アジャイルプラクティスを行動に移す。
- 最も使われている 3 つのアジャイルアプローチの概要を理解し、オンラインで異なる場所にいる場合でも、物理的に同じ場所にいる場合でも、両方に対応する空間、コミュニケーション、およびツールといった環境を整える方法を見つけて、アジャイルな「対話」を促進する。
- アジャイルチームで活動するために必要な価値観、哲学、役割、およびスキルにおける必要な行動の変化を考察する。
- 小規模で、自己組織化され、自己管理でき、長く存続する「恒久的な」チームの利点を発見する。

# 第5章

# アジャイルアプローチ

---

**この章の内容**
- アジャイルプラクティスを適用する
- リーン、スクラム、エクストリームプログラミング（XP）を理解する
- アジャイルテクニックの関連性を知る

---

これまでの章では、アジャイルなプロダクトマネジメントの歴史に触れてきた。一般的なアジャイルフレームワークやテクニックについて、すでにお聞き及びの読者もいるかもしれない。そうなると、アジャイルのフレームワーク、メソッド、テクニックが、実際にはどのようなものなのか気にならないだろうか？ この章では、今日最も使用されている3つのアジャイルアプローチの概要を説明する。

## 5-1　アジャイルアプローチは1つではない

今すぐアジャイルプロダクト開発に乗り出したくても、アジャイル宣言やアジャイル原則を知るだけでは十分ではないだろう。原則と実践は異なるからだ。しかし、本書で述べるアプローチは、成功するために必要な実践法である。

アジャイルとは、以下のような共通点を持つ数多くのテクニックやメソッドの総称である。
- 反復型開発と呼ばれる短期間のイテレーション（反復）で、価値のある、出荷可能な機能をデモする
- シンプルさ、透明性、状況に応じた戦略を重視する
- 機能横断型で、自己組織化したチーム
- 進捗の尺度としての、動く機能
- 変化する要件への対応力

「アジャイル」という言葉の類義語には、「レジリエント（resilient）」、「柔軟（flexible）」、「軽快（nimble）」、「適応的（adaptive）」、「軽量（lightweight）」、「対応力のある（responsive）」などがあり、「アジャイルである」ということの意味をさらに深く理解するヒントを与えてくれる。

同様に、本書ではアジャイルチームについても言及する。スクラムチーム（スクラムは、この章で紹介する最も知られているアジャイルフレームワーク）を含むアジャイルチームとは、アジャイルの価値観と原則を遵守し、顧客のニーズに対して、よりレジリエントで、柔軟で、軽快で、適応的で、軽量で、対応力のあるチームを指す。

アジャイルプロダクト開発は経験的アプローチである。言い換えれば、理論ではなく、何かを実践し、経験に基づいてアプローチを調整していく。

プロダクト開発に関しては、経験的アプローチが以下の柱によって支えられている。

- **十分な透明性**：プロセスに関わるすべての人がプロセスを理解し、プロセスの発展に貢献できる。
- **頻繁な検査**：検査担当者は、プロダクトを定期的に検査し、受入基準との差異を特定するスキルを持たなければならない。
- **即時の適応**：開発チームは、プロダクトの逸脱を最小限に抑えるため、迅速に適応できなければならない。

アジャイルの特徴を持つアプローチは多いが、最も広く採用されているのは、リーンプロダクト開発、スクラム、エクストリームプログラミング（XP）の3つである。これら3つのアプローチは、使用する用語が異なったり、焦点を当てる部分が若干異なったりしているが、多くの共通要素があり、融合して完璧に使える。大まかに言えば、リーンとスクラムは組織のあり方に重点を置いている。XPも同様だが、開発プラクティスについてはより具体的で、技術的な設計、コーディング、テスト、統合に焦点を絞っている（XPという名前の通りだ）。

筆者たちが関わってきた、プロダクト開発にアジャイルアプローチを採用しているほとんどの組織は、通常、仕掛かり作業への制限や、無駄なプラクティスと工程の除去に常に注意を払うというリーンな環境で仕事をし、スクラムを用いて作業を整理し、進捗状況を可視化する。またXPを用いて品質を向上させる。これらの各アプローチについては、この章の後半で詳しく説明する。

どのような体系的なアプローチもそうであるように、アジャイルテクニックも、何もないところから発生したわけではない。そのコンセプトには歴史的な先例があり、そのうちのいくつかはソフトウェア開発以外の起源を持っている。ソフトウェア開発の歴史が人類の歴史の中でそれほど長くないことを考えれば、これは当然のことである。

アジャイルアプローチのベースにあるものとは異なり、ウォーターフォールのような従来のプロジェクトマネジメント方法論は、第二次世界大戦中の資材調達に用いられた、定義された制御方法に根ざす。初期のコンピューターハードウェアプロダクト開発の先駆者たちは、ウォーターフォールのプロセスを使って、最初のコンピューターシステムの複雑さを管理した。そのほとんどがハードウェアであり、真空管が1600本にも関わらず、手書きでコーディングされたソフトウェアはわずか30行ほどのものだった（図5-1参照）。問題が単純で市場の動きがない場合、柔軟性のないプロセスは効果的だった。しかし、このような時代遅れのモデルには、今日のプロダクト開発環境は複雑すぎる。

世界初のプログラム内蔵式コンピュータ
SSEM（Small-Scale Experimental Machine）
― Baby

Tom KilburnがBabyに書いたプログラム

図5-1　初期のハードウェアとソフトウェア

5-1　アジャイルアプローチは1つではない

ここでウィンストン・ロイス博士の登場である。ロイス博士は、1970年に発表した論文『Managing the Development of Large Software Systems（大規模ソフトウェアシステム開発の管理）』の中で、ウォーターフォールとして知られる段階的なソフトウェア開発プロセスを体系化した。図5-2のロイス博士が考案した図を見ると、その名前の由来が分かる。

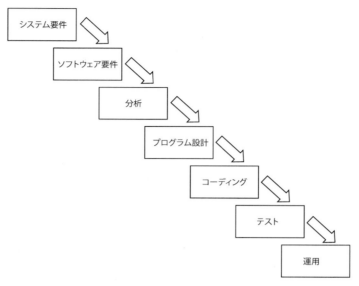

図5-2　ウォーターフォールの起源

しかし時が経つにつれ、コンピューター開発の状況は逆転した。ハードウェアは大量生産によって再現性を持つようになり、ソフトウェアはより複雑になり、完全な解決策のために、より多様な側面を持つようになった。

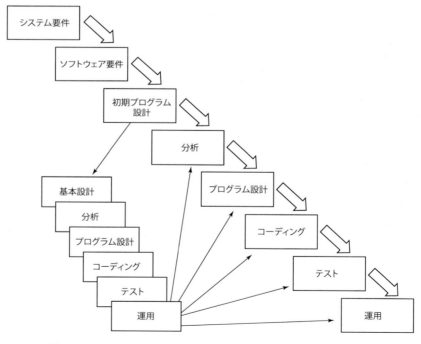

図5-3　ウォーターフォールにおけるイテレーション

皮肉なのは、この図が1つのタスクを完了させてから次のタスクへと示唆しているように見えるが、ロイス博士自身が「イテレーションが必要だ」という注意書きを付け加えていることだ。博士はこう述べている。

「コンピュータープログラムを初めて開発する際には、重要な設計/運用領域に関して、まず試作版を作成し、顧客に実際に提供するのは2番目のバージョンになる。」

博士は、そのイテレーションを説明するために、図5-3のような図も用意した。

さて、この図が掲載されたページが、他のページにガムでくっついていただけなのかどうかは定かではないが、ソフトウェア開発のコミュニティでは、概してこの部分の話を見逃してしまっている。歴史的に、プロダクト開発は、この直線的で、定義されたプロセス制御思考に制約されてきた。最初にコンポーネントの開発を始める時には、すべてを分かっているわけではないかもしれない。顧客のニーズに確実に応えるためには、正しいと思っていることを見直さなければならないかもしれない。こういった考え方を受け入れることで、よりアジャイルになるための第一歩を踏み出すことができる。仮に人々がロイス博士のアドバイスを心に留めていたら、アジャイルテクニックは40年早く脚光を浴びていたかもしれないのだ。

この話は技術を活用したプロダクト開発に特化したものだが、反復的で経験的なプロセス制御は、非ソフトウェアプロダクトにも適用できる。

# 5-2　アジャイルテクニックのトップ3：リーン、スクラム、XP

プロジェクトマネジメントにおけるウォーターフォールアプローチの簡単な歴史が分かったところで、読者はプロダクト開発における3つの主流となるアジャイルアプローチ：リーン、スクラム、XP について、詳細を知りたいだろう。

## リーンの概要

リーンの起源は製造業にある。100年以上前からある大量生産方式で、組み立て工程（例えばT型フォードの組み立て）を簡略化するために考案された。これらの工程では、複雑で高価な機械と熟練度の低い労働者を使い、価値のある商品を安価に大量生産する。機械と人を働かせ、在庫を大量に備蓄しておけば、多くの効率性が生まれるという考え方だ。

しかしその単純さは見せかけだ。従来、大量生産には製造が間断なく続けられるようにするため、無駄の多い補助的なシステムと、大量の間接労働が必要だった。部品の膨大な在庫、余分な労働者、余分なスペース、プロダクトに直接付加価値を与えない複雑な工程が発生する。どこかで聞いたことがないだろうか？

## 製造業でリーンが台頭し、無駄が省かれるようになった

1940年代の日本で、トヨタという小さな会社が日本の市場向けに自動車を生産しようと考えたが、大量生産に必要な莫大な投資ができなかった。そこで同社はスーパーマーケットを研究した。そして供給が絶えないことを知っている消費者は、必要なものだけを購入し、店は、棚が空になった時だけ補充していることに注目した。この観察から、トヨタはジャストインタイム（JIT）のプロセスを生み出し、それを工場現場に応用させた。

その結果、部品や完成品の在庫が大幅に削減され、機械や人、スペースへの投資も抑えることができた。

当時の大量生産プロセスの大きな代償のひとつは、生産ラインにいる人間が機械のように扱われたことだ。彼らには自律性が与えられず、問題を解決することも、選択することも、プロセスを改善することもできなかった。仕事は退屈で、人間の潜在能力をないがしろにするものだった。それとは対照的に、ジャストインタイムのプロセスは、工場の現場で、次に何をすることが最も重要かをリアルタイムで決定する権限を労働者に与える。労働者は結果に対して責任を負う。ジャストインタイムのプロセスにおけるトヨタの成功は、世界中の大量生産アプローチを変えるのに寄与した。

## リーンとプロダクト開発を理解する

「リーン」という用語は、1990年代にジェームズ・P・ウォマック、ダニエル・T・ジョーンズ、ダニエル・ルース著『リーン生産方式が、世界の自動車産業をこう変える。』(沢田博訳、リュウセレクション)で使われた造語である。eBayは、プロダクト開発にリーン原則をいち早く取り入れた企業だ。同社は、ウェブサイトに対する顧客の変更要求に毎日対応し、価値の高いフィーチャーを短期間で開発するアプローチで他を先導した。

リーンの焦点は、ビジネス価値を最大化し、プロダクト開発以外の活動を最小化することにある。メアリーとトム・ポッペンディーク夫妻は、リーンソフトウェア開発に関する彼らのブログや著書で、その原則ついて論じている。以下は、二人による2003年発行の著書『リーンソフトウェア開発〜アジャイル開発を実践する22の方法』(平鍋健児、高嶋優子、佐野建樹訳、日経BP社)からのリーンの原則である。

- **無駄を排除する**:必要以上のことを行うと(工程、作成物、会議)、進捗の流れが遅くなる。無駄とは、仕事から学ばないこと、間違ったものを作ること、スラッシング†などである。これらの無駄があると、多くのプロダクトフィーチャーが部分的にしか作られず、完成に至らない。
- **学習効果を高める**:学習は予測可能性を高める。定期的かつ規律ある透明性、検査、適応の心構えを持つことで、改善を促進する。組織全体に失敗から学ぶという文化を育む。
- **決定をできるだけ遅らせる**:遅めの適応を許容する。デリバリーを遅くするのではなく、不確実性よりも事実に基づいて、責任を持てる一番遅いタイミング、つまり最も知識が豊富な段階で決断できるよう、選択肢を十分に残しておくこと。失敗から学ぶ。標準に挑む。解決策を見つけるために仮説を立てて実験するという科学的手法を用いる。科学的手法については第4章で詳しく説明している。
- **できるだけ速く提供する**:スピード、コスト、品質は並立する。デリバリーが早ければ早いほど、フィードバックも早く受け取れる。一度に取り組む作業を減らし、仕掛かり作業を制限し、フローを最適化する。スケジュールよりもワークフローを管理する。ジャストインタイム計画を用いて、開発とリリースのサイクルを短縮する。
- **チームに権限を与える**:自律的に働き、スキルを習得し、仕事の目的を信じることは、開発チームのモチベーションを高める。マネジャーが開発者に仕事のやり方を指示するのではなく、開発者がやるべき仕事を中心に自己組織化し、その阻害要因を取り除くことができるようにサポートする。チームと個人が仕事をうまくこなすために必要な環境とツールがそろっていることを確認する。
- **統一性を作りこむ**:不具合が発生した時、そして最終検証の前に、不具合を発見し修正するメカニズムを確立する。品質は、最後ではなく最初から組み込む。依存関係を断ち切ることで、いつでも、後退することなく機能を開発・統合できるようにする。
- **全体を見る**:システム全体の強さは、その最も弱い部分で決まる。一部分だけを最適化しても、システム全体は最適化されない。個々の症状ではなく、問題解決に注力する。仕事の流れ全体のボトルネックに絶えず注意を払い、それを取り除く。解決策を考える際には、長期的な視点を持たなければならない。

## かんばんを理解する

リーン原則以外に、プロダクト開発チームが使用する最も一般的なリーンアプローチの1つはかんばん(「リーンかんばん」とも呼ばれる)である。トヨタの生産システムのアプローチから採用されたかんばんは、本質的に、システムのフローとスループットを改善するために無駄を取り除くための手法である。

かんばんのプラクティスは、現状を出発点にして設計されているため、どのような状況でも適用できる。スタートするには既存のワークフローを変更する必要がない。次のような6つのプラクティスが含まれている。

---

† (訳注)スラッシングとは、取り組み中のタスクや目的を中断して別のタスクを開始すること。コンテキストスイッチとも呼ぶ。

- 可視化する。
- 仕掛かり作業（WIP：Work In Progress/Process）を制限する。
- フローを管理する。
- 作業方針を明確にする。
- フィードバックループを確立する。
- 協力的に改善し、実験的に進化させていく（モデルと科学的手法を用いて）。

　後ろの3つのプラクティスは、スクラムやXPなど、他のアジャイルフレームワークによく見られるものである（どちらも本章で後述する）。前の3つは、プロダクト開発チームの有効性を高める。

- **可視化する**：チームのワークフローを可視化することは、潜在的な無駄を特定する第一歩である。多くの組織に存在する従来の肥大化したプロセスは、可視化したところで現実を反映していない。チームが仕事の流れを（ホワイトボードや壁、図面などで）可視化し、どこで生産性が低下しているかを特定すれば、根本的な原因を簡単に分析し、制約を取り除く方法を見出すことができる。そして、それを何度も何度も繰り返すのだ。

### ＜豆知識＞

　「かんばん」は日本語で、漢字の表記によって様々な意味を持つが、要するに「看板」「目に見える大きな板」「シグナルカード」あるいは「視覚的な信号」という意味である。工場の壁や開発ワークスペースの壁など、誰もが目にする場所に掛かったかんばんボードは、チームが次に生産する必要のある品目を示している。ボードに掲示されているのは、生産単位を表すカードである。生産が進むにつれて、作業員はカードを取り除いたり、追加したり、移動させたりする。カードが動くと、作業や在庫補充が必要になった時に、作業員への合図（シグナル）として機能する。プロダクト開発チームは、かんばんボードやタスクボードを使用して進捗状況を明らかにし、作業フローを管理する（第6章と第11章で詳しく説明している）。

- **仕掛かり作業（WIP）を制限する**：チームがいくつもの作業に着手するばかりで完了させないと、仕掛かり作業は増え続ける。アジャイルであるということは、作業を完了させて、その成果についてフィードバックを受けることに尽きる。したがって、目指すのは、1つの作業が終わってから次の作業を始めることである。一度に複数のことに取り組んでも、すべてのことを早く完了できるわけではない。実際には一度に1つのことに取り組むよりも完了が遅くなる。プロダクト開発チームが仕掛かり作業を制限すれば、個々の作業項目はより早く完成し、キュー（待ち行列）内の各項目を完成させるペースが速くなる。
- **フローを管理する**：ラッシュアワーの混雑した道路で起きることは誰もが経験したことがあるだろう。処理しきれないほど多くの車が車線を行き交うと、すべての車の動きが遅くなる。誰もが同じ時間にどこかに行きたいと思っているので、そこに着くまでに全員が長く待たなければならない。よりよい流れにするためには、車の流入を規制するか、渋滞が最も激しい場所の車線数を増やす必要がある。交通渋滞中の車と同じように、プロダクト開発の作業項目も、開発チームのメンバーが一度にすべてを引き受けようとすると、動きが遅くなる。一度に1つのことに取り組み、制約を特定して取り除くことで、プロセスを通過するすべての項目の流れが速くなる。

### ＜豆知識＞

　リードタイムとサイクルタイムを測定することは、チームがフローの管理をモニタリングするのに役立つ。チームは、機能要求がキュー内で受理されてから完了するまでの時間を把握することによって、リードタイムを決定する。そして作業を開始してから完了するまでの時間を把握することで、サイクルタイムを把握する。また、リードタイムとサイクルタイムの短縮を妨げるボトルネックを特定し、それを取り除くことによって、フローを最適化する。

　かんばんの基本原則は、スクラムのような他のフレームワークとの効果的な併用を可能にする。原則には、次のようなものがある。

- 今やっていることから手を付ける。
- 進化的変化を追求することに同意する。
- 最初に、既存の役割、責任、役職を尊重する。
- 個人の貢献者から上級幹部まで、組織のあらゆるレベルでリーダーシップを発揮することを奨励する。

<覚えておこう！>

優れたプロダクト開発の実践をサポートするために、次のことを覚えておいてほしい。
- 使いそうにないフィーチャーは開発しない。
- 最大の付加価値を生むために、開発チームをプロダクトの中心に据える。
- 顧客にフィーチャーの優先順位をつけてもらう——顧客は自分たちにとって何が最も重要かを知っている。価値を提供するために、優先順位の高い項目から取り組む。
- すべての関係者間の優れたコミュニケーションを支えるツールを使う。

今日も、リーン原則はアジャイルテクニックの発展に影響を与え続け、同時に影響も受けている。どのようなアプローチもアジャイルで、時間とともに適応していくものでなければならない。

## スクラムの概要

Digital.ai の第 14 回「アジャイル適用状況レポート」（Annual State of Agile™ Report 2020）によると、スクラムが最も人気のあるアジャイルフレームワークであり、スプリント（スクラム用語でイテレーションを意味する）を中心とした反復的なアプローチである。このプロセスをサポートするために、スクラムチームは特定の役割、作成物(artifact)、イベントを用いる。プロセスの各部分のゴールを確実に達成するために、スクラムチームは開発全体を通じて透明性の確保、検査、適応を行う。スクラムのアプローチを図 5-4 に示す。

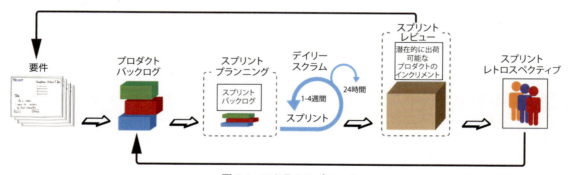

図 5-4　スクラムアプローチ

## スプリントを走り抜く

各スプリントの中で、プロダクトオーナーによる受け入れまでに開発チームは日々プロダクト機能の一部を開発し、テストする。ステークホルダーへのデモを通じ、フィードバックが得られ、潜在的に出荷可能なプロダクトの一部であるインクリメントを完成させる。プロダクトオーナーは、フィードバックに基づいて次のステップを決定し、そのインクリメントをリリースするかどうかを決め、次に進むにあたり、プロダクトバックログにどのような調整を加えるかを決める。

1 つのスプリントが終わると、次のスプリントが始まる。市場への機能のリリースは、プロダクトオーナーが十分な価値が存在すると判断した時に、複数のスプリントの終わりに行われることが多い。とはいえ、プロダクトオーナーはすべてのスプリントの後に、あるいはスプリント中に、必要であれば何度でも機能をリリースすると決めることもある。

<覚えておこう！>

スプリントの基本となるのは、その繰り返しの性質である。図 5-5 に示すように、スプリント、およびスプリント内のプロセスは、何度も繰り返される。

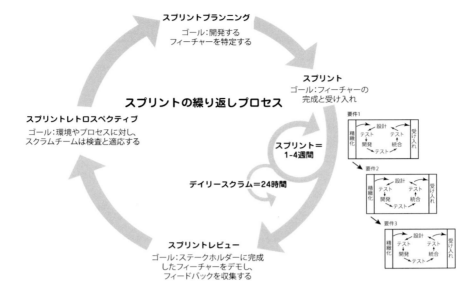

図 5-5　スプリントは繰り返し行われるプロセスである

スクラムの実施時に、透明性、検査、適応の原則を日常的に使う。
- スプリント中は、すべての進捗状況を透明化し、スプリントゴール、ひいてはリリースゴールに向けての進捗状況を評価するために、常に検査を行う。
- 1 日の作業を整理するために、デイリースクラムを開き、その日チームが取り組むことを調整する。基本的に、スクラムチームはスプリントゴールへの進捗状況を検査し、その日の実際の状況を踏まえてスプリントゴールを達成するための計画を調整する。
- スプリントの終わりには、スプリントレビューとスプリントレトロスペクティブで、プロダクトの改善点とチームのパフォーマンスをそれぞれ評価し、必要な適応を計画する。

これらの検査と適応は、形式的でプロセスが多いように思えるかもしれないが、そうではない。問題を解決するために検査と適応を利用し、このプロセスについて考えすぎないことだ。今日解決しようとしている問題は、将来解決しなければならない問題とは異なるのだから。

## スクラムの役割、作成物、イベントを理解する

スクラムフレームワークは、「特定の役割」、「作成物」、「イベント」を定義する。

スクラムにおいてプロダクトに携わる人々の 3 つの役割は以下のとおりである。
- プロダクトオーナー：プロダクトのビジネスニーズを代表し、代弁する。
- 開発チーム：日々の技術的な実装作業を行う。開発チームはプロダクトに専念し、各メンバーはマルチスキルを持っている。つまり、チームメンバーは特定の強みを持っているかもしれないが、どのメンバーも複数のプロダクト開発業務をこなすことができる。
- スクラムマスター：チームが集中できるよう干渉から守り、障害を取り除き、スクラムが適切に行われるようにし、チームの環境を継続的に改善する。

さらに、スクラムチームは、スクラムに特化していない 2 つの役割と緊密に連携することで、より効果的かつ効率的になる。

- **ステークホルダー**：プロダクトの影響を受ける人、プロダクトに意見を持つ人々。ステークホルダーは正式なスクラムの役割ではないが、スクラムチームとステークホルダーは、開発を通じて緊密に協力することが不可欠である。
- **アジャイルメンター**：アジャイルコーチと呼ばれることもあり、アジャイルの原則、プラクティス、テクニックを導入した経験があり、その経験をチームと共有できる人である。多くの場合、この人物はプロダクトの部署や組織の外部の人間であるため、第三者の視点で客観的にスクラムチームを支えることができる。

スクラムに特定の役割があるのと同じように、スクラムには、作成物と呼ばれる3つの有形な作成物もある。スクラムチームが透明化し、継続的に検査し適応させるためにそれを使用する。

- **プロダクトバックログ**：プロダクトを定義するための全体の要件一覧で、多くの場合、エンドユーザーの視点に立ったビジネス価値の観点から文書化される。プロダクトバックログは、プロダクトのライフサイクルを通じて流動的である。詳細度に関係なく、すべてのスコープ項目がプロダクトバックログにある。プロダクトオーナーはプロダクトバックログに責任を持ち、何をどの優先順位で入れるかを決定する。
- **スプリントバックログ**：チームが特定のスプリントゴールを達成するための、そのスプリント内で完成する要件と関連のタスクの一覧である。プロダクトオーナーと開発チームは、スプリントプランニングでスプリントで完成する要件を選択し、開発チームはこれらの要件をタスクに分解する。プロダクトバックログとは異なり、スプリントバックログのタスクは、開発チームがスプリントゴールを達成するために適切と判断した場合にのみ変更することができる。
- **プロダクトインクリメント**：使用可能で潜在的に出荷可能な機能。1つのスプリントの中で、プロダクトインクリメントには、精緻化され、設計され、開発され、テストされ、統合され、文書化され、承認された要件から、意図されたビジネスニーズを満たす機能が含まれる。プロダクトがウェブサイトであろうと新しい家であろうと、プロダクトインクリメントはその動く機能を実証するのに十分な完成度でなければならない。プロダクトインクリメントは、顧客のビジネスゴールを満たすのに十分な、出荷可能な機能が実証された後、顧客にリリースされる。言い換えれば、顧客に出荷するのに十分な価値ある機能を生み出すには、1回以上のスプリントが必要な場合もある。

最後に、スクラムには5つのイベントもある。

- **スプリント**：スクラムの用語でイテレーションのこと。スプリントは他のスクラムイベントの容れ物であり、その中でスクラムチームは潜在的に出荷可能な機能を作成する。スプリントは短いサイクルであり、1か月以内、通常は1週間から2週間、場合によっては1日という短さである。スプリントの期間を一定に保つことで、ばらつきが減らせる。つまりスクラムチームは、以前のスプリントで達成したことに基づいて、各スプリントで何ができるかを自信を持って推定することができる。スプリントは、スクラムチームに継続的な改善のための調整を、最後ではなく、即時的に行う機会を与える。
- **スプリントプランニング**：各スプリントの開始時に行われる。スプリントプランニングでは、スクラムチームがビジネスゴール、スコープ、スプリントバックログの一部となるサポートタスクを決定する。
- **デイリースクラム**：毎日15分以内で行われる。デイリースクラムでは、開発チームのメンバーが進捗状況を確認し、スプリントゴールを達成するために計画を調整し、スクラムマスターと阻害要因の除去を調整する。
- **スプリントレビュー**：各スプリントの終わりに行われる。このイベントでは、開発チームが、ステークホルダーと組織全体に対して、チームがそのスプリント中に完成させたプロダクトの受け入れされた部分をデモする。スプリントレビューの鍵は、ステークホルダーからのフィードバックを集めることであり、それを基に、プロダクトオーナーがプロダクトバックログを更新し、次のスプリントゴールを検討することができる。

● スプリントレトロスペクティブ：各スプリントの終わりに行われる。スプリントレトロスペクティブは、スクラムチームのメンバー（プロダクトオーナー、開発チーム、スクラムマスター）が、スプリント中にうまくいったこと、うまくいかなかったこと、次のスプリントに向けてどのように改善するかを話し合うチーム内のイベントである。このイベントは行動志向であり、次のスプリントのための具体的な改善計画で終わる。

　スクラムは、3つの役割、3つの作成物、5つのイベントからなるシンプルなものだ。それぞれが、スクラムチームがプロダクト開発を通じて継続的に透明性を確保し、検査し、適応させるための役割を果たす。フレームワークとして、スクラムは機能構築の技術的側面を実行するための、他の多くのアジャイルテクニック、メソッド、ツールに対応する。

---

### 重要な資格

　もしあなたがアジャイル実践者だったり、アジャイル実践者になりたいと思っているのなら、アジャイル認定資格を1つ以上取得することを検討してもよいだろう。認定トレーニングを受けるだけでも、貴重な情報やアジャイルプロセスを実践する機会になる。多くの組織は、アジャイルに関する確かな知識を持つ人材を雇いたいと思っているので、認定を受けることでキャリアアップも望める。

　以下のような、認知度の高い入門レベルの資格から選ぶことができる。

● **認定スクラムマスター（CSM）**：スクラムの理解と活用を促進する専門組織である Scrum Alliance は、スクラムマスターの認定資格を提供している。CSM を取得するには、認定スクラムトレーナー（CST）による2日間のトレーニングの受講と、CSM 評価の完了が必要である。CSM トレーニングではスクラムの全体像を学ぶため、これからアジャイルの旅を始める人々にとって良い出発点である。

● **認定スクラムプロダクトオーナー（CSPO）**：Scrum Alliance は、プロダクトオーナーのための認定資格も提供している。CSM と同様、CSPO も CST による2日間のトレーニングの受講が必要である。CSPO トレーニングでは、プロダクトオーナーの役割を深く掘り下げる。

● **認定スクラムデベロッパー（CSD）**：開発チームメンバーのために、Scrum Alliance は技術職の認定資格として CSD を提供しており、CST による5日間のトレーニング受講とアジャイルエンジニアリング技術に関する試験に合格する必要がある。CSM または CSPO のトレーニングは、CSD に必要な5日間のうちの2日間にカウントすることができる。残りの3日間は、テスト駆動開発、継続的インテグレーション、コーディング規約、シンプルな設計、リファクタリングなどのエクストリームプログラミングの実践に焦点を絞ったテクニカルスキルコースである。これらのプラクティスについては、次のセクションで詳しく説明する。

● **PMI アジャイル認定プラクティショナー（PMI-ACP）**：プロジェクトマネジメント協会（PMI）は、プロジェクトマネジャーのための世界最大の専門組織である。2012年、PMI は PMI-ACP 認定資格を導入した。PMI-ACP を取得するには、トレーニング、一般的なプロジェクトマネジメントの経験、アジャイルプロダクト開発の経験、アジャイルの基礎知識に関する試験に合格する必要がある。https://www.pmi.org を参照。

　スクラムの3つの役割、アジャイルリーダーシップ、上級およびプロフェッショナルレベルの認定資格の取得については、https://www.scrumalliance.org を参照。

---

5-2　アジャイルテクニックのトップ3：リーン、スクラム、XP

## エクストリームプログラミングの概要

　ソフトウェアに特化したプロダクト開発への人気あるアプローチのひとつに、エクストリームプログラミング(XP)がある。XP は、ソフトウェア開発のベストプラクティスを極限レベルまで高めたものだ。1996年に、ケント・ベックが、ウォード・カニンガムとロン・ジェフリーズの協力を得てまとめた XP の原則は、1999 年のベックの著書『エクストリームプログラミング』(角征典訳、オーム社) に記載されており、以来、更新されている。ロン・ジェフリーズは、自身のウェブサイト (https://ronjeffries.com) で XP のプラクティスをアップデートし続けている。

　XP の焦点は顧客満足である。XP チームは、顧客が必要とする機能を、顧客が必要とする時に開発するために、顧客と協働することによって高い顧客満足度を達成する。新しい要求は、開発チームの日常業務の一部であり、チームはこれらの要求が発生するたびに対処する権限を与えられている。発生した問題を中心にチームが自己組織化され、可能な限り効率的に解決する。

> **＜豆知識＞**
> 　XP がプラクティスとして成長するにつれ、XP における役割が明確でなくなってきた。典型的な開発作業は、現在、顧客、マネジメント、技術、プロダクトサポートの各グループの人々によって実施される。それぞれの担当者が、時によって異なる役割を果たす場合がある。

## XPの原則を知る

　XP における基本的なアプローチは、アジャイルの原則に基づいている。以下のとおりである。

- **中心的な活動はコーディングである。**ソフトウェアコードは解決策を提供するだけでなく、問題を探求するために使うこともできる。例えば、プログラマーがコードを使って問題を説明することができる。
- **XP チームは、開発の最後ではなく、開発中に多くのテストを行う。**ちょっとしたテストが不具合を特定するのに役立つなら、多くのテストを行えば、より多くの不具合を発見できる。実際、開発者は、要求の成功基準を見つけ出し、ユニットテストを設計するまでは、コーディングを開始しない。欠陥とはコードの失敗ではなく、正しいテストを定義できなかったことなのだ。
- **顧客とプログラマー間のコミュニケーションが直接的である。**プログラマーは、技術的な解決策を設計するためにビジネス要件を理解する必要がある。
- **複雑なシステムでは、ある程度の全体設計が特定の機能を超えて必要である。**XP 開発では、全体的な設計は定期的なリファクタリングの際に考慮する。つまり、コードを体系的に改善するプロセスを使って、可読性を高め、複雑さを軽減し、保守性を向上させ、コードベース全体の拡張性を確保する。

> **＜覚えておこう！＞**
> 　XP がリーンやスクラムと組み合わされていることがあるが、それはプロセスの要素が非常に似ていて、うまく調和するからである。

## XPのプラクティスを知る

　XP では、他のアジャイルアプローチと似ているプラクティスもあるが、そうでないものもある。次ページの表 5-1 に主な XP のプラクティスを示すが、そのほとんどは常識的なプラクティスであり、その多くがアジャイルの原則に反映されている。

第5章　アジャイルアプローチ

表 5-1 　XP の主なプラクティスの例

| XP プラクティス | 前提条件 |
| --- | --- |
| チーム全体 | 顧客は、開発チームと同じ場所にいて（物理的に一緒にいて）、やり取り可能である必要がある。このアクセシビリティによって、チームはより細かい質問をし、素早く答えを得ることができ、最終的に、より顧客の期待に沿ったプロダクトを提供できる。 |
| 計画ゲーム | チーム全員が計画に参加すべきである。ビジネス担当者と技術担当者の間に分断は存在しない。 |
| 顧客テスト | XP の顧客は、希望する各フィーチャーを提示する一環として、そのフィーチャーが動いていることを示す 1 つ以上の自動受け入れテストを定義する。システムは常に改善され、後退することはない。テストの自動化が重要なのは、手動テストだと時間に追われるあまり省略されてしまうからである。 |
| 小さなリリース | できるだけ頻繁に顧客に価値をリリースする。毎日何度もリリースする組織もある。リスクの大きいリグレッションや統合作業を必要とする未リリースのコードを大量に蓄積することは避けたい。できるだけ早く、できるだけ頻繁に顧客からフィードバックを得よう。 |
| シンプルな設計 | 設計がシンプルであればあるほど、ソフトウェアコードを変更するコストは低くなる。 |
| ペアプログラミング | 2 人が協力してプログラミングに取り組む。一人は戦略的な役割（ナビゲーター）を担い、もう一人は戦術的な役割（ドライバー）を担う。お互いにアプローチを説明し合い、定期的に役割を交代する。一人だけが理解しているというコードはない。コードがマージされ、システムに統合される前に、不具合をより簡単に発見し、修正することができる。 |
| テスト駆動開発（TDD） | コードを書く前に、自動化された顧客受け入れテストとユニットテストを作成する。テストを書き、実行し、失敗するのを確認する。そして、テストがパスするのに必要な最小限のコードを実装し、テストがパスした状態でリファクタリングする。この TDD のサイクルは、レッド/グリーン/クリーンのサイクルとも呼ばれる。進捗を報告する前に、成功しているかをテストする。 |
| リファクタリング | コード内の重複や非効率を取り除くリファクタリングによって、継続的に設計を改善する。無駄のないコードベースは、メンテナンスがよりシンプルになり、より効率的に動作する。 |
| 継続的インテグレーション | チームメンバーは最新のコードで作業しなければならない。開発チーム全体のコードコンポーネントをできるだけ頻繁に統合して、問題を特定し、問題が互いに積み重なる前に是正措置をとる。XP チームは、毎日複数のビルドを推進する。 |
| コードの共同所有 | チーム全体がコードの品質に責任を持つ。オーナーシップと説明責任を共有することで、最良の設計と最高の品質がもたらされる。どのエンジニアも他のエンジニアのコードを修正することができ、進捗を継続させることができる。 |
| コーディング規約 | コーディング規約を使用することで、開発者の意思決定を強化し、プロダクト全体の一貫性を維持する。組織でプロダクトを開発する方法の基本は、毎回作り直すようなものではない。コーディング規約の例として標準コード識別子と命名規約がある。 |
| メタファー | システムがどのように機能するかを説明する時は、暗喩的な比較、つまり簡単に理解できる単純なストーリーを使う（例えば、「システムとは料理をするようなものだ」）。チームがすべてのプロダクト発見活動やディスカッションで参照できる追加の文脈を提供してくれる。 |
| 持続可能なペース | 働きすぎの人は効率が悪い。働きすぎはミスを招き、ミスはさらに仕事を増やし、ミスがさらに増える。週 40 時間以上の長期労働は避ける。 |

＜覚えておこう！＞

　XP は、ソフトウェア開発のベストプラクティスを非常に強化して実践することで、開発慣習の限界を意図的に押し広げる。その結果、XP による開発効率の向上と成功の実績が高く評価された。

5-2　アジャイルテクニックのトップ3：リーン、スクラム、XP

もしあなたがソフトウェアプロダクト開発をしていないのであれば、あなたの業界に特化した一連の技術的プラクティスに XP を置き換えて実践できるだろう。

## 5-3　まとめ

リーン、スクラム、XP の３つのアジャイルアプローチには共通点がある。最も重要なものは、アジャイル宣言と 12 のアジャイル原則の遵守である。表 5-2 に、３つのアプローチのさらなる類似点を示す。

表 5-2　リーン、スクラム、XP の類似点

| リーン | スクラム | XP |
| --- | --- | --- |
| 全員が当事者 | 機能横断型の開発チーム | チーム全体<br>コードの共同所有 |
| 全体を見る | プロダクトインクリメント | テスト駆動開発<br>継続的インテグレーション |
| できるだけ早く提供する | 4 週間以内のスプリント | 小さなリリース |

アジャイルプロダクト開発の成功をさらに高めるために、スクラムはより広範なアジャイルフレームワークとプラクティスを取り入れている。家が配管、電気、換気、および内部の便利な機能など生活を支える骨組みを持っているのと同じように、スクラムは多くのアジャイルツールやテクニックがうまく機能できるようにフレームワークを提供する。以下はその一部であり、後に続く章で詳しく述べる。

● **プロダクトビジョンステートメント**：魅力的なエレベーターピッチと、プロダクトの可能性を最大限に広げるための、明確で創造的なアイデアやひらめきを引き起こす指針
● **プロダクトロードマップ**：プロダクトビジョンを達成するために必要なフィーチャーの描写
● **ベロシティ**：スクラムチームが過去のスプリントの作業実績を把握し、長期的に機能を提供するために経験に基づいて予測するためのツールで、数値指標ではない
● **リリースプランニング**：市場に機能をリリースするきっかけとなる、具体的な中期目標の設定
● **ユーザーストーリー**：エンドユーザーの視点から要求を構造化し、ビジネス価値を明確にする
● **相対的見積もり**：不正確な絶対的尺度ではなく、自己修正可能な相対的複雑度と工数を使用する
● **スウォーミング**：仕事を早く終わらせるため、機能横断型チームが１つの要件の完成に集中し協力し合うこと

# 第 6 章

# アジャイルの実践：環境編

---

**この章の内容**
- アジャイルの作業環境を作る
- ローテク・コミュニケーションの利点を再発見し、ハイテク・コミュニケーションを正しく使いこなす
- 自分にとって必要なツールを知り、使いこなす

---

　現在のあなたの作業環境を思い浮かべてみてほしい。おそらく次のような環境ではないだろうか。IT チームは、あてがわれたエリアをパーティションで区切ったオフィスにいて、プロジェクトマネジャーは、歩ける近いところにいる。あなたは 8 時間の時差があるオフショア開発チームと仕事をしている。業務側の顧客がいる建物は、あなたのいる建物の反対側にある。マネジャーは、建物内の小ぶりで静かなオフィスにいる。会議室はたいてい満室で、使えたとしても 1 時間以内に追い出されてしまう。

　あるいは、2020 年に起きた、新型コロナウイルス感染症に関わる自宅待機命令で誰もが経験したように、上述の人たちは全員、物理的に異なる場所にいたり、時差のある地域にいたりして、共有できる物理的な作業場がないかもしれない。

　これに加えて、プロジェクトの文書は共有ドライブ上のフォルダに保存されている。開発チームは 1 日に少なくとも 100 通のメールを受け取る。プロジェクトマネジャーは毎週チーム会議を開き、プロジェクト計画を参照しながら、開発者に何をすべきかを指示する。プロジェクトマネジャーはまた、週次進捗報告を作成し、共有ドライブに上げる。プロダクトマネジャーは多忙なので、プロジェクトマネジャーと進捗状況の確認ができないが、定期的にプロダクトについての新しい考えをメールで送ってくる。

　上述の状況は、あなたの状況とは異なるかもしれないが、どのような企業環境にあっても、こういった状況の一部を目にしたことがあると思う。これとは対照的に、スクラムチームは、チームメンバーやステークホルダーからのタイムリーなフィードバックに頼りながら、短期間で、集中して、反復的なサイクルで開発を進める。よりアジャイルになるためには、あなたが今いる作業環境を変える必要がある。

　この章では、コミュニケーションを促進し、アジャイルになるために最適な作業環境を作る方法、必要なツールを紹介する。

## 6-1　物理的な環境作りをする

　スクラムチームが花開くのは、継続的で緊密なコラボレーションを可能にする環境でメンバーが作業する時である。これまでの章で述べたように、成功の鍵となるのは開発チームのメンバーだ。成功を支える上で、彼らが活動しやすい環境を整えることは、大きな意味を持つ。

## チームメンバーのコロケーション

可能な限り、スクラムチームをコロケーション(物理的に同じ場所に配置)する必要がある。スクラムチームが同じ場所で作業をすると、以下のプラクティスが実施可能となり、効率と効果の大幅な向上に寄与する。

- 言語的コミュニケーションと非言語的コミュニケーションの両方をフル活用した対面型のコミュニケーション
- デイリースクラムとして理想的な、立ったままの打ち合わせ
- シンプルでローテクなツールを使ったコミュニケーション
- スクラムチームメンバーによるリアルタイムの説明
- 他の人が取り組んでいることを意識する
- 他の人にヘルプを頼む
- 他の人の仕事をサポートする

コロケーションのメリットのひとつに、浸透型コミュニケーションがある。物理的な作業環境を共有すると、たとえ注意を払っていなくても周囲の状況が耳に入ってくる。声が届く範囲の会話に加わり、不足しているかもしれない情報を補足することもできる。さらに、チームメンバーが課題に取り組んでいる時に、その緊張感や安心感が伝わってくる。周囲の情報を吸収することは、チームメンバーに、より良い情報と力を与えることにつながる。

これらのプラクティスはすべて、アジャイルプロセスを支えるものである。全員が同じエリアにいれば、身を乗り出して質問し、即座に回答を得ることがはるかに容易になる。また、質問が複雑な場合、相乗効果を生み出す対面での会話は、他のどのような電子コミュニケーションよりもはるかに効果的かつ効率的である(アジャイルの原則6参照)。

> **＜豆知識＞**
>
> このコミュニケーション効果の向上は、**コミュニケーションの忠実性**(意図した意味と解釈された意味の間の正確さの度合い)によるものである。カリフォルニア大学ロサンゼルス校の教授であるアルバート・メラビアン博士は、複雑で、言語と非言語のメッセージが一致していないコミュニケーションでは、意味の55％が身体言語によって伝えられ、38％が文化特有の声のトーンの解釈によって伝えられ、言葉によって伝えられるのは、わずか7％であることを示した。次回あなたが、まだ存在しないシステムの設計に関する微妙な意図について話し合うための電話会議に参加する時は、このことを念頭に置いておこう。

アジャイル宣言の署名者として名を連ねるアリスター・コーバーンは、図6-1のグラフを作成した。このグラフは、様々なコミュニケーション形態の有効性を示している。書面でのコミュニケーションと、ホワイトボードを前にした2人のコミュニケーションとの効果の違いに注目してほしい。コロケーションによっ

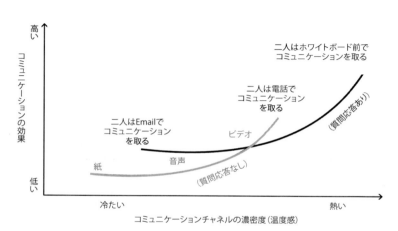

図6-1 コロケーションによるコミュニケーションの向上

てより良いコミュニケーションが可能になることが分かる。

**＜覚えておこう！＞**

対面コミュニケーションとは、私たちが物理的に顔を合わせながらコミュニケーションを取ることを意味する。今日のテクノロジーおかげで、離れた場所にいる人々が以前よりも簡単につながれるようにはなったが、同じ場所で働く人々のようなリアルタイムのコラボレーションや社会的なつながりを完全に再現することはできない。

スクラムチームが最も効果的なのは、物理的に同じ場所にいる時だ。しかし、だからといってスクラムのようなアジャイルフレームワークが、離れた場所に分散したチームに通用しないわけではない。実際、分散したチームが成功するためには、スクラムのようなフレームワークが可能にする役割の明確さ、透明性、経験的なフィードバックループの緊密さが、より重要になってくる。スクラムの役割、作成物、イベントについては、第7章、第10章、第11章、第12章で詳述する。

コロケーションから得られる恩恵は、コロケーションが不可能な場合であっても受けられることを認識しつつ、以下のセクションで、スクラムチームのコミュニケーションを可能にする理想的な状況について説明する。

## 専用エリアの設置

スクラムチームのメンバーが物理的に同じ場所にいるのなら、できるだけ理想的な作業環境を作りたい。最初のステップは専用エリアを作ることだ。

スクラムチームが物理的に近い距離で作業できる環境を整える。可能であれば、スクラムチームはチームルームやスクラムルームと呼ぶ専用の部屋を持つべきである。スクラムチームのメンバーは、壁にホワイトボードや掲示板を設置したり、家具を移動させたりして、必要なセットアップを行う。生産性を高めるためにスペースを整えることで、チームの働き方もそれに順応してくる。もし独立した部屋が手に入らないのならば、一区画の端にワークスペースを配置し、中央にテーブルや協働スペースを配置するのも効果的だ。

パーティションで区切られたオフィススペース以外の選択肢がなく、大きな変更が難しい場合は、創造力を駆使して、誰も使っていないスペースを使わせてもらえるように頼み、パーティションを取り外してチームとして使いやすいスペースへと再構成する。そのようにして専用のチームルームのように使える空間を作ろう。

**＜覚えておこう！＞**

適切なスペースがあれば、スクラムチームは問題解決や解決策の立案に没頭できる。アイデアや仕掛かり作業を可視化することで、チーム全体で理解を共有することができる。チームのメンバー同士が制限なくやり取りできることも、効果的でリアルタイムのコラボレーションの鍵となる。こういったことを可能にするスペースを作るのだ。

今、読者が置かれた状況は完璧にはほど遠いかもしれないが、どれだけ理想に近づけるか、努力してみる価値はある。組織内でアジャイルへの移行を始める前に、最適な状態を作り出すために必要なリソースを経営陣に求めるといいだろう。リソースは様々だが、最低限、ホワイトボード、掲示板、マーカー、画びょう、付箋などが必要だ。こういった物への投資に見合う以上の効率化のスピードに驚くだろう。

例えば、あるクライアント企業では、専用のチームルームを割り当て、開発者用のマルチモニターに6000ドルの投資をした。結果として生産性の向上によって約2か月、6万ドルのコスト削減を実現した。これは、単純な投資に対するかなりのリターンだ。第15章では、こうしたコスト削減効果を定量化する方法を紹介する。

6-1　物理的な環境作りをする

## 集中を妨げるものを取り除く

　開発チームは、一にも二にもまず集中する必要がある。アジャイルメソッドは、特別の方法で生産性の高い作業を行うための仕組みを作るように設計されている。この生産性に対する最大の脅威は「ちょっと失礼。ショートメッセージに返信させて」といった、集中を妨げる要素である。

　素晴らしいことに、スクラムチームには、そういった妨害要素を阻止、あるいは排除することに専念する人がいる。それがスクラムマスターだ。あなたがスクラムマスターの役割を引き受けるにせよ、他の役割を引き受けるにせよ、開発チームの軌道を乱すようなものにどのような種類があるのか、そしてどのように対処すべきかを理解する必要がある。表6-1は、集中を妨げる一般的なもの、またその対処方法として「やるべきこと」と「やってはならないこと」のリストである。

### 表 6-1　集中を妨げる一般的なもの

| 集中を妨げるもの | やるべきこと | やってはならないこと |
| --- | --- | --- |
| 複数の目標 | 開発チームが、一度に1つのプロダクトの目標に、100%専念できるようにする。 | 開発チームを、複数の目標や運営サポート、特別任務に分散させてはならない。 |
| マルチタスキング | 開発チームを1つのタスクに集中させ、一度に1つのフィーチャーを開発するのが理想的。タスクボードを活用すると、仕掛かり作業を把握し、一度に複数のタスクに取り組んでいるメンバーがいるかどうかを素早く特定するのに役立つ。 | 開発チームに要件の切り替えをさせてはならない。タスクスイッチングは、生産性が最低でも30%低下するという大きなオーバーヘッドを生む。 |
| 過剰管理 | スプリントゴールを共同で設定後に、開発チームに、やるべき仕事をどのように達成していくかを決めさせる。彼らは自己組織化できる。生産性は急上昇するだろう。 | 開発チームに干渉したり、他の人に干渉させたりしてはならない。進捗を評価するための機会は、スプリントレビューで十分に得られる。 |
| 外部からの影響 | 気が散る要因を避けよう。スプリントゴールに関係ない新しいアイデアが浮かんだら、プロダクトオーナーにそのアイデアを託し、プロダクトバックログに追加しておいてもらうことで、スプリントゴールが達成できないというリスクを避けることができる。 | 開発チームのメンバーや、彼らのタスクを引っかき回してはならない。彼らはスプリントゴールに向けて集中していて、それが現行スプリントの最優先項目なのだ。一見、短時間でこなせそうなタスクでも、やってみると、その日全体の作業ペースが乱れてしまう可能性がある。 |
| 管理層 | 管理層の直接的な要求から開発チームを守ること（管理層がチームメンバーの素晴らしい業績に対しボーナスを与えたい場合を除く）。 | 管理層が開発チームの生産性に悪影響を及ぼすようなことを許してはならない。開発チームを妨害させないよう、鉄壁を作るべき。 |

### ＜覚えておこう！＞

　集中を妨げるものは、開発チームの集中力、エネルギー、パフォーマンスを低下させる。スクラムマスターには、作業の中断につながる邪魔な要素をコントロールし、それがチームに向かわないようにする強さと勇気が必要だ。集中を妨げるものを回避することで、成功に一歩近づく。

## 6-2　ローテクなコミュニケーション

　スクラムチームが同じ場所で作業をしていれば、メンバーは簡単に、そして滞ることなく直接コミュニケーションを取ることができる。特に、アジャイルへの移行を開始する時は、コミュニケーションツールは、あくまで「ローテク」なものにしておきたい。対面での会話と、昔ながらのペンと紙に頼ろう。ローテクなツールのおかげで形式張らずに済む。そのおかげで、スクラムチームのメンバーがプロダクトについて学んでいく段階で、作業プロセスを変更したり、革新的になったりしてもいいのだと感じることができる。

　コミュニケーションのための第1のツールは対面での会話だ。直接顔を合わせて問題に取り組むことが、生産性を加速させる最善の方法である。

- **毎日、短いデイリースクラムを行う**。このイベントが15分を超えないように、スクラムチームは立って行う。チームのタスクボードの周りに物理的に集まる。
- **プロダクトオーナーに質問する**。プロダクトオーナーには必ずプロダクトのフィーチャーに関する議論に参加してもらい、必要な時に疑問を解消してもらうようにする。計画が終わっても対話は続けること。別の言い方をすると、プロダクトオーナーはいつでもアクセス可能で、他のチームメンバーと同じくらい近くにいる。可動式の机と椅子があれば、プロダクトオーナーを含むスクラムチームは、互いによりアクセスしやすいようにスペースを再構成できる。気軽に動けるようにすることで、より自由なコラボレーションが可能になり、全体的な自由度も増す。
- **チームメンバーと話す**。フィーチャー、進捗、統合について疑問点がある場合は、チームメンバーとメールでやり取りするのではなく、直接話そう。開発チーム全体がプロダクトを作る責任を負っており、チームメンバーは1日を通して会話する必要がある。

　スクラムチームが近距離にいる限り、物理的および視覚的なアプローチを使って、全員が共通理解を持つことができる。ツールがあることで、全員が以下のことを把握できる。

- スプリントゴール
- スプリントゴールを達成するために必要なフィーチャー
- スプリントで達成されたこと、次のスプリントで行うこと
- 誰がどのタスクに取り組んでいるか
- 出荷可能な状態の明確な定義
- 残されたタスク

ローテクなコミュニケーションはほんのわずかなツールで実現できる。

- ホワイトボード1〜2台を用意する（キャスター付きか軽量なものが理想的）。コラボレーション用のツールとして、ホワイトボードに勝るものはない。解決策のブレインストーミングやアイデアの共有のために、スクラムチームが活用できる。
- 様々な色の付箋を大量に用意する（アーキテクチャ、コーディング規約、チームの完成の定義などすぐに目に見えるようにしておきたい重要な情報を伝えるための、ポスターサイズのものも含む）。チームの作成物をより「見える化」する方法については、第11章を参照のこと。

#### ＜秘訣＞
　私たちのお気に入りは、開発者一人一人に少なくとも、卓上型ホワイトボード/付箋セットと軽量のイーゼルを与えるやり方だ。低コストで、コミュニケーションを円滑にする上で素晴らしいツールだ。

- 様々な色のペンをたくさん用意する。
- 各スプリント専用の、進捗を把握しやすくするためのタスクボードやかんばんボードを用意する（第5章と第11章で詳述）。

　各スプリント専用のかんばんボードを使うことになったら、付箋を使って作業単位（タスクへと分解されたフィーチャー）を表示するといい。作業計画には、大きな壁面やホワイトボードに付箋を貼るか、カード

を使ったかんばんボードを使ってもいいだろう。例えば、タスクの種類ごとに異なる色の付箋を使ったり、阻害要因があるフィーチャーには赤い旗のシールを貼ったり、誰がどのタスクに取り組んでいるかを簡単に確認できるようにチームメンバーのシールを貼ったりと、かんばんボードは様々な方法でカスタマイズできる。

<豆知識>
　　**情報ラジエーター**とは、スクラムチームとスクラムチームの作業エリアにいる誰に対しても、物理的に情報を表示するツールである。情報ラジエーターには、かんばんボード、ホワイトボード、掲示板、イテレーションのステータスを示す**バーンダウンチャート**、その他、プロダクト開発やスクラムチームに関する詳細が書かれた様々な掲示物が含まれる。

　基本的には、付箋やカードをボード上で動かして状況を示す（図 6-2 参照）。ボードの読み方や、ボードが示すものに対してどう行動すべきかは、皆が分かっている。第 11 章では、ボードに何を書くかについて詳しく説明している。

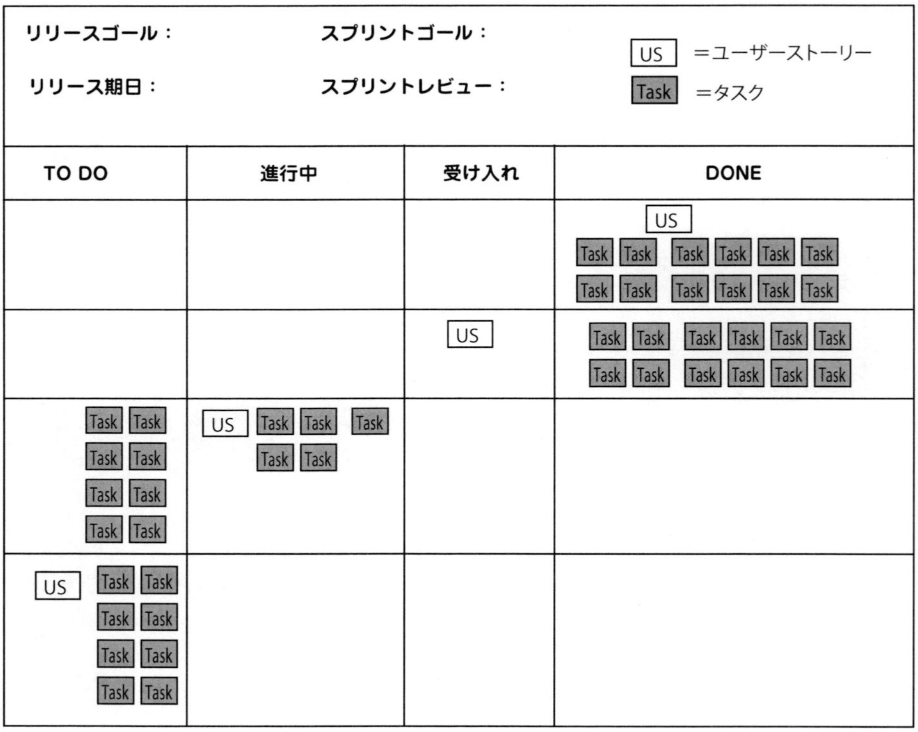

図 6-2　壁やホワイトボード上で見せるスクラムのタスクボード

<秘訣>
　どのようなツールを使うにせよ、完璧に整然と美しく見せることに時間を費やすのは避けよう。レイアウトや見栄えにこだわれば（**ページェント**とも言われる）、仕事が整理されていて円滑に進んでいるような印象を演出できる。しかし、重要なのは作業なのだから、その作業を支える活動にエネルギーを注ごう。ページェントはアジリティの敵である。

## 6-3　ハイテクなコミュニケーション

　同じ場所で作業をすることで、ほぼ例外なく効果が高まるものの、それが実現できないスクラムチームも多い。チームメイトが複数のオフィスに散らばっていながらの開発作業もあれば、世界中にオフショアのメンバーがいる開発チームもある。複数のスクラムチームが地理的に分散している場合は、まずはそれぞれの地域にいる人材を同じ場所に再配置して、地域ごとにスクラムチームを結成することを試みる。ただ、このような再配置が不可能な場合でも、アジャイルへの移行を諦めないでほしい。そういう場合は、できる限りコロケーションをシミュレートするのだ。

　スクラムチームのメンバーが異なる場所で作業している場合、つながりを感じられるような環境を整えるために、より多くの労力を割くことになる。距離や時差の壁を超えるためには、より洗練されたコミュニケーションの仕組みが必要だ。同じ場所にいる環境をシミュレートするために使えるハイテクなツールはあるが、効果的なチームになるためには全員の貢献が必要だ。チームメンバーの1人が遠隔地にいる場合、そのメンバーが疎外感を感じることなく活躍できるよう、残りのメンバーも全員カメラに映るようにしておくといいだろう。

> ### 無駄な努力を避ける：車輪の再発明はやめよう！
> 　過去の製造プロセスでは、部分的に完成したものを別の拠点に輸送して、そこで仕上げるということがよくあった。このような状況では、2つ目の拠点の現場管理者が、1つ目の拠点の工場の壁にあるかんばんボードを確認する必要があった。この課題を解決するために、電子かんばんボードソフトウェアが開発された。ソフトウェア上での見せ方も、実際に壁に掛かったかんばんボードのようにして、同様に使えるようにした。もしこれが、かんばんボード上のすべての情報を見るために、フィルタリングやスクロールを要するツールであったなら、チームにとって大きなマイナス要素になっていただろう。

　どのようなハイテクなコミュニケーションツールを使うか決める際は、直接的でリアルタイムの会話の妨げになるようなツールは選ばないこと。

- **ビデオ会議**：Zoom、Teams、Google Meet などのビデオ会議ツールは、一緒にいる感覚を作り出すことができる。遠隔でコミュニケーションを取らなければならない場合は、最低限、互いのことがはっきりと見え、声がはっきりと聞こえるようにしておくこと。伝えたいことの大部分は、ボディーランゲージから伝わるからだ。

### ＜覚えておこう！＞

　意思決定が行われる場は会議ではない。会議はむしろ、決定事項が伝えられる場だ。意思決定は、廊下や、昼食の場、冷水機のそば、あるいは誰かのオフィスで自然発生的に始まった議論など、あまりフォーマルでない状況で行われる。顔を合わせずして、このようなやり取りを再現できるかというと、なかなか難しい。この状況に最も近づける手段は、テレプレゼンス・ロボット（遠隔操作可能な車輪付きスタンドに、遠隔地にいる人の顔を表示するタブレットが付いている）のようなものを使うことだ。このロボットはオフィス内を動き回ることができ、遠隔地にいる1人の人間が、あたかもその場にいるかのように、廊下や冷水機のそばで会話をすることができる。現実的な選択肢ではないかもしれないが、つまりは顔を合わせて話すことに勝るものはないということだ。

- **常設チャット**：インスタントメッセージでは非言語的なコミュニケーションはできないが、リアルタイムで、アクセスしやすく、使いやすい。最近では、Slack、HipChat、Teams などが利用可能だ。複数の人がセッションを共有し、ファイル共有もできる。持続的なチャットは情報を伝えるには便利だが、問題解決には向かない。問題解決のためには、対面での会話が必要だ。
- **ウェブベースのデスクトップ共有**：特に開発チームにとっては、デスクトップを共有することで、問

題やアップデートをリアルタイムで視覚的に目立たせることができる。問題について電話越しに仮定の話をするよりも、目で確認できたほうがいいのは自明だ。ほとんどのビデオ会議ツールはこの機能を備えている。

● **コラボレーションツール**：これらのツールを使えば、最新の情報を共有するための簡単な文書の共有から、ブレインストーミングのための仮想ホワイトボードの活用まで、あらゆることが可能になる。例えば、Google Drive、Miro、Mural、Jamboard などがある。

テクノロジーは常に進化している。本書の次版を出版する頃には、どのようなツールが利用可能になっているのか、今から楽しみだ。

#### ＜秘訣＞

　上述したようなオンラインのコラボレーションツールを使うことで、進捗報告を作成する作業から離れ、顧客のために価値を創造するという本来の仕事に注力できる。ツールを駆使して、すでに使っている作成物（スプリントバックログなど）を、関係者が必要に応じて閲覧できるようにするといいだろう。マネジャーが状況報告を要求した場合は、コラボレーションサイトに誘導して、必要な情報を入手してもらえばいい。そのサイト上の文書を毎日更新することで、従来のプロジェクトマネジメント・サイクルにおける形式的な進捗報告の手順を踏むよりも優れた情報をマネジャーに提供することができる。マネジャー向けの別個進捗報告の作成を避けよう。これらのレポートはスプリントのバーンダウンチャートと情報が重複しており、プロダクトの創出に役立つものではない。

#### ＜注意！＞

　コラボレーションサイトで文書を共有する場合、全員が文書の内容を自動的に理解するとは考えないほうがいい。コラボレーションサイトを利用して、すべてを公表し、アクセス可能にし、透明性を確保することができるが、直接の会話がもたらす共通理解まで可能になるという錯覚をチームに与えないようにしよう。

## 6-4　ツールの選択

　これまで述べてきたように、ローテクなツールはアジャイル開発にぴったりだが、とりわけ向いているのが、スクラムチームがアジャイルな作業や共同作業に慣れていくまでの段階だ。ツールの選択に関して筆者がアドバイスできることは、どのツールがベストかということよりも、そのツールが顧客に価値を提供することを可能にするか、あるいは妨げるかということである。

　まずは、ホワイトボード、フリップチャート、付箋、マーカーなど、手に入りやすいツールから始めるといいだろう。その後、より洗練されたテクノロジーに投資する必要があると感じたら、仕事のやり方が決められてしまうような新しいツールではなく、自分たちにとって最適なやり方をサポートしてくれるツールを見つけるようお勧めする。

　この節では、アジャイルツールを選択する際に考慮すべきいくつかのポイントについて、そのツールの目的と、組織や互換性における制約について説明する。

### ツールの目的

　ツールを選ぶ時に考慮すべき最も重要なことは、「そのツールの目的」である。ツールは特定の問題を解決し、アジャイルプロセスをサポートするものでなければならない。

　まずもってして、必要以上に複雑なものを選ばないこと。高度なツールは、生産性を上げてくれるより前に、使いこなすまでに時間が掛かる。もしあなたが、同じ場所で作業をするスクラムチームの一員ならば、アジャイルプラクティスの導入や習得で、すでに労力を割いているはずだ。そこに複雑なツール一式を取り入れたところで助けにはならない。リモートのスクラムチームで作業をしている場合、新しいツールの導入はさらに難しくなる。

以下のような問いをツール導入のリトマス試験にしてほしい。

- 開発チームのメンバーとして、タスクステータスを1日1分以内で更新できるか？
- このツールは作業をサポートしてくれるのか、あるいはこのツールを使うこと自体が新たなタスクになってしまうのか？
- このツールは透明性を高めるのか、阻害するのか？
- このツールは対面での重要な会話を促すものか、妨げるものか？
- このツールの管理コストは妥当か？
- このツールは、アジャイルの価値観や原則に沿ったリーダーシップとの対話を可能にするか。

<注意！>

　市場には、アジャイルプラクティスを視野に入れたウェブサイト、ソフトウェアなどのツールがたくさん出回っている。その多くは有用であるが、アジャイルを導入した初期の段階で高価なアジャイル用のツールに投資すべきではない。このような投資は必要ではないし、別次元の複雑さが出てきてしまうことになる。スクラムチームとして、まずは数回のイテレーションを経てアプローチを調整していくと、改善できる手順や変更の必要がある手順を認識し始めるだろう。その改善の1つとして、ツールの追加や変更が必要になるのかもしれない。スクラムチームから自然発生したニーズのほうが、プロダクトの問題と結び付けやすくなり、必要なツールの承認が組織的に得られやすくなる場合が多い。

## リモートワークの成功を支援するツール

　2020年の新型コロナウイルスのパンデミックにおいて、世界各国の政府が自宅待機命令を発令し、世界中で多くの人々が、何か月もリモート勤務を余儀なくされた。数え切れないほどの組織や産業が、プロダクトのデリバリーやコラボレーションのかたち、さらにはビジネスモデルの転換を図った。ほぼすべての産業が、この劇的な変化を経験したのだ。

　Platinum Edge（筆者の会社）も例外ではなかった。パンデミック前、Platinum Edge が提供する認定スクラムマスター（CSM）や認定スクラムプロダクトオーナー（CSPO）といったスクラム認定プログラムは、物理的な教室で、対面で教えることが Scrum Alliance によって義務づけられていた。この義務が一時的に解除されたため、人々が必要としていたトレーニングや経験を、配信とオンラインで提供できることになった。受講生と弊社の認定スクラムトレーナーが一丸となって行う貴重な学習体験は、デジタルツールなしには実現できなかった。

　Platinum Edge は、パンデミックによる困難にすぐさま対応し、バーチャル環境で効果的なコラボレーションと学習を可能にする方法を見つけ出した。少人数でのコラボレーションを可能にするために、ブレイクアウトルームのあるビデオ会議を利用した。図6-3 はバーチャル教室という環境での受講生のコンピューター画面である。

図6-3　バーチャル教室のイメージ

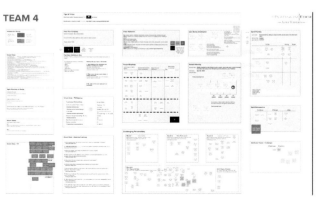

図6-4　バーチャルコラボレーションボードのイメージ

また、概念を説明するためのビジュアルコンテンツ（あらかじめ用意したスライドや、その場での描画）を共有し、本章で述べたツールの多くをシミュレートしたバーチャルな作業ボード上で、小グループで概念の実践や適用ができるようにした（前ページの図 6-4 参照）。バーチャルのフリップチャート、ホワイトボード、付箋を使うことで、共有する項目を動かしたり、取り除いたり、作成したりすることを、実際に近い感覚で体験することができた。

　この経験は、物理的な対面によるものと同じではなかったし、選べるならば、私たちも受講生も対面でのアクティビティを選ぶだろう。しかし、学習効果としては十分で、「期待以上だった」と言う受講生も少なくなかった。

　これらのツールを使って、受講生は実際の現場と同じように、すべてのアクティビティを演習し、スクラムチームとしての作業を経験した。副次的な利点として、講座が終わってもバーチャルホワイトボードを保存して、受講生がコラボレーションを継続することができた。

　同じ場所にいるチームのほうが、より良いプロダクトをより早く作ることができるが、多くの受講生は、ハイテクなツールを使うことで、バーチャルな作業環境を余儀なくされても、うまく切り抜けることができた。また、従業員がバーチャル環境で働くためのツールに投資した組織は、世界的なパンデミックのさなかでも、業務を中断することはなかった。

## 組織と互換性の制約

　あなたが選択するツールは、あなたの組織内で使えるものでなければならない。電子ツールを使わないという方針でない限りは、ハードウェア、ソフトウェア、サービス、クラウドコンピューティング、セキュリティ、テレフォニーシステムに関する組織の方針を考慮しなければならないだろう。

　スクラムチームのためのアジャイル環境を構築する鍵は、組織レベルで戦略的に行うことである。スクラムチームはアジャイルプロダクトを生み出す原動力となるため、組織の経営陣には早い段階から参加してもらい、チームが成功できるようなツールを提供してもらうことが大切だ。

# 第 7 章

# アジャイルの実践：行動編

---

**この章の内容**
- アジャイルの役割を明確にする
- アジャイルの価値観を組織に取り入れる
- チームの哲学を変える
- 重要なスキルを磨く

---

　この章では、アジャイルテクニックによって実現するパフォーマンスの優位性から利するために、組織が変える必要のある行動力学について見ていく。プロダクト開発チームの各役割について説明し、またプロダクト開発に対するチームの価値観や哲学をどのように変えられるかを述べる。最後に、チームがアジャイルで成功するための重要なスキルを磨くための方法についてもいくつか説明する。

## 7-1　アジャイルにおける役割を確立する

　第5章では、現在最もよく使われているアジャイルフレームワークであるスクラムについて説明している。スクラムフレームワークでは、とりわけ簡潔に一般的なアジャイルの役割を定義している。本書では、アジャイルの役割を説明するためにスクラムの用語を使う。その役割は以下のとおりである。
- プロダクトオーナー
- 開発チームメンバー（開発者）
- スクラムマスター

プロダクトオーナー、開発チーム、スクラムマスターでスクラムチームを構成する。各役割は対等であり、上下関係はない。

　以下の役割はスクラムフレームワークの一部ではないが、アジャイルプロダクト開発において非常に重要な役割である。
- ステークホルダー
- アジャイルメンター

スクラムチームはステークホルダーと共にプロダクトチームを構成する。その中心にいるのが開発チームだ。プロダクトオーナーとスクラムマスターは、開発チームの成功を保証する役割を果たす。図7-1は、これらの役割とチームがどのように組み合わされているかを示している。この節では、各役割について詳しく説明する。

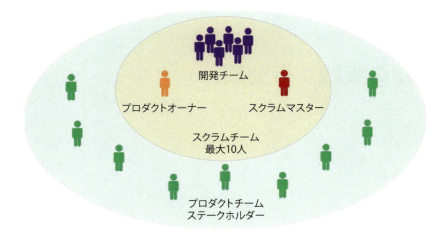

図7-1　プロダクトチーム、スクラムチーム、開発チーム

## プロダクトオーナー

　プロダクトオーナーは、スクラムを採用していない環境では、顧客担当者と呼ばれることもある。この役割は、顧客やビジネス上のステークホルダーと開発チームの間をつなぐ責任を担う。プロダクトオーナーは、プロダクト、および顧客のニーズと優先事項に関する専門家である。プロダクトオーナーはスクラムチームの一員であり、開発チームを他の業務の干渉（競合する優先事項）から守る。この役割は日々開発チームと協力し合い、要件を明確にする手助けをし、スプリント中に完成した作業の受け入れを行い、スプリントレビューに向けて準備する。

　プロダクトオーナーは、プロダクトに何を含め、何を含めないかを決定する。さらには何をいつ市場にリリースするかを決定する責任も加わるため、この役割を果たすには、賢明で経験豊富な人材が必要であることが分かるだろう。

　アジャイルプロダクト開発では、プロダクトオーナーは次のことを行う。

- プロダクトの戦略と方向性を策定し、長期および短期のゴールを設定する。
- 開発チームの仕事から生まれるプロダクトの価値を最大化する。
- プロダクトに関する専門知識を提供したり、使いこなしたりする。
- 顧客や、その他ビジネス上のステークホルダーのニーズを理解し、開発チームとの話し合いを円滑に進める。
- プロダクト要件の収集、優先順位付け、管理をする。
- プロダクトの予算と採算性に責任を持つ。
- 完成した機能をいつリリースするかを決める。
- 日常的に開発チームと協力し、質問に答えたり意思決定を行ったりする。
- スプリントで完成した仕事を（完成した時点で）受け入れる、または却下する。
- 各スプリントが終了したら、開発チームが成果をデモする前に、スクラムチームの成果を発表する。

　優れたプロダクトオーナーになるために必要なものは、決断力だ。優れたプロダクトオーナーは顧客を徹底的に理解し、日々難しいビジネス上の決断を下す権限を組織から与えられている。彼らは、ステークホルダーから要件を収集することができるが、それがなくてもプロダクトに精通しているので、確信を持って優先順位を付けることができる。

　＜覚えておこう！＞
　優れたプロダクトオーナーは、ビジネス上のステークホルダーのコミュニティ、開発チーム、スクラムマスター

とうまく交流する。プロダクトオーナーは実際の経験に基づいて、現実に則したトレードオフを行うことができる。開発チームとのやり取りが円滑で、彼らが必要としていることを聞くこともできる。特に開発チームからの質問には忍耐強く対応する。

図7-2は、プロダクトオーナーがステークホルダー、顧客やユーザー、そしてスクラムチームとどのように協働するのかを示している。この関係性は、組織全体でコミュニケーションを取り、プロダクトのフィードバックを受けるために重要である。

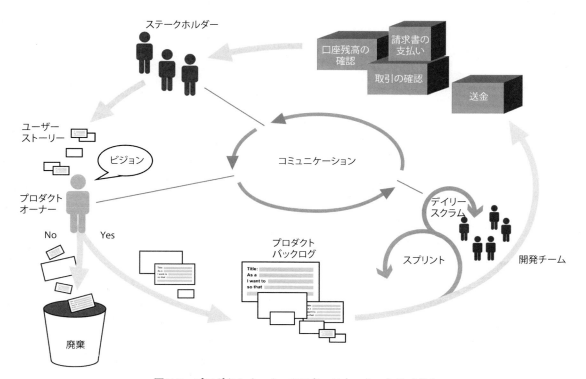

図7-2　プロダクトオーナーのコミュニケーションサイクル

表7-1に、プロダクトオーナーの責任とそれに適した特性の概要を示す。

プロダクトオーナーは、開発中、ビジネスに関連する多くの責任を負う。資金を提供し予算を付けるのはスポンサーだが、プロダクトオーナーは、その予算の使い道を管理する。

## プロダクトの発見

プロダクトの発見は、プロダクトオーナーの重要な責務である。プロダクトオーナーはしばしば現場で顧客と面会し、課題や問題の理解を深めようと努める。ステークホルダーとも会い、ROIとプロダクト価値を向上させるためのアイデア収集が目的のワークショップを主催する。プロダクトオーナーは、プロダクトがどうあるべきかを発見するのだ。

> <注意！>
> プロダクトの発見とは、ウォーターフォールによる厳密な計画段階を都合良く言い換えたものではない。それは継続的であり、顧客ニーズを常に検査し、適応することによって行われる。

7-1　アジャイルにおける役割を確立する

**表7-1　優れたプロダクトオーナーの特性**

| 責任 | 優れたプロダクトオーナーは… |
|---|---|
| プロダクトの戦略と方向性を提供する | 完成したプロダクトを思い描く<br>会社の戦略をしっかりと理解している |
| プロダクトに関する専門知識を提供する | 過去に同様のプロダクトを扱ったことがある<br>そのプロダクトを使用する人々のニーズを理解している |
| 顧客およびその他のステークホルダーのニーズを理解する | 関連するビジネスプロセスを理解する<br>顧客からの意見とフィードバックのチャネルを確立する<br>ビジネス上のステークホルダーとうまく連携できる |
| プロダクト要件の管理と優先順位付けをする | 決断力がある<br>効果を重視する<br>柔軟性がある<br>ステークホルダーからのフィードバックを、価値ある顧客志向の機能に変える<br>経済的に価値のあるフィーチャー、リスクの高いフィーチャー、戦略的なシステム改善に対して、優先順位を明確にしている<br>開発チームを他の業務上の干渉（競合するステークホルダーの要求）から守り、「No」と言う勇気を持っている |
| 予算と採算性に責任がある | どのプロダクトフィーチャーが最高の投資対効果をもたらすかを理解している<br>予算を効果的に管理する |
| リリース日を決定する | スケジュールに関するビジネスニーズを理解する |
| 開発チームと協力する | 日々の要求事項を明確化するために、容易にやり取りできる<br>開発チームと協力し、能力と技術的リスクを理解する<br>開発者とうまく協力する<br>プロダクトのフィーチャーを上手に説明する |
| 完成した仕事を受け入れる、または却下する | 要求の受け入れ基準を理解し、完成した機能が正しく動作することを保証する |
| 各スプリントの終わりに完成した仕事を発表する | 開発チームが動く機能をデモする前に、スプリントの成果を分かりやすく紹介する |

　プロダクトオーナーが行うもう1つの活動にデータ収集がある。プロダクトの使用傾向を観察し、問題のある箇所を探す。顧客サービスにおける課題を深掘りし、顧客体験を改善するためのパターンと機会を理解する。プロダクトオーナーは、ユーザーインターフェース（UI）、ユーザーエクスペリエンス（UX）、エンジニアリング、その他の分野の有能な専門家の助けを借りて、プロダクト設計を改善する機会を継続的に探るのだ。プロダクトオーナーが行うその他のプロダクト発見活動については、第11章を参照してほしい。

　プロダクトオーナーシップは、プロダクトの発見だけでなく、開発を進めるためにも重要な役割である。そのため、専任でフルタイムの仕事となる。

## プロダクト開発

　プロダクト開発において、プロダクトオーナーは、チームがスプリントやリリースのゴールを達成するための鍵となる。開発中は、明確化が必要な多くの疑問が生じ、プロダクトオーナーはこれらの質問に答える必要がある。

　プロダクトオーナーは、リリースやスプリントプランニング、プロダクトバックログリファインメント、スプリントレビューやレトロスペクティブ（第10章と第12章で説明）の前に、必要な準備を行う。チームのタスクボードを見て、タスクが予想以上に時間が掛かっていたり滞ったりしている場合は、スクラムマ

スターや開発チームと協力して、自分たちが手助けできる所を探す。プロダクトオーナーがスプリント中にどのように動き、どのようにプロダクト開発をサポートするかについては、第11章を参照してほしい。

専任で決断力のあるプロダクトオーナーがいれば、開発チームは、要件を動く機能に変えるために必要なすべてのビジネスサポートを受けられる。次のセクションでは、開発チームが自分たちの作るプロダクトを確実に理解するために、プロダクトオーナーがどのようにサポートするかを説明する。

## 開発チームメンバー

開発チームのメンバーは、プロダクトを作る人たちである。ソフトウェア開発では、プログラマー、テスター、UIデザイナー、ライター、データエンジニア、UXデザイナー、そして、プロダクト開発に関する実務に携わるすべての人が開発チームのメンバーだ。他のタイプのプロダクトでは、開発チームメンバーの有するスキルは異なる場合がある。

アジャイルプロダクト開発において、開発チームに求められていることは以下のとおりだ。

- **プロダクトのフィーチャーや機能といった作成物を作ることに直接の責任を持つ。**
- **自己組織化され、自己管理する。** 開発チームのメンバーは、自分たちのタスクと、そのタスクをどのように完了させたいかを決定する。
- **機能横断的である。** 開発チームは、プロダクトインクリメントのデプロイメントを自動化するスキルを含め、要件を動く機能にするために、精緻化、設計、開発、テスト、統合、文書化など、必要なすべてのスキルを持っている。パフォーマンスの高い開発チームは、プロダクトインクリメントを作成し、顧客やユーザーにリリースするために必要なすべてのスキルを備えている。
- **マルチスキルを持つ。** 開発チームは、チーム全体として機能横断的であるだけでなく、個々のメンバーもまた多才であり、1つのスキルセットに縛られていない。彼らは、開発初期に即戦力となるスキルを持ち合わせているが、新しいスキルを学んだり、自分が知っていることを他の開発チームメンバーに教えたりすることをいとわない。

<覚えておこう！>
すべての開発者は複数のスキルを持っているべきだ。そして、どのスキルも複数のメンバーがこなせるものでなければならない。専門スキルに特化した開発者（『私は1つのことしかしません』）は、専門スキル以外のものを持つことによって優れた開発者になれる。スクラムチームは、ウォーターフォールプロジェクトのように、開発における特定のフェーズだけでなく、毎日、すべてのスキルが必要になる。テストの実行方法を知っている開発者が1人病欠になって、チーム全体がその日の仕事を終わらせることができなくなるということにならないように、ピンチの時にチームを前進させるために関与できる人間が、少なくともチーム内にもう1人は必要なのだ。

- **理想的には開発期間中、1つのプロダクトの目標に専念する。**
- **理想的には同じ場所で働く。** チーム（プロダクトオーナーとスクラムマスターを含む）は、同じオフィスの同じエリア、できればチームルームで一緒に働くべきである。

優れた開発チームのメンバーは多才である。知的好奇心が旺盛で、スプリントゴールに貢献する方法を、日々少しずつでも見つけ出していける開発者が求められる。開発チームのメンバーの中には、最初は多才でない人もいる。チームで作業していくなかで、1つのスキルを持つ開発者が他の開発者とペアを組み、シャドーイングをしながら、様々なスキルに触れる機会を得て、図7-3に示すように、よりT型、π型、M型のスキルセットになっていくのが理想だ。

パフォーマンスの高いスクラムチームには、π型またはM型のスキルセットを持つ開発者がいる。言い換えると、主要なスキルと、チームで必要とされるすべてのスキルに広く触れることに加えて、もう1つのスキル（π型）、またはもう2つのスキル（M型）に熟練している。π型とM型のスキルを持つチームメンバーを擁する開発チームは、障害の発生があれば、すぐ排除できるため、一般的にベロシティが高くなる。

7-1　アジャイルにおける役割を確立する

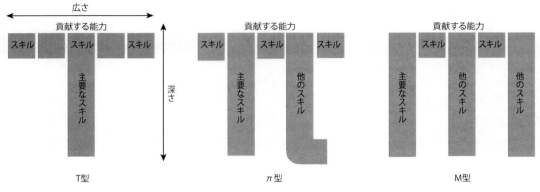

図7-3 開発チームメンバーのスキル開発

チームの責任と、それに適した特性を表7-2で説明する。

表7-2 優れた開発チームメンバーの特性

| 責任 | 優れた開発チームメンバーは… |
|---|---|
| プロダクトを作る | プロダクトの作成を楽しむ<br>プロダクトを作るために必要な複数の作業に精通している |
| 自己組織化し、自己管理する | 主体性と独立性にあふれている<br>ゴールを達成するために阻害要因を処理する方法を理解している<br>チームメンバーとの間で、行うべき作業を調整する |
| 機能横断的である | 好奇心旺盛である<br>自分の専門外の分野に進んで貢献する<br>新しいスキルを学ぶことを楽しむ<br>熱心に知識を共有する |
| 専任で、同じ場所で働いている | 集中して、同じ場所で働くチームが効率性と有効性の向上をもたらすことを理解する |

　スクラムチームの他の2つの役割、つまりプロダクトオーナーとスクラムマスターは、開発チームによるプロダクト作成の取り組みをサポートする。プロダクトオーナーが、開発チームが効果的である（正しいプロダクト開発に取り組んでいる）ことを保証するのに対して、スクラムマスターは、開発チームが可能な限り効率的に作業できるように障害を取り除く。

## スクラムマスター

　スクラムマスターは、スクラム以外の環境ではファシリテーター（進行役）やチームコーチと呼ばれることもあり、開発チームをサポートし、組織的な障害を取り除き、アジャイルの原則に忠実に従ってプロセスを進める責任がある。

　スクラムマスターはプロジェクトマネジャーとは異なる。従来のプロジェクトアプローチを採用しているチームは、プロジェクトマネジャーのために働く。一方、スクラムマスターは、チームが完全に機能し、生産的になるようにサポートするサーバントリーダーで、仲間である。スクラムマスターの役割は、説明責任を果たすというよりも、むしろイネーブラーである。サーバントリーダーシップについては、第16章で詳しく説明している。

　アジャイルプロダクト開発では、スクラムマスターは次のことを行う。

- プロセスコーチおよびアジャイル推進者として、チームと組織がスクラムの価値観とプラクティス

に従うことを支援する。

- 先手を打つにも即応するにも、阻害要因を取り除き、開発チームを外部の干渉から守る。
- プロダクトオーナーと協力し、ステークホルダーと開発チームとの緊密な連携を促進する。
- スクラムチーム内の合意形成を促進する。
- 組織的な阻害要因よってスクラムチームの集中力が削がれることを防ぐ。

**＜秘訣＞**

　筆者たちは、スクラムマスターを、航空機の抗力を減らす仕事をする航空エンジニアに例えている。抗力は常に存在するものだが、革新的で先手を打てるエンジニアリングによって減らすことができる。同様に、すべてのチームには、チームの効率性の足を引っ張る組織的な阻害要因があり、様々な制約も常に存在するが、それを特定し取り除くことはできる。スクラムマスターの役割の中でも最も重要なものの１つは、現状に向き合って障害を取り除き、開発チームの作業の邪魔にならないようにすることである。これらのタスクが得意なスクラムマスターは、プロダクト開発にとっても組織にとっても貴重な存在だ。開発チームの人数が７人なら、優秀なスクラムマスターの効果は７倍になる。

　優れたスクラムマスターとはどのような人だろうか？　スクラムマスターにプロジェクトマネジャーの経験は必要ない。スクラムマスターはアジャイルプロセスの専門家であり、他の人のコーチになれる。内省と反省を通じて、チームのパフォーマンスを向上させるために何を考えるべきかを知っている。そしてプロダクトオーナーやステークホルダーのコミュニティとも協働する。

**＜秘訣＞**

　ファシリテーションのスキルとは、人々が集まった際に不要な議論や余計な情報を取り除き、雑音を遮断することで、スクラムチーム全員が適切なタイミングで適切な優先事項に集中できるようにすることだ。

　スクラムマスターは強力なコミュニケーションスキルを持ち、適切な環境を得られるよう交渉し、チームの集中を妨げるものから守り、阻害要因を取り除くことによって成功の条件を確保できるだけの組織的影響力を持つ。スクラムマスターは優れたファシリテーターであり、優れた聞き手でもある。相反する意見を取り持ち、チームの自助力をサポートすることができる。スクラムマスターの責任とそれに適した特性を表7-3 で説明する。

表 7-3　優れたスクラムマスターの特性

| 責任 | 優れたスクラムマスターは… |
|---|---|
| スクラムの価値観とプラクティスを守る | スクラムプロセスの専門家である<br>様々なアジャイルテクニックに対して情熱を持っている |
| 障害を取り除き、混乱を防ぐ | 組織的な影響力があり、問題を迅速に解決できる<br>明瞭で外交的、プロフェッショナルである<br>コミュニケーション能力が高く、聞き上手である<br>開発チームがプロダクトの目標と現行のスプリントだけに集中する必要性をしっかりと認識している |
| 外部のステークホルダーとスクラムチームとの緊密な協力関係を育む | プロダクトチーム全体のニーズに目を向ける<br>徒党を組まず、グループのサイロ化を解消する |
| 合意形成を促進する | グループが合意に達するためのテクニックを理解している |
| サーバントリーダーである | 責任者やボスになる必要がなく、また、なりたがることもない<br>開発チームの全メンバーが、仕事に必要な情報を入手し、ツールを駆使し、進捗を把握できるようにする<br>心から、スクラムチームの力になりたいと望んでいる |

7-1　アジャイルにおける役割を確立する

**＜秘訣＞**

　影響力と権限は違うものだ。組織は、スクラムマスターが正式な権限なしに、チームや組織の変化に影響力を発揮できるような権利を与える必要がある。影響力の背景には、多くの場合、成功や経験を通して得られる他者からの尊敬がある。スクラムマスターが影響力を持つ背景には、専門知識（通常はニッチな知識）、勤続年数（長く勤め、会社の歴史と共に歩んだ）、カリスマ性（みんなに好かれている）、人脈（重要な人物を知っている）などが存在している。組織に影響力を持つスクラムマスターの価値を過小評価してはいけない。

　スクラムチームのメンバー（プロダクトオーナー、開発チーム、スクラムマスター）は、毎日一緒に仕事をする。

　この章の前半で述べたように、プロダクトチームはスクラムチームとステークホルダーによって構成される。ステークホルダーの関与はスクラムチームのメンバーに比べれば少ないこともあるが、それでもプロダクトに重大な影響を与え、多くの価値を提供することができる。

---

### 合意形成を得るためのフィスト・オブ・ファイブ

　チームとして働くことには、チームとしての決定に合意することも含まれる。スクラムマスターとして重要なことは、チームの合意形成を促すことだ。私たちは皆、グループで動いた経験がある。タスクに費やす時間について、あるいはどこでランチをするかについてなど、合意を形成するのが難しい場面は多々ある。グループが、あるアイデアについて合意しているかどうかを知るための、簡単で気軽な方法が、**フィスト・オブ・ファイブ**だ。

　３つ数えたら、各自が指を何本か立てる。立てた指の本数は、問題に対処する方法として提案されたアイデアに、どの程度納得しているかを反映している。

- ５本：そのアイデアに完全合意。
- ４本：いいアイデアだと思う。
- ３本：そのアイデアに納得はしている。
- ２本：違和感があるので話し合いたい。
- １本：そのアイデアに反対だ。

　指を３本、４本、５本立てる人と、１本か２本しか立てない人がいたら、そのアイデアについて話し合う。そのアイデアに賛成する人は、なぜうまくいくと思うのか、反対する人は、どのような違和感を持っているのかを確認する。グループメンバー全員が少なくとも３本の指を立てたら（そのアイデアが良いとまでは言えないが、納得はしている）、合意を得て前進することができる。スクラムマスターの合意形成スキルは、このタスクに不可欠である。

　また、単純に親指を立てる（支持する）、親指を下げる（支持しない）、親指を横にする（どちらでもよい）のいずれかを求めることで、決定事項に対する意見の合意を素早く知ることができる。これはローマ式投票とも呼ばれ、フィスト・オブ・ファイブよりも早く、「Yes」か「No」かの質問に答えるのに便利だ。

---

## ステークホルダー

　ステークホルダーとは、プロダクトに関心があるすべての人のことである。彼らはプロダクトの最終的な実行責任者ではないが、インプットを提供し、プロダクトの結果に影響を受ける。ステークホルダーのグループは多様であり、異なる部署、あるいは異なる会社の人々を含むこともある。

　アジャイルプロダクト開発では、ステークホルダーは

- 顧客を含む
- 開発チームの業務をサポートできる専門知識を持つ技術者を含む場合がある
- プロダクトに影響を与える法務部、アカウントマネジャー、営業担当者、マーケティング専門家、カ

スタマーサービス担当者を含む場合がある

- プロダクトオーナー以外の、プロダクトまたは市場の専門家を含む場合がある

ステークホルダーは、プロダクトやその使用方法に関する重要な意見を提供するのに役立つ場合がある。スプリントの間、ステークホルダーはプロダクトオーナーと密接に協力し、各スプリントの終わりに行われるスプリントレビューでプロダクトに関するフィードバックを行う。

ステークホルダーとその役割は、プロダクトや組織によって異なる。ほとんどすべてのプロダクトチームには、スクラムチーム外にステークホルダーがいる。

プロダクトチーム、特にアジャイルプロセスに慣れていないチームには、アジャイルメンターがつくこともある。

## アジャイルメンター

メンターを置くことは、新しい専門知識を発展させたいあらゆる領域にとって良いアイデアだ。アジャイルメンター（アジャイルコーチと呼ばれることもある）は、アジャイルの原則、プラクティス、およびテクニックを導入した経験があり、その経験をチームと共有できる人である。新しいチームや、より高いレベルのパフォーマンスを望むチームに貴重なフィードバックやアドバイスを提供することができる。

アジャイルプロダクト開発において、アジャイルメンターは

- スクラムチームの一員ではなく、指導的役割のみを果たす
- 多くの場合、組織外部の人間であり、個人的または政治的な配慮をすることなく、客観的な指導を行うことができる
- 様々なコンテキストのプロダクトにアジャイルテクニックを導入した多様な経験を持つアジャイルの専門家である

アジャイルメンターは、ゴルフのコーチのような存在だと考えてほしい。ゴルフのコーチを利用するのは、プレイヤーがゴルフのやり方を知らないからではなく、ほとんどの場合、プレイ中に気づかないようなことを、コーチは客観的に観察しているからである。アジャイルテクニックの導入と同じように、ゴルフも、微妙なニュアンスの違いでパフォーマンスが大きく変わる。

# 7-2　新しい価値観を確立する

多くの組織が核となる価値観を壁に掲示している。この節では、スクラムチームのコミットを達成するために、毎日一緒に協力し合い、お互いをサポートし合い、必要なことは何でも行うという働き方を表す価値観について述べる。

アジャイル宣言で述べている価値観に加えて、スクラムにおける5つの核となる価値観は以下のとおりである。

- コミット
- 集中
- 公開性（オープンさ）
- 敬意
- 勇気

以下のセクションでは、それぞれの価値観の詳細について説明する。

## コミット

コミットには、積極的で熱心に関与するという意味合いが含まれる。アジャイルプロダクト開発において、スクラムチームは特定のゴールを達成することを約束する。組織はスクラムチームが約束通りに成果を出

すと確信し、各ゴールを達成するために力を合わせる

アジャイルプロセスには自己組織化するという考え方が含まれるため、コミットを果たすために必要なすべての権限をメンバーに与える。マネジャーたちは、ビジネスのゴールを達成するためにスクラムチームが行う具体的なタスクの1つ1つをスクラムチームにあてがっていく必要はない。タスクは変わる可能性を持っているが、重要なのはビジネス上のゴールであり、それこそが結果に向けて推進する力の源だ。スクラムチームは、目的主導型または結果主導型であるため、互いに説明責任を果たす。戦略的な安定性があれば、戦術的な柔軟性も維持できる。

コミットには意識的な努力が必要だ。以下の点を考慮してほしい。

- スクラムチームは、短いスプリントにコミットする時は特に、現実的でなければならない。ゴールは高く持つが、非現実的なまでには高くしない。
- スクラムチームは、ゴール達成に完全にコミットしなければならない。これには、ゴールが達成可能であるというチーム内の合意を得ることも含まれる。スクラムチームがゴールを共有した後は、そこに到達するために必要なことは何でもする。
- スクラムチームは現実的に動くが、毎回のスプリントで具体的な価値を提供する。スプリントゴールを達成することと、ゴールのスコープ内のすべての項目を完成させることは違う。例えば、「プロダクトが特定のアクションを実行できることを証明する」というスプリントゴールは、「スプリント中に7つの要件を確実に完了させる」というゴールよりもずっと良い。効果的なスクラムチームはゴールに集中し、そのゴールに到達するための具体的な方法については柔軟性を保つ。
- スクラムチームは、結果に対して責任を持つことをいとわない。スクラムチームには、プロダクトに対して責任を負うだけの力がある。スクラムチームのメンバーは、1日の過ごし方や、日々のタスクのこなし方、そしてどのように結果を出すかということを一人一人が決めて、それに対して責任を持つ。

一貫してコミットを守るということは、アジャイルアプローチを長期計画に適応させる際の核となる。第15章では、パフォーマンス実績を基にスケジュールと予算を正確に見積もる方法について紹介している。

## 集　中

職場環境には集中を妨げるものが多い。あなたの組織でも、自分の仕事を人に任せて楽をしようとする人が大勢いるだろう。しかし、仕事を中断させられることには代償が伴う。コンサルティング会社 Basex のジョナサン・スピラは、『The Cost of Not Paying Attention: How Interruptions Impact Knowledge Worker Productivity（注意散漫の代償：知識労働者の生産性を蝕む中断)』という報告書を発表した。この報告書が詳述しているところによれば、米国では職場で注意を削がれることによって、年間6000億ドル近い損失が出ている。

スクラムチームのメンバーは、集中できる環境の確保を主張することで、こうした機能不全に変化をもたらすことができる。中断の回数を減らして生産性を向上させるために、スクラムチームメンバーは以下のようなことができる。

- **社内に気を散らす人物がいて集中を妨げるかも知れないから物理的に場所を離れる。**高い生産性を確保するために筆者たちがよく使うテクニックの1つは、会社のコアオフィスから離れた別室を見つけ、そこをスクラムチームの作業場とすることだ。時として距離を取ることが最良の防御法だ。
- **スプリントゴールと無関係の活動に時間を浪費していないか確認する。**誰かが「やらなければならないことだから」と言ってあなたの目をスプリントゴールからそらそうとしたら、その人に優先順位を説明する。そして「その依頼をこなすとスプリントゴールにどれくらい近づくか？」と考えてみる。このシンプルな問いによって、ToDo リストから余計な作業を追い出すことができる。
- **やるべきことを見極め、それだけを実行する。**開発チームは、スプリントゴールを達成するために必

要なタスクを決定する。あなたが開発チームのメンバーなら、この決定権を利用して、目の前の優先タスクに集中しよう。

- **集中する時間と、メンバーとやり取りする時間のバランスをとる。** フランチェスコ・シリロのポモドーロテクニック（作業を 25 分のブロックに分け、その間に休憩を挟む）は、集中する時間と、メンバーとやり取りする時間のバランスを保つのに役立つ。開発チームのメンバーにはノイズキャンセリングヘッドセットを渡すことをお勧めする。それを装着していることが「邪魔しないで」のサインになるからだ。同時に、スクラムチームのメンバー全員が共同作業をして良い「オフィスアワー」の最低時間を決めておくことも提案する。
- **集中力を維持できているか確認する。** 集中力が維持できているかどうかが分からない時は（分かりにくい場合がある）、基本的な質問をしてみる。「短期的なゴール（現行タスクを完了させるなど）を達成するためのこの行動は、全体的なゴール達成を導いてくれるだろうか？」

タスクに集中することがいかに大切かを分かっていただけただろうか。チームが成功するために、前もって集中できる環境を作る努力をしておこう。

## 公開性（オープンさ）

スクラムチームに秘密は存在しない。チームがプロダクトの結果に責任を持つのであれば、チームがすべての必要な情報を把握できるようにしておくのが筋だ。情報は力であり、スクラムチームとステークホルダーの両方が、正しく意思決定をするために必要な情報にアクセスできるようにするには、透明性を確保する、という意思が必要だ。彼らは仕事の進捗だけでなく、仕事を遂行する上での課題についての透明性を確保する。公開によって次のようなことが実現する。

- **チーム全員が同じ情報にアクセスできるよう保証する。** プロダクトビジョンからタスクステータスの細部に至るまで、プロダクトチームに関する限り、すべてがパブリックドメインである必要がある。情報の単一ソースとして一元化されたリポジトリを使用し、すべてのステータス（バーンダウン、阻害要因リストなど）と情報をこの 1 つの場所に置くことで、「進捗報告」という余計な手間を省くことができる。筆者たちはよく、このリポジトリへのリンクをステークホルダーに送り、「私たちが持っているすべての情報はクリック 1 つでアクセスできます。最新情報を得るのに、これ以上早い方法はありません」と伝える。
- **自分がオープンでいれば、他人もオープンになる。** チームメンバーは、自分自身が抱えている問題であろうと、他のメンバーの問題であろうと、問題や改善の機会について率直に話すことができなければならない。オープンになるにはチーム内の信頼が必要であり、信頼関係を築くには時間が掛かる。
- **ゴシップを阻止することで、社内政治を食い止める。** 他のチームメンバーがしたこと、またはしなかったことについて、誰かがあなたに話そうとしたら、その問題を解決できる人に相談するように促そう。うわさ話には絶対に参加しないこと。
- **常に敬意を払う。** 公開が必要だからといって攻撃的であったり意地悪であったりすることを正当化してはならない。公開を可能にするチーム環境には互いの敬意が不可欠だ。

小さな問題を放置しておくと、しばしば危機的状況に発展する。オープンな環境を利用して、チーム全体の意見を取り入れ、開発の仕事においてプロダクトの本来の優先事項に集中できるようにしよう。

## 敬　意

チームの一人一人が、何かしらの重要な役割を担っている。それぞれの経歴、学歴、経験は、チームに唯一無二の影響を与える。自分独自の特徴をメンバーと共有し、他のメンバーにも同じことを求め、その価値を評価する。スクラムチームのメンバーは、お互いを有能で独立した個人として尊重する。尊敬を育む方法には以下のようなものがある。

7-2　新しい価値観を確立する

- **公開性を促進する**。敬意と公開性は相伴う。敬意のない公開は憤りを引き起こし、敬意ある公開は信頼を生む。
- **積極性のある職場環境を奨励する**。幸せな人は、他人に親切に接する傾向がある。積極的な環境を奨励すれば、敬意は後からついてくる。
- **違いを探す**。互いの違いを許容するだけでなく、積極的に探そう。最良の解決策は多様な意見を交換することから生まれる。ただこの時、熟考され、適度に挑戦的な対話が必要である。
- **チームの全員に同じ敬意をもって接する**。役割、経験のレベル、直接的な貢献度にかかわらず、チームメンバー全員に同じ敬意を払うこと。全員がベストを尽くすことを奨励しよう。

**＜覚えておこう！＞**

敬意は、イノベーションを成功させるためのセーフティネットである。人々が気軽に幅広いアイデアを提案できる環境があれば、最終的な解決策は改善を通じて素晴らしいものになるだろう。互いに敬意を払うチーム環境がなければ、そんなことは考えられないだろう。敬意の念をチームの味方にしよう。


## 勇　気

スクラムの価値観の最後は踏み出す勇気である。これを最後に挙げたのは、他の 4 つを実践するには勇気が必要だからだ。言い換えれば、ゴールにコミットするには勇気がいる。集中するには勇気がいる。公開するには勇気がいるし、他に敬意を持ち、逆に尊敬されるにも勇気がいる。要するにスクラムを実践するには、最初だけでなく、いつでも勇気が必要なのだ。

アジャイルテクニックを取り入れることは、多くの組織にとって変化を受け入れることである。これを成功させるには、抵抗に立ち向かう勇気が必要だ。正しいことを行い、困難な問題に取り組むには勇気がいる。以下は、勇気を育むヒントである。

- **過去にうまくいっていたプロセスが、必ずしも今うまくいくとは限らないことを理解する**。時には、この事実を思い出す必要がある。アジャイルテクニックで成功したいのであれば、日常の作業プロセスを変える必要がある。
- **体制を打破する覚悟を持つ**。体制は反発してくる。既得権益を持ち、仕事のやり方を変えたがらない人もいる。
- **挑戦には敬意を持って取り組む**。組織のシニアメンバーは、古いルールを作った本人であることが多いため、変化に対して特に抵抗を示すかもしれない。あなたはその古いルールに挑んでいるのだ。アジャイルの 12 の原則に忠実に従うことによってのみ、アジャイルテクニックの恩恵を受けることができるのだと、敬意をもって伝える。シニアメンバーに、試してみてほしいとお願いする。
- **スクラムの価値観を受け入れる**。コミットする勇気を持ち、そのコミットを守る。集中する勇気を持ち、集中を妨げるものに「No」と言う。公開する勇気を持ち、常に改善の余地があることを認める。そして、他人の意見を尊重し、寛容になる勇気を持つ。たとえ、他人が自分の意見に異議を唱えたとしても。

組織の旧態依然としたプロセスを、より現代的なアプローチに置き換えていくには、困難が伴うことが予想される。その困難に挑むことで、最終的にはそれに見合った結果を得ることができる。


# 7-3　チーム哲学を変える

アジャイル開発チームは、ウォーターフォールアプローチを用いるチームとはオペレーションが異なる。開発チームのメンバーは、その日の優先順位に基づいて自身の仕事のあり方を変え、自己組織化し、コミットを達成するために全く新しい方法でプロダクト開発について考えなければならない。

スクラムチームは、成功するために次のような属性を受け入れるべきである。

- **専任のチーム**：スクラムチームの各メンバーは、スクラムチームが決定したプロダクトの目標のみに取り組み、他のチームやプロダクトには関わらない。あるプロダクトの開発が終わって、新しいプロダクトの開発が始まっても、長期的にチームは変わらない。
- **機能横断**：プロダクトを作るために様々な種類の仕事に取り組む意欲と能力。
- **自己組織化**：プロダクト開発の仕事の進め方を決定する能力と責任。
- **自己管理**：タスクの軌道を保つ能力と責任。
- **人数制限**：効果的なコミュニケーションを確保するために、開発チームの規模を適切に保つ。開発チームは、小規模なほうが良く、9人以下が望ましい。

<秘訣>
　筆者の経験では、開発チームに最適な人数は4〜6人である。作業において自己組織化するためのコミュニケーションラインが複雑すぎず、十分なスキルが網羅でき、コストも管理しやすい。

- **オーナーシップ**：主体性を持って仕事に取り組み、結果に責任を持つ。職人としての誇りを持つ。
以下のセクションでは、それぞれの属性についてさらに詳しく見ていく。

## 専任のチーム

　従来のリソース配置（人は無生物ではないので、人材配置という言葉のほうが好ましい）のアプローチは、チームメンバーの雇用に掛かる費用を正当化するために、チームメンバーの時間を複数のチームやプロジェクトに配分し、100％の稼働率を達成することである。管理職にとって、1週間のすべての時間配分を把握し、それが正当化できることは喜ばしいことである。しかし、1つのタスクから別のタスクに切り替える際に、認知の非活性化と再活性化によるコストが発生し、その結果、一定間隔で繰り返し起こるコンテキストスイッチは生産性の低下を招く。また、仕掛かり作業には価値がないが、完了した仕事には価値がある。

　その他のよくある人材配置のやり方には、スキルギャップやマンパワーのギャップを一時的に埋めるために、メンバーをチームからチームへ移動させることや、一度に複数のプロジェクトを課すことなどがある。より少ない人数でより多くのことをこなそうとするために、このような戦術が採用されることが多いが、インプットのばらつきがあるため、アウトプットを予測することはほぼ不可能である。

　これらのアプローチは、生産性が大きく下がり、パフォーマンスが予測できなくなるという、同じような結果を引き起こす。逐次的ではなく同時並行でタスクを実行した場合、プロダクトの目標達成に要する時間が最低30％増加することが、研究によって明らかになっている。

<覚えておこう！>
　スラッシングとは、タスク間のコンテキストスイッチング（取り組み中のタスクを中断して別のタスクを開始すること）の別称である。チームメンバーを一度に1つのプロダクトゴールに専念させることで、スラッシングを避けることができる。

スクラムチームを一度に1つのゴールだけに専念させると、次のようなことが実現する。

- **より正確なリリース予測**：同じチームメンバーが、毎回のスプリントにおいて、同じ時間配分で同じ量のタスクを一貫して行うため、従来フェーズ単位で作業するアプローチと比べ、残りのバックログ項目を完了するのに掛かる時間は、より確実に、正確かつ経験的に推定することができる。
- **効果的で短いイテレーション**：スプリントが短いのは、フィードバックのループが短いほど、スクラムチームがフィードバックやニーズの変化に素早く対応できるからだ。競合する優先事項の間で、チームメンバーをたらい回しにする時間はない。
- **より少ない欠陥と修正コスト**：コンテキストスイッチによって欠陥が増える。なぜなら開発者の集中力が削がれると、機能の品質が下がるからだ。まだ記憶に新しいうちに（スプリント中に）欠陥を

修正するほうが、後で自分が取り組んでいたことのコンテキストを思い出そうとするよりもコストがかからない。研究によると、スプリントが終了して他の要件に移った後に不具合を修正するコストは 6.5 倍、リリース準備中に修正するコストは 24 倍、プロダクトが本番稼働した後に修正するコストは 100 倍だ。

<秘訣>

予測可能性を高め、生産性を上げ、欠陥を減らしたいのであれば、スクラムチームのメンバーを専任にすることだ。私たちの経験では、これがアジャイル移行成功の最も重要な要因の 1 つだ。


## 機能横断

従来のプロジェクトでは、経験豊富なチームメンバーは、1 つのスキルに特化した者として、しばしば同じ業務を割り当てられる。例えば、.NET プログラマーは常に.NET 作業を行い、テスターは常に品質マネジメント作業を行う。補完的なスキルを持つチームメンバーは、プログラミンググループやテストグループなど、別々のグループに属していると見なされることが多い。

アジャイルアプローチは、プロダクトを生み出す人々を、「開発チーム」という 1 つのまとまりとして捉える。アジャイル開発チームの人々は、肩書きや限られた役割を避けようとする。開発チームのメンバーは、最初は 1 つのスキルでチームに参加するかもしれないが、プロダクトの創出活動に参加する中で、様々な仕事をこなすことを学んでいく。

機能横断的な開発チームは、プロダクト要件を、アイデアから価値提供にまで持っていくために必要なスキルをすべて兼ね備えている。しかし、機能横断的なチームというだけでは十分ではない。開発チームをより効率的にするのは機能横断的な個人だ。

例えば、デイリースクラムで、その日の要件を完了するための最優先タスクがテストであることが分かったとする。テストのスキルをいくらか持ち合わせているプログラマーかデザイナーがテストを手伝い、そのタスクをより早く終わらせる。あるいは、開発メンバーの 1 人が風邪で休んでいるような場合も、彼らが手伝うことができる。開発チームが機能横断的である場合、スウォーミング(仕掛かり作業を制限する 1 つのテクニック)により、一度に 1 つのプロダクト要件にできるだけ多くの人が取り組み、迅速にフィーチャーを完成させることができる。

機能横断は、単一障害点の排除にも役立つ。各メンバーが 1 つのタスクしかできない従来のプロジェクトの場合、チームメンバーが病気になったり、休暇に入ったり、会社を辞めたりすると、その人の仕事をこなせる人がいないため、その人がやっていた仕事は遅れてしまう。対照的に、機能横断的なアジャイル開発チームのメンバーは、多くの仕事をこなすことができる。ある人が不在でも、別の人が代わることができるのだ。

機能横断性があると、各チームメンバーは次のような習慣を育む。

- **何ができて何ができないかというレッテル貼らない。**スクラムチームに肩書きは関係ない。重要なのはスキルと、貢献する能力だ。自分自身を、異なる分野の知識が豊富で、どのような状況にも対応できる特殊部隊の隊員だと考えよう。
- **仕事によってスキルを広げる。**すでに知っている分野だけで仕事をしないこと。スプリントごとに何か新しいことを学ぶようにしよう。チーム全体で 1 つのアイテムをコーディングするモブプログラミングのようなテクニックは、新しいスキルを素早く習得し、プロダクト全体の品質を高める役に立つ。モブプログラミングの詳細については、第 11 章で説明している。
- **障害に直面している人を助けるために立ち上がる。**現実に起きている問題において誰かを助けることは、新しいスキルを学ぶのに最適な方法だ。
- **柔軟に対応する。**臨機応変に対応することで、仕事量のバランスが取れ、チームがスプリントゴールを達成しやすくなる。

機能横断を取り入れることで、キーパーソンがタスクに取り掛かるまで待つ必要がなくなる。その代わり、やる気のある開発チームメンバーは、多少知識が少なくても、優先順位の低いものに取り掛かるのではなく、次に優先順位の高い機能にすぐに取り掛かることができる。その開発チームのメンバーは学び、向上し、ワークフローはバランスを保ち続ける。機能横断的なチームは、次に完成させるべきタスクが何であれ、(誰かがその人に仕事を押し付けるのではなく) 次に手が空いた人がそのタスクをこなすことを可能にする。

　機能横断の大きな見返りは、開発チームが早めに仕事を完了させられることだ。スプリントレビューが終わった午後は、しばしばお祝いの時間になる。一緒に映画に行ったり、ビデオゲームをしたり、ビーチやボウリング場に行ったり、早く家に帰ったりすることもできる。

## 自己組織化

　アジャイルテクニックは、開発チームメンバーの多様な知識と経験を活用するために、開発チームの自己組織化に重きを置く。

> **＜覚えておこう！＞**
> 　第2章を読んだ人なら、ここでアジャイルの原則11を思い出すかもしれない：「最良のアーキテクチャ・要求・設計は、自己組織的なチームから生み出されます。」

　アジャイルであるために自己組織化が重要な理由は、当事者意識を持つためだ。自己組織化されたチームは、他者からの命令に従うのではなく、開発した解決策に責任を持つ。そのことで、チームメンバーの取り組み方と解決策の品質に大きな差が出るのだ。

　従来の指示統制のプロジェクトマネジメント・モデルに慣れている開発チームがいざ自己組織化する時には、特別な努力が必要かもしれない。アジャイル開発チームには、何をすべきかを指示するプロジェクトマネジャーはいない。その代わりに、自己組織化する開発チームは、

- **自分たちのスプリントゴールにコミットする**。各スプリントの始めに、プロダクトオーナーと協力し、優先順位に基づいて達成可能なゴールを特定する。
- **自分たちのタスクを特定する**。開発チームのメンバーは、各スプリントのゴールを達成するために必要なタスクを決める。誰がどのタスクを担当し、どのように作業を進め、リスクや問題にどのように対処するかをチーム全員で考える。
- **要件および関連タスクに必要な工数を見積もる**。対象のプロダクトフィーチャーを作るための工数については、開発チームが最もよく知っている。
- **コミュニケーションを重視する**。成功するアジャイル開発チームは、透明性を保ち、対面でコミュニケーションを取り、非言語コミュニケーションを意識し、積極的に関与し、傾聴することで、コミュニケーションスキルを磨いている。

> **＜秘訣＞**
> 　コミュニケーションの鍵となるのは明瞭さである。複雑な話題では、メールのような一方的で曖昧になりかねないコミュニケーション手段は避ける。対面でのコミュニケーションは誤解やいら立ちを防いでくれる。詳細を覚えておく必要がある場合は、会話を要約して、あとから簡単にメールしておけばいいのだ。効果的なコミュニケーション手段の使い方については、第6章で詳述している。

- **コラボレーションする**。スクラムチームの多様な意見を取り入れることは、必ずと言っていいほどプロダクトを向上させるが、確かなコラボレーションスキルを必要とする。コラボレーションは効果的なスクラムチームの基盤となる。開発チームはステークホルダーからの意見を取り入れながらも、最終的な解決策は自分たちで考える。

7-3　チーム哲学を変える

**＜覚えておこう！＞**

　成功するプロダクトは一人では作れない。コラボレーションスキルは、スクラムチームのメンバーが思い切ったアイデアを出し、革新的に問題を解決する上で役に立つ。安全で快適な環境は、アジャイル開発の成功の礎である。

● **合意に基づいて決断する。** 生産性を最大限に高めるためには、開発チームの全員が共通認識を持ち、目の前のゴール達成にコミットしなければならない。合意形成に導くために活躍するのはスクラムマスターだが、最終的に合意に基づいた決断に責任を持つのは開発チームであり、メンバー全員がその決定事項に対する責任を持つ。

● **積極的に関与する。** 自己組織化は難しいかもしれないが、開発チームのメンバーは全員が積極的に関与しなければならない。開発チーム内に、プロダクトを作るために何をすべきかを指示する人はいない。開発チームのメンバーは、自分たちで何をすべきか、そしていつ、どのようにそれをするかを決めるのだ。

**＜秘訣＞**

　アジャイルコーチングをしていると、新しい開発チームメンバーが、「では、次は何をしたらいいですか？」という質問をしているのを聞いたことがある。優れたスクラムマスターは、それに答える代わりに、スプリントゴールを達成するために何をする必要があるのかと、その開発者に尋ねたり、開発チームの他のメンバーに提案を促したりする。要件が完了していないのに、新たに始めるタスクがない場合、新しい要件に着手する前に（そしてチームの仕掛かり作業を増やす前に）、「手伝いが必要な人はいますか？」とか、「シャドーイングで学べることはないですか？」などと聞いてみる。質問に質問で答えることは、開発チームを自己組織化へと導くのに役立つ方法である。

　自己組織化された開発チームの一員であることには責任を伴うが、同時に報いもある。自己組織化は、開発チームに、成功するための自由を与える。自己組織化によって当事者意識が高まり、それがより良いプロダクトを生み出し、開発チームのメンバーが仕事にやりがいを見出し、職人としての誇りを持つことにつながる。

## 自己管理

　自己管理は自己組織化と密接な関係がある。アジャイル開発チームは、仕事の進め方の大部分を自分で決められる。そのことには、プロダクトを成功させるという責任が伴う。自己管理を実現するために、開発チームに必要なことは以下のとおりだ。

● **状況に応じてリーダーシップを発揮できるようにする。** アジャイルプロダクト開発では、開発チームの一人一人がリードする機会を持つ。タスクごとに異なるリーダーがいるのは自然なことだ。リーダーは肩書きではなく、スキルの専門知識やこれまでの経験に基づいてその都度変わる。

● **仕事を管理するためにアジャイルプロセスとツールを利用する。** アジャイルメソッドは、自己管理を容易にするように調整されている。アジャイルアプローチの場合、会議には明確な目的と時間制限があり、作成物<sup>artifact</sup>は情報を提供してくれるものだが、それを作って管理することには最小限の労力しか要さない。このプロセスを利用することで、開発チームは、ほとんどの時間をプロダクトの作成に費やすことができる。

● **進捗状況を定期的かつ誠実に報告する。** 開発チームの各メンバーは、作業状況を毎日正確に報告する責任があるが、進捗報告は短時間で済む。第11章で説明しているバーンダウンチャートは、ステータスを把握するためのものだが、更新に必要な時間は毎日数分程度だ。ステータスを最新かつ透明に保つことは、計画と課題管理を容易にする。

● **開発チーム内の問題を管理する。** 開発途中で様々な問題が起きるのは当たり前のことだ。開発における課題や、人間関係の問題はほんの一例である。問題が起きた場合、開発チームが最初にエスカレー

ションするのは自分たち自身であることがほとんどである。

● **チームアグリーメントを作成する**。開発チームは、チームアグリーメントを作成することがある。これは、各チームメンバーが果たすべき期待事項をまとめた文書だ。ワーキングアグリーメントは、求められる行動についての共通理解を提供し、ファシリテーターはそれを参照しながら、チームが合意内容から逸脱しないよう管理することができる。

● **検査し、適応する**。自分のチームにとって何が効果的かを見極める。最善策はチームによって異なる。早く出社することでうまくいくチームもあれば、遅く出社することでうまくいくチームもある。開発チームは、自らのパフォーマンスを見直し、継続すべきテクニックと変更すべきテクニックを特定する責任がある。

● **積極的に関与する**。自己組織化と同様に、自己管理も開発チームメンバーが積極的に関与し、プロダクトの方向性を導いて初めて機能する。

<秘訣>
　自己組織化と自己管理に責任を持つのは主に開発チームだが、スクラムマスターは様々な方法で開発チームをサポートすることができる。開発チームのメンバーが具体的な指示を求めている時に、スクラムマスターができることは、何を、どうするかを決めるのがメンバー自身であると思い出させることだ。開発チーム外の誰かが命令したり、タスクを要求したり、プロダクトの作り方に口を出したりしようとしたら、スクラムマスターが介入することができる。スクラムマスターは、開発チームの自己組織化と自己管理の強力な味方になる。

## 人数制限

　アジャイル開発チームは意図的に小規模である。小規模な開発チームは軽快だ。開発チームの規模が大きくなると、タスクフローとコミュニケーションフローの組織化に関連するオーバーヘッドも大きくなる。

　理想的には、アジャイル開発チームは、自己カプセル化され（プロダクトを生産するために必要なすべてのことができる）、単一障害点を避けるために必要最小限の人数で構成される。様々なスキルを網羅するために、3人以下にはしないことが多い。統計的に、スクラムチームは6人の開発者がいると最も迅速で、4〜5人の開発者だと最もコストが低い。開発チームの人数を3〜9人に保つことで、結束力のあるチームとして行動できるようになり、サブグループ化やサイロ化を避けることができる。

　開発チームの規模を制限すると

● 多様なスキルの開発を促される。
● チームのコミュニケーションが円滑になる。図7-4に見られるように、チームメンバーが1人増えるごとに、チームのコミュニケーションチャネルは幾何級数的に増えていく。指数関数的ではないが、それに近い。
● チームの一体感が保たれる。
● 共同オーナーシップ、機能横断性、対面コミュニケーションが促進される。

　少人数の開発チームであれば、スコープも同様に限定され、焦点も絞られる。タスク、質問、ピアレビューがチーム内を行き来するため、開発チームのメンバーは、一日中緊密に連絡を取り合うことになる。この結束力により、一貫した関与が保証され、やり取りが増え、リスクが軽減される。

　大規模なプロダクトと、それに対応する大規模な開発チームがある場合は、複数のスクラムチームに作業を分割する。企業全体のスケーリング、もしくは脱スケーリングついては、第19章を参照のこと。

7-3　チーム哲学を変える

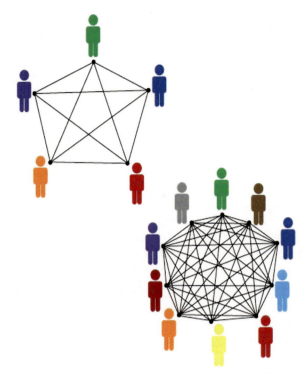

図 7-4　チームコミュニケーションの複雑さはチームの規模の関数である

## オーナーシップ

　機能横断的で、自己組織化され、自己管理する開発チームの一員となるには、責任とオーナーシップが必要である。従来のプロジェクトにおけるトップダウンの管理アプローチでは、プロダクトや結果に責任を持つために必要なオーナーシップが育ちにくいため、経験豊富な開発チームメンバーであっても新しい方法に慣れるためには意識の調整が必要になることがある。

　開発チームは、次のような方法で行動を適応させ、オーナーシップのレベルを高めることができる。

- **率先して行動する**。取り組むべきことを教えてくれるまで待つのではなく、自分から行動を起こそう。コミットやゴールを達成するために必要なことをするのだ。
- **チームで成功し、チームで失敗する**。アジャイルプロダクト開発では、成果も失敗もチームのものである。問題が発生したら、誰かを責めるのではなく、チームとして責任を負う。成功した時は、その成功を導いたチームとしての努力を認める。
- **適切な決定を下す能力を信じる**。開発チームは、プロダクト開発に関して、成熟した、責任ある、理にかなった決定を下すことができる。このためには、チームメンバーがより多くの権限を持つことに慣れる必要があるので、ある程度の信頼が必要になる。

　成熟した振る舞いとオーナーシップがあるからといって、アジャイル開発チームが完璧なわけではない。それらがあることで、開発チームはコミットした範囲に対してオーナーシップを持ち、そのコミットに対する責任を負う。ミスは起こる。そうでなければ、コンフォートゾーン[†]から抜け出す努力をしていないことになる。成熟した開発チームはミスを正直に認識し、ミスの責任を率直に受け入れ、ミスから学び続けて、改善していくのだ。

---

† （訳注）コンフォートゾーンとは、安心している状態や環境を指す。このゾーンに留まり続けると、新しいことに挑戦することが逃す可能性がある。

# 第8章

# 恒久的なチーム

---

**この章の内容**
- なぜ恒久的なチームが必要なのかを理解する
- 何が人を動かすのかを見極める
- 恒久的なチームが継続的に知識と能力を向上できる理由と方法を知る

---

　プロダクト開発チームを「恒久的なチーム」と呼ぶのは、やや極端に思えるかもしれない。刻々と変化する今日のビジネス環境で働くチームが、どうすれば恒久的なチームになれるのだろうか？ 寿命の長いプロダクトに一貫して取り組むプロダクト開発チームは、時間の経過とともに、より効果的になっていく。当然のことながら、チームメンバーがキャリアアップをしたり、他のビジネスチャンスを追求したりできるようにチームの調整が行われることもあるが、チームの構成が変わるたびに、チームは一歩後戻りして学び直すことになる。このような理由から、質の高いプロダクト開発を持続させるためには、チームはできるだけ長期にわたって安定して活動し続けるべきなのだ。

## 8-1　長期的なプロダクト開発チームを実現する

　今日のプロダクトは、短期的なニーズと長期的なニーズの両方を満たすことが求められている。従来のプロジェクトマネジメントでは、プロダクト開発プロジェクトから価値を実現するまでの期間は、数か月から1年、あるいは数年に及ぶ。しかし、プロダクトに焦点を当てた投資のリターンは、もっとずっと早くから始まり、ずっと長く続く可能性がある。1つのプロダクトが6年、10年、あるいはそれ以上にわたって持続し、効果的に進化していくことも珍しくない。新しいアイデアやニーズは、保守や機能強化のリクエストを通じて継続的に認識される。安定した、永続的で長寿命のプロダクト開発チームは、長寿命で価値あるプロダクトの構築に最も適しているのだ。

　パフォーマンスの高いチームは、コストセンターではなく、収益とコスト削減のセンターになることができる。困難な問題に取り組むことのできる貴重な組織資産となるのだ。

　個人レベルで言えば、長期的なチームは家族も同然だ。一家族くらいの規模で、辛い時も支え合い、互いに正直でいられる関係だ。困難やハードルを共に乗り越え、一緒に食事をしたり、プライベートな交流をしたりすることもあり、間違いなく日々共に学び、共に働く。素晴らしいチームの一員であることは、その人のキャリアにおいて最もかけがえのない経験の1つとなり得る。

　ピーター・M・センゲは、著書『学習する組織－システム思考で未来を創造する』（枝廣淳子、小田理一郎、中小路佳代子訳、英治出版）の中で、次のように書いている。「『偉大なチームの一員であるとはどんなことですか』と人に尋ねたとき、最も印象に残るのは、その経験の意義深さである。人々は、自分自身より

も大きな何かの一部になること、つながること、根源から創造（生成）することについて語る。多くの人にとって、真に偉大なチームの一員としての経験は、精一杯に生きた人生の一時期として、際立つものになることが明らかになる。その時期の熱意を取り戻す方法を探して残りの人生を過ごす人もいる。」

アジャイルの原則と価値観は、チーム間の協力関係を支えるために定義されたものだ。次の大切な原則を覚えておいてほしい。

5. 意欲に満ちた人々を集めてプロジェクトを構成します。環境と支援を与え仕事が無事終わるまで彼らを信頼します。

8. アジャイルプロセスは持続可能な開発を促進します。一定のペースを継続的に維持できるようにしなければなりません。

11. 最良のアーキテクチャ・要求・設計は、自己組織的なチームから生み出されます。

12. チームがもっと効率を高めることができるかを定期的に振り返り、それに基づいて自分たちのやり方を最適に調整します。

## 長期的な知識と能力を活用する

プロダクト開発チームは、経験的なプロセス制御を用いて、検査し、適応させ、学習していく。顧客、ユーザー、プロダクト、アーキテクチャ、スポンサーについて学び、日々、プロダクトを改善するため、そして互いにより効果的に働くためのより良いテクニックを学ぶ。チームが同じ場所で働くという理想を実現できていれば、なおさらチームメンバーの私生活や仕事への意欲、夢、ゴールを知っていくはずだ。時間が経つにつれて共通の、貴重な記憶が増えていき、あらゆる仕事で応用できるようになる。

> **＜注意！＞**
>
> 　引き継ぎは、メアリーとトム・ポッペンディークが著書『リーン開発の本質―ソフトウェア開発に活かす７つの原則』（平鍋健児監訳　高嶋優子、天野勝訳、日経 BP 社）で言及した「ソフトウェア開発における７つの無駄」の１つである。チームの知識の半分は引き継ぎの際に失われ、どんどん減っていく。例えば、ボブがジムに引き継ぎ、ジムがスーにそのことを伝えると、知識の 75％ が失われることになる。自分がやり残した仕事を他の人に頼むには、コストの掛かるコンテキストスイッチ、リサーチの繰り返し、そしてプロダクトにまつわる作業についての再理解が必要になる。チームメンバーを入れ替えたり、チームから外したりして、彼らに仕事の引き継ぎを頼むのは、コストが掛かることなのだ。

プロダクト開発チームは学習のインキュベーターとなる。チームが一緒に仕事をしていくと、能力が開発されていく。チームのためになる新しいことを学んだメンバーがいたら、全員で歓び、進んでそれを共有する。そういうチームは、実験、失敗、脆弱性を受け入れられる安全な環境を作っていく。

チームメンバーはお互いの成功を望んでいる。自分が熟練すればするほど、より良いプロダクトをより速く効果的に作るようになることを、チームの全員が分かっている。スプリントレビューに次ぐスプリントレビュー、スプリントレトロスペクティブに次ぐスプリントレトロスペクティブによって、理解が深まり、チームが段階的に前進していくのだ（スプリントレビューとスプリントレトロスペクティブについては、第 12 章で詳しく説明している）。

プロダクトの観点からいえば、プロダクト開発チームは長い時間をかけて、プロダクトとそのアーキテクチャについて深く理解するようになる。彼らは、プロダクトがどのように機能するか、何をテストすべきか、避けるべき領域、プロダクト文書、その他多くのことを深く理解する。変更によって影響を受ける可能性のあるプロダクトのあらゆる部分を理解しているため、変更は容易に実施できる。現在の必要性に対して辛うじて十分なアーキテクチャを構築し、必要に応じて進化させるため、創発的なアーキテクチャが実現する。

プロダクト開発チームに長期的に人材を配置することで、プロダクト、組織、チーム、そしてチーム内の個人の利益を最大化することができる。

## タックマンモデルで導くチームパフォーマンス

チームメンバーが互いに協力することを学ぶプロセスはチームビルディングとして知られている。教育心理学者のブルース・タックマンは、ほとんどのチームがたどる5つのフェーズを次のように概説している。

- **形成期（Forming）**：チームの方向性が定まり、互いに知り合うフェーズ。まだ不確実なこの時期にメンバーは共通の期待値、チーム内での個人的な相性、お互いと交流することで自分がどのような利益を得られるかなどについて理解しようとする。このフェーズはチームメンバーが互いを知る時期なので、チームの交流は社交目的ということになる。
- **混乱期（Storming）**：このフェーズは、チームにとって最も目に見えて困難な時期だ。チームメンバーが知り合った後、ゴールを達成するためには互いに協力し合わなければならないことが分かってくる。性格の違いからのぶつかり合いや対立が生じ、不満が募り、競争が激化する。このフェーズではスクラムマスターが注意深くファシリテートしなければ、チームを停滞させ、それが長期的な問題につながる可能性がある。混乱期はチームのパフォーマンスが最低になることが多い。
- **統一期（Norming）**：チームが混乱期をうまく抜け出すことができれば、一体感が生まれる。役割が明確になり、対人関係の相違が解消され、パフォーマンスが向上し始める。対立が解消されない場合、チームは再び混乱期に戻る可能性がある。
- **機能期（Performing）**：このフェーズでチームは本領を発揮し始める。共通のゴールが明確で、各人がチームメンバーをどう助けるのが最善か分かり始める。問題や対立が生じることもあるが、建設的に対処することができる。チームは互いにオープンで透明性があり、それがパフォーマンスの向上につながる。
- **散会期（Adjourning）**：遠い将来のある時点で（願わくは）、プロダクトやチームは結果を出し、仕事が終わる。しかし、既存のチームが新しいプロダクトを作り始める場合、古いプロダクトから新しいプロダクトに移行する際の、ちょっとした休会になる。そして新しいプロダクト開発では、再び前の4つのフェーズを進むことになるかもしれない。

どのチームもこれらのフェーズを避けては通れないし、どのフェーズもチームの成長にとって極めて重要なため、飛ばしたりはできない。複数のフェーズを複数回経験するチームが多い。残念なことに、多くのチームが、混乱期を思いのほか長くさまようことになる。それでも混乱期はチームとして厳しい困難や試練を経験することで、個人やグループが成長し、より健全に機能期へと到達させてくれる。混乱期にはチームの個性、連携、強さが築かれるのだ。

> **＜秘訣＞**
> 混乱期には正面から取り組もう。対人関係の対立や好ましくない行動には、それぞれ対処しなければならない。スクラムマスターは、合意形成を構築し、行動を改善し、チームの足並みを揃えるために、ワーキングアグリーメントを点検してチームをリードしていく（『ワーキングアグリーメントを作成する』セクションで説明する）。

スタッフの異動によって稼働中のチームに混乱が生じると、チーム全体が少なくともある程度は形成期に逆戻りする。新しいチームを作るためにパフォーマンスの高いチームを混乱させてはならない。むしろパフォーマンスの高いチームを活用すべきなのだ。アジャイル組織ならば、従来のプロジェクトにスタッフをあてがうのではなく、自律的に価値創造の機会をバックログから引き出すことをチームに奨励する。

> **＜注意！＞**
> チームメンバーのスラッシング（マルチタスキング）にはコストが掛かる。効果的なマルチタスキングなど存在しない。パフォーマンスが高いチームは、1つの目標に集中し、それをうまくこなし、その後は次に最も重要な目標に取り組む。スラッシングは、優先順位付けの失敗を意味する。パフォーマンスを向上させたいなら、優先順位付けの仕組みを変えよう。スラッシングの弊害については、第5章と第7章でより詳しく述べている。

8-1　長期的なプロダクト開発チームを実現する

高いパフォーマンスを発揮するチームになるまでの道のりは平坦ではない。タックマンが論じた各フェーズは、課題、学習機会に満ち、成長の機会にあふれている。チームがうまく機能したら、可能な限りそれを維持しよう。

竹内弘高と野中郁次郎は、「スクラム」という言葉が初めて使われた 1986 年の有名な論文「The New New Product Development Game（新たな新商品開発競争）」の中で、パフォーマンスが高いチームには共通の属性が 3 つあると述べている。それは、自律的で、自己超越的で、相互交流・相互融合的である。パフォーマンスの高いチームは、顧客に大きな影響を与えるアウトカムが何かを発見し、それを提供する。

- 自ら方向性を定め、自立的に行動できるという点で**自律的**である。彼らは自己組織化し、自己管理する。
- 限界を超えていくことを追求し、常に自らのゴールを達成し、さらに上をいくという点で**自己超越的**である。
- 多様性に富んだマルチスキルのチームであり、知識や専門性を共有することを厭わないという点で、**相互交流・相互融合的**である。

上記の 3 つの要素は何よりも高いパフォーマンスを導く。

## 基礎を重視する

スポーツのコーチはよく、「基礎練習をしなさい」と言う。プロダクト開発チームにも同じことが言える。基礎をマスターしてこそパフォーマンスの高いチームになれるのだ。基礎を極めるには経験が必要だ。基本を理解することで、チームは継続的に作業方法を改善し、チームの能力を高めていくことができる。チームがパフォーマンスを向上させていくプロセスは、しばしば「守破離」と呼ばれる。

守破離は日本の合気道の概念であり、学びを習熟させるまでのフェーズを表すのに用いられる。第 20 章では、組織変革の動きを成熟させ、確固たるものにするプロセスにおける守破離について述べている。本章では、まず守を達成することの意味を説明し、基礎を正しく身に付けることの重要性について述べる。

- **守**：この初期フェーズで、生徒は 1 人の師の教えを忠実に守る。どのように課題をこなすかに集中する。課題を完了するためには複数の方法が存在するかもしれないが、生徒は師から教わった 1 つの方法に集中する。生徒はその技術を記憶し、考えずとも使えるようにする。
- **破**：このフェーズでは、生徒たちがどんどん枝葉を広げていく。技術の背後にある根本的な原理や理論を学び始める。他の師の教えについても考え始め、自らの実践に取り入れるようになる。生徒たちは自分たちのやり方を試しながら、成功し、失敗もして、その技術についてより深く学んでいく。
- **離**：このフェーズでは、生徒は、他人ではなく、自分自身で実践したことから学び始める。自分なりのアプローチを編み出し、学んだことを自分の状況に適応させる。このフェーズの終わりには、もう生徒ではなく、何が効果的で何がそうでないかを知っていて、自然とスキルを使いこなすようになる。

守破離は、学習の初期段階で、模倣から原理原則の理解、そして自己主導の変革へと段階的に移行することを重視している。揺るぎない基礎を築くことで、破と離が可能になるのだ。

パフォーマンスの高いチームは守破離の心構えを取り入れる。彼らは、アジャイルの基礎を隅から隅まで何度も何度も学び、実践する。スプリントが終わるたびにさらに学び、パフォーマンスも向上させていく。それを繰り返して、チームに新たな学びをもたらす破のフェーズに移行する。最終的には離のフェーズが訪れるが、それは守と破に相当の時間と努力を費やした後である。このことからも、長く続くチームの重要性が改めて理解できるだろう。

## ワーキングアグリーメントを作成する

チームの成功の基本は、ワーキングアグリーメント、つまりチームの振る舞いに求められる規範である。ワーキングアグリーメントとは、チームがどのように協力して働くかを自分たちで決めたガイドラインの

ことである。これはチームに押し付けられるものではなく、チーム自身が前向きで生産的な開発プロセスを作り出すために作成する。多くのチームは、すぐ参照でき、常に喚起できるように、アグリーメントを紙に書き出して署名し、壁に貼っておく。チームは、このアグリーメントを自己管理できるように、ファシリテーター（多くの場合スクラムマスター）に権限を与える。賢明なスクラムマスターは、合意したルールに照らしてチームが自分たちの行動を自己評価する手助けをする。

ワーキングアグリーメントは、チームにとって次のような利点がある。

● 責任を共有する
● メンバーが自分自身の振る舞いに対する意識を高める
● ファシリテーターに、アグリーメントに従ってチームをリードするための権限を与える。
● グループプロセスの質を高める

アグリーメントがうまく機能するためには、まず、チームにとって重要であり（チームはその必要性と対処法を認識している）、また、項目が多すぎず、各チームメンバーが完全に支持している必要がある。

典型的なワーキングアグリーメントのトピックには、以下のようなものがある。

● 会議：開始時間と終了時間、会議での振る舞い、エチケット
● 共同作業：参加への期待、透明性確立の手法、合意形成

ワーキングアグリーメントは、メンバーの振る舞いにおける足並みを揃えてくれる。最良のものは、チームがチーム自身のために定義し、チームで実施するものだ。ワーキングアグリーメントの内容はチームごとに異なるということを覚えておいてほしい。あるチームが特定の振る舞いについて苦労しているからといって、すべてのワーキングアグリーメントでその行動について考慮して対処する必要があるとは限らない。最良のワーキングアグリーメントは3〜5項目と簡潔で、覚えやすく、自分で実行できるものだ。チームにとって重要な項目しか盛り込んではならない。

# 8-2　自律性、熟達、目的を与える

多くの組織が、従業員のやる気を引き出す最善の方法について議論する。金銭やその他の物理的な報酬がやる気を起こさせるのかと考える向きもある。飴と鞭、どちらがいいのだろうか。ダニエル・ピンクは、2009年に出版し、米国でベストセラーになった『モチベーション3.0　持続する「やる気！」をいかに引き出すか』（大前研一 訳、講談社）の中で、真のモチベーションはチームメンバーに自律性、熟達、目的を与えることで得られるという自身の研究結果を明らかにしている。

### 自律性

自律性とは、問題解決において創造的であること、つまり自分自身の運命を切り開く船長であることの自由や独立性のことである。パフォーマンスの高いチームは、顧客の問題を、自分の考える最善の方法で自由に解決できる人材で構成されている。自律することで、チームは自己組織化し、自己管理できる。また、パフォーマンスの高いチームは自律的に行動することができ、顧客、スポンサー、ステークホルダーのために必要なことを行う権限を与えられるようになる。

### 熟　達

熟達とは、チームがその仕事に秀でるために発揮する内発的な意欲のことである。好奇心が生まれ、必要な技術、それも複数の技術を習得する機会は、やりがいにつながる。チームメンバーは自分の専門技術に誇りを持ち、熟達した技術をプロダクトの品質に反映させる。技術やコンセプトを学んだメンバーは、チーム全員が向上できるよう、学んだことをすぐに共有する。「学んだら教える」ことは、チームの熟達を支え、強化するのだ。

## 目　的

　目的とは、プロダクト開発チームにとって超越的で包括的なゴールである。それは、彼らが努力し、全力を尽くす大義である。偉大なことを成し遂げようという情熱と決意を感じながら、チームメンバーが毎日オフィスに向かう理由は目的があるからに他ならない。ショーン・エイカー、アンドリュー・リース、ガブリエラ・ローゼン・ケラーマン、アレクシ・ロビショーによる 2018 年の *Harvard Business Review* の記事「意義ある仕事に就けるなら 9 割の人が給料減を受け入れる」を含む研究は、人々がより意義のある仕事をするためなら収入が減っても構わないと思っていることを示している。

　自律性、熟達、目的を与えるチームや組織は、チームメンバーのモチベーションを向上させる。アジャイル原則 5 には次のように書かれている。「意欲に満ちた人々を集めてプロジェクトを構成します。環境と支援を与え仕事が無事終わるまで彼らを信頼します。」

### チームメンバーが助け合う

　非常に優秀な開発チームのあるメンバーが、自分のチームのプロダクトの品質を上げることに情熱を注いでいた。しかし時にその情熱のあまり、細部への配慮が足りず品質が低いとして、仲間を非難することがあった。そのたび、嵐の後に散らばるがれきの残骸のように、チーム全体のエネルギーとモチベーションが低下した。彼のことが人事部の議題に上がることも頻繁だった。

　その彼を助けるために、スクラムマスターは毎朝、朝の通勤時間に彼に電話をして、いわゆるガス抜きセッションを開いた。まずはスクラムマスターが質問を投げかけて、その後は、彼が不安や恐れ、苛立ちについて話すのを傾聴した。スクラムマスターは、決して彼を批判することなく、ただ友人であろうとすることで、その彼が 1 日の仕事に備えて自分の視点を再構成するのを助けることができた。

　この朝の儀式には驚くべき効果があった。その彼は、長期にわたって共に仕事をしてきたスクラムマスターを信頼し、自分の振る舞いを調整することができた。他のチームメンバーは、彼の変化に気づき、まずはスプリントゴールを達成できるようになり、次第にチーム全体が改善されていったのだ。

　そのチームメンバーにとってもスクラムマスターにとっても、この経験は素晴らしい思い出になった。会社を辞めた後も続くかけがえのない友情の礎となったのだ。チーム関係の永続性は、やはり重要なのだ。

## 高度に連携し、高度に自律したチーム

　パフォーマンスの高いアジャイル組織は、高度に連携し、高度に自律しているチームを有する。例えるならば、組織という大きな船を、チームという小さなスピードボートに分解し、その全隻が同じ方向に進んでいるようなものである。

　チームの自律性は、チームの成長につながる。自律性を持つチームは、組織のゴールを達成するために必要なことは何でもする自由と独立性を与えられることになる。チームの自律性は、各チームがその独自性を活かして、そのチームにしかできない方法で問題を解決するのに役立つ。

　アジャイル組織のリーダーは、チームのために確固たるビジョンを設定するが、そのビジョンに到達する方法はチーム自身が決定できるようにする。

　次ページの図 8-1 は、低から高までの 4 つの象限にわたって、連携と自律性の構築におけるリーダーの役割を説明している。チームが高度に連携し、高度に自律的になった時、最大の利益が達成される。

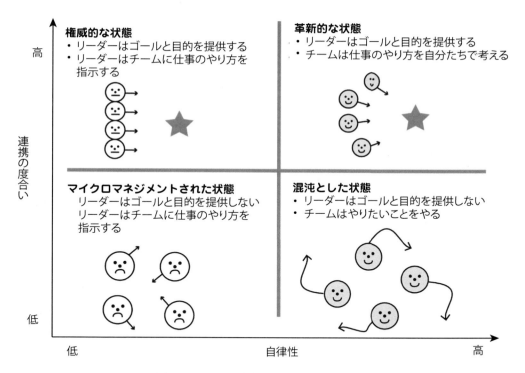

図 8-1　チームの連携と自律性に関する 4 象限

## 8-3　チームの知識と能力を高める

　パフォーマンスの高いチームは教育に投資する。彼らは、知識と能力を高めるためには学習が不可欠であることを理解している。特定のスキルに対するトレーニングにも価値があるが、多くのチームは、実践コミュニティやギルドに参加することも有益だと考えている。

　実践コミュニティ（CoP：Community of Practice）とは、共通の関心事、課題、またはトピックを共有し、個人とグループの両方のゴールを達成するために集まった人々のグループである。例えば、自分の役割を向上させる方法を学びたいプロダクトオーナーが、同じようなプロダクトオーナーのいる実践コミュニティに参加したり、プロダクトオーナーシップについてもっと学びたい人が、スキルアップのために参加したりする。自分たちの課題や成功の秘訣について話し合い、互いに刺激し合いながら、自分たちの状況に持ち帰って実践を試していく。グループとして、個人の専門知識を超えて、専門家から支援、メンタリング、コーチングを受けることができる。

　実践コミュニティは多くの場合、ベストプラクティスを共有し、専門的実践の領域を発展させるための知識創造に重点を置いている。この活動の重要な部分は継続的な交流である。多くの実践コミュニティは、直接顔を合わせる会合や、ウェブベースの共同作業環境を利用してコミュニケーションを図り、つながることでコミュニティ活動にいそしんでいる。

　多くの実践コミュニティは、重要なトピックを見つけたり議論したりする際に、リーンコーヒー・アプローチを採用している。これは、人々が最も関心を寄せるトピックに対して、確実に会合の時間の大半を割けるようにするシンプルな方法である。

　　＜豆知識＞
　　　リーンコーヒーは会議をファシリテートするシンプルなテクニックである。参加者は最初に数分、グループで話し合いたいアイデアをブレインストーミングする。次に出てきたアイデアをテーマごとに整理する。その後、各自が 5 票分のドット投票（トピックが書かれた付箋にマーカーでドット（点）を描く）を投じる機会が与え

られる。1つのトピックに5票投じるか、5つのトピックに1票ずつ投じるか、各自が好きなように票を割り当てることができる。最も多くの票を集めたトピックを優先する。各トピックには、例えば「8分」というように、議論のための時間制限が設定される。時間が来たら、親指を立てるか立てないかで多数決を取り、8分追加、次に5分追加、最後に3分追加する。最終的に、議論を終えることに賛成か反対かの投票をして、次のトピックに移る。このようなリーン（無駄のない）コーヒー・ディスカッションによって、参加者は重要なトピックについて話し合うことができる。

　実践コミュニティは、アーキテクチャ、ユーザーエクスペリエンス、セキュリティ、トレーニング、カスタマーサポートといった、あらゆる役割、関心事、組織の規律に対して形成することができる。いわば可能性は無限大だ。コミュニティのメンバーは、議論することで、チームの知識と能力を高めるための実践的なアイデアを自分の現場に持ち帰ることができる。

　パフォーマンスの高いチームになるために、多大な努力、献身、学習、能力開発が必要である。このことを理解すれば、チームが長く続けば続くほど、その貢献が最大化されると考えられる。長く続くプロダクトを使う顧客は、パフォーマンスが高い、長期的に存続する、恒久的なチームから最も多くの恩恵を受けるのだ。

# 第3部　アジャイルの計画作りと実行

第 3 部では …

- プロダクトビジョンから実行までの、価値創出のロードマップをたどる。
- 要件を定義し、見積もる。
- イテレーションごとに動く機能を生み出し、お披露目する。
- 作業を検査し、継続的改善のためにプロセスを適用する。

# 第 9 章

# プロダクトビジョンとプロダクトロードマップの定義

---

**この章の内容**
- アジャイルプロダクト開発を計画する
- プロダクトビジョンを策定する
- フィーチャーとプロダクトロードマップを作成する

---

　まずは、よくある誤解を解消しよう。アジャイルプロダクト開発には計画が含まれないと聞いたことがあるなら、今すぐその考えを捨ててほしい。計画はプロダクト全体だけでなく、リリースごと、スプリントごと、そして毎日、立てることになるだろう。計画は、アジャイルプロダクト開発を成功させるための基本なのだ。

　あなたがプロジェクトマネジャーなら、おそらくプロジェクトの最初に計画の大部分を立てるだろう。「まずは作業を計画し、その後にその計画に従って作業しよう」という言葉を聞いたことがあるかもしれないが、これはアジャイルではないプロジェクトマネジメントのアプローチについての話だ。

　対照的に、アジャイルプロダクト開発では、最初に計画を立てるだけでなく、プロダクトライフサイクル全体を通しても計画を立てる。そして、最も活動に関する知識が蓄積された、最後の適切なタイミングで、つまり活動が始まる直前にも計画を立てる。これは、ジャストインタイム計画または状況に応じた戦略と呼ばれ、成功の鍵となる。スクラムチームは、従来のプロジェクトチームと同じくらい、いや、それ以上に計画を立てるのだ。アジャイル計画はプロダクトのライフサイクル全体にわたって均等に分散され、プロダクトに取り組むチーム全体によって策定される（図 9-1）。

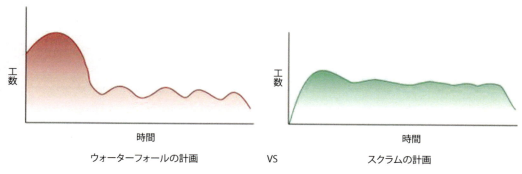

図 9-1　従来の計画とスクラムの計画の比較

> **＜豆知識＞**
> ヘルムート・フォン・モルトケ（19世紀ドイツの陸軍元帥、軍事戦略家）はかつて、「いかなる計画も敵と接触すれば役立たずになる」と言った。つまり、戦いのさなかでは、計画は常に変化するということだ。これはプロダクトのフィーチャーの開発中も同様である。ジャストインタイム計画なら、新しい変化にすぐ対応できるので最新の情報を元に具体的にタスクを計画できる。

この章では、ジャストインタイム計画がアジャイルプロダクト開発でどのように機能するかについて説明する。また、計画の最初の2つのステップである、プロダクトビジョンとプロダクトロードマップの作成についても説明する。

# 9-1　アジャイル計画

計画は様々なポイントで行われる。活動の計画の流れがよく分かるのが、「価値創出のロードマップ」だ。図9-2にロードマップの全体を示す。

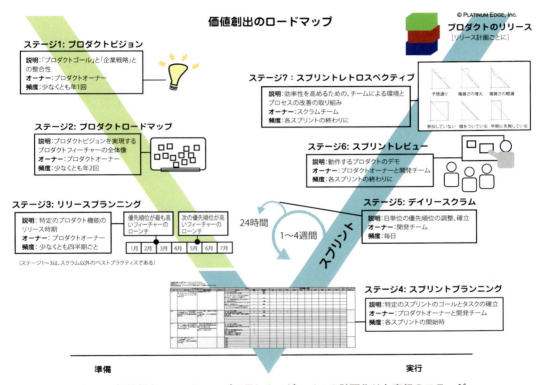

図9-2　価値創出のロードマップで示したアジャイルの計画作りと実行のステージ

価値創出のロードマップには7つのステージがある。
- ステージ1では、プロダクトオーナーがプロダクトビジョンを明確にする。プロダクトビジョンとは、プロダクトの目的地や最終ゴールであり、プロダクトがどんなものになるのか、競合とどう違うのか、企業や組織の戦略にどう貢献するのか、誰が使うのか、なぜ使うのか、といった大まかな方向性を示すものだ。プロダクトビジョンは、少なくとも年に一度は見直す必要がある。
- ステージ2では、プロダクトオーナーがプロダクトロードマップを作成する。プロダクトロードマップとは、プロダクトの主要な要件をざっくりと示し、それぞれの要件がいつ開発されるかの大まかなスケジュールを示したものである。また、開発中に作られる具体的なフィーチャーを示すことで、プロダクトビジョンに具体的な情報を追加する。プロダクト要件を特定し、それらの要件に優先順位を

付けて大まかな工数を見積もることで、要件のテーマを設定し、欠けている部分や改善が必要な点など要件のギャップを見つけることができる。プロダクトオーナーは、開発チームのサポートを受けながら、少なくとも年2回、プロダクトロードマップを改訂する必要がある。

- ステージ3では、プロダクトオーナーがリリース計画を作成する。リリース計画では、動く機能を顧客にリリースするための大まかなスケジュールが特定される。リリースは、中期的なゴールとして設定され、スクラムチームがそれに向かって動けるようにする。プロダクトビジョンを実現するためには、複数のリリースが必要になることがある。また、優先順位が高いフィーチャーが最初にリリースされるべきである。原則3の「2〜3週間から2〜3か月というできるだけ短い時間間隔でリリースします。」に従い、各リリースのはじめに、リリース計画を策定するためのリリースプランニングを実施する。詳細は第10章で説明する。

- ステージ4では、プロダクトオーナー、開発チーム、スクラムマスターが、スプリントとも呼ばれるイテレーションを計画し、そのスプリントでプロダクトの機能の作成を開始できるようにする。各スプリントの開始時にはスプリントプランニングを行い、スクラムチームはスプリントゴールを決定する。スプリントゴールとは、チームがスプリント中に達成すると予測する作業の当面の範囲を決めるもので、そのゴールの達成に貢献し、スプリント中に完成可能な要件を含む。また、スクラムチームは、これらの要件をどのように完了させるかも検討し、必要な作業を識別する。スプリントプランニングについては、第10章で詳しく説明する。

- ステージ5では、各スプリント中に、開発チームが毎日デイリースクラムを行い、スプリントゴールを達成するための、その日の優先順位を調整する。デイリースクラムでは、その時点までに完了したことを基に、その日取り組むことや障害となることを調整し、問題に即座に対処できるようにする。デイリースクラムについては第11章で説明する。

- ステージ6では、スクラムチームが各スプリントの終わりにスプリントレビューを行う。スプリントレビューでは、プロダクトのステークホルダーに動くプロダクトのデモを行う。スプリントレビューの実施方法については、第12章で説明する。

- ステージ7では、スクラムチームがスプリントレトロスペクティブを行う。スプリントレトロスペクティブとは、スクラムチームが完了したスプリントのプロセスや環境について議論し、次のスプリントに向けたプロセス改善計画を立てるイベントである。プロダクトの検査と適応を目的としたスプリントレビューと同様、スプリントレトロスペクティブはプロセスや環境を検査して適応させるために、各スプリントの終わりに開催される。スプリントレトロスペクティブの実施方法については、第12章で説明する。

価値創出のロードマップの各ステージは繰り返し実行でき、その中には計画活動も含まれている。アジャイル計画は、アジャイル開発と同様に繰り返し行われ、必要最小限な内容で進める。

## 段階的精緻化

プロダクト開発の各ステージでは、必要な分だけ計画を立てる。初期ステージでは、時間の経過に応じてプロダクトがどのような形になっていくかが分かるように、広く包括的に大まかな計画を作る。後のステージで、直近の開発作業を確実に成功させるために、その都度ステージの計画に対し詳細化を行う。このプロセスは、要件の段階的精緻化と呼ぶ。

最初に大まかな計画を立て、必要に応じて後で詳細な計画を立てることで、実装されない可能性のある優先順位の低いプロダクト要件の計画に無駄な時間を使わずに済む。この方法なら、プロダクト開発の流れを止めずに、価値の高い要件を追加することもできる。

必要な時に詳細な計画を立てるジャストインタイムで行うことで、計画がより効果的になる。

**＜覚えておこう！＞**

　Standish Group の調査によれば、顧客はアプリケーションの 80％ものフィーチャーをほとんど使わないか、全く使わないという。アジャイルプロダクト開発の最初の数回の開発サイクルで、最も優先順位が高く、よく使用されるフィーチャーが完成する。先行者利益によって市場シェアを獲得し、持続可能性に関する顧客フィードバックを受け、投資対効果（ROI）を最適化するために早期にフィーチャーを収益化し、内外での陳腐化を回避するため、こうしたフィーチャーはできるだけ早期にリリースするのが一般的だ。

## 検査と適応

　ジャストインタイムの計画は、アジャイルテクニックの 2 つの基本的な考え方、検査と適応$^{inspect\ adapt}$が活用される。開発の各ステージで、プロダクトとプロセスを見て（検査）、必要に応じて変更を加える（適応）必要がある。

　アジャイル計画とは、検査と適応のリズミカルなサイクルである。例えば、次のような流れになる。

- スプリント期間中は毎日、プロダクトの改善に役立つフィードバックを、プロダクトオーナーが開発チームに提供する。
- 各スプリントの終わりに行われるスプリントレビューで、プロダクトをさらに改善するためのフィードバックをステークホルダーが提供する。
- 各スプリントの終わりのスプリントレトロスペクティブで、開発プロセスを改善するためにスプリントで学んだ教訓について、スクラムチームが話し合う。
- リリース後は、顧客が改善に向けたフィードバックを提供することができる。フィードバックは、顧客がプロダクトについて会社に問い合わせる直接的なものもあれば、潜在顧客がプロダクトを購入するかしないかという間接的なものもある。

検査と適応は共に、最も効率的な方法で適切なプロダクトを提供するための素晴らしいツールである。

**＜覚えておこう！＞**

　開発の最初のステージでは、作成しているプロダクトの知識が乏しいので、その時点で細かい計画を立てようとしてもうまくいかない。アジャイルであるということは、必要な時に詳細な計画を立て、その計画で定義した具体的な要件をすぐに開発するということだ。アジャイル宣言の価値観「計画に従うことよりも変化への対応」を思い出してほしい。

　アジャイル計画がどのように機能するかについて少し分かったところで、最初のステップであるプロダクトビジョンの定義を完了させよう。

## 9-2　プロダクトビジョンの定義

　価値創出のロードマップの最初のステージが、プロダクトビジョンの定義だ。プロダクトビジョンステートメントとは、エレベーターピッチのような簡潔な要約で、あなたのプロダクトが会社や組織の戦略をどのようにサポートするかを伝えるものだ。ビジョンステートメントは、プロダクトの最終的な状態を明確にしたものでなければならない。

　そのプロダクトは、市場にリリースする商用プロダクトかもしれないし、組織の日常業務をサポートする自社向けのソリューションかもしれない。例えば、あなたの会社の名前が XYZ 銀行で、自社のプロダクトがモバイルバンキングアプリケーションだとしよう。そのモバイルバンキングアプリケーションは XYZ 銀行のどんな企業戦略をサポートするだろうか？　そして、どのように戦略をサポートするだろうか？　ビジョンステートメントは、プロダクトと事業戦略を明確に、簡潔に結び付けるものだ。著名な作家であり講演家であるサイモン・シネックは、これがあなたの「なぜ」になると述べている。

　次ページの図 9-3 は、「価値創出のロードマップ」の第 1 ステージであるビジョンステートメントが、プ

ロダクト開発における他のステージや活動とどのように適合するかを示している。

一般的なアジャイルプラクティス

## ステージ1: プロダクトビジョン

**説明**：「プロダクトゴール」と「企業戦略」との整合性
**オーナー**：プロダクトオーナー
**頻度**：少なくとも年1回

図9-3　価値創出のロードマップの一部としてのプロダクトビジョンステートメント

プロダクトオーナーは、開発全体を通して、プロダクト、そのゴール、要件について把握する責任がある。そのため、他の人が意見を出すことはあっても、ビジョンステートメントを作成するのはプロダクトオーナーの役割である。完成したビジョンステートメントは、「私たちが達成したいこと」を示す指針となるステートメントとなり、プロダクトオーナー、開発チーム、スクラムマスター、ステークホルダーが仕事中に参照することになる。

プロダクトビジョンステートメントを作成する際には、以下の4つのステップを踏む。

1. プロダクトの目標を考える。
2. ビジョンステートメントの草案を作成する。
3. ビジョンステートメントをプロダクトのステークホルダーと検証し、フィードバックに基づいて修正する。
4. プロダクトビジョンステートメントを確定する。

ビジョンステートメントの形式に、厳密なルールはない。しかし、開発チームからCEOに至るまで、関係する誰もがそのステートメントを理解できるものでなければならない。ビジョンステートメントは、社内の共通理解に焦点を当て、明確で、専門的でなく、感情に訴えかけ、できるだけ簡潔なものであるべきだ。また、明示的でもあるべきで、マーケティングの専門用語は避けなければならない。

## ステップ1：プロダクトの目標の考案

ビジョンステートメントを書くには、プロダクトの目標を理解し、それを伝えられなければならない。以下を明らかにする必要がある。

- **主なプロダクトゴール**：プロダクトが、それを製造する会社にどのような利益をもたらすのか？ ゴールには、会社全体だけでなく、カスタマーサービスやマーケティング部門など、社内の特定の部門にとっての利益が含まれる場合もある。そのプロダクトは具体的にどのような企業戦略をサポートするだろうか？ プロダクトゴールを定義するには、第4章で説明したプロダクトキャンバスが役に立つ。
- **顧客**：誰がそのプロダクトを使うのか？ この質問には複数の答えがあるかもしれない。
- **ニーズ**：顧客がなぜそのプロダクトを必要としているのか？ 顧客にとって重要なフィーチャーは何か？ 第4章で述べたように、そのプロダクトはどのような問題を解決するのか？
- **競合**：そのプロダクトは類似プロダクトとどのように比較されるか？
- **主な差別化要素**：このプロダクトが現状や競合、あるいはその両方と異なる点は何か？

## ステップ２：ビジョンステートメントの草案の作成

　プロダクトの目標を十分に把握したら、ビジョンステートメントの草案を作成しよう。

　プロダクトビジョンステートメントのテンプレートはたくさんある。全体的なプロダクトビジョンを定義するための優れたガイドとしては、ジェフリー・ムーアの『キャズム』（川又政治 訳、翔泳社）を参照してほしい。この本は、新しいテクノロジーのアーリーアドプターとそれに追従するマジョリティの間にあるギャップ（キャズム）をどのように埋めるかに焦点を当てたものだ。

　どんなプロダクトでも、新しいものの採用は賭けである。ユーザーがそのプロダクトを気に入るだろうか？ 市場に受け入れられるだろうか？ プロダクト開発に対する投資対効果は十分だろうか？ 効果的に書かれたプロダクトビジョンステートメントがあれば、正しい道筋を選び、これらの質問に対する答えをすぐに知ることができる。

### ＜豆知識＞

　投資対効果（ROI）とは、企業が何かにお金を払うことで得られる利益や価値のことである。ROI は定量的なものである場合がある。例えば、ABC プロダクツという会社が新しいウェブサイトに投資した後、ウィジェットをオンラインで販売することで得られる収益などである。時には ROI が無形なものであることもある。例えば、XYZ 銀行の新しいモバイルバンキングアプリケーションを利用した顧客の満足度が向上した、などだ。

　ビジョンステートメントを作成することで、プロダクトの品質、メンテナンスの必要性、寿命などを伝えることができる。

　ムーアのプロダクトビジョンのアプローチは実用的である。図 9-4 は、ムーアのアプローチに基づき、プロダクトを会社の戦略とより明確に結びつけるためのテンプレートを私たちで作成したものだ。プロダクトビジョンステートメントに役立つこのテンプレートは、プロダクトの使用がアーリーアドプターからマジョリティに広まるまで、長く使い続けることができる。

---

プロダクトのビジョンステートメント：

| | |
|---|---|
| For【対象顧客】： | ＜対象顧客＞向けに |
| who【顧客ニーズ】： | ＜潜在的なニーズを満たしたり、潜在的な課題を解決したり＞したい |
| the【プロダクト名】： | ＜プロダクト名＞というプロダクトは、 |
| is a【プロダクトのカテゴリー】： | ＜プロダクトのカテゴリー＞である。 |
| that【プロダクト機能】： | これは＜プロダクトの機能、利点、対価に見合う説得力のある理由＞ができ、 |
| Unlike【競合相手】： | ＜競合相手＞とは違って、 |
| our product【差別化ポイント】： | 我々のプロダクトは＜差別化の決定的な特徴／価値提案＞が備わっている。 |

---

**図 9-4　ムーアのビジョンステートメントを基に作成したテンプレート**

### ＜秘訣＞

　プロダクトビジョンステートメントにより説得力を持たせる方法の１つは、プロダクトが既に存在しているかのように、現在形で書くことだ。現在形を使うことで、読み手がそのプロダクトが使われているところを想像しやすくなる。

　ムーアのテンプレートを使う場合、モバイルバンキングアプリケーションのビジョンステートメントは次のようになる。

| | |
|---|---|
| For【対象顧客】 | XYZ 銀行の顧客 |
| who【顧客ニーズ】 | 外出先でもバンキング機能を利用したい人 |

9-2　プロダクトビジョンの定義

| | |
|---|---|
| the【プロダクト名】 | MyXYZ |
| is a【プロダクトのカテゴリー】 | モバイルアプリケーション |
| that【プロダクト機能】 | 24 時間安全なオンデマンドバンキングを可能にする |
| Unlike【競合相手】 | 自宅やオフィスのコンピューターのオンラインバンキング |
| our product【差別化ポイント】 | ユーザーがすぐにアクセスできる |
| which supports our strategy to【企業戦略】 | いつでもどこでも迅速で便利なバンキングサービスを提供する（Platinum Edge が追加） |

お分かりのように、ビジョンステートメントは、プロダクトが完成した将来の状態を明らかにしたものである。ビジョンは、プロダクトが完成した時に存在すべき状態に焦点を当てている。

> **＜注意！＞**
>
> ビジョンステートメントでは、「もっと収益を上げる」「顧客を幸せにする」「もっとプロダクトを売る」といった一般的な言葉は避けよう。ビジョンステートメントは、プロダクト開発全体でスコープを決定するのに役立つものだ。また、「Java のリリース 9.x を使って、次のような 4 つのモジュールから成るプログラムを作る」のように、技術的に具体的になりすぎないようにも注意しよう。この初期ステージで、具体的な技術を定義してしまうと、後で制約を受けることになりかねない。

ここに、注意して避けるべきビジョンステートメントをいくつか抜粋する。
- MyXYZ アプリケーションの追加顧客を確保する。
- 12 月までにお客様を満足させる。
- すべての欠陥を排除し、品質を向上させる。
- Java で新しいアプリケーションを作成する。
- Widget 社より 6 か月先に市場に参入する。

## ステップ 3：ビジョンステートメントの検証と修正

ビジョンステートメントの草案を作成したら、以下の品質チェックリストに照らし合わせて見直そう。
- ビジョンステートメントは明確で、焦点が絞られており、社内の読み手のために書かれているか？
- プロダクトがどのように顧客のニーズを満たすかについて、説得力のある説明になっているか？
- ビジョンは考えうる最善のアウトカムを描いているか？
- 事業目標は達成可能な程度に具体的か？
- そのステートメントは、企業の戦略やゴールに合致した価値を提供するか？
- ビジョンステートメントに説得力はあるか？
- ビジョンは簡潔か？

こうした「はい」か「いいえ」で答える質問は、ビジョンステートメントが徹底的に練られているかを判断するのに役立つ。もし「いいえ」の答えがあれば、ビジョンステートメントを修正しよう。

すべての答えが「はい」になったら、次のような人たちとの意見交換に移ろう。
- **プロダクトのステークホルダー**：ステークホルダーは、ビジョンステートメントにプロダクトが達成すべきことがすべて含まれていることを確認できるようになる。
- **開発チーム**：プロダクトを作る人たちも、プロダクトで何を達成すべきかを理解し、当事者意識を持たなければならない。多くのプロダクトオーナーは、目的と動機付けが一致したプロダクトビジョンを、開発チームと共に作成する（アジャイル宣言 原則 5）。
- **スクラムマスター**：プロダクトへの確かな理解があることで、スクラムマスターは、先手を打って障害を取り除き、チームがプロダクトビジョンを達成できるようにする。
- **アジャイルメンター**：アジャイルメンターがいる場合は、ビジョンステートメントをアジャイルメ

ンターと共有する。アジャイルメンターは組織から独立しているため、外部の客観的な視点を提供してくれることがある。

　ビジョンステートメントが明確で、伝えたいメッセージが伝わっているかどうかを確認しよう。ビジョンステートメントは、ステークホルダー、開発チーム、スクラムマスターが完全に理解するまで見直し、修正すること。

### ステップ4：ビジョンステートメントの確定

　ビジョンステートメントの見直しが終わったら、開発チーム、スクラムマスター、ステークホルダーに確実に最終版を伝えよう。スクラムチームの仕事場の壁に貼り出して、毎日見られるようにしてもよい。このビジョンステートメントは、プロダクトの寿命が尽きるまで、参照することになるだろう。

　プロダクト開発が1年以上に及ぶ場合は、ビジョンステートメントを見直すといいだろう。プロダクトが市場を反映し、企業のニーズの変化に対応していることを確認するために、プロダクトビジョンステートメントは少なくとも1年に1回はレビューしよう。ビジョンステートメントはプロダクトの長期的な大枠であるため、プロダクト開発への投資は、ビジョンが達成され、それ以上ビジョンが拡大する可能性がなくなった時点で終了すべきである。

　　＜覚えておこう！＞
　　　プロダクトオーナーはプロダクトビジョンステートメントに責任を持ち、その準備と組織内外への伝達を担
　　　当する。プロダクトビジョンはステークホルダーが何を期待しているかを明確にし、開発チームがそのゴール
　　　に向かって集中して働けるようにサポートする。

　おめでとう。これでアジャイルプロダクト開発における戦略と望ましい価値のアウトカムについての最初の定義が完了した。次は、プロダクトロードマップを作成する番だ。

## 9-3　プロダクトロードマップの作成

　価値創出のロードマップのステージ2（図9-5参照）で作成するプロダクトロードマップは、プロダクト要件の全体像を示したもので、プロダクト開発のジャーニー（進行）を計画し整理するための貴重なツールである。プロダクトロードマップを使用して、要件を分類し、優先順位を付け、ギャップと依存関係を特定し、顧客にリリースする順序を決定する。

スクラムに含まれていないベストプラクティス

### ステージ2: プロダクトロードマップ

**説明**：プロダクトビジョンを実現する
プロダクトフィーチャーの全体像
**オーナー**：プロダクトオーナー
**頻度**：少なくとも年2回

図9-5　価値創出のロードマップの一部としてのプロダクトロードマップ

　プロダクトビジョンステートメントと同様に、プロダクトオーナーが開発チームやステークホルダーの協力を得て、プロダクトロードマップを作成する。開発チームは多くの場合、ビジョンステートメントを作成した時よりも、より深く関与することになる。

**＜秘訣＞**

要件と工数の見積もりは、開発の進行とともに詳細化していくということを念頭に置いてほしい。プロダクトロードマップのステージでは、要件の詳細、見積もり、予定期間はごく大まかなもので構わない。

プロダクトロードマップは、次のようにして作成する。

1. ステークホルダーを特定する。
2. プロダクト要件をリストアップし、可視化する。
3. 提供価値、リスク、依存関係に基づいてプロダクト要件を整理する。
4. 開発工数を大まかに見積もり、プロダクトの要件に優先順位を付ける。
5. 機能グループを顧客にリリースするための大まかな予定期間を決定する。

優先順位は変わる可能性があるため、少なくとも年に2回はプロダクトロードマップを更新するよう計画しよう。

**＜秘訣＞**

プロダクトロードマップは、物理的なホワイトボードやバーチャルホワイトボードツールに付箋を並べただけのシンプルなもので構わない。これならホワイトボード上で付箋を移動させるだけで簡単に更新できる。

プロダクトロードマップを使用して「リリース」を計画しよう。これは、価値創出のロードマップのステージ3にあたる。リリースとは、顧客に提供するための実用的なプロダクトの機能グループであり、実際のフィードバックを集め、投資対効果を得るためのものだ。

プロダクトロードマップの詳しい作成手順については、次のセクションで詳しく説明する。

## ステップ1：プロダクトのステークホルダーの特定

プロダクトビジョンを策定した当初は、俯瞰的なフィードバックを提供できる主要なステークホルダーが数人しか見つからない可能性が高い。プロダクトロードマップのステージで、プロダクトビジョンにより多くの背景情報を追加して、ビジョンを達成する方法を特定することで、誰がそのプロダクトのステークホルダーになるかが詳しく分かるようになる。

ここでは、既存のステークホルダーと新たに特定されたステークホルダーの両方を巻き込んで、ビジョン達成のために実装したい機能についてのフィードバックを収集する。プロダクトロードマップの作成は、本章で後述する詳細なプロダクトバックログの序盤にあたる。ここで得た情報によって、スクラムチーム、プロダクトのスポンサー、明らかになっているユーザー以外の関与が必要になるかもしれない。例えば、次のような人を関与させることを検討してほしい。

- **マーケティング部門**：顧客はあなたのプロダクトについて知る必要があり、それを行うのがマーケティング部門だ。彼らはあなたの計画を理解する必要があり、自らの経験と調査に基づいて、市場に機能をリリースする順序について意見を述べてくれるかもしれない。
- **カスタマーサービス部門**：市場に出たプロダクトは、どのようにサポートされるのだろうか？ 特定のロードマップ項目では、サポートの準備のために必要な人が特定されるかもしれない。例えば、プロダクトオーナーは、ライブオンラインチャットのフィーチャーを組み込むことにあまり価値を見出さないかもしれないが、担当者が同時に1件の電話の他に6件ものチャットセッションを扱うカスタマーサービスのマネジャーは、違う見方をするかもしれない。さらに、カスタマーサービスの担当者は、実際にエンドユーザーと日常的に話しているため、あなたが検討すべき多くの洞察を持っているだろう。
- **営業部門**：営業チームが開発中のプロダクトを実際に見て理解し、プロダクトを正しく販売できるようにしよう。マーケティング部門と同じように、営業部門も顧客が何を求めているかを直接知ることができる。

- **法務部**：特に規制の厳しい業界の場合は、できるだけ早いステージで法律顧問とロードマップを検討し、後で問題が発覚してプロダクトにリスクが生じないように、見落としがないか確認しよう。
- **追加の顧客**：ロードマップでフィーチャーを特定している間に、あなたのプロダクトに価値を感じる新しい人が見つかるかもしれない。そういう人にはロードマップを見てもらい、あなたの仮定を検証しよう。

## ステップ 2：プロダクトの要件の確立

プロダクトロードマップを作成する 2 つ目のステップが、プロダクトの様々な要件の特定（定義）だ。

初めてプロダクトロードマップを作成する時は、大きく大まかな要件から始めるのが一般的である。プロダクトロードマップにおいて、「テーマ」と「フィーチャー」という 2 つの異なるレベルで要件を整理する。テーマは、複数の関連するフィーチャーや要件がまとまった、プロダクト全体を示す論理的なグループである。フィーチャーは、より具体的なプロダクトの一部であり、そのフィーチャーが完成したときに顧客が手にすることになる新しい機能を述べたものである。

---

### 要件の分解

プロダクト開発全体を通して、分解または段階的精緻化と呼ばれるプロセスを使用して、大きな要件をより小さく、管理しやすいものに分解する。要件は、以下のサイズ感に分解することができる。以下のリストの下に行くほどサイズが小さくなっていく。

- **テーマ**：テーマはフィーチャーの論理的なグループであり、プロダクト全体を示す最上位レベルの要件でもある。プロダクトロードマップでは、複数の関連するフィーチャーをテーマにまとめることができる。
- **フィーチャー**：フィーチャーとは、プロダクトの一部となる大きな機能である。フィーチャーは、それが完成した時点で顧客が手にすることになる新しい機能を述べたものである。プロダクトロードマップではフィーチャーを使用する。
- **エピック（エピックユーザーストーリー）**：エピックは、フィーチャーから分解された中規模の要件であり、多くの場合、複数のアクションまたは価値のチャネルを含む。エピックから機能の作成を開始するには、エピックを分解する必要がある。エピックをリリースプランニングにどのように使用するかは、第 10 章で説明する。
- **ユーザーストーリー**：ユーザーストーリーは、単一のアクションまたは統合を含む要件であり、機能に実装できるくらい小さい。ユーザーストーリーをどのように定義し、リリースやスプリントレベルで使用するかは、第 10 章で説明する。
- **タスク**：タスクは、要件を動く機能として開発するために必要な実行ステップであり、一般的には完成の定義と、ストーリーの受け入れ基準を達成するために必要なタスクが反映される。タスクとスプリントプランニングについては、第 10 章で説明する。

各要件に、これらすべてのサイズのものが含まれるわけではないことに留意してほしい。例えば、ユーザーストーリーレベルで特定の要件を作成しても、それをテーマやエピックユーザーストーリーのサイズで考えることはないかもしれない。エピックユーザーストーリーレベルで要件を作成しても、それは優先順位の低い要件かもしれない。ジャストインタイム計画のため、優先順位の高いすべての要件の開発が完了するまで、優先順位の低いエピックユーザーストーリーを分解する時間が取れない場合もあるだろう。

プロダクトのテーマやフィーチャーを特定するために、プロダクトオーナーはステークホルダーや開発チームと協力することができる。ステークホルダーと開発チームが集まり、可能な限り多くの要件を書き出すプロダクト発見ワークショップを開くのも役立つだろう。各要件項目は、技

術的な専門用語ではなく、顧客の言葉を使って書くべきである。例えば、「お客様は次のことができるようになった」という言葉で始めることで、要件を顧客とその問題やプロダクトビジョンにどのように関連付けるべきかを補足できる。例えば、こんな感じだ。

お客様は次のことができるようになった。

- 口座残高を見る
- 請求書の支払いをする
- 最新の取引を見る
- フィードバックを提供する
- サポートを受ける

**＜秘訣＞**

テーマやフィーチャーのレベルで要件を作成する時は、要件をインデックスカードや大きな付箋に書き込むとよいだろう。カテゴリー間をあちこち移動できる物理的なカードを使うことで、要件の整理と優先順位付けがとても簡単になる。

プロダクトロードマップの作成中は、あなたが特定したフィーチャーが、プロダクトバックログ（詳細レベルを問わず、プロダクトのスコープにあるすべてのフィーチャーのリスト）に含まれていく。最初のプロダクトフィーチャーを特定した時点で、プロダクトバックログの作成が開始するのだ。

## ステップ3：プロダクトのフィーチャーの整理

プロダクトのフィーチャーを特定したら、ステークホルダーと協力して、それらをテーマ（フィーチャーの共通する論理的なグループ）に分ける。要件を作成した時と同様に、ステークホルダー会議は、フィーチャーをグループ化する上で効果的だ。フィーチャーは、使用フロー、技術的な類似性、ビジネスニーズによってグループ化することができる。

テーマとフィーチャーをロードマップ上で可視化することで、各フィーチャーのビジネス価値とリスクを他のフィーチャーとの相対的な関係で割り当てることができる。また、プロダクトオーナーは、開発チームやステークホルダーと共に、フィーチャー間の依存関係を特定し、ギャップを見つけ、そうした各要因に基づいてフィーチャーの開発順序に優先順位を付けることができる。

要件をグループ分けして順序付ける時は、以下について考えてほしい。

- 顧客はプロダクトをどのように使うだろうか？
- もし我々がこの要件を提供したら、顧客は他に何をする必要があるだろうか？ 他に何をしたいと思うだろうか？
- 開発チームは技術的な親和性や依存関係を見つけられるだろうか？

これらの質問の答えから、テーマを特定しよう。そして、テーマごとにフィーチャーを分類しよう。例えば、モバイルバンキングアプリケーションの場合、次のようなテーマなる。

- 口座情報
- 取引
- カスタマーサービス機能
- 他の口座との統合

図9-6 は、テーマごとにグループ化されたフィーチャーを示している。

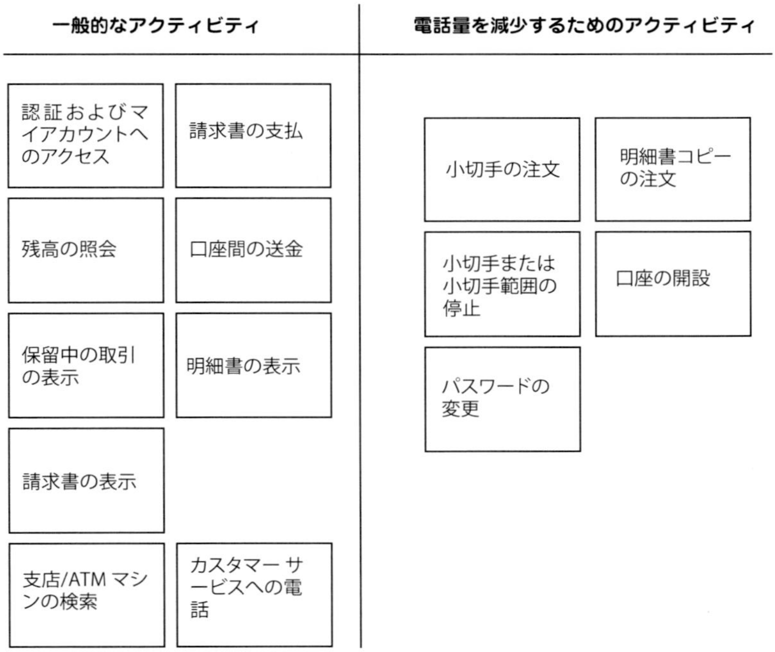

|  一般的なアクティビティ | 電話量を減少するためのアクティビティ |
|---|---|

| 認証およびマイアカウントへのアクセス | 請求書の支払 |
|---|---|
| 残高の照会 | 口座間の送金 |
| 保留中の取引の表示 | 明細書の表示 |
| 請求書の表示 | |
| 支店/ATMマシンの検索 | カスタマーサービスへの電話 |

| 小切手の注文 | 明細書コピーの注文 |
|---|---|
| 小切手または小切手範囲の停止 | 口座の開設 |
| パスワードの変更 | |

**図 9-6　テーマごとにグループ化されたフィーチャー**

## ステップ 4：工数の見積もりと要件の順序付け

　プロダクト要件を特定し、それらの要件を論理的なグループに分類したら、次は要件の見積もりと優先順位付けを行う。ここでは、いくつかの用語に慣れておく必要がある。

- 工数とは、特定の要件からユーザーが利用できる機能を生み出すまでの容易さや困難さを指す。
- 名詞としての見積もりは、要件の見積もり工数を表すために使用する数値または説明のことである。
- 要件を見積もるという動詞は、その要件を作成するのがどれくらい簡単か、あるいはどれくらい難しいか（どれくらいの工数が必要か）、おおよその見当をつけることを意味する。
- 要件の順序付け（優先順位付け）とは、他の要件との関係において、その要件の価値とリスクを決定し、どのような順序で実装するかを決定することである。
- 価値とは、プロダクトの要件が顧客、ひいてはそのプロダクトを製造する組織にとってどれだけ有益であるかを意味する。
- リスクとは、要件が顧客の不確実性やプロダクト開発に及ぼす悪影響を指す。

### <秘訣>
　テーマやフィーチャーから単一のユーザーストーリーまで、あらゆるレベルの、あらゆるサイズの要件を見積もり、優先順位を付けることができる。

　要件の優先順位付けとは、要件の並べ替えのことである。プロダクトバックログ項目の優先順位を決定する際には、様々な手法がある（その多くは複雑だ）。本書では、シンプルさを保つため、ビジネス価値、リスク、工数に基づいて、プロダクトバックログ項目を実装順に並べた ToDo リストを作成する。順番を決めるには、すべての要件を、他の要件に照らし合わせる必要がある。スクラムチームは一度に 1 つのことに取り組むので、それに合わせてプロダクトロードマップの形式を決めることが重要である。第 13 章では、その他の優先順位付けのテクニックについて説明する。

　工数の見積もり、および要件の価値を評価するには、それぞれ次の 2 つのグループと協力することにな

9-3　プロダクトロードマップの作成

る。

- 要件ごとの機能を実装するための工数を決定する開発チーム。その作業を行う人だけが、工数の見積もりを提供するべきである。開発チームは、技術的リスクがプロダクトバックログの順序付けにどのように影響するかを理解するための重要なフィードバックもプロダクトオーナーに提供する。
- ステークホルダーの支援を受けて、顧客とビジネスの要件の価値とリスクを決定するプロダクトオーナー。

## 工数の見積もり

　要件を順序付けるため、開発チームはまず、各要件の工数を他のすべての要件と照らし合わせて見積もる必要がある。

　第10章では、スクラムチームが工数を正確に見積もるためのテクニックとして、相対見積もりを紹介する。伝統的な見積もり手法は、今日作業している作業項目であろうと、2年後の作業項目であろうと、すべてのプロジェクトスケジュールに対して絶対的な時間見積もりを行い、精度を高めようとする。しかし、このやり方では、チームに誤った精度の感覚を与え、実際にはそれほど正確ではない（何千もの失敗したプロジェクトが証明している）。プロダクトについて学び始めたばかりの初期のステージで、各チームメンバーが6か月後に何に取り組むか、そしてその作業にどれくらいの時間が掛かるかを知ることなどできるだろうか？

　相対見積もりは、スクラムチームの見積もりがより正確になる自己修正メカニズムである。これは、ある要件と別の要件を比較し、どちらがより規模が大きいか、そしてどれくらい大きいかを判断しやすくなるからである。プロダクト開発チームは、精度よりも正確さを重視するのだ。

　要件を順序付けるには、依存関係も知っておく必要がある。依存関係とは、ある要件が別の要件の前提条件あることを意味する。例えば、あるアプリケーションのユーザープロファイルをユーザーに設定させたい場合、ユーザー名とパスワードでの認証が必要になる。一般的に、ユーザープロファイルを設定するにはユーザー名とパスワードが必要なので、ユーザー名とパスワードを作成するための要件は、プロファイルの設定に依存することになる。

## ビジネス価値とリスクの評価

　プロダクトオーナーは、ステークホルダーと共に、最もビジネス価値の高い項目（潜在的なROIが高いか、最終顧客にとっての認知された価値があるかのどちらか）、および解決されない場合にマイナスの影響が大きい項目を特定する。

　工数の見積もりと同様に、各プロダクトロードマップ項目にも価値やリスクを割り当てることができる。例えば、ROIの実際の金額を使って価値を割り当てたり、社内で使用されるプロダクトについては、高、中、低で価値やリスクを割り当てたりすることができる。

　工数、ビジネス価値、リスクの見積もりは、プロダクトオーナーが各要件の優先順位付けを決定する際の情報となる。最も価値とリスクが高い項目を、プロダクトロードマップの一番上に置くべきだ。リスクの高い項目は、リスクの先送りを避けるために、最初に発見し、実装する必要がある。リスクの高い項目によってプロダクトやその開発が失敗し、しかもその問題を解決できない場合に、スクラムチームがそれを早期に知ることができる。何か失敗しそうなことがあれば、早期に、低コストで失敗し、価値のある新しい機会に移りたいものだ。その意味で、スクラムチームにとって失敗は成功の一形態なのである。

　価値、リスク、工数の見積もりができたら、各要件の相対的な優先順位（順序）を決定することができる。

- 高価値、または高リスク（あるいはその両方）で、工数が少ない要件は、相対的に優先順位が高くなる。プロダクトオーナーは、この項目をロードマップの一番上に置くだろう。
- 低価値、または低リスク（あるいはその両方）で、工数が多い要件は、相対的に優先順位が低くなる。

第9章　プロダクトビジョンとプロダクトロードマップの定義

このような項目は、ロードマップの一番下に置かれるか、場合によっては削除される可能性が高い。ロードマップにプロダクトビジョンの実現をサポートしないものがある場合、それが本当に必要なのかどうか自問するのもいいだろう。アジャイル原則10「シンプルさ（ムダなく作れる量を最大限にすること）が本質です」を思い出してほしい。

<注意！>
相対的な優先順位は、あくまでもプロダクトオーナーが意思決定を行い、要件に優先順位を付けるためのツールである。これは数学的に普遍な法則ではなく、従わなければならないものではない。ツールを邪魔物にせず、むしろその存在が助けになるようにしよう。

**要件の優先順位付け**

要件の全体的な優先順位を行うため、以下の質問を考えてほしい。
- その要件の相対的な優先順位は？
- 要件の前提条件は何か？
- 顧客にリリースできる確実な機能セットを構成するには、どのような要件をまとめればいいか？

これらの質問に対する回答を使えば、優先順位の高い要件をプロダクトロードマップの最初に置くことができる。要件の優先順位付けが完了すると、図9-7のようになる。

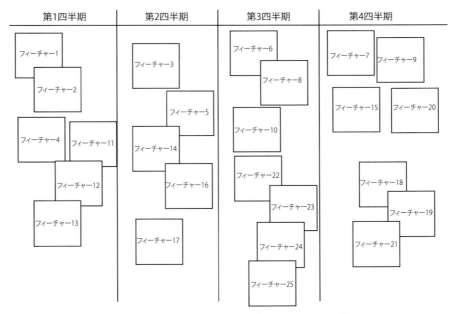

図9-7 要件が順番に並んだプロダクトロードマップ

要件が優先順位順に並べられたリストは、プロダクトバックログと呼ばれる。プロダクトバックログは重要なアジャイル文書、すなわち作成物である。あなたは、プロダクト開発全体を通してこのバックログを使用する。

プロダクトバックログが手元にあれば、プロダクトロードマップにターゲットリリースを追加することができる。

**ステップ5：大まかな時間枠の決定**

プロダクトロードマップを作成する時の、プロダクト要件をリリースする時間枠は非常に大まかなもの

9-3 プロダクトロードマップの作成

になる。最初のロードマップでは、数日間、数週間、数か月間、四半期（3か月間）、それ以上の長い期間など、プロダクト開発に適した時間枠の長さを設定する。そして、要件とその優先順位を基にして、時間枠に要件を追加していく。

**＜覚えておこう！＞**

プロダクトロードマップの作成は大変な作業のように思えるかもしれないが、私たちが一緒に仕事をしたどのチームも、たったの2、3日で最初のリリースのプロダクトビジョン、プロダクトロードマップ、リリース計画を作成し、スプリントを開始する準備ができた。プロダクト開発を始めるには、最初のスプリントに必要なだけの要件があればいい。ある程度の時間が経ち、現状を反映させながら、段階的精緻化によって残りを決めていけばいいのだ。

### 作業の保存

ここまでは、ホワイトボードや付箋を使って、すべてのロードマップ計画を行うことができた。しかし、最初の完全な草案が完成したら、プロダクトロードマップを保存しておこう。特に、遠隔地のステークホルダーや開発チームのメンバーとロードマップを共有する必要がある場合はなおさらだ。付箋やホワイトボードを写真に撮ってもいいし、情報を文書に入力して電子的に保存してもいい。どのような形式を選ぶにせよ、ロードマップは簡単に変更でき、透明性を持ってアクセスできるようにしてほしい。

プロダクトロードマップは、開発期間中に優先順位が変わったらその都度更新しよう。今のところ、最初のリリースの内容は明確であるべきだが、実行に移して価値を提供し始めるために気にすべきことはそれだけだ。

## 9-4　プロダクトバックログの完成

プロダクトロードマップには、大まかなフィーチャーと暫定的なリリーススケジュールが含まれる。プロダクトバックログの最初のバージョンが、プロダクトロードマップ上の要件だ。

プロダクトバックログは、プロダクトに関連するすべての要件をリストアップしたものである。プロダクトオーナーは、要件を更新（追加、変更、削除）し、優先順位を付けることによって、プロダクトバックログの作成とメンテナンスに関する責任を果たす。スクラムチームは、優先順位付けされたプロダクトバックログを、開発全体を通して使用し、リリースとスプリントごとに作業計画を立てる。

表9-1にプロダクトバックログのサンプルを示す。

表9-1　プロダクトバックログのサンプル

| 順位 | ID | 項目 | 種類 | ステータス | 価値 | 見積 |
|---|---|---|---|---|---|---|
| 1 | 121 | システム管理者として、顧客が新しい口座にアクセスできるように、口座をプロファイルにリンクしたい。 | 要件 | 開始前 | 高 | 5 |
| 2 | 113 | トレーサビリティマトリックスの要件を更新する。 | オーバーヘッド | 開始前 | 低 | 2 |
| 3 | 403 | 顧客として、各口座の残高を調整できるように、アクティブな口座間の送金を行いたい。 | 改善 | 開始前 | 高 | 8 |
| 4 | 97 | ログインクラスのリファクタリングを行う。 | 技術的負債 | 開始前 | 中 | 5 |
| 5 | 68 | サイト訪問者として、銀行サービスを使用できる場所を検索する。 | 要件 | 開始前 | 中 | 3 |

プロダクトバックログを作成する際には、最低限以下のことを行ってほしい。

● 要件の説明を含める。
● 優先順位に基づいて要件を並べ替える。
● 工数の見積もりを追加する。

また、バックログ項目の種類やステータスも記載したい。チームは主に、ユーザーの言葉（ユーザーストーリー）で説明されたフィーチャーの開発に取り組むことになる。しかし、オーバーヘッド項目（チームが必要だと判断するが、機能には貢献しないもの）、メンテナンス項目（プロダクトやシステムに対して必要だが、顧客にとっての価値を直接的に増加させるものではない設計の改善）、改善項目（スプリントレトロスペクティブで特定されたプロセス改善のためのアクション項目）といった他のタイプのプロダクトバックログ項目が必要な場合もある。それぞれの例については表9-1を見てほしい。プロダクトオーナーは、顧客とステークホルダーのレンズを通して、すべてのプロダクトバックログ項目に優先順位を付ける。

### ＜覚えておこう！＞

第2章で、アジャイルプロダクト開発のドキュメントは、プロダクトを作るために必要な最低限の情報だけを含むべきだと説明した。プロダクトバックログのフォーマットをシンプルで必要最小限なものにすることで、開発中に更新する時間を節約できる。

スクラムチームは、プロダクトバックログを要件の主な情報源とする。要件が存在するなら、それはプロダクトバックログにある。

プロダクトバックログのユーザーストーリーは、開発期間中、いくつかの形で変化する。例えば、チームがユーザーストーリーを完了したら、それはバックログで完了としてマークされる。また、新しいユーザーストーリーがあれば、それをすべて記録する。新しい情報や明確な情報で更新されたり、より小さなユーザーストーリーに分割されたり、他の方法で改良されたりするユーザーストーリーもある。さらに、必要に応じて、既存のユーザーストーリーの優先順位と工数の見積もりの更新も行う。

プロダクトバックログにあるすべての項目の工数の見積もり（単位：ストーリーポイント）の合計数が、現在のプロダクトバックログの見積もりだ。この見積もりは、ユーザーストーリーが完了し、新しいユーザーストーリーが追加されるにつれて、毎日変化する。プロダクトバックログの見積もりを使ってリリースの長さとコストを見積もる方法については、第15章を参照してほしい。

### ＜覚えておこう！＞

プロダクトバックログを常に最新の状態に保つことで、常に正確なコストとスケジュールの見積もりができるようになる。また、最新のプロダクトバックログがあれば、新しく特定されたプロダクト要件を既存のフィーチャーと照らし合わせて優先順位を柔軟に決めることができる。これはアジャイルの大きな利点だ。

プロダクトバックログができたら、次の章で説明する、リリースとスプリントのプランニングを始めよう。

9-4　プロダクトバックログの完成

# 第 10 章

# リリースプランニングとスプリントプランニング

---

**この章の内容**
- 要件を分解し、ユーザーストーリーを作成する
- プロダクトバックログ、リリース計画、スプリントバックログを作成する
- プロダクトを出荷する準備を整え、リリースに向けて組織全体で準備する
- 市場投入の準備を整える

---

プロダクトのロードマップを作成したら（第9章を参照）、次はプロダクトの詳細の精緻化に取り掛かろう。この章では、要件を詳細なレベルに分解し、プロダクトバックログを洗練化し、リリース計画を作成し、実行のためのスプリントバックログを構築する方法を見ていく。また、リリースに向けて組織全体でどのように準備するかについても説明する。これには、運用サポートや、市場投入の準備も含まれる。

まずは、プロダクトロードマップの大きな要件を、「ユーザーストーリー」と呼ばれるより小さな管理しやすい要件に分解する方法を説明しよう。

## 10-1　要件と見積もりの洗練化

アジャイル開発の要件は、元々非常に大きなものだ。作業が進み、その要件の開発に近づくにつれ、開発に適した小さなものに切り分ける。このプロセスは分解と呼ばれ、詳細は第9章で説明している。

プロダクト要件を定義するための明確で効果的なパターンの1つに、ユーザーストーリーがある。この節では、ユーザーストーリーの作り方、ユーザーストーリーの優先順位付け、ユーザーストーリーの工数見積もりについて説明する。

### ユーザーストーリーとは何か？

ユーザーストーリーとは、プロダクトの要件を、誰にとっての何を達成するものかという観点からシンプルに記述したものだ。「ストーリー」と呼ばれるのは、人がストーリーを語る最も単純な方法が、お互いに話すことだからである。そして、ユーザーストーリーが最も効果的になるのは、お互いに面と向かって話した時だ。このセクションで説明するユーザーストーリーパターンが、その会話の助けになるだろう。

従来のソフトウェア要件は通常、「このシステムは［技術的な説明を挿入する］ものとする」というようなものだ。この要件は、実施される技術的な内容にのみ言及したもので、全体的なビジネス目標は明確でない。ユーザーストーリーパターンを通じて、開発チームがより深く関与するための背景情報を持つようになり、作業がより現実的なものになり、個人とのつながりや責任感が感じられる。チームには、各要件がユーザー（または顧客、ビジネス）にとってどのような恩恵があるのかが分かるので、顧客が望むものをより速

く、より高い品質で提供できるようになる。

ユーザーストーリーには、最低限以下の情報が必要だ。

| | |
|---|---|
| タイトル | ユーザーストーリーの識別可能な名前 |
| ユーザー | ［ユーザーのタイプ］として |
| アクション | ［この行動を］したい |
| 利益 | そうすれば、［私はこの恩恵を受けられる］ |

ユーザーストーリーは、欲しい機能について「誰が」「何を」「なぜ」行うのかを伝えるものである。ユーザーストーリーには、ユーザーストーリーの作業要件が正しいかどうかを確認できるように、取るべき検証ステップ（受け入れ基準）のリストも必要になる。受け入れ基準は次のパターンに従う。

私が［この行動を取る］と、［こうなる］

ユーザーストーリーには次のようなものも含まれる。

- **ユーザーストーリー ID**：異なるユーザーストーリーを区別するために、プロダクトバックログ管理システムで振られた一意の識別番号である。
- **ユーザーストーリーの価値と工数の見積もり**：価値とは、プロダクトを作り出す組織にとって、ユーザーストーリーがどれだけ有益であるかを示す。そして工数は、そのユーザーストーリーを作成する容易さ、または難しさを表す。第9章では、ユーザーストーリーのビジネス価値、リスク、工数の見積もり方法を紹介している。
- **ユーザーストーリーの作成者**：ユーザーストーリーは誰でも作成できる。

＜秘訣＞

アジャイルプロダクト開発のアプローチでは、ローテクなツールを推奨しているが、それぞれの状況で何が最も効果的かは、スクラムチームが見つける。電子版のユーザーストーリーツールが多数利用でき、中には無料のものもある。ユーザーストーリーに特化したシンプルなものもあれば、他のプロダクト文書と統合できる複雑なものもある。筆者のお気に入りはシンプルなインデックスカードであるが、皆さんは自分たちのスクラムチームとプロダクトに最適なものを使おう。

図 10-1 に典型的なユーザーストーリーカードの表面と裏面を示す。表には、ユーザーストーリーの主な説明を記載する。裏には、開発チームが機能を作成した後、要件が正しく機能することをどのように確認するかを記載する。

| | |
|---|---|
| **タイトル** | 口座間の送金 |
| **ユーザー** | キャロル　として |
| **アクション** | 口座間の送金を　したい |
| **利益** | そうすれば、各口座に適量な資金がある |

ジェニファー

| 価値 | 作成者 | 見積もり |
|---|---|---|

| **これを行うと:** | **起きること:** |
|---|---|
| 口座の残高を照会すると、 | 送金を選択できる |
| 送金方法を選択すると | 送金する口座を選択できる |
| 送金元を選択すると、 | 利用できる口座と残高の 一覧が表示される |
| 送金先を選択すると | 利用できる口座と残高の 一覧が表示される |

**図 10-1　カードで記載するユーザーストーリーの例**

＜秘訣＞

ユーザーストーリー作成のための「3C」（カード、会話、確認　Card Conversation Confirmation）は、ユーザーストーリーパターンによってスクラムチームがどのように顧客価値を創造できるかを示している。ユーザーストーリーを 3 インチ×5 インチのインデックス**カード**に収めることで、過剰な文書化により議論のネタが尽きることを避け、**会話**が活発になり、顧客の「片付けるべきジョブ」について共通の理解が得られる。事前に設定した受け入れ基準（ユーザーの行動が意図したニーズを満たしているかどうかを**確認**するもの）に基づいて会話が進むなら、正しい方向に進んでいると言える。

10-1　要件と見積もりの洗練化

ユーザーストーリーを集め、管理する（つまり、優先順位を決定し、分解に関するディスカッションを開始する）のはプロダクトオーナーだが、ユーザーストーリーを書くのはプロダクトオーナーだけの責任ではない。開発チームや他のステークホルダーもユーザーストーリーの作成と分解に関与し、スクラムチーム全体で明確さと共通理解を確保する。

<秘訣>
　ユーザーストーリーは、プロダクト要件を記述する唯一の方法ではない。構造化せずに、単に要件のリストを作成することもできる。しかし、ユーザーストーリーはシンプルでコンパクトな形式ながら、たくさんの有用な情報を含んでいる。そのため、顧客のために何をする必要があるのかを正確に伝えるのにとても効果的である。

　開発チームが要件の作成とテストを開始した時に、ユーザーストーリーパターンの大きな利点が得られる。開発チームのメンバーは、誰のために要件を作成しているのか、その要件で何をすべきなのか、その要件が意図を満たしているかどうかをどのようにダブルチェックするのかを正確に知っている。ユーザーの声を直接使用すると、技術的な専門用語を多用することなく、誰もが内容を理解し、共感できる。

　この章、そして本書全体を通して、ソフトウェアプロダクト開発における要件の例として、ユーザーストーリーを使用する。本書でユーザーストーリーでできると述べていることは、より一般的に表現された要件や他の種類のプロダクトでもできるということに留意してほしい。

## ユーザーストーリーの作成手順

　ユーザーストーリーを作成する時は、以下の手順に従う。

1. ステークホルダーを特定する。
2. 誰がプロダクトを使用するかを特定する。
3. ステークホルダーと協力して、プロダクトで何をする必要があるかをユーザーストーリーの形式で書き出す。

この3つの手順の進め方については、以降のセクションで説明する。

<覚えておこう！>
　アジャイルで柔軟に対応するためには、反復することが必要だ。プロダクトに必要な要件を1つ1つ洗い出そうとすることに膨大な時間を費やしてはいけない。プロダクトバックログには後からいつでも項目を追加できる。最適な変更は、プロダクトや最終顧客についての知識が蓄積された、プロジェクトの最終段階に行われることが多い。

## プロダクトのステークホルダーの特定

　ステークホルダーとは、プロダクトやその作成に関わる人、影響を受ける人、影響を与えることができる人を指す。あなたは恐らく、その顔触れの目星が付いているのではないだろうか。ステークホルダーは、あなたが各スプリントで提供するすべてのプロダクトインクリメントについて、貴重なフィードバックを提供してくれる。

<覚えておこう！>
　プロダクトビジョンやプロダクトロードマップを作成する際にも、ステークホルダーと協力することになる。

　ステークホルダーが、プロダクトバックログ項目の収集と作成に協力できるかどうかを確認してほしい。第7章で紹介したサンプルのモバイルバンキングアプリケーションの場合、ステークホルダーには以下のような人たちが考えられる。

- 顧客サービス担当者や銀行の行員など、日常的に顧客と接する人。
- プロダクトの顧客が接する様々な分野のビジネス専門家。例えば、XYZ銀行の場合、当座預金口座

を担当するマネジャー、普通預金口座を担当するマネジャー、オンライン請求書支払いサービスを担当するマネジャーの 3 人が考えられる。モバイルバンキングアプリケーションを開発するのであれば、これらの担当者全員がステークホルダーとなる。

● プロダクトのユーザー。
● 作成しようとしているプロダクトと同タイプの専門家。例えば、モバイルアプリケーションを作成したことのある開発者、モバイルキャンペーンの作り方を知っているマーケティングマネジャー、モバイルインターフェースを専門とするユーザーエクスペリエンスのスペシャリストなどが、XYZ 銀行のモバイルバンキングのサンプルプロダクトで役に立つかもしれない。
● 技術的ステークホルダー。プロダクトと連携する可能性のあるシステムを扱う人たちのことだ。

### ユーザーの特定

　第 4 章で述べたように、アジャイルプロダクト開発は顧客中心である。定義したペルソナ、彼らのニーズに対する理解、そして解決すべき問題に基づいて構築を行うことが、プロダクト要件のより明確な理解に役立つ。エンドユーザーが誰であり、彼らがどのようにプロダクトに接するかを知ることで、プロダクトロードマップの各項目の定義と実装が迅速にできるようになる。

　プロダクトロードマップが可視化されると、ユーザーをタイプ別に特定することができる。モバイルバンキングアプリケーションの場合、個人顧客と法人顧客がいる。個人のカテゴリーには、子供、中高生、大学生、独身者、既婚者、定年退職者、富裕層などが含まれる。法人にはあらゆる規模の企業が含まれるだろう。そして、行員ユーザーには、窓口担当、支店長、アカウントマネジャー、ファンドマネジャーなどが含まれる。それぞれのタイプのユーザーは、異なる方法、異なる理由でアプリケーションを使用する。それぞれがどのような人かを知ることで、それぞれの使用目的と望ましい利点をより明確にすることができる。

　ここでは、ペルソナ、つまり架空の人物像の説明を使ってユーザーを定義しようと思う。例えば、「エレンは 65 歳の定年退職したエンジニアで、現在は世界中を旅して過ごしている。彼女の純資産は 100 万ドルで、複数の投資用不動産による残余利益がある」といった具合だ。ペルソナについては、第 4 章で詳しく説明している。

　エレンのような人は XYZ 銀行の顧客の 30% を占めており、プロダクトロードマップのかなりの部分に、エレンのような人が使うフィーチャーが含まれている。エレンの詳しい人物像を何度も言わなくても、このようなタイプのユーザーをエレンと呼ぶだけで、スクラムチームがこれらのフィーチャーについて議論することができる。プロダクトオーナーは、必要に応じて複数のペルソナを特定することもできる。エレンがどのような人物かの説明を写真付きで印刷し、開発中いつでも見ることができるように、チームの作業エリアの壁に貼っておくのもいいだろう。

#### <秘訣>
　どんなユーザーかを知ることで、彼らが実際に使うフィーチャーを開発することができる。

　あなたが XYZ 銀行のモバイルバンキングプロダクトのプロダクトオーナーだとしよう。あなたは、(できれば 6 か月以内に) プロダクトを市場に投入する部署の責任者であり、アプリケーションのユーザーを次のように想定している。

● 顧客 (アプリケーションのエンドユーザー) は恐らく、残高や最近の取引に関する最新情報に素早くアクセスしたいと考えている。
● 顧客は、高額商品を買おうとしていて、それをクレジットカードで支払いたいと考えている可能性がある。
● 顧客の ATM カードが拒否されたと思われるが、その理由が分からない。不正行為の有無を確認するため、顧客は最近の取引を確認したがっている。

- 顧客はクレジットカードの支払いを忘れていて、今日中に支払わないと違約金が発生することに気づいたのかもしれない。

このアプリケーションのペルソナは誰だろうか？ いくつか例を挙げてみよう。

- **ペルソナ1**：ジェイソンは出張が多く、テクノロジーに詳しい青年実業家。個人的な用事は、時間がある時に素早く処理したいと考えている。彼は高金利のポートフォリオに慎重に投資している。手持ちの現金は少なめ。
- **ペルソナ2**：キャロルは家を売りたい顧客のために物件を演出するスモールビジネスのオーナー。そのための小道具を中古家具店でよく購入する。
- **ペルソナ3**：ニックは学生ローンとアルバイトで生活している学生。彼は自分がいい加減な性格なので、お金に関してもルーズであることを自覚している。この前も小切手帳をなくしたばかり。

### ＜秘訣＞

プロダクトのステークホルダーがペルソナの設定を支援できる場合がある。あなたのプロダクトを日々の業務で駆使している専門家を探そう。そのようなステークホルダーは、潜在顧客について多くのことを知っているはずだ。

## プロダクト要件の決定とユーザーストーリーの作成

ユーザーを何タイプか特定すると、プロダクト要件を決定し、ペルソナに対するユーザーストーリーを作成できるようになる。ユーザーストーリーを作成するためにお勧めの方法が、ステークホルダーを集めてプロダクト発見ワークショップを行うことだ。プロダクト発見ワークショップについては、第4章を参照してほしい。

ステークホルダーに、ユーザーストーリーの形式で、思いつく限りの要件を書き出してもらおう。前のセクションのプロダクトとペルソナに対するユーザーストーリーは、例えば次のようなものだ。

- カード表面：
  - □ **タイトル** 銀行口座残高の参照
  - □ **ジェイソンとして、**
  - □ スマートフォンで当座預金口座の残高を確認したい。
  - □ そうすれば、取引をするのに十分な資金が自分の口座にあるかどうかを判断できる。
- カード裏面：
  - □ XYZ銀行のモバイルアプリケーションにサインインすると、当座預金口座の残高が表示される。
  - □ 購入または入金後にXYZ銀行のモバイルアプリケーションにサインインすると、当座預金口座の残高にその購入または入金が反映される。

図10-2にカード形式のユーザーストーリーのサンプルを示す。

### ＜覚えておこう！＞

プロダクトバックログには継続的に新しいユーザーストーリーを追加し、優先順位を付けよう。プロダクトバックログを常に最新の状態に保つことで、スプリントプランニング時に最も優先順位の高いユーザーストーリーから取り掛かることができる。

あなたは、プロダクト開発を通して新しいユーザーストーリーを作成することになるだろう。既存の大きな要件は、スプリントで作業できる程度まで分解する。

| タイトル | 口座間の送金 |
|---|---|
| ユーザー | キャロルとして |
| アクション | 費用をカテゴライズしたい |
| 利益 | そうすれば、クラインアントのための購買を特定できる |

| | ジェニファー | |
|---|---|---|
| 価値 | 作成者 | 見積もり |

| タイトル | 小切手の停止 |
|---|---|
| ユーザー | ニックとして |
| アクション | 紛失したもしくは盗まれた小切手の支払いを停止したい |
| 利益 | そうすれば、口座に対し認めていない操作を避けることができる |

| | キャロライン | |
|---|---|---|
| 価値 | 作成者 | 見積もり |

図 10-2　ユーザーストーリーのサンプル

## 要件の分解

開発期間中は、何度も要件を洗練化することになる。例えば次のようなタイミングだ。

● プロダクトロードマップ（第 9 章参照）を作成する時に、フィーチャー（機能、特長。それを開発した後に顧客が持つことになるケイパビリティ）とテーマ（フィーチャーの論理的なグループ）を作成する。この時点のフィーチャーは意図的に大きくしているが、フィボナッチ数の 144 ストーリーポイント以下にする必要がある（フィボナッチ数については本章で後述の「見積もりポーカー」を参照）。開発チームにとっては、フィーチャーとテーマのどちらも、大きいものだ。

● リリースプランニングの時に、フィーチャーをより簡潔なユーザーストーリーに分解する。リリースプランニングレベルのユーザーストーリーは、複数のアクションを含む非常に大きなユーザーストーリーであるエピックか、アクションを 1 つしか含まない個々のユーザーストーリーのどちらかになる。筆者が関わるクライアントには、リリースプランニングレベルのユーザーストーリーを 34 ストーリーポイント以下にすることを推奨している。リリースについてはこの章の後半で詳しく説明する。

● スプリントプランニング時に、要件をさらに細分化する。ユーザーストーリーは 8 ポイント以下に分解する。要件の分解で参考となるガイドを、図 10-3 で参照してほしい。

| ユーザーストーリー | エピック | フィーチャー |
|---|---|---|
| スプリント | リリース | ロードマップ |
| **1 2 3 5 8** | **13 21 34** | 55　89　144 |
| **XS S M L XL** | | |

図 10-3　ユーザーストーリーの分解に関するガイドライン

要件を分解するには、要件を個々のアクションに分解する方法を考えよう。次ページの表 10-1 に、第 9 章で紹介した XYZ 銀行アプリケーションの要件を、テーマレベルからユーザーストーリーレベルに分解したものを示す。

10-1　要件と見積もりの洗練化

表 10-1　要件の分解

| 要件レベル | 要件 |
| --- | --- |
| テーマ | モバイルデバイスで銀行口座データを確認する。 |
| フィーチャー | 口座残高を確認する。<br>最近の引き出しまたは購入のリストを確認する。<br>最近の入金リストを確認する。<br>今後の自動請求書支払いを確認する。<br>口座アラートを確認する。 |
| エピックユーザーストーリー<br>（「口座残高を確認する」から分解され<br>たもの） | 当座預金口座残高を確認する。<br>普通預金口座残高を確認する。<br>ローン残高を確認する。<br>投資口座残高を確認する。<br>年金口座残高を確認する。 |
| ユーザーストーリー<br>（「当座預金口座残高を確認する」から<br>分解されたもの） | 安全にログインされた、自分の口座のリストを確認する。<br>当座預金口座を選択して確認する。<br>引き出し後の口座残高の変化を確認する。<br>購入後の口座残高の変化を確認する。<br>その日の最終口座残高を確認する。<br>利用可能な口座残高を確認する。<br>口座の表示を変更する。 |

---

## ユーザーストーリーと INVEST アプローチ

　ユーザーストーリーはどの程度分解すべきだろうか？ ビル・ウェイクは XP123.com のブログで、ユーザーストーリーの品質を保証するための INVEST アプローチについて説明している。非常に素晴らしい手法なので、ここで紹介しよう。

　INVEST アプローチを使用すると、ユーザーストーリーは次のようになる。

- **Independent**（独立）：そのストーリーで述べるフィーチャーを実装するために、他のユーザーストーリーを極力必要としないようなユーザーストーリーになっている。
- **Negotiable**（交渉可能）：細かく決めすぎない。ユーザーストーリーには議論と詳細を追加する余地を持たせる。
- **Valuable**（価値がある）：ユーザーストーリーに顧客にとってのプロダクトの価値が示されている。実装するための技術的なタスクではなく、フィーチャーが記述されている。ユーザーストーリーがユーザーの言葉で書かれており、説明が簡単である。プロダクトやシステムを使用する人が、ユーザーストーリーを理解できる。
- **Estimatable**（見積もり可能）：ストーリーが分かりやすく正確かつ簡潔で、開発者がユーザーストーリーの機能を作成するために必要な作業を見積もることができる。
- **Small**（小規模）：ユーザーストーリーが小規模で、計画や正確な見積もりがしやすい。経験上、開発チームが 1 スプリントで完了できるユーザーストーリーは 6〜10 個である。
- **Testable**（テスト可能）：ユーザーストーリーを簡単に検証でき、その結果が確定的である。

## 見積もりポーカー

　要件を洗練化すると同時に、ユーザーストーリーを完了するために必要な作業の見積もりも見直す必要がある。ここは楽しみながらやってみよう。

　ユーザーストーリーを見積もる一般的な方法の 1 つに、見積もりポーカー（プランニングポーカーとも呼

ばれる）がある。これはユーザーストーリーの規模を決定し、開発チームのメンバー間で合意を形成するためのツールだ。

&lt;覚えておこう！＞
スクラムマスターは見積もりを支援することができ、プロダクトオーナーはフィーチャーに関する情報を提供することができるが、ユーザーストーリーにどの程度の工数が必要かを見積もる責任は、開発チームにある。結局のところ、ストーリーで述べるフィーチャーを作成する作業は開発チームが行わなければならないのだ。

見積もりポーカーで見積もりするには、図 10-4 のようなカードが一人 1 セット必要である。Platinum Edge のウェブサイト（www.platinumedge.com/estimationpoker）からオンラインのデジタル版を入手することもできるし、インデックスカードとマーカーを使って自分で作ることもできる。カードの数字はフィボナッチ数列で、前の 2 つの数字の和（最初は 1 と 2）を取ることによって次のように増えていく。

1、2、3、5、8、13、21、34、55、89、144、…

図 10-4　見積もりポーカーのカードセット（一人分）

各ユーザーストーリーの見積もりは、他のユーザーストーリーとの相対的なものだ。例えば、ユーザーストーリーが「5」だとすると、「3」「2」「1」よりも多くの工数が必要になる。これは「1」の工数の約 5 倍、「2」の工数の 2 倍以上、そして「3」と「2」を合わせた工数とほぼ同じで、「8」ほどではないが、「8」の工数の半分強になる。

ユーザーストーリーやエピックユーザーストーリーの規模が大きくなるにつれて、フィボナッチ数の差は大きくなる。相対見積もりでフィボナッチ数列が有効なのは、要件が大きくなるほど差が大きくなることが正確に分かるからだ。

見積もりポーカーによる見積もりは、以下の手順で実施する。

1. 開発チームの各メンバーはプレイヤーとして見積もりに参加し、一人 1 セットの見積もりポーカーを持つ。
2. プロダクトオーナーから提示されたユーザーストーリーのリストのうち、規模が「5」となる 1 つのユーザーストーリーを決める。
   このユーザーストーリーがチームの基準となるユーザーストーリーとなる。スクラムマスターは、フィスト・オブ・ファイブや親指を立てる/下げる（第 7 章で説明）を活用し、「5」と見積もるユーザーストーリーに関して、全員で合意するまで議論と合意形成を支援する。
3. プロダクトオーナーが優先順位の高いユーザーストーリーを読み上げる。
4. 各プレイヤーが、そのユーザーストーリーに掛かる工数を基準となるユーザーストーリーと比較し、**相対見積もりを表すカードを 1 枚選び、裏向きでテーブルに並べる。**
   すべてのカードを出し終わるまで、プレイヤー同士でお互いのカードを見ないようにしよう。こうすることで、見積もりに関する互いの影響を制限できる。プレイヤーはそのユーザーストーリーを、他のユーザーストーリーと比較しながら見積もること（初回は、基準となるストーリーとだけ比較する）。
5. プレイヤー全員が同時にカードを裏返す。
6. プレイヤーのストーリーポイントが異なる場合：
   a. ディスカッションが必要な時だ。
      ディスカッションは見積もりポーカーの持つ付加価値であり、チームの団結と合意を可能にする。

10-1　要件と見積もりの洗練化

最も高い数値と最も低い数値を付けたプレイヤーは、それぞれ自分の仮定と、ユーザーストーリーを高く、または低く見積もった理由について話す。プレイヤーは、ユーザーストーリーの工数を基準となるストーリーと比較する。プロダクトオーナーは、必要に応じてストーリーについてより明確に説明する。

b. 全員が仮定に同意し、必要な説明を受けたら、プレイヤーは自分の見積もりを見直し、新たに選んだカードをテーブルに置く。

c. ストーリーポイントが異なる場合、プレイヤーは通常3回までこのプロセスを繰り返す。

d. プレイヤーが見積もり工数について合意できない場合、スクラムマスターは、プレイヤー全員が賛成できる数値を決定できるように支援する（第7章で説明したように、スクラムマスターはフィスト・オブ・ファイブを使うか、親指を立てる/下げるを使用できる）。または、ユーザーストーリーにさらに詳細が必要か、さらに分解する必要があるかに関するプレイヤー全員の意思決定を支援する。

7. プレイヤーは、手順3から6を繰り返し、各ユーザーストーリーの見積もりを行う。

**＜覚えておこう！＞**
開発、統合、テスト（テスト自動化を含む）、文書化など、完成の定義の各部分を考慮して見積もりをしよう。

見積もりポーカーはどの時点でも利用できるが、プロダクトロードマップの作成中や、リリースやスプリントに含めるためにユーザーストーリーを分解していく時は、ぜひ使ってほしい。練習を重ねることで、開発チームは計画のリズムをつかみ、素早く見積もれるようになっていくだろう。

**＜秘訣＞**
開発チームは、見積もりや再見積もりを含めた、プロダクトバックログ項目の分解と洗練化に、平均して各スプリントの約10％の時間を費やすことになるだろう。スナックを持ち寄り、必要に応じて休憩を取り、ユーモアを交えながら気軽な雰囲気で見積もりをすると、見積もりポーカーはより楽しくなるはずだ。

## 親和性の見積もり

見積もりポーカーは効果的かもしれないが、ユーザーストーリーがたくさんある場合はどうだろうか？例えば500のユーザーストーリーで見積もりポーカーをするとなると、長い時間が掛かるだろう。プロダクトロードマップ全体を見積もるための何らかの方法は必要だが、合意を得るためにディスカッションが必要なユーザーストーリーだけに集中できるものでなければならない。

たくさんのユーザーストーリーがある場合、類似しているものが多く、完了するための工数も似通っているかもしれない。ディスカッションに適したストーリーの見積もりを決定する1つの方法が、親和性の見積もりを使用することだ。親和性の見積もりでは、ユーザーストーリーを素早く分類し、そのストーリーのカテゴリーに見積もりを適用することができる。

**＜秘訣＞**
親和性の見積もりを行う場合は、ユーザーストーリーをインデックスカードや付箋に書く。このようなユーザーストーリーカードは、ストーリーを素早く分類する時に効果的だ。

親和性の見積もりは、いとも簡単に終わらせられる。開発チームが、スクラムマスターに親和性の見積もりセッションの進行を手伝ってもらうこともできる。親和性の見積もりを行うには、以下の手順に従う。

1. 開発チームが各カテゴリーにつき60秒以内で、以下のそれぞれのカテゴリーで1つのユーザーストーリーを決める。
   □ 規模が非常に小さいユーザーストーリー
   □ 規模が小さいユーザーストーリー

- 中規模のユーザーストーリー
- 規模が大きいユーザーストーリー
- 規模が非常に大きいユーザーストーリー
- スプリントに含めるには大きすぎるエピックユーザーストーリー
- 見積もり前に明確化の必要があるもの

2. **開発チームがユーザーストーリー1つにつき60秒以内で、残りのストーリーをすべて手順1で挙げたカテゴリーに分類する。**

   ユーザーストーリーにインデックスカードや付箋を使っている場合は、それらのカードをテーブルやホワイトボードの上にカテゴリーごとに配置することができる。ユーザーストーリーを開発チームのメンバーに配り、ストーリーのカテゴリーに分類してもらえば、このステップはすぐに終わる。

3. **開発チームが100のユーザーストーリーごとに、さらに最大30分かけて、ユーザーストーリーをレビューし、カテゴリーの再配置を行う。**

   開発チーム全員が、ユーザーストーリーのカテゴリーの分類に同意しなければならない。

4. **プロダクトオーナーが分類をレビューする。**

5. **プロダクトオーナーが予想した見積もりとチームの実際の見積もりとで2倍以上異なる場合、そのユーザーストーリーについて話し合う。**

   開発チームがストーリーの規模を調整する場合もあれば、しない場合もある。

<覚えておこう！>

プロダクトオーナーと開発チームが意見をすり合わせた後は、開発チームがユーザーストーリーの規模について最終決定権を持つことに注意する。

6. **エピックと明確化の必要ありの両カテゴリーのユーザーストーリーについて、開発チームがポーカーで見積もりを行う。**

   これらのカテゴリーに含まれるユーザーストーリーの数は最小限にすること。

同じカテゴリーのユーザーストーリーは、ユーザーストーリーの見積もりの数値も同じになる。見積もりポーカーでいくつかのユーザーストーリーの見積もりを再確認することはできるが、すべてのユーザーストーリーについて不必要な議論に時間を費やす必要はない。

ストーリーの規模はTシャツのサイズのようなもので、図10-5に示すようにフィボナッチスケールの数字に対応させる。

| 規模 | ポイント |
| --- | --- |
| 非常に小さい(XS) | 1ポイント |
| 小さい(S) | 2ポイント |
| 中(M) | 3ポイント |
| 大(L) | 5ポイント |
| 非常に大きい(XL) | 8ポイント |

図10-5　Tシャツのサイズで表したストーリーの規模と対応するフィボナッチ数

<秘訣>

テーマやフィーチャーから単一のユーザーストーリーまで、あらゆるレベルの要件に対してこの章にある見積もりと優先順位付けのテクニックを使用できる。

なんと、たったの数時間でプロダクトバックログ全体の見積もりができた。さらに、スクラムチームは、広範な文書の解釈に頼るのではなく、直接顔を合わせて議論したことで、要求が意味するものについて共通の理解を持つことができた。

10-1　要件と見積もりの洗練化

## 10-2　リリースプランニング

　リリースとは、市場に展開する、使用可能なプロダクトフィーチャーのグループのことだ。リリースに、プロダクトロードマップに概説されているすべての機能を含める必要はないが、少なくとも市場に投入可能な最小限のフィーチャー（MMF、minimal marketable feature）、つまり効果的に市場に展開し、普及させることができるプロダクトフィーチャーの最小グループは含める必要がある。初期リリースには、プロダクトロードマップのステージで特定された最も優先順位の高い（価値の高い、またはリスクの高い、あるいはその両方の）項目を含め、優先順位の低い要件は除外する。

　リリースプランニング時は、市場に投入可能な最小限のフィーチャーの最初のセットを決める。また、チームがそれに向けて動けるような目前のプロダクトのリリース日を特定する。ビジョンステートメントやプロダクトロードマップを作成する時と同様に、リリースゴールを作成し、リリース日を決める責任はプロダクトオーナーにある。しかし、開発チームの見積もりと、スクラムマスターのファシリテーションが、このプロセスに役に立つ。

　リリースプランニングは、価値創出のロードマップ（ロードマップ全体については第9章を参照）のステージ3に当たる。図10-6は、リリースプランニングがプロダクト開発にどのように組み込まれるかを示したものだ。

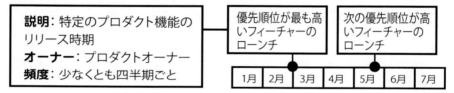

図10-6　価値創出のロードマップの一部としてのリリースプランニング

リリースプランニングには次の2つの重要な活動の完了が含まれる。

- **プロダクトバックログの見直し**：第9章で、プロダクトバックログは、現在のリリースに属するかどうかに関わらず、プロダクトについて現在分かっているすべてのユーザーストーリーの包括的なリストであるとお伝えした。ユーザーストーリーのリストは、恐らく開発期間中に変更されることを覚えておいてほしい。
- **リリース計画の作成**：この活動には、リリースゴール、目標リリース日、およびリリースゴールを達成するために必要な優先順位付けされたプロダクトバックログ項目が含まれる。プロダクトビジョンがプロダクトの長期的な目標を提供するのに対し、リリース計画はチームが達成できる中期的なゴールを提供する。

　＜注意！＞
　リリースプランニング中は、新しく別のバックログを作成しないこと。この作業は不要であり、プロダクトオーナーの柔軟性を低下させる。リリースゴールに基づいて既存のプロダクトバックログに優先順位を付けるだけで十分だ。これで、プロダクトオーナーがスプリントプランニング中にスコープにコミットする時に最新の情報を得ることができる。

　プロダクトバックログとリリース計画は、プロダクトオーナーと開発チームの間で特に重要な情報ラジエーターだ（情報ラジエーターについて詳しくは、第11章を参照のこと）。第9章では、プロダクトバッ

クログを完成させる方法を説明した。次は、リリース計画の作成方法について説明しよう。

リリース計画には、特定のフィーチャーセットのリリーススケジュールが含まれる。プロダクトオーナーは、各リリースの開始時に、以下の手順でリリースプランニングを行う。

1. **リリースゴールを設定する。**

   リリースゴールとは、リリースにおけるプロダクトフィーチャーの全体的なビジネスゴールだ。プロダクトオーナーと開発チームが協力して、ビジネスの優先順位と開発チームの開発スピードやケイパビリティに基づき、リリースゴールを作成する。

2. **目標リリース日を決める。**

   スクラムチームの中には、機能の完成度に基づいてリリース日を決めるところもあれば、3 月 31 日や 9 月 1 日といった具体的な日付を決めるところもある。スコープが固定され日付がフレキシブルなのが前者、日付が固定されスコープがフレキシブルなのが後者である。

   **<注意！>**

   リリースの日付もスコープも固定されている場合、スケジュールに従ってリリースゴールを達成するために、チームの数を調整しなければならないことがある。プロダクトバックログ項目の実装に必要な工数を見積もるのは、プロダクトオーナーではなく開発チームだ。品質やリソース（この場合は人材リソース）を調整せずに、決まったスコープとスケジュールを強行しても、成功することはない。

3. **プロダクトバックログとプロダクトロードマップをレビューし、リリースゴール（市場に投入可能な最小限のフィーチャー）を達成するために必要な最も優先順位が高いユーザーストーリーを決定する。**

   そのようなユーザーストーリーが、最初のリリースを構成する。

   **<秘訣>**

   筆者の経験では、ユーザーストーリーの約 80％でリリースゴールを達成し、残りの 20％でプロダクトの「驚き」要素を加える堅牢なフィーチャーを追加するのが理想的だ。このアプローチなら、スクラムチームに適度な柔軟性と余裕が生まれ、すべてのタスクを完了させなくても価値を提供できるようになる。

4. **リリースゴールの達成に関連するユーザーストーリーを洗練化する。**

   リリースプランニング中に、見積もりや優先順位付けに影響を与える依存関係や不足している部分、新しい情報が見つかることはよくある。そんな時は、リリースゴールを達成するために必要なプロダクトバックログの一部の規模を確認しよう（図 10-3 参照）。現在のリリースゴールの達成に必要な項目が分解され、リリースに適した規模になっていることを確認するのだ。開発チームは、追加または改訂されたユーザーストーリーの見積もりを更新してプロダクトオーナーを支援し、プロダクトオーナーと共にリリースゴールにコミットする。

   **<秘訣>**

   リリースプランニングは、障害になりそうな依存関係を特定して解消する最初の機会である。依存関係は、アジャイルになる上でのアンチパターンだ。チームは、高度に連携し、高度に自律的になるように努めなければならない。依存関係は、依存しているものに対してチームがそのケイパビリティを持っていないことの証しだ。

5. **スクラムチームのベロシティに基づいて、必要なスプリント数を見積もる。**

   **<豆知識>**

   スクラムチームは、リリースとスプリントでどれくらいの仕事を引き受けられるかを計画するためのインプットとして**ベロシティ**を使う。ベロシティは、スプリント内で完了したすべてのユーザーストーリーポイントの合計である。つまり、スクラムチームが最初のスプリントで規模がそれぞれ 8、5、5、3、2、1 の 6 つのユーザーストーリーを完了した場合、最初のスプリントのベロシティは 24 となる。スクラムチームは、最初のスプリントで 24 のストーリーポイントを完了したことを念頭に置いて、2 回目のスプリントを計画する。

複数のスプリントの後、スクラムチームは実際の平均ベロシティをインプットとして使用して、1スプリントでどれだけの作業を行えるかを判断することができる。また、リリースのストーリーポイントの総数をベロシティの平均で割ることで、リリーススケジュールを推定することもできる。ベロシティについては第15章で詳しく説明する。

　プロダクト開発とは関係ないが、プロダクトを顧客にリリースするために必要な活動を行うため、チームがリリースにリリーススプリントを追加する場合がある。リリーススプリントが必要な場合は、それを考慮に入れて日付を決めること。

　　＜覚えておこう！＞
　　　テストのような重要な開発タスクを開発の最後まで遅らせると、リスク対処が後回しになる。アジャイルテクニックでは、テストの遅れから生じる不測の事態や不具合を避けるために、リスクに対し前倒しで対処する。スクラムチームでリリーススプリントが必要な場合、それは恐らく、組織全体が各スプリントでの出荷可能性をサポートできていないということだ。これは、アジャイルへの移行を妨げる要因となる。スクラムチームが目指すところとしては、機能を市場にリリースするために必要なあらゆる種類の作業や活動を、スプリントレベルの「完成の定義」として含めることである。スプリントレベルの完成の定義に従って大規模なリリースを行う際に、チームの妨げになっている組織的な障害は、スクラムマスターが協力して取り除かなければならない。

　伝統的な組織やプロジェクト重視の組織では、環境のセットアップやリクエストに時間が掛かるため、セキュリティテストやソフトウェアプロダクトの負荷テストなどのタスクをスプリント内で完了できないことがある。リリーススプリントでは、スクラムチームがこのような活動を計画できるが、これを行うことはアンチパターン、つまりアジャイルになることに反する。このような場合は、スクラムマスターが、セキュリティテストや負荷テストの環境を管理する組織のリーダーと協力して、スプリント中にセキュリティテストや負荷テストを達成できるような方法を見つける。

　リリースプランニングを通じ、計画されたリリースは暫定的な計画（大まかなプロダクトロードマップ項目）から、1以上のスプリントで実行できる、より具体的なゴールになる。図10-7は一般的なリリース計画を表す。

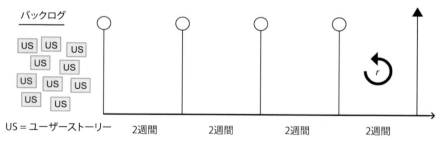

**図 10-7　リリース計画のサンプル**

　　＜秘訣＞
　　　ペンと鉛筆は意識的に使い分けよう。最初のリリース計画は、コミットする（ペンで書く）ことができるが、最初のリリース以降は暫定的なものになる（鉛筆で書く）。言い換えれば、リリースごとにジャストインタイム計画（第7章参照）を使うということだ。結局のところ、物事は変化するものなのだから、わざわざ早い時期に細かく決める必要はない。

## 10-3　リリースの準備

リリースプランニング時は、プロダクトリリースに向けて組織を準備する必要もある。次のセクションでは、市場で新機能をサポートするための準備と、プロダクトのデプロイ（展開）に向けて会社や組織のステークホルダーを確保する方法について説明する。

### プロダクトのデプロイに向けた準備

各スプリントでは、リリースゴールに近づくために、動くプロダクトの価値あるインクリメントが作成される。各スプリントでインクリメントが出荷可能であることを示す「完成の定義」があれば、プロダクトを技術的にデプロイするために準備すべきことはあまりない。スプリントごとに、顧客にとって十分な価値が蓄積されていれば、リリースの準備は完了だ。

#### ＜豆知識＞

ソフトウェアプロダクト開発では、本番環境へのリリースは継続的インテグレーション（CI）と継続的デプロイ（CD）によって行われる（CI については第 17 章で詳しく説明する）。これらは、ソフトウェアプロダクト開発で使用される、エクストリームプログラミング（XP）のプラクティスだ。プロダクトコードはチェックインされ、品質保証（QA）、そして本番（ライブ）環境へと、可能な限り迅速に、シームレスに移行される。技術の進歩により、チームが構築、統合、テスト、修正のパイプラインを遅滞なく自動化できるようになった。CI/CD パイプラインと堅牢な自動テストツールを組み合わせることで、プロダクト開発のアジリティを高めることができる。ソフトウェアプロダクト以外を開発しているチームは、テストと既存プロダクトへの新機能の統合を可能な限り自動化する手法を使うべきである。

#### ＜豆知識＞

ソフトウェア開発を伴う情報技術（IT）において、**開発運用**（DevOps）とは、ソフトウェア開発と IT 運用（システム管理やサーバーメンテナンスなどの機能を含む）を一体化したものである。DevOps のアプローチを取ることで、関係者（ユーザーエクスペリエンス、テスト、インフラ、データベース、コーディング、デザイン）全員が協力しやすくなる。それにより作業の引き継ぎがなくなり、コラボレーションが合理化し、デプロイのサイクルタイムを短縮することができる。同じプロダクトに取り組むチームが複数ある場合、信頼できる CI/CD パイプラインなしでは成功できない。

#### ＜秘訣＞

アジャイルプロダクト開発において、リリースプランニングを行わなければならないというわけではない。スプリントごとに、さらには毎日、顧客が使用する機能をリリースするスクラムチームもある。開発チーム、プロダクト、組織、顧客、ステークホルダー、プロダクトの技術的な複雑さはすべて、プロダクトリリースのアプローチを決定する際の参考になる。この議論には、原則 1「顧客満足を最優先し、価値のあるソフトウェアを早く継続的に提供します」と原則 3「動くソフトウェアを、2〜3 週間から 2〜3 か月というできるだけ短い時間間隔でリリースします」が役立つ（詳細は第 2 章参照）。

### 運用サポートの準備

プロダクトが顧客にリリースされたら、誰かがそれをサポートしなければならない。これには顧客からの問い合わせ対応、本番環境でのシステムメンテナンス、既存機能の強化による細かなギャップの解消などが伴う。新規開発業務と運用サポート業務はどちらも重要だが、それぞれアプローチと頻度が異なる。

新規開発作業とサポート関連作業を分離することで、新規開発チームは、2 種類の作業を頻繁に切り替える場合に比べ、より速いスピードで集中して、革新的な解決策を顧客に提供し続けることができる。

図 10-8 のような、新規開発とメンテナンス作業を分離するモデルをお勧めする。

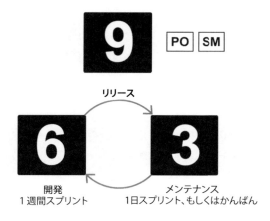

図10-8　運用サポートのスクラムチームのモデル

　例えば、9人の開発者で構成されるスクラムチームの場合、開発チームを6人のチームと3人のチームに分ける（この数字は柔軟に決める）。6人のチームは、第9章から第12章までの説明のように、1週間から2週間のスプリントでプロダクトバックログから新規開発作業を行う。チームがスプリントプランニングでコミットした作業のみ行うのだ。

　3人のチームは、火消し担当として、1日スプリントや、かんばんを使ったメンテナンスやサポート作業を行う（1日スプリントについては第11章、かんばんについては第5章で学ぶ）。1日スプリントでは、スクラムチームが前日までに入ってきたすべてのリクエストを順序付け整理し、優先順位の高い項目を計画し、チームでそれらの項目を実装し、1日の終わりに（もっと早くてもいい）結果をレビューして、GOかNGかの承認を得てから本番環境に変更をプッシュする。継続して行うため、両チームのプロダクトオーナーとスクラムマスターは同じにする。

　　＜覚えておこう！＞
　　　新しく編成されたプロダクト開発チームは、以前よりも小規模になるが、メンテナンス作業に邪魔されることなく、十分な数の開発者が新規開発作業を続行できる。市場に機能をリリースし始める頃には、スクラムチームはうまく機能し、開発者はプロジェクト開始時よりも多くの種類のタスクをこなせるようになり、より万能になっているだろう。

　全員が両種類の作業を学べるようにするため、一定期間の（例えば3〜5スプリントごと）、スプリントの変わり目でチームメンバーのローテーションを行う。サポート作業が多すぎる場合、プロダクトオーナーはプロダクトバックログを見直し、サポート作業の負荷とそれに伴う集中力の分散を減らせないかを確認するとよいだろう。サポート作業に追われると、チームは戦略的に長期的な価値を生み出すことよりも、目の前の問題を戦術的に解決することを重視するようになり、チームの安定性と勢いが損なわれる。

　リリースを準備する際に、機能が本番環境でどのようにサポートされるかについて、前もって期待値を決めておくことで、スクラムチームは、デプロイ後も効果的にサポートする方法でプロダクトを開発できるようになる。また、期待値を決めることで、スクラムチーム全体の当事者意識が高まり、長期的な成功に向けたチームの意識と貢献度が高まる。

　ヘルプデスクやカスタマーサポートの担当者と強い協力関係を維持しているプロダクトオーナーは、実際のユーザーがプロダクトをどのように使っているかを理解することで、大きな利益を得ることができる。ヘルプデスクからの報告は、プロダクトバックログの候補や今後の優先順位を評価する上で貴重である。また、ヘルプデスクにも、スクラムチームがエスカレーションされたインシデントに対処していることが伝わる。プロダクトオーナーが、これらのグループをリリースプランニングに参加させることで、全員がリリー

スの前に、運用サポートの準備を十分に整えられる。

## 組織の準備

　プロダクトのリリースは、企業や組織の多くの部門に影響を与えることが多い。次にリリースされる新しい機能に向けて組織が準備を整えるために、プロダクトオーナーは、リリースプランニング中に、何を期待し、何が必要とされるかについて、組織の他の部門と調整する。プロダクトオーナーがこれを効果的に行えば、リリース時に不測の事態が発生することはないはずだ。

　リリースプランニングは、開発チームによるリリースに向けた活動だけでなく、組織の他の部門が実行する活動にも影響する。例えば、次のような部門に影響する。

- **マーケティング**：新しいプロダクトに関連するマーケティングキャンペーンを、プロダクトと同時に開始する必要があるか?
- **営業**：特定の顧客にそのプロダクトについて伝える必要があるか? 新しいプロダクトは売上増をもたらすか?
- **物流**：そのプロダクトは、梱包や輸送を含む物理的なものか?
- **プロダクトサポート**：カスタマーサービスグループが、新しいプロダクトに関する質問に答えるために必要な情報を持っているか? プロダクトの発売時に顧客からの質問が増えた場合に備えて、このグループに十分な人員が配置されているか?
- **法務**：価格、ライセンス、適切な表現など、一般に公開するための法的基準を満たしているか?

　リリースに向けた準備が必要な部門と、これらのグループが完了すべき具体的なタスクは、組織によって異なる。しかし、リリースの成功の鍵は、プロダクトオーナーとスクラムマスターが適切な人たちを巻き込み、そうした人たちが機能リリースの準備のために何をすべきかを明確に理解するようにすることである。

　リリースプランニングでは、もう1つのグループ、つまり顧客も含める必要がある。次のセクションでは、市場にプロダクトを投入する準備について説明する。

## 市場の準備

　プロダクトオーナーには、今後リリースするものが既存顧客や潜在顧客が存在する市場に対応できるよう、他部門と協力する責任がある。マーケティングチームや営業チームがこの取り組みを主導することもある。プロダクトオーナーがリリース日やリリースに含まれるフィーチャーについて常に情報を提供してくれることを、チームメンバーは期待している。

　　**＜覚えておこう!＞**
　　ソフトウェアプロダクトの中には、社内でしか使えないものもある。このセクションに書かれたいくつかの内容は、会社の中だけでリリースされる社内アプリケーションではやり過ぎのように思えるかもしれない。しかし、これらの手順の多くは、社内アプリケーションの利用を促進するための良いガイドラインになる。社内であれ社外であれ、顧客の準備を整えることが、プロダクトの成功に欠かせない。

　顧客がプロダクトのリリースに備えられるよう、プロダクトオーナーは様々なチームと協力して、以下のことを行う。

- **マーケティング支援**：新しいプロダクトであれ、既存プロダクトの新しいフィーチャーであれ、マーケティング部門は新しいプロダクトの機能のリリース時の盛り上がりを活かし、プロダクトや組織のプロモーションを支援すべきである。
- **顧客テスト**：可能であれば、顧客と協力して、エンドユーザーからプロダクトに関する実際のフィードバックを得よう（フォーカスグループを利用する場合もある）。マーケティングチームはこのフィードバックを基に推薦文を作って、プロダクトをいち早く宣伝することもできる。

10-3　リリースの準備

- **マーケティング資料**：組織のマーケティンググループは、販促・広告の計画や物理的メディアパッケージの準備も行う。プレスリリースやアナリスト向けの情報といったメディア向けの資料も、マーケティングや営業用の資料と同様に準備する必要がある。
- **サポートチャネル**：プロダクトについて質問がある場合に、どんなサポートチャネルを利用できるかを顧客が理解できるようにする。

顧客の立場からリリースに関するバックログ項目を見直そう。ユーザーストーリーを作成する時に使ったペルソナを思い出してほしい。そのペルソナはプロダクトについて何かを知る必要があるだろうか？ ペルソナに代表される顧客にとって価値のある項目で、リリースチェックリストを更新しよう。顧客については、第4章で詳しく説明している。

いよいよリリース日。あなたがどのような役割を果たしたにせよ、これまでの努力が報われる日だ。存分に祝おう。

## 10-4　スプリントプランニング

アジャイルプロダクト開発において、スプリントは繰り返される固定期間（イテレーション、反復期間）であり、期間内において、開発チームはプロダクトの特定のケイパビリティを作り上げる。各スプリントの終わりには、開発チームが作成した機能が動き、デモを行う準備ができ、顧客に対して潜在的に出荷可能な状態になっていなければならない。

スプリントは同じ長さにする必要がある。スプリントの期間を一定に保つことで、開発チームはパフォーマンスを測定し、新しいスプリントごとにより良い計画を立てることができる。

スプリントは一般的に1週間から4週間である。どのスプリントでも1か月より長く続くことはない。イテレーションが長くなると、変更のリスクが高くなり、アジャイルである意味が失われる。スプリントが2週間を超えることはめったになく、多くの場合、1週間だ。1週間のスプリントは、月曜日から金曜日までのビジネスウィークに合った自然なサイクルであり、構造上、週末に作業することがなくなる。優先順位が日々変化する場合、第11章で説明するように、1日スプリントで作業するスクラムチームもある。

市場や顧客のニーズの変化のスピードはますます速くなっており、顧客のフィードバックの収集に取れる時間は短くなる一方だ。経験則では、スプリントの期間は、スクラムチームがスプリント期間中に取り組むべきことに関して、ステークホルダーが優先順位を変更せずにいられる期間を超えてはいけない。スプリントの期間は、ビジネスの変化の必要性に応じて変わる。

各スプリントには以下が含まれる。

- スプリント開始時のスプリントプランニング
- デイリースクラム
- 開発作業（スプリントの大部分）
- スプリント終了時のスプリントレビューとスプリントレトロスペクティブ

デイリースクラム、開発作業、スプリントレビュー、スプリントレトロスペクティブについては、第11章と第12章で詳しく説明する。

図10-9で分かるように、スプリントプランニングは価値創出のロードマップのステージ4に当たる。プロダクトオーナー、スクラムマスター、開発チームといったスクラムチーム全体で、協力してスプリントを計画する。

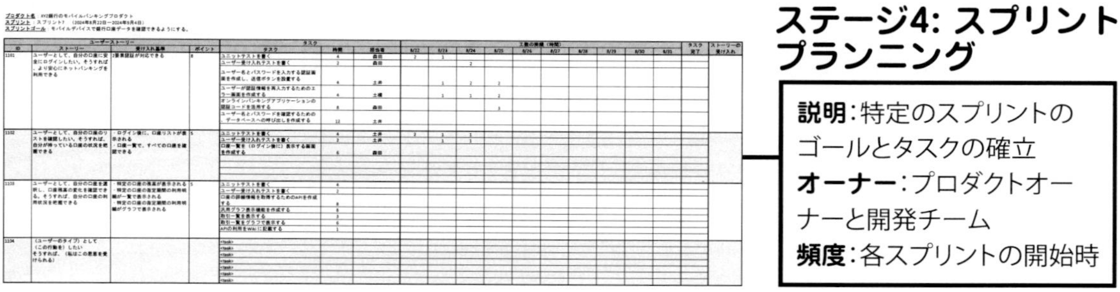

# ステージ4: スプリントプランニング

**説明**:特定のスプリントのゴールとタスクの確立
**オーナー**:プロダクトオーナーと開発チーム
**頻度**:各スプリントの開始時

図 10-9　価値創出のロードマップの一部としてのスプリントプランニング

## スプリントバックログ

スプリントバックログは、現在のスプリントに関連するユーザーストーリーとそれを実現するためのタスクのリストである。スプリントプランニングでは、次のことを行う。

- スプリントゴールを設定する。
- ゴールを達成するために必要なプロダクトバックログ項目（ユーザーストーリー）を選択する。
- ユーザーストーリーを具体的な開発タスクに分割する。
- スプリントバックログを作成する。スプリントバックログは以下のもので構成される。
  - □ スプリント内のユーザーストーリーを優先順位で並べたリスト。
  - □ 各ユーザーストーリーの工数の相対見積もり（単位：ストーリーポイント）。
  - □ 各ユーザーストーリーの開発に必要なタスク。
  - □ 必要に応じて、各タスクを完了するまでに掛かる工数（単位：時間）。タスクレベルで、各タスクが完了するまでの時間数を見積もる場合は、ストーリーポイントの代わりに時間を使用すること。スプリントには特有の短い時間、つまり既に分かっている利用可能な作業時間数が含まれるため、各タスクに掛かる時間を使って、タスクがチームのスプリントのキャパシティに収まるかどうかを判断することができる。各タスクは、開発チームが 1 日以内で完了する必要がある。

### <秘訣>

熟練の開発チームでは、ユーザーストーリーを実行可能なタスクに効果的に分解できるようになるため、タスクの見積もりが必要ない場合もある。タスクの見積もりは、新しい開発チームが自分たちのキャパシティを理解し、各スプリントを適切に計画するために役立つ。

  - □ スプリントの仕掛り作業の状況を示す、バーンダウンチャート。

### <豆知識>

タスクを 1 日以内で完了させるべき理由は 2 つある。1 つ目の理由は、「人はゴールにたどり着くことがモチベーションになる」という人間の基本的な心理に関係している。すぐに完了できると分かっているタスクは、ToDo リストを早く消化しようとして、時間通りに終わらせられる可能性が高くなるのだ。2 つ目の理由は、1 日だけのタスクのほうが、開発目標から逸脱した時に分かりやすいからだ。開発チームメンバーから、同じタスクに 2、3 日取り組んでいることが報告されたら、そのチームメンバーは恐らく阻害要因を抱えており、何が作業完了の妨げになっているかを、スクラムマスターが調べる必要がある（阻害要因の管理については、第 11 章を参照のこと）。

スプリントバックログの作成と管理は開発チームが他と協力して行うが、スプリントバックログを修正できるのは開発チームだけだ。スプリントバックログは、スプリントのその日の進捗をそのまま反映したものでなければならない。図 10-10 は、スプリントプランニング終了時のスプリントバックログのサンプルだ。この例を使うのもいいし、他のサンプルを探したり、ホワイトボードを使ったりしても構わない。

10-4　スプリントプランニング

図 10-10　スプリントバックログのサンプル

## スプリントプランニング

スクラムチームは、各スプリントの初日、多くの場合は月曜日の朝に、会議体でスプリントプランニングというイベントを開催する。

### <秘訣>

スプリントプランニングを成功させるためには、イベントに参加する全員（プロダクトオーナー、開発チーム、スクラムマスター、そしてスクラムチームから要請があった人）が終始積極的に参加する必要がある。

スプリントプランニングが必要な時間は、スプリントの期間に比例する。スプリントの週当たりに掛ける時間は2時間以内、1か月のスプリントの場合も丸1日を超えないようにする。このタイムボックスは、会議の方向性を維持し、集中力を維持するのに役立つ。図 10-11 は、スプリントプランニングの長さの指針となるクイックレファレンスだ。

### <豆知識>

アジャイルプロダクト開発では、会議やイベントの時間を制限することを**タイムボックス**と呼ぶことがある。タイムボックスを活用することで、集中力を高め、開発チームがプロダクトを作るために必要な時間を確保することができる。

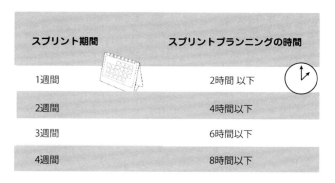

図 10-11　スプリントの期間に対するスプリントプランニングの時間

　スプリントプランニングは 2 つのパートに分ける。1 つはスプリントゴール（「なぜ」）を設定してそのスプリントのユーザーストーリー（「何を」）を選択するパート。もう 1 つはユーザーストーリーを個々のタスク（「どのように」と「どれくらい」）に分解するパートだ。次に、それぞれの詳細について説明する。

### パート 1：ゴールを設定し、ユーザーストーリーを選択する

　スプリントプランニングのパート 1 では、プロダクトオーナーと開発チームが、スクラムマスターのサポートを受けながら、スプリント中に何をするかを決める。その流れは次のとおり。
1. スプリントゴールについて話し合い、設定する。
2. プロダクトバックログからスプリントゴールの達成に貢献するユーザーストーリーを選択し、洗練化しながら理解を深め、相対見積もりを再検討する。
3. 必要であれば、スプリントゴール達成に必要なユーザーストーリーを作成する。
4. 現在のスプリントでチームが何にコミットできるかを決定する。

　　＜秘訣＞
　　　プロダクトバックログを一貫して洗練化（リファインメント）することで、スクラムチームは各スプリントで既に慣れ親しんだ項目を計画できるようになる。この洗練化は、スプリントプランニングをタイムボックス内に収め、各スプリントの終わりに潜在的に出荷可能な機能を提供できるような明確な計画を立てるためにも重要である。スクラムチームは平均して、スプリントの約 10％を将来のスプリントに向けたプロダクトバックログの洗練化に費やす。

　スプリントプランニングの最初に、プロダクトオーナーはスプリントゴールを提案して顧客のために解決すべき問題を特定し、開発チームと一緒にスプリントゴールについて議論し、合意を形成する必要がある。スプリントゴールは、スプリントの終わりにチームがデモを行い、リリース可能で顧客向けの動く機能を提供することを目指すものである。このゴールは、プロダクトバックログの中で最も優先順位の高いユーザーストーリーによって貢献される。モバイルバンキングアプリケーションのスプリントゴールのサンプル（第 9 章参照）は、次のようなものだ。

モバイルバンキングの顧客がログインし、<br>
口座残高や保留中の取引、過去の取引を閲覧できることをデモで示す。

　スプリントゴールを使用して、スプリントで完成させていくユーザーストーリーを決定し、必要に応じてそれらのユーザーストーリーの見積もりを見直す。上記モバイルバンキングアプリケーションのスプリントゴールを実現するためには、次のようなユーザーストーリーがある。
- ログインして口座にアクセスする。
- 口座残高を確認する。

- 保留中の取引を確認する。
- 過去の取引を確認する。

これらはすべて、プロダクトバックログの中でスプリントゴールを達成するための優先順位の高いユーザーストーリーとなる。

### <覚えておこう！>
前回のスプリントレトロスペクティブで合意した改善項目を少なくとも1つ取り入れること。

ユーザーストーリーをレビューする際に、各ユーザーストーリーの工数見積もりがレビューされ、必要に応じて調整され、ユーザーストーリーに関する開発チームの最新の知識が反映されているかを確認することだ。必要であれば見積もりを調整しよう。未解決の質問は、プロダクトオーナーがスプリントプランニングに参加している時に解決する。スプリントの開始時には、スクラムチームがシステムと顧客のニーズに関する最新の知識を持っているため、開発チームとプロダクトオーナーが、スプリントに入る前にもう一度ユーザーストーリーを明確にし、規模を決められるようにすること。

最後に、どのユーザーストーリーがスプリントゴールをサポートするかを把握した後、開発チームはスプリントで計画されたゴールが完了できることに同意し、確認する必要がある。先に話し合ったユーザーストーリーの中に、現在のスプリントに合わないものがあれば、スプリントから削除し、プロダクトバックログに戻そう。

### <注意！>
常に一度に1つのスプリントだけを計画し、取り組むようにしよう。よくやりがちなのが、ユーザーストーリーを特定の将来のスプリントに配置することだ。例えば、まだスプリント1を計画している時に、ユーザーストーリーXをスプリント2や3に入れようとしてはいけない。その代わり、プロダクトバックログのユーザーストーリーの順序を最新の状態に保ち、常に次の優先順位の高いストーリーを開発することに集中する。現在のスプリントの計画のみに専念するのだ。スプリント1で学んだことが、スプリント2、そして10、100の進め方を根本的に変えるかもしれない。

スプリントゴール、スプリントのユーザーストーリー、ゴールへのコミットが決まったら、スプリントプランニングの2つ目のパートに進もう。

### <秘訣>
スプリント期間が1週間を超える場合、スプリントプランニングは数時間に及ぶこともあるため、2つのパートの間に休憩を挟むとよいだろう。

## パート2：ユーザーストーリーをスプリントバックログのタスクに分解する

スプリントプランニングのパート2では、スクラムチームが次のことを行う。

1. 開発チームが、各ユーザーストーリーに関連するスプリントバックログのタスクを識別する。タスクに、開発、統合、テスト（テストの自動化を含む）、文書化といった、完成の定義の要素がすべて含まれるようにする。
2. 開発チームが、スプリントで利用可能な時間内にタスクを完了できるかどうかを再確認する。
3. 開発チームの各メンバーが、スプリントプランニングを終える前に、最初に完了すべきタスクを選ぶ。

### <秘訣>
開発チームのメンバーは、一度に1つのユーザーストーリーの1つのタスクにのみ取り組むべきだ。これによって**スウォーミング**（開発チーム全体が1つのユーザーストーリーを完成させるまで取り組むこと）が可能になる。スウォーミングは、短時間で作業を完了させる効率的な方法である。この方法により、スクラムチーム

は、すべてのユーザーストーリーを開始したものの、ほとんど完成させることができないままスプリントが終了してしまうのを避けることができる。

　パート2のスプリントプランニングの冒頭で、ユーザーストーリーを個々のタスクに分割し、それぞれのタスクに時間数を割り当てる。開発チームの目標は、1日以内にタスクを完了することだ。例えば、XYZ銀行のモバイルアプリケーションのユーザーストーリーは以下のようになる。

**ログインして口座にアクセスする。**

チームはこのユーザーストーリーを以下のようなタスクに分解する。

- ユニットテストを書く。
- ユーザー受け入れテストを書く。
- ユーザー名とパスワードを入力する認証画面を作成し、送信ボタンを設置する。
- ユーザーが認証情報を再入力するためのエラー画面を作成する。
- 口座一覧を（ログイン後に）表示する画面を作成する。
- オンラインバンキングアプリケーションの認証コードを使って、iPhone/iPad/Androidアプリケーションのコードを書き換える（このタスクは3つの異なるタスクになる可能性がある）。
- ユーザー名とパスワードを確認するための、データベースへの呼び出しを作成する。
- モバイルデバイス用にコードをリファクタリングする。
- 統合テストを書く。
- プロダクトインクリメントをQAステージまで進める。
- 回帰テストの自動化スイートを更新する。
- セキュリティテストを実行する。
- Wikiのドキュメントを更新する。

　各タスクに掛かる時間数が分かったら、開発チームが使える時間数がタスクの見積もりの合計と比べて合理的かどうかの最終確認を行う。タスク消化に必要な時間は開発チームが使える時間を超える場合は、1つ以上のユーザーストーリーをスプリントから外さなければならない。どのタスクやユーザーストーリーを外すのがベストか、プロダクトオーナーと話し合おう。

　スプリント内で余分な時間があれば、開発チームが別のユーザーストーリーを含めることもできる。ただし、スプリントの最初、特に最初の数回は、コミットしすぎないように注意すること。

　どのタスクをスプリントに含めるかが決まったら、最初に取り組むタスクを選ぶ。開発チームの各メンバーは、スプリントで最初に達成するタスクを選択する。チームメンバーは、一度に1つのタスクに集中する。

<秘訣>

　スプリントで何を完了できるかを開発チームのメンバーが考える時は、新しい役割やテクニックに慣れるまで、彼らが処理できる以上の仕事を引き受けないように、次のガイドラインを使用しよう。

- **スプリント1**：開発チームが達成できると考えていることの25％。新しいプロセスを学び、プロダクト開発を開始するためのオーバーヘッドを含めること。
- **スプリント2**：スクラムチームがスプリント1を完了したことを前提として、開発チームが達成できると考えていることの50％。
- **スプリント3**：スプリント2が成功したことを前提として、開発チームが達成できると考えていることの75％。
- **スプリント4以降**：スプリント3が成功したことを前提として90％。開発チームは、リズムとベロシティが安定し、アジャイル原則とプロダクトに関する洞察を得て、ほぼフルペースで作業できるようになっているはずだ。

10-4　スプリントプランニング

**＜秘訣＞**

100％のキャパシティを使い切るというスプリントプランニングを避けよう。スクラムチームは、不可抗力的に起こる不測の事態を考慮し、スプリントに余裕を持たせるべきである。見積もりを水増しするのではなく、知恵を使うのだ。すべてが計画通りに進むと仮定して、利用可能な時間のすべてを割り当てないようにしよう。早く終わるチームなら、徐々にペースを上げていくはずだ。

スクラムチームは、スプリントバックログと開発チームのタスクの進捗状況を常に照らし合わせて評価する必要がある。スプリントの終わりに、スクラムチームがスプリントレトロスペクティブ（第 12 章参照）で見積もりスキルとキャパシティを評価することもできる。この評価は、最初のスプリントでは特に重要である。

**＜秘訣＞**

そのスプリントで、合計何時間を作業に使えるだろうか？ 1 週間のスプリント、つまり週 40 時間のスプリントでは、ユーザーストーリーの開発に 4.5 営業日が利用できると考えるのが賢明だ。なぜ 4.5 日なのか？ 1 日目の約 4 分の 1 は計画に費やされ、5 日目の約 4 分の 1 はスプリントレビュー（ステークホルダーによる完了した作業のレビュー）とスプリントレトロスペクティブ（スクラムチームによる将来のスプリントに向けた改善点の特定）に費やされるからだ。そうすると、残る開発期間は 4.5 日になる。スプリントゴールに集中するために、フルタイムのチームメンバーがそれぞれ週 30 時間（1 日あたり 6 時間の生産時間）を使えると仮定すると、利用可能な作業時間は次のようになる。

チームメンバー数×6 時間×4.5 日

スプリントプランニングが終わったら、開発チームはすぐにプロダクトを作るタスクに取り掛かることができる。

スクラムマスターは、プロダクトビジョンとロードマップ、プロダクトバックログ、完成の定義、スプリントバックログを目立つ場所に掲示し、スプリントプランニング中だけでなく、作業中にも誰もがアクセスできるようにする。こうすることで、ステークホルダーは、開発チームの邪魔をすることなく、必要な時にプロダクトの情報や進捗状況を見ることができる。詳しくは第 11 章を参照してほしい。

# 第11章

# 1日の仕事の流れ

---

**この章の内容**
- 日々の計画を立てる
- 日々の進歩を把握する
- 毎日の開発とテストの進め方について理解する
- その日の業務を終える

---

　今は火曜日の午前9時。あなたは昨日、スプリントプランニングを終え、開発チームが作業を開始した。これからあなたはスプリントの期間中、毎日同じパターンを繰り返して作業を進めることになる。

　この章では、各スプリントで、毎日の仕事にアジャイル原則をどのように取り入れるかを学ぶ。スクラムチームの一員として毎日行う作業、すなわち、1日の計画と調整、進捗の把握、使用可能な機能の作成と検証、検査と適応、作業の阻害要因の特定と対処といった作業について見ていく。スプリント期間中、スクラムチームの各メンバーが毎日どのように協力し合い、透明性を保ちながらプロダクトを作り上げていくかが理解できるだろう。

## 11-1　1日の計画を立てる：デイリースクラム

　アジャイルプロダクト開発では、開発作業全体を通してだけでなく、1日単位でも計画を立てる。アジャイル開発チームの毎日は、デイリースクラムで始まる。それまでに達成したことに基づいて進捗を評価し、その日の計画を調整するのだ。彼らは、阻害要因（スクラムマスターの関与が欠かせない障害）を特定して解決方法を調整し、完了した項目を記録し、スプリントゴール達成のために各チームメンバーがその日に何をするかをすり合わせて、計画する。

　デイリースクラムは、価値創出のロードマップのステージ5である。次ページの図11-1に、スプリントとデイリースクラムがプロダクト開発にどのように組み込まれているかを示す。この2つがどのように繰り返されるかに注目してほしい。

　デイリースクラムでは、次の4つのトピックに取り組むことで、開発チームのメンバーの連携が深まる。

- スプリントゴールを達成するために、「昨日何が完了したか？」

**＜注意！＞**

　デイリースクラムを進捗報告の場にしないようにしよう。開発者に前日にやったことを報告したり、タスクボード上で完了した項目を移動させたりするのは避ける。開発者は、タスクが完了したらすぐに、または少なくともその日の終わりには更新しなければならない。言い換えれば、今日行うべき仕事の進め方に影響しない限り、昨日達成したことに時間を使ってはいけない。

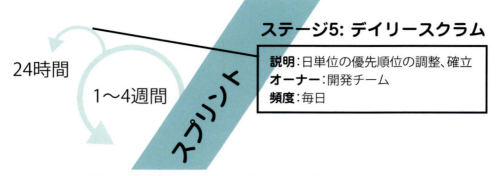

図 11-1　価値創出のロードマップにおけるスプリントとデイリースクラム

- スプリントゴールを達成するために、「今日何をするか？」
- スプリントゴールを達成するための「阻害要因は何か？」
- 「今、どんな気分か？」（スクラムマスターがチームの健康状態をスプリントごとに 1 回ではなく、毎日把握できるように、筆者がこの 4 つ目の質問を追加した）

<豆知識>
　デイリースクラムはスクラムの呼び方であり、**デイリーハドル**や**デイリースタンドアップ**ミーティングを耳にすることがあるかもしれないが、すべて同じものを指す。

スクラムマスターには、チームの作業を妨げる問題について次の 3 つのことに対処してもらう。
- 昨日解決された阻害要因
- 今日解決すべき阻害要因（優先順位が高いものから）
- エスカレーションが必要な阻害要因

　プロダクトオーナーがデイリースクラムですることは、傾聴だ。プロダクトオーナーは、チームがより効果的に仕事を進めるために、自分が何か手助けできることがないかを確認するために耳を傾ける。必要に応じて説明を行ったり、開発チームがスプリントゴールから外れていると感じた場合には発言することもある。熱心で決断力のあるプロダクトオーナーがいると、開発チームの毎日が楽になる。
　スクラムのルールの 1 つに、デイリースクラムは 15 分以内に終わらせるというものがある。長時間の会議は開発チームの 1 日の作業時間を奪うことになるため、会議の時間を短くするために立って会議を行うことがある。これが、デイリースタンドアップとも呼ばれる理由だ。また、小道具を使って時間短縮することもある。

<秘訣>
　筆者はまず、音が鳴るハンバーガー型の犬のおもちゃ（もちろん清潔なものだ）などを、開発チームのランダムなメンバーに投げることからデイリースクラムを始める。その人が 4 つのトピックに答えたら、おもちゃを次のメンバーに渡す。もし話が長くなるチームなら、小道具を 500 枚のコピー用紙（約 2 キロ）に変えよう。各人がその紙束を片手に持っていられる間だけ話すことができるようにする。これでデイリースクラムの時間が短くなるか、開発チームのメンバーの腕力がつくかのどちらかだが、経験上は前者である。

　簡潔かつ効果的なデイリースクラムを続けるために、スクラムチームはいくつかのガイドラインに従う。
- デイリースクラムは誰でも参加できるが、発言できるのは開発チーム、スクラムマスター、プロダクトオーナーだけである。デイリースクラムはスクラムチームが日々の活動を調整する場であり、ステークホルダーからの追加要求や変更を引き受ける場ではない。ステークホルダーは、終了後にスクラムマスターやプロダクトオーナーと疑問点を話し合うことはできるが、ステークホルダーがスプリ

ントに集中する開発チームの集中力を低下させてはならない。

- **直近の優先事項に注力する**。スクラムチームは、完了したタスク、やるべきタスク、障害だけをレビューする必要がある。

- **デイリースクラムは調整の場であり、問題解決の場ではない**。開発チームとスクラムマスターには、自分たちが取り組んでいるタスクに関連する議論を行い、その日の障害を取り除く責任がある。デイリースクラムが問題解決のセッションにならないようにするために、スクラムチームは次のようなことができる。
  - □ 早急な対応が必要な問題を把握するために、ホワイトボードにリストを作成し、デイリースクラム後に、関わる必要なチームメンバーと直接その問題に対処する。
  - □ デイリースクラムが終わった後、問題を解決するためにフォローアップミーティングと呼ばれる会議を開く。スクラムチームによって、毎日フォローアップミーティングの時間を設けるところもあれば、必要な時だけ行うところもある。

- **デイリースクラムは、チームメンバー同士の相互調整の場である**。個人がスクラムマスターやプロダクトオーナーに1対1で報告するためのものではない。進捗状況は、1日の終わりにスプリントバックログに記録すればよく、開発者はそれを1分程度で行うこと。

- **デイリースクラムは短時間で、時間通りに始めなければならない**。スクラムチームのワーキングアグリーメントに、会議が時間通りに始まり、終わるようにするためのルールを作ることがよくある。遅刻した場合の創意工夫を凝らしたアイデアとして、腕立て伏せをしたり、チームのお祝いのためにちょっとした寄付をしたりすることがある。どんな対策にするかは、スクラムチーム全員で合意し、マネジャーなどチーム外の人が決めるものではない。

- **スクラムチームは、デイリースクラムの参加者に、座らずに立って行うように求めることができる**。立っていることで、みんなが早く会議を終わらせてその日の仕事に取り掛かろうという気持ちになる。

デイリースクラムは、開発チームがその日にやるべきタスクに集中するのに効果的である。メンバーは仲間の前で自分の仕事を約束するので、その約束を守ろうとする意識が高まる。また、スクラムマスターと開発チームが障害にすぐに対処できるようにもなる。このような会議は非常に有用であるため、アジャイルテクニックを使用していない組織でもデイリースクラムを取り入れることがある。

> **＜秘訣＞**
>
> 交通遅延、メールチェック、コーヒー、その他の1日の始まりの儀式を考慮し、デイリースクラムは、開発チームの通常の始業時間の30分後に開催するのが望ましい。デイリースクラムの時間を少し遅らせることで、開発チームは、前日の夜や週末に実行された自動テストツールからの不具合レポートをレビューする時間も確保できる。

デイリースクラムは、進捗状況を話し合い、その日の計画を立てるためのものだ。次から見ていくように、毎日進捗状況を話し合うだけでなく、把握することが重要だ。

# 11-2　進捗状況を把握する

スプリントの進捗も毎日把握する必要がある。この節では、スプリントでタスクの状況を把握する方法について説明する。

進捗を把握するための2つのツールが、スプリントバックログとタスクボードだ。スプリントバックログとタスクボードの両方によって、スクラムチームは、いつでも、誰にでもスプリントの進捗状況を示すことができる。

> **＜覚えておこう！＞**
> アジャイル宣言は、プロセスやツールよりも個人と対話を重視する。ツールがスクラムチームを邪魔するのではなく、支援するようにしよう。必要であれば、ツールを変更したり、置き換えたりすること。アジャイル宣言については第 2 章で詳しく説明している。

## スプリントバックログ

スプリントプランニングでは、ユーザーストーリーとタスクをスプリントバックログに追加することに集中する。スプリント中は、毎日スプリントバックログを更新し、作業日ごとに開発チームのタスクの進捗を把握する。図 11-2 は、本書のサンプルアプリケーションである XYZ 銀行のモバイルバンキングアプリケーションのスプリントバックログを示したものだ。最初のスプリントの 4 日目以降が表示されている（スプリントバックログの詳細については第 10 章で説明している）。

図 11-2　スプリントバックログのサンプル

スプリントバックログは毎日チーム全体が確認できるようにしよう。そうすれば、スプリントの状況を知るべき人は誰でもすぐに確認できる。

図 11-2 の左上に、開発チームの進捗を示すスプリントバーンダウンチャートがある。開発チームのタスクの完了状況は、作業可能時間の理想的な消化率とほぼ同じで、プロダクトオーナーがいくつかのユーザーストーリーを完成として受け入れていることが分かる。

バーンダウンチャートは、スプリントバックログとプロダクトバックログに含めることができる（この章ではスプリントバックログのみに焦点を当てる）。図 11-3 はバーンダウンチャートの詳細を示したものだ。

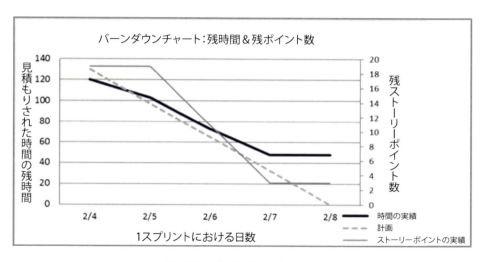

図 11-3　バーンダウンチャート

　バーンダウンチャートは、進捗と残りの作業を視覚化するための強力なツールである。チャートには以下のものが表示される。
- 左の縦軸に残り作業時間（時間単位）
- 横軸に期間（日単位）

　図 11-3 のように、スプリントバーンダウンチャートの中には、残り作業時間と同じ時間軸のグラフの右の縦軸に、未完了のストーリーポイントをプロットしたものもある。

　バーンダウンチャートを使えば、誰でもスプリントの状況を一目で確認できる。進捗が一目瞭然だ。実際の作業可能時間と残り時間を比較することで、作業が計画通りに進んでいるのか、予想よりも望ましい状態なのか、それとも問題があるのかを毎日知ることができる。この情報は、開発チームがスプリントゴールを達成できそうかどうかについて判断し、スプリントの早いステージで情報に基づいた意思決定をするのに役立つ。

　図 11-4 は、様々な状況におけるスプリントのバーンダウンチャートのサンプルだ。これらのチャートを見れば、次のような作業の進捗状況が分かる。

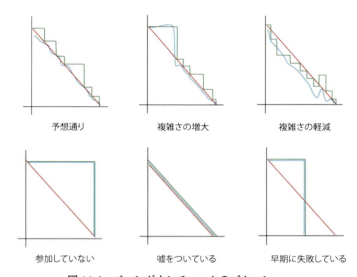

図 11-4　バーンダウンチャートのパターン

11-2　進捗状況を把握する

1. **予想通り**：このチャートは、通常のスプリントパターンを示している。残り作業時間は、開発チームがタスクを完了し、詳細が判明し、当初は思いつかなかったような戦術的な作業を特定することで増減する。作業量は増えることもあるが、管理可能であり、チームはスプリントの終わりまで、すべてのユーザーストーリーを完了させるために動き出している。

2. **複雑さの増大**：このスプリントでは、開発チームがすべて達成できると感じた時点よりも作業が増加している。チームはこの問題を早期に発見し、プロダクトオーナーと協力していくつかのユーザーストーリーを削除し、なんとかスプリントゴールを達成した。スプリント内でスコープを変更する上で重要なのは、他ならぬ、常に開発チームが提案するということだ。

3. **複雑さの軽減**：このスプリントでは、開発チームはいくつかの重要なユーザーストーリーを予想よりも早く完了させ、プロダクトオーナーと協力してスプリントに追加できるユーザーストーリーを特定した。

4. **参加していない**：直線のバーンダウンチャートは、チームがチャートを更新しなかったか、あるいはその日の進捗がゼロであったことを意味する。どちらの場合も、将来問題が発生しそうな赤信号である。

   **＜注意！＞**
   心拍数のグラフと同じように、水平な直線を描くスプリントバーンダウンチャートは決して良いものではない。

5. **嘘をついている**（または**合わせている**）：このパターンのバーンダウンチャートは、新しいアジャイル開発チームによく見られる。チームが、作業に本当に掛かる時間ではなく、管理層が期待する時間を報告することに慣れてしまっている可能性があり、その結果、チームの作業見積もりを正確な残り時間に合わせる傾向がある。このパターンは、マネジャーが威圧によって管理する、恐怖を感じる職場環境を反映していることが多い。

6. **早期に失敗している**：このシンプルな進捗の視覚化の最も強力な利点の1つは、進捗の有無を即座に証明できることだ。このパターンは、参加も進捗もなかったチームの例を示している。プロダクトオーナーは、損失を最小限に抑えるために、スプリントを中断させ、新しいスプリントゴールによる新しいスプリントを開始することを決めた。スプリントを早期に終了させることができるのは、プロダクトオーナーだけだ。

スプリントバックログは、各スプリントを通して進捗を把握するのに役立つ。また、スプリントごとの進捗状況を比較するために、以前のスプリントバックログを参照することもできる。プロセスの変更は各スプリントで行う（第12章で検査と適応の概念について詳しく説明している）。常に自分の仕事を検査し、より良くするために調整しよう。古いスプリントバックログは取っておくこと。

> ### スプリントバックログのテンプレート
> スプリントバックログは、Microsoft Excel のようなスプレッドシートを使って作成できる。
> バーンダウンチャートを含む無料のスプリントバックログテンプレートを Platinum Edge のウェブサイト（https://platinumedge.com/wp-content/uploads/2022/09/platinumedge_pb-sb-templates_excel.xlsx）からダウンロードできる。

スプリントを把握するもう1つの方法が、タスクボードを使うことだ。タスクボードの作り方や使い方については、この後で説明する。

## タスクボード

スプリントバックログは開発の進捗を把握し、表示する方法として優れているが、電子形式であることが多いため、見たい人がすぐにアクセスできない場合がある。スクラム開発チームの中には、スプリントバックログと一緒にタスクボードを使うチームもある。タスクボードでは、開発チームが取り組んでいるスプリントの項目と完了した項目を素早く簡単に見ることができる。

筆者がタスクボードを好む理由は、そのボードに表示されている進捗が明確で誰も否定できないからだ。タスクボードは、プロダクトロードマップと同じように、ホワイトボードに付箋を貼って作成することができる。タスクボードには、左から右に、少なくとも次の4つの列がある。

- **TO DO（やるべきこと）**：左端の列には、未着手のユーザーストーリーとタスクが残っている。
- **進行中**：開発チームが現在取り組んでいるユーザーストーリーやタスクは、「進行中」列に表示される。この列にはユーザーストーリーを1つだけ入れる。進行中のユーザーストーリーが多いということは、開発チームのメンバーが機能横断的に作業しておらず、代わりに実行すべきタスクを溜め込んでいる（スウォーミングが行われていない）という警告を示している。多くのユーザーストーリーを完了させようとして、スプリントの終了までに複数のユーザーストーリーが部分的にしか完了しないリスクがある。
- **受け入れ**：開発チームはユーザーストーリーを完了させた後、ストーリーを「受け入れ」列に移動させる。「受け入れ」列のユーザーストーリーは、プロダクトオーナーがレビューし、フィードバックを提供するか、受け入れる準備ができている。
- **DONE（完成）**：プロダクトオーナーがユーザーストーリーをレビューし、ユーザーストーリーが完了したことを確認すると、プロダクトオーナーはそのユーザーストーリーを「完成」列に移動することができる。

### ＜秘訣＞

仕掛かり作業は絞り込み、一度に選択するタスクは1つだけにしよう。他のタスクは「やるべきこと」の列に残しておく。開発チームが一度に1つのユーザーストーリーだけに取り組み、そのユーザーストーリーのタスクを、スウォーミングによって素早く完了させるのが理想的だ。パフォーマンスの高いチームや組織は、1つの項目を着実にこなしてから、次の項目に移る。

タスクボードは実際に触れるものであり、ユーザーストーリーカードを物理的に動かして、完成までの進捗状況を示すことができる。これにより、電子文書では不可能だったような開発チームの関与が期待できる。タスクボードは、スクラムチームの作業エリアに置いて、誰でも確認できるようにするだけで、思考と行動を促す。

### ＜秘訣＞

プロダクトオーナーだけがユーザーストーリーを「完成」列に移動できるようにすることで、ユーザーストーリーの進捗に関する誤解が回避される。

次ページの図11-5は典型的なタスクボードである。ご覧のように、タスクボードでは仕掛かり作業が一目で分かる。

### ＜豆知識＞

タスクボードはかんばんボードによく似ている。**かんばん**とは、**視覚的なサイン**を意味する日本語である。トヨタがリーン生産プロセスの一環として、このようなボードを考案した。

11-2　進捗状況を把握する

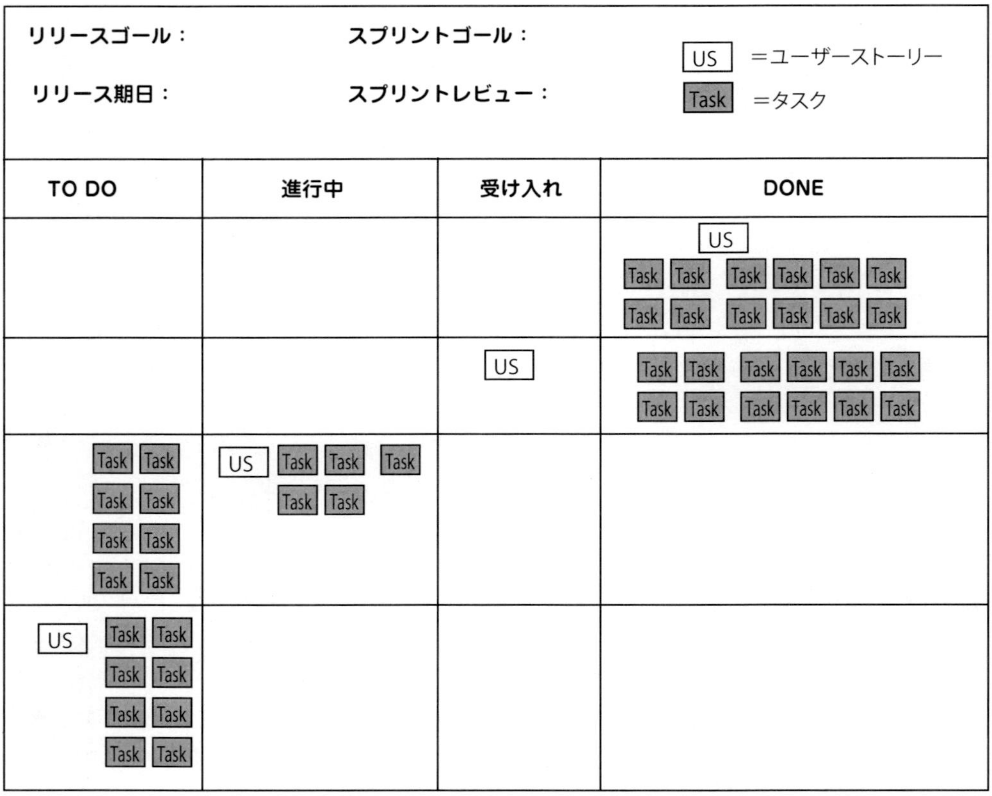

| リリースゴール：　　　　　　スプリントゴール： | | | US = ユーザーストーリー |
| リリース期日：　　　　　　　スプリントレビュー： | | | Task = タスク |

| TO DO | 進行中 | 受け入れ | DONE |
|---|---|---|---|
| | | | US<br>Task Task Task Task Task Task<br>Task Task Task Task Task Task |
| | | US | Task Task Task Task Task Task<br>Task Task Task Task Task Task |
| Task Task<br>Task Task<br>Task Task<br>Task Task | US Task Task Task<br>Task Task | | |
| US Task Task<br>Task Task<br>Task Task<br>Task Task | | | |

**図 11-5　タスクボードのサンプル**

　図 11-5 では、タスクボードに 4 つのユーザーストーリーが表示され、それぞれがスイムレーンと呼ばれる水平線で区切られている。最初のユーザーストーリーは完成している。すべてのタスクが完了し、プロダクトオーナーは作業の完成を受け入れている。2 つ目のユーザーストーリーは、開発作業は完了していて、プロダクトオーナーの受け入れを待っている状態である。3 つ目のユーザーストーリーは進行中で、4 つ目のユーザーストーリーはまだ開始していない。各ユーザーストーリーの進捗は、スクラムチームだけでなくステークホルダーにも一目瞭然であり、戦術的な調整を迅速かつ簡単に行える。

　アジャイルプロダクト開発の日々の仕事は、計画を立てたり進捗を把握したりするだけではない。次のセクションでは、開発チームのメンバー、プロダクトオーナー、スクラムマスターの 1 日の仕事がどのようなものかを見ていく。

#### ＜覚えておこう！＞
　プロダクトオーナーはプロダクトバックログに責任を持つ。開発チームはスプリントバックログに責任を持つ。具体的には、バックログを常に更新し、明確にし、透明性を保つことを意味する。

## 11-3　スプリントにおけるアジャイルの役割

　スクラムチームの各メンバーは、スプリント期間中、毎日特定の役割と責任を持っている。開発チームがその日に注力すべきことは、出荷可能な機能を生み出すことである。プロダクトオーナーが注力すべきことは、将来のスプリントのためにプロダクトバックログを準備し、同時にリアルタイムでの明確な説明を通じて、開発チームのスプリントバックログの実行を支援することである。スクラムマスターはアジャイルのコーチであり、障害を排除し、外部の干渉から開発チームを守ることで、開発チームの生産性を最大化する。

以下は、スプリント中のプロダクトチームの各メンバーの責任について説明したものである。

## プロダクトオーナーが日々成果を上げるための鍵

　成果を上げるプロダクトオーナーは、開発チームがスピードを高めるために必要なものをすべて揃えることに注力する。プロダクトオーナーは顧客と頻繁に会い、顧客の問題やニーズを深く理解しようと努める。また、他の優先事項に気を取られないように、開発チームを守り、チームがスプリントゴールに集中できるようにする。プロダクトオーナーがスクラムチームの他のメンバーと同じ部屋にいることで、作業が完了した際にすぐにフィードバックを提供でき、開発チームはそのフィードバックを基に要件を価値ある機能に迅速に作り上げることが可能となる。

　プロダクトオーナーは、スプリントの典型的な1日の中で以下のような責任を負う。

- ● 先手を打って貢献する：
  <sup>proactive</sup>

  - □ 次のスプリントを見据えて、ユーザーストーリーを精緻化し、次のバックログの洗練化やスプリントプランニングに備える。
  - □ 必要に応じてプロダクトバックログに新しいユーザーストーリーを追加し、その新しいユーザーストーリーがプロダクトビジョン、リリースゴール、スプリントゴールの達成に貢献することを確認する。
  - □ 他のプロダクトオーナーやステークホルダーと協力し、リリースやスプリントのゴールを調整する。必要に応じてプロダクトバックログをメンテナンスする。
  - □ プロダクト予算を確認し、プロダクトの経費と収益を把握する。
  - □ プロダクトの性能に関する情報や市場の動向を確認する。
  - □ スクラムマスターと協力し、スプリントプランニング中や法的文書の作成時に発生するプロダクトに関する疑問など、早期に対処しなければ開発の妨げとなりうる阻害要因がないかを積極的に確認し、未然に防ぐよう努める。

- ● 即応的に貢献する：
  <sup>reactive</sup>

  - □ 開発チームが開発を継続できるように、要件について即座に明確化し、決定を下す。
  - □ 他のチームやステークホルダーからの予定外の要求など、スクラムチームの他のメンバーによってもたらされるビジネス上の阻害要因を取り除く。業務上の阻害要因からチームを守る。
  - □ 完了したユーザーストーリーの機能をレビューし、開発チームにフィードバックを提供する。

## 開発チームメンバーが日々成果を上げるための鍵

　成果を上げる開発チームのメンバーは、自分の仕事に誇りを持っている。彼らは高品質で息の長いプロダクトを作る。彼らは、新しいことを学ぶ過程で、リファクタリングの必要性や可能性を認識するので、変化に対応しながら設計を進めていく。チームメイトと同じ部屋にいて、たとえ不慣れなタスクであっても、自分のケイパビリティとチームへの貢献度を高めるためにタスクを実行する。彼らは特定の分野に秀でていて、日々そのケイパビリティを伸ばそうと努力する。

　開発チームのメンバーは、次のようなことを行う。

- ● 先手を打って貢献する：

  - □ 必要性の高いタスクを選び、できるだけ早く完了させる。
  - □ 他の開発チームメンバーと協力して、特定のユーザーストーリーへのアプローチを設計し、支援が必要な場合に助けてくれる人を見つけ、別の開発チームメンバーが支援を必要としている時には支援する。
  - □ 他のスクラム開発チームと協力して、リリースやスプリントのゴールを技術面で調整する。
  - □ 回帰テストの自動化、CI/CDパイプライン、ユニットテストを継続的に改善する。

□ プロダクトアーキテクチャと開発プロセスを改善する機会を評価する。

□ 自分一人では効果的に取り除けない障害について、スクラムマスターに伝える。

● **即応的に貢献する：**

□ ユーザーストーリーについて不明な点がある場合、プロダクトオーナーに説明を求める。

□ 互いの仕事についてピアレビューを行う。

□ スプリントで必要があれば、通常の役割以上のタスクを引き受ける。

□ 完成の定義の合意に従って、機能を完全に開発する（「11-4 出荷可能な機能を作成する」で説明する）。

□ スプリントバックログのタスクの残り作業量を毎日報告する。

## スクラムマスターが日々成果を上げるための鍵

　成果を上げるスクラムマスターは、コーチでもあり、ファシリテーターでもある。彼らはチームのパフォーマンスを向上させるためにコーチングを行い、チームが迅速に意思決定できるようにチームの対話を促進する。また、彼らはチームを鼓舞し、導き、挑戦し、奉仕する。スクラムマスターはチームと同じ部屋にいるため、毎日、阻害要因を取り除いたり、チームとより良く協働するために組織全体をコーチングしたり、組織の環境が成功を実現できるように整えたりして、チームメンバーに奉仕する機会を探す。比較的容易に取り組めるチームの改善が行われた後に、スクラムマスターはチームに影響を与える、より困難な組織の阻害要因を取り除かなければならない。そのため、スクラムマスターの仕事がより大変になる。

　スクラムマスターは、典型的な 1 日の中で次のようなことを行う。

● **先手を打って貢献する：**

□ 必要に応じてプロダクトオーナー、開発チーム、組織をコーチングし、アジャイルの価値観とプラクティスが守られるようにする。

□ 障害や組織的な問題を取り除く。喫緊の課題に対しては戦術的に、長期的な問題になりそうなものに対しては戦略的に対処していく。スクラムマスターは、スクラムチームがより高い能力を発揮できるように、戦略上の障害となる組織の制約について問題提起を行う。第 7 章で、スクラムマスターを航空エンジニアに例え、開発チームに対する組織的な足かせを継続的に排除し、防ぐ方法について説明している。

□ スクラムチームと一緒に働く人たちと緊密な協力関係を築く。組織全体への影響力を築き、アジリティを推進する。

＜覚えておこう！＞

　非言語コミュニケーションは多くを語る。スクラムマスターは、ボディーランゲージを理解することで、スクラムチーム内の言葉に表れない緊張や問題を察知することができる。

□ チームがレトロスペクティブでの話し合い効果を最大化するため、役立つレトロスペクティブの実施方法を調べたり、親和性の見積もりのための備品を用意したりして、次のファシリテーションに備える。

□ 開発チームを外部の干渉から守る。

□ 他のスクラムマスターやステークホルダーと協力して、阻害要因の解消やエスカレーションを行う。

● **即応的に貢献する：**

□ 必要に応じてスクラムチームの合意形成を促進する。

＜秘訣＞

　筆者たちはよくスクラムマスターに「一人でランチを取るな。常に人間関係を築くことに努めなさい」と言っている。なぜなら、障害を取り除く際に、どんな時に人とのつながりが役立つか分からないからだ。

## ステークホルダーが日々成果を上げるための鍵

　成果を上げるステークホルダーは、プロダクトチームのメンバーとして、プロダクトオーナーと協力してプロダクトを成功に導く方法を知っている。彼らは助言し、協働し、耳を傾け、フィードバックを提供し、サポートする。フラットでアジャイルな組織において、ステークホルダーは、スクラムチームの活動を外部やトップダウンから指示するのではなく、直接励まし、コーチングし、奉仕する。彼らは必要に応じて毎日のチームディスカッションに参加するが、通常はスプリントレビューのディスカッションまでフィードバックを控える。プロダクトのステークホルダーの役割については、第7章を参照してほしい。

　プロダクトのステークホルダーは、典型的な1日の中で次のようなことを行う。

- **先手を打って貢献する：**
  - □ 顧客ニーズとバックログの優先順位についてプロダクトオーナーと相談する。
  - □ チームの阻害要因を取り除く機会を探す。自分がどのように手助けできるかを常に考える。
- **即応的に貢献する：**
  - □ スプリントレビューに参加し、フィードバックを提供する。チームから依頼されたその他のディスカッションにも参加できるようにしておく。
  - □ チームのバーンダウンチャートやタスクボードを見る。チームの成功を助ける機会を探す。
  - □ 原則5「環境と支援を与え仕事が無事終わるまで彼らを信頼します」を実践する。

## アジャイルメンターが日々成果を上げるための鍵

　アジャイルテクニックに慣れていないチームにとって、アジャイルメンターは重要な相談相手である。彼らはチームの考え方に疑問を投げかけ、健全な緊張感を生み出す手助けをする。スクラムマスターと同様に、彼らはコーチングし、挑戦し、奉仕する。アジャイルメンターは、答えを直接教えるのではなく、チームが自分たちで答えを見つけられるように導く。チームは、アジャイルメンターから正直で誠実な対応が得られることを理解している。アジャイルメンターは、自身の経験と専門知識をスクラムマスターに伝授することで、チームが必要とする形で毎日関与し、最終的には自らが不要になることを目指す。

　戦略的に、アジャイルメンターは組織のリーダーと連携し、チームが生み出す価値を最大化するのを支援する。スクラムチームの最大のペースは、彼らが働いている環境によって決まる。アジャイルの価値観と原則に従ってその環境を改善するリーダーを支援するのが、アジャイルメンターだ。アジャイルメンターの戦略的な役割については第18章を参照してほしい。

　アジャイルメンターは、典型的な1日の中で次のようなことを行う。

- **先手を打って貢献する：**
  - □ 主にスクラムマスターの専門知識、影響力、ケイパビリティを高め、効果的なコーチング、リーディング、ファシリテーションができるように支援する。
  - □ 開発者とプロダクトオーナーがそれぞれの役割について理解し、改善しようとする時に、その場で軌道修正する形でアジリティのメンタリングを行う。
  - □ スプリントごとに、顧客にとって価値があり、潜在的に出荷可能な機能をデリバリーするために、スクラムチームをどのように支援するのがベストなのか、ステークホルダーや他の組織リーダーをコーチングする。
- **即応的に貢献する：**
  - □ スクラムチームのイベントや非公式な交流を観察し、フィードバックや指導を行う。
  - □ チームから要請されたディスカッションに出席する。
  - □ チームのバーンダウンチャートやタスクボードを検査する。チームが成果を上げるための機会についてフィードバックを提供する。

11-3　スプリントにおけるアジャイルの役割

ご覧のように、スクラムチームの各メンバーは、スプリントにおいて特定の仕事を持っている。次の節では、プロダクトオーナーと開発チームがどのように協力してプロダクトを作り上げていくかを見ていく。

## 11-4　出荷可能な機能を作成する

スプリントの日々の作業の目的は、顧客やユーザーに提供できる形で、プロダクトの出荷可能な機能を作成することである。

1つのスプリントにおいて、プロダクトインクリメントまたは出荷可能な機能とは、完成の定義に従って開発、統合、テスト、文書化が行われ、リリースの準備ができたと見なされる動くプロダクトの一部を意味する。リリースのタイミングはリリース計画によって異なるため、開発チームはスプリントの終わりにインクリメントをリリースすることもあれば、しないこともある。リリース計画では、市場に出すために必要な、市場に投入可能な最小限のフィーチャーセットをプロダクトに含めるために、何度かのスプリントを繰り返す場合がある。

> **＜秘訣＞**
>
> 出荷可能な機能をユーザーストーリーの観点から考えることは助けになる。ユーザーストーリーは、カードに要件を書くことから始まる。開発チームが機能を作成していくと、各ユーザーストーリーはユーザーが取ることのできるアクションになっていく。機能が出荷可能になるということは、ユーザーストーリーが完了することと同じである。

出荷可能な機能を生み出すために、開発チームとプロダクトオーナーは主に3つの活動に関与する。
- 精緻化
- 開発
- 検証

スプリント期間中は、これらの活動のいずれか、またはすべてが、いつでも起こる可能性があり、必ずしも順番通りに進むわけではないことを覚えておいてほしい。

### 精緻化

アジャイルプロダクト開発において、精緻化とはプロダクトのフィーチャーの詳細を決めるプロセスである。開発チームが新しいユーザーストーリーに取り組む時はいつも、精緻化を行うことでユーザーストーリーに関するすべての質問が回答されるようにし、開発プロセスを進めやすくなる。

プロダクトオーナーは開発チームと協力してユーザーストーリーを精緻化するが、設計の最終決定権は開発チームが持つべきである。その日の要件について開発チームに更なる明確化が必要になった時には、プロダクトオーナーが相談に応じなければならない。

> **＜注意！＞**
>
> コラボレーションによる設計は、プロダクトを成功させる大きな要因である。次のアジャイル原則を思い出してほしい：「最良のアーキテクチャ・要求・設計は、自己組織的なチームから生み出されます」『ビジネス側の人と開発者は、プロジェクトを通して日々一緒に働かなければなりません』。ユーザーストーリーの精緻化を一人で進めようとする開発チームメンバーがいないか注意しよう。誰かが単独で行動してしまった場合、スクラムマスターはアジャイルの価値観とプラクティスを維持するためにその人をコーチングしなければならないだろう。

### 開　発

プロダクトの開発中は、ほとんどの活動がおのずと開発チームに委ねられる。プロダクトオーナーは、必要に応じて常に開発チームと協力し、明確な説明を行い、開発された機能を承認する。

**＜秘訣＞**

　開発チームは、プロダクトオーナーとすぐに連絡が取れなくてはならない。顧客やステークホルダーとやり取りしない時には、プロダクトオーナーと開発チームが同席するのが理想的だ。

　スクラムマスターも開発チームと同じ部屋にいるべきである。スクラムマスターは、外部の干渉から開発チームを守り、開発チームが直面する阻害要因を取り除くことに集中する。

　開発中にアジャイルプラクティスを維持するためには、第5章で紹介する以下のようなXPの開発プラクティスを必ず実施しなければならない。

- **開発チームのメンバーをペアにしてタスクを完了させる**。そうすることで、仕事の質が高まり、スキルの共有が促進される。
- **開発チームが合意した設計標準に従う**。何らかの理由で従えない場合は、これらの標準を再検討し、改善すること。
- **自動テストをセットアップして開発を開始する**。自動テストについては、次のセクションと第17章で詳しく説明する。
- **スプリントゴールから外れた新しいフィーチャーのコーディングは避ける**。あったら便利なフィーチャーが開発中に明らかになった場合は、プロダクトバックログに追加する。
- **変更対応のコードを、その日のうちに順次統合する**。100％正しいかをテストする。少なくとも1日に1回は変更を統合する。チームによっては1日に何回も統合する。
- **コードレビューを行い、コードが開発標準に沿っているかを確認する**。修正が必要な箇所を特定する。修正はスプリントバックログにタスクとして追加する。
- **技術文書は作業しながら作成する**。スプリントの終わり、ましてやリリース前のスプリント終了まで待ったりしないこと。

**＜豆知識＞**

　継続的インテグレーション（CI）とは、ソフトウェア開発で使われる用語で、ビルドのたびにコードを統合し、包括的にテストを実施することを指す。これにより、問題が大きくなる前に早期に特定できる。継続的インテグレーション（CI）と継続的デプロイメント（CD）の組み合わせは、CI/CDと呼ばれている。一緒に使うことで、早期かつ頻繁なリリースが可能になる。CI/CDについては、第10章で詳しく説明する。

## 検　証

　スプリントで行われた作業の検証には、自動テスト、ピアレビュー、プロダクトオーナーレビューの3つのパートがある。

**＜秘訣＞**

　不具合を未然に防ぐことは、デプロイされたシステムから不具合を取り除くことよりも、はるかに安上がりである。

## 自動テスト

　自動テストとは、テストの大部分をコンピュータープログラムで行うことを意味する。自動テストによって、開発チームはプロダクトを素早く開発しテストすることができ、これはチームのアジリティを向上させる上で大きなメリットとなる。

　多くの場合、スクラムチームは日中に開発作業を行い、夜間や週末に自動化された回帰テストやセキュリティ脆弱性スキャンを実行する。このサイクルが終わると、チームは自動テストで生成された不具合レポートを確認し、デイリースクラム中に問題があれば報告を行い、その日のうちに問題をすぐに修正することが

11-4　出荷可能な機能を作成する

できる。

ソフトウェアの自動テストには、以下のようなものがある。

- **ユニットテスト**：ソースコードの最小単位（コンポーネントレベル）でのテスト
- **システムテスト**：システム全体におけるコードの動作を検証するテスト
- **統合テスト**：開発環境で作成された新しい機能が、既存の機能と統合されても動作することの検証
- **回帰テスト**：プロダクトインクリメントと以前のプロダクトインクリメントをテストし、以前の機能が引き続き動作することの確認
- **脆弱性または侵入テスト**：プロダクトが内部および外部の脅威にさらされていないかを評価するためのセキュリティテスト
- **ユーザー受け入れテスト**：新しい機能が受け入れ基準を満たすことの検証
- **静的テスト**：開発チームが合意したルールやベストプラクティスに基づき、プロダクトのコードが規約を満たしていることの検証

## ピアレビューとチーム開発のテクニック

ピアレビューとペアプログラミングは、チームがプロダクトインクリメントを構築するために使用するテクニックである。ピアレビューとは、開発チームのメンバーがお互いの仕事をレビューし合うことである。ペアプログラミングとは、2人のメンバーがペアで作業を行うことで、1人がコードを書き（ドライバー、パイロット）、もう1人がそれを見て指示する（ナビゲーター）。どちらのプラクティスも、プロダクトの品質を向上させ、チームメンバーのケイパビリティを構築または拡大させ、特定の人に頼りすぎるリスクを減らすのに役立つテクニックである。

新しいトレンドとして、モブプログラミングが勢いを増している。モブプログラミングとは、チーム全員が同じ時間に同じ場所で、1台のコンピューターを使って一緒に作業する方法である。チーム全員が1台のコンピューターで継続的にコラボレーションして、一度に1つの作業を完成させる。顧客もチームと一緒に参加することが多い。モブプログラミングは、2人で行うペアプログラミングの利点をチーム全体に広げたものである。

モブプログラミングの利点には、プロダクトに関する幅広い技術的理解が得られること、コミュニケーションや意思決定に関する問題を迅速に解決できること、必要最低限以上の作業を防ぐこと、技術的負債(後で修正が必要な問題)が減ること、チームやメンバーの無駄な作業が減ること、仕掛かり作業が減ることなどが挙げられる。

どのような方法でお互いの仕事をレビューするにしても、同じ場所に集まれば、レビューを簡単かつ気軽に行える。横を向いて、完了した作業の確認をお願いすればいいのだ。自己管理するチームは、自分たちに最適な方法を決めなければならない。

## プロダクトオーナーレビュー

ユーザーストーリーを開発し、テストすると、開発チームがストーリーを本章で前述したタスクボードの「受け入れ」列に移動する。その後、プロダクトオーナーが機能をレビューし、ユーザーストーリーの受け入れ基準に従って、ユーザーストーリーの目標を満たしていることを検証する。プロダクトオーナーは、開発チームが毎日ユーザーストーリーを完了するたびに、ユーザーストーリーを検証（受け入れまたは却下）する。

第10章で説明したように、各ユーザーストーリーカードの裏面に検証のステップがある。このステップによって、プロダクトオーナーはコードが動作し、ユーザーストーリーを支援していることをレビューし、確認できる。図11-6は、ユーザーストーリーカードの検証ステップの例を示したものだ。

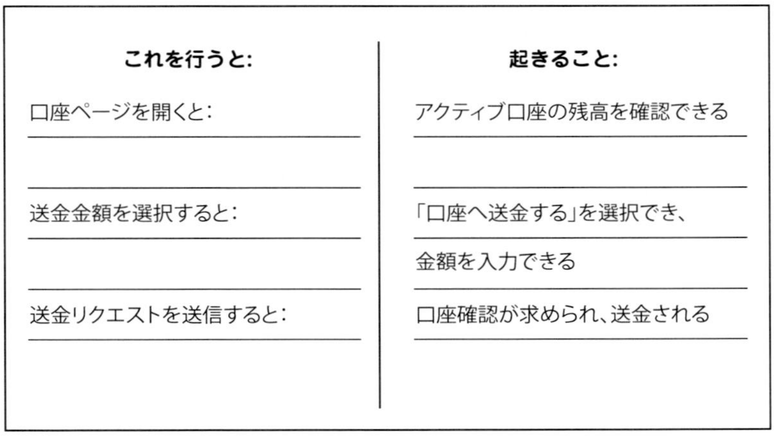

| これを行うと: | 起きること: |
|---|---|
| 口座ページを開くと: | アクティブ口座の残高を確認できる |
| 送金金額を選択すると: | 「口座へ送金する」を選択でき、金額を入力できる |
| 送金リクエストを送信すると: | 口座確認が求められ、送金される |

図 11-6　ユーザーストーリーの検証

　最後に、プロダクトオーナーは、当該ユーザーストーリーが完成の定義を満たしているかどうかを確認するために、いくつかのことをチェックする必要がある。ユーザーストーリーが受け入れ基準と完成の定義を満たすと、プロダクトオーナーがユーザーストーリーを「受け入れ」列から「完成」列に移動して、タスクボードを更新する。

　プロダクトオーナーと開発チームが協力してプロダクトの出荷可能な機能を作り上げている間、スクラムマスターはスクラムチームの作業で発生する障害を特定し、取り除くのを助ける。

## 障害の特定

　スクラムマスターの主な役割は、スクラムチームが直面する障害を管理し、その解決をサポートすることである。ここで言う障害とは、チームメンバーが全力で働くことを妨げるあらゆるものを指す。

　開発チームが障害を特定するにはデイリースクラムが適しているが、開発チームは、一日中いつでも問題をスクラムマスターに報告することができる。

　以下のようなものが、障害に挙げられる。

- 以下のような、局所的かつ戦術的な問題
  - □「優先順位の高い」営業報告に取り組むために、チームメンバーの手を借りようとするマネジャー。
  - □ 進捗を早めるために、追加のハードウェア、ソフトウェア、アクセス権を要求する開発チーム。
  - □ ユーザーストーリーを理解せず、プロダクトオーナーが助けてくれないと言う開発チームメンバー。
- 以下のような、組織的な阻害要因
  - □ アジャイルテクニックに対する全体的な抵抗。特に、会社がこれまでに多大なコストを掛けてプロセスを確立し、維持している場合。
  - □ 現場の仕事を関知しないマネジャー。技術も、開発手法も、プロジェクトの管理手法も常に進歩している。
  - □ スクラムの必要性やアジャイルテクニックを使用する際の開発ペースに精通していない可能性のある外部部門。
  - □ スクラムチームにとって意味のない方針を強制する組織。アジャイルプロセスに沿わない一元化されたツール、予算の制限、標準化されたプロセスなどはすべて、スクラムチームに問題を引き起こす可能性がある。

11-4　出荷可能な機能を作成する

**＜覚えておこう！＞**

　スクラムマスターが持ちうる最も重要な特性が、組織内での影響力や説得力である。組織的影響力を持つスクラムマスターは、難しい話をしたり、スクラムチームが成果を上げるために必要な大小の変化を起こしたりできる。第5章に、様々なタイプの影響力の例を挙げている。

　出荷可能な機能を作るという第一の焦点以外にも、1日の間にはいろいろなことが起こる。これらのタスクの多くをスクラムマスターが担当する。表11-1に、潜在的な障害と、その阻害要因を取り除くためにスクラムマスターが取るべきアクションを示す。

表 11-1　よくある障害と解決策

| 障害 | アクション |
|---|---|
| 開発チームが、ユーザーインターフェースと機能をテストするために、様々なモバイルデバイス用のシミュレーションソフトウェアを必要としている。 | ソフトウェアのコストを見積もるための調査を行い、プロダクトオーナーと一緒に概要を作成し、資金調達について話し合う。調達を通じて購入手続きを行い、開発チームにソフトウェアを提供する。 |
| 管理層が、報告書を書くために開発チームのメンバーを借りたいと言っているが、開発チームのメンバーは全員手が離せない。 | そのメンバーに空き時間がなく、スプリントの期間中も恐らく手が離せないことを、依頼したマネジャーに伝える。また、依頼者にプロダクトオーナーがプロダクトバックログに対して優先順位を付けられると説明し、プロダクトオーナーと話し合うことを勧める。スクラムマスターは問題解決者である可能性が高いので、マネジャーが必要なものを得られるように別の方法を提案するのも良いだろう。 |
| 開発チームメンバーが、ユーザーストーリーを完全に理解していないため、ストーリーを進めることができない。プロダクトオーナーが個人的な急用で外出する。 | 開発チームメンバーと協力して、回答を待っている間に、このユーザーストーリーに関して何らかの作業が可能かどうかを判断する。その質問に答えられる別の人（ステークホルダー、顧客、または当該テーマの専門家）を探すのを手伝う。それができない場合は、開発チームに今後のタスク（止まっているタスクとは関係ないもの）をレビューし、進められるものから着手するように依頼する。 |
| ユーザーストーリーが複雑化し、スプリントの期間に対して大きすぎるように見える。 | 現在のスプリントでいくつかの実証可能な価値が完了するように、開発チームにプロダクトオーナーと協力してユーザーストーリーを分解してもらい、残りはプロダクトバックログに戻す。スプリント終了時に未完了のユーザーストーリーが残るのではなく、たとえ小さなものであっても完了したユーザーストーリーでスプリントを終えることを目指す。 |

# 11-5　情報ラジエーター

　チームは毎日情報ラジエーターを使って、自分たちだけでなくステークホルダーにも重要な情報を流す。情報ラジエーターとは、ポスター、タスクボード、リストなど、必要に応じて閲覧できる作成物のことである。スプリントバックログやタスクボードのような情報ラジエーターがあれば、「ストーリーの進捗はどうなっているか？」「チームはスプリントゴールを達成できそうか？」といった疑問が軽減される。ほとんどの情報ラジエーターは、チームの物理的なワークスペースに掲示されるが、チームが他のチームとコラボレーションしている場合は、共通のコラボレーションエリアや会議エリアに掲示される。チームがデジタルコラボレーションツールを使用している場合、これらの情報ラジエーターは、明白なリンクと簡単なアクセスによって、明確に透明化される。

**＜注意！＞**

筆者はアナログな、実際に触ることができる情報ラジエーターがお気に入りだ。顔を合わせて確認することで、（意図的でないにせよ）情報を見逃すことがないからだ。そうしたツールは、クリックしたり検索したりしないと見つからないデジタルツールよりも、頻繁に参照される。スクラムマスターがチームの成果を上げる環境を作る1つの方法は、情報ラジエーターを使って有用な作成物の透明性を確保することである。

各チームに役に立つ情報ラジエーターには、以下のようなものがある。

- **プロダクトビジョンステートメントとプロダクトロードマップ**：プロダクトの戦略的な方向性を常に可視化し、明確にする。第9章を参照。
- **プロダクトキャンバス**：ペルソナ、ニーズ、目標、およびプロダクト開発の初期に決まったその他の考慮事項を視覚化したもので、スクラムチームが顧客や市場に対する理解度に応じて更新できる。第4章を参照。
- **プロダクトバックログ**：スクラムチームのメンバーとステークホルダーが、プロダクトのケイパビリティと、今後どのような優先事項が控えているかを可視化するのに役立つ。第9章を参照。
- **スプリントバックログ**：スプリントのスコープと各タスクの進捗を表示する。
- **タスクボード**：スプリント内の各ユーザーストーリーの進捗を表示する。本章で前述したタスクボードの例を参照。
- **チームのワーキングアグリーメント**：チームが共同作業する上で守るべき行動を喚起する。このアグリーメントは、スプリントレトロスペクティブやその他のチームディスカッションで更新されることもある。第8章を参照。
- **ゴールを含むリリースとスプリントのバーンダウンチャート**：ゴールに対する各イテレーションの進捗と傾向を毎日可視化する。第10章を参照。
- **完成の定義**：「出荷可能」の意味と各ユーザーストーリーに必要な作業をチームに再確認させる。この定義は、レトロスペクティブやチームの能力向上に応じて定期的に更新される。第2章、第10章、第12章、第17章を参照。
- **ペルソナ**：チームが業務を遂行する際に、自分たちの顧客がどのような人たちかを視覚化し、常に意識する。第4章を参照。
- **アジャイル宣言、アジャイル原則、スクラムの価値観**：チームに実現しようとしている指針となる価値観や原則を常に意識させる。スクラムマスターやアジャイルメンターは、日々のコーチングの中でこれらを頻繁に参照する。第2章と第7章を参照。

本章ではこれまで、スクラムチームが1日の始まりから終わりまで、どのように仕事を進めるかを見てきた。スクラムチームが1日を締めくくる際には、いくつかのタスクを行う。次の節では、スプリントの中で1日をどのように終えるかを示す。

## 11-6　1日の終わり

1日の終わりに、開発チームはスプリントバックログを更新し、どのタスクが完了したか、また、新たに開始したタスクに対してどれだけの作業が残っているかを時間単位で報告する。スクラムチームが進捗の把握に使っているツールによっては、スプリントバックログのデータによって自動的にスプリントバーンダウンチャートが更新されることもある。

**＜秘訣＞**

スプリントバックログは、既に費やした時間ではなく未処理のタスクの残り作業時間で更新しよう。重要なのは、どれだけの時間と工数が残っているかということであり、それによってチームがスプリントゴールに向けて進んでいるかが分かる。可能であれば、タスクに費やした時間の追跡を避けたい。自己修正が可能なアジャイルモデルではそれほど必要ない。また、開発チームが企業の進捗管理ツールを更新するのに掛ける時間は1分未

満にするべきというルールにも従おう。それ以上掛かるようなら、間違ったツールを使っているということだ。この章で前述した、Platinum Edge の無料のスプリントバックログテンプレートが、これに役立つ（https://platinumedge.com/wp-content/uploads/2022/09/platinumedge_pb-sb-templates_excel.xlsx からダウンロードできる）。

　プロダクトオーナーはまた、少なくとも 1 日の終わりにはタスクボードを更新し、レビューに合格したユーザーストーリーを「完成」列に移動させるべきである。

　スクラムマスターは、翌日のデイリースクラムの前に、スプリントバックログやタスクボードをレビューし、リスクや阻害要因がないか確認する。

　スクラムチームは、スプリントの終わりまで、この毎日のサイクルに従う。最終日のスプリントレビューとスプリントレトロスペクティブで検査と適応を行う。

# 第 12 章

# 成果のお披露目・検査・適応

---

**この章の内容**
- 成果のお披露目とフィードバック収集について理解する
- スプリントのレビューとプロセスの改善について理解する

---

　各スプリントの終わりに、スクラムチームは自分たちの価値のある作業の結果をスプリントレビューで示すことができる。スプリントレビューは、プロダクトオーナーと開発チームが、スプリントで完了した、潜在的に出荷可能な機能のデモをステークホルダーに向けて行う場である。スプリントレトロスペクティブでは、スクラムチーム（プロダクトオーナー、開発チーム、スクラムマスター）が、そのスプリントがどうだったかを点検し、次のスプリントに取り入れられる改善の機会を決定する。この 2 つのイベントの根底にあるのが、第 9 章で説明している「検査と適応」というアジャイルの概念である。

　この章では、スプリントレビューとスプリントレトロスペクティブの実施方法について説明する。

## 12-1　スプリントレビュー

　スプリントレビューでは、開発チームがスプリントで完了した出荷可能で価値のある機能をレビューし、デモを行う。この場で、プロダクトオーナーはフィードバックを収集し、それに応じてプロダクトバックログを更新する。スプリントレビューは、スプリントの成果のレビューに関心がある人なら誰でも参加できる。つまり、すべてのステークホルダーがプロダクトの進捗を確認し、フィードバックを提供できるのだ。

　スプリントレビューは、価値創出のロードマップのステージ 6 である。図 12-1 は、スプリントレビューがアジャイルプロダクト開発にどのように組み込まれているかを示している。

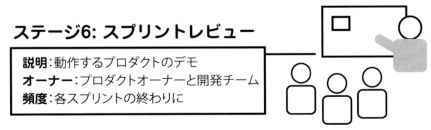

図 12-1　価値創出のロードマップにおけるスプリントレビュー

　以下のセクションでは、スプリントレビューの準備に必要なこと、スプリントレビューの実施方法、フィードバック収集の重要性について紹介する。

## デモの準備

スプリントレビューの準備は、長くても数分で終わるだろう。スプリントレビューというと堅苦しく聞こえるかもしれないが、スクラムチームにとって、このお披露目の本質は形式張らないことだ。スプリントレビューには事前の準備と整理が必要だが、派手な資料は必要ない。その代わり、スプリントレビューでは開発チームが何を行ったかのデモを行うことに集中する。

> **＜注意！＞**
> スプリントレビューが派手すぎると感じたら、開発に十分な時間を掛けなかったことをごまかしていないか、自問してみよう。価値を高めること、つまり出荷可能な動くプロダクトを作ることに立ち返ろう。**見栄えを気にすることはアジリティの敵だ。**

スプリントレビューの準備には、プロダクトオーナーと開発チームが参加し、必要に応じてスクラムマスターがファシリテートする。プロダクトオーナーは、開発チームがスプリントで何を完了できたかを正確に把握している。なぜなら、それらを価値のある、出荷可能なものとして受け入れるか否かを、開発チームと一緒に判断したからだ。開発チームは、完了した出荷可能な機能のデモができるように準備する必要がある。

スプリントレビューの準備に必要な時間は最小限に抑えるべきだ。通常は 20 分以内にしよう。20 分あれば、誰がいつ、何をするかを全員が把握し、デモをスムーズに進めることができるだろう。

> **＜覚えておこう！＞**
> 何もデリバリーされない作業に、ビジネス上の価値はない。1 スプリントにおいて、**出荷可能な機能**とは、開発チームが各要件に対する完成の定義を満たし、その作業成果物がすべての受け入れ基準を満たしていることをプロダクトオーナーが確認し、価値とタイミングが適切な時に市場にリリース（**出荷**）できることを意味する。実際のリリースは、策定されたリリース計画によって後になることもある。出荷可能な機能の詳細については、第 11 章を参照してほしい。

開発チームがスプリントレビューで機能のデモを行うには、その機能が完成の定義に従って完了していなければならない。言い換えれば、プロダクトインクリメントが完全に以下の状態になっているということだ。

- 開発済み
- テスト済み
- 統合済み
- 文書化済み

スプリントの中で、ユーザーストーリーを「完成」の状態に持っていく時、プロダクトオーナーと開発チームは、ユーザーストーリーが受け入れ基準を満たしていることだけでなく、プロダクトが上記の基準を満たしていることを確認する必要がある。このようにスプリントを通して継続的に検証を行うことで、スプリント終了時のリスクを減らし、スクラムチームがスプリントレビューの準備に費やす時間を最小限に抑えることができる。

完了したユーザーストーリーを知り、そのストーリーの機能のデモを行う準備ができていれば、自信を持ってスプリントレビューを始めることができる。

## スプリントレビュー

スプリントレビューには 3 つの活動がある。スクラムチームが完成させた作業をデモしてお披露目すること、ステークホルダーにその作業に対するフィードバックを提供する機会を与えること、そして、現実とステークホルダーのフィードバックに基づいてプロダクトを適応させることである。図 12-2 は、スクラムチームがプロダクトに関して受け取る様々なフィードバックループを示したものだ。

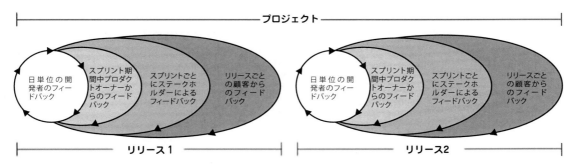

図 12-2　アジャイルプロジェクトのフィードバックループ

このフィードバックのサイクルは、プロジェクトを通して以下のように繰り返される。
- 開発チームのメンバーは毎日、ピアレビューや通常の会話を通じてお互いにフィードバックをし合う。このようなことを奨励し、協力的な環境で働いている。
- 各スプリントを通じて、開発チームが要件を完成させると、プロダクトオーナーは受け入れのためにすぐに動く機能をレビューし、フィードバックを行う。開発チームは、ユーザーストーリーの受け入れ基準を満たすように、受けたフィードバックを即座に取り入れる。ストーリーが完了すると、プロダクトオーナーはユーザーストーリーの受け入れ基準に従って、作成された機能の最終的な受け入れを行う。
- 各スプリントの終わりに行われるスプリントレビューで、プロジェクトのステークホルダーは、完了した機能についてのフィードバックを提供する。
- リリースのたびに、エンドユーザーが動く新しい機能に関するフィードバックを提供する。

スプリントレビューは通常、スプリントの最終日の遅くに行われる（月曜日に始まるスプリントでは金曜日に行われることが多い）。スクラムのルールの1つに、1か月のスプリントでスプリントレビューに費やす時間は4時間以内にするというものがある。つまり、図12-3にも示すように、毎週のスプリントレビューに1時間以上費やしてはならないということだ。

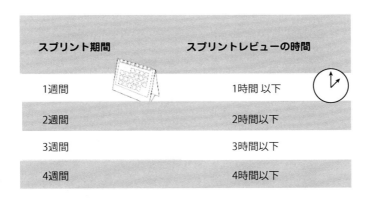

図 12-3　スプリントの期間に対するスプリントレビューの時間

以下は、スプリントレビューのガイドラインの一部である。
- スライドは使用しないこと。実際に動く機能を見せよう。完了したユーザーストーリーをリストで示す必要がある場合は、スプリントバックログを参照すること。
- スクラムチーム全員がスプリントレビューに参加すべきである。
- プロダクトに関心のある人なら誰でも参加できる。プロダクトのステークホルダー、インターン生、

CEO は理論上全員、スプリントレビューに参加できる。可能な時は顧客も招待することができる。

- プロダクトオーナーが、リリースゴール、スプリントゴール、新たなケイパビリティを紹介する。
- 開発チームが、そのスプリント中に完了した動くプロダクトインクリメントのデモを行う。通常は、新しいフィーチャーやアーキテクチャのお披露目を行う。否定的または批判的なフィードバックを受けても、ムキになって自己弁護しないようにすること。感情的になることで、ステークホルダーがフィードバックを提供する意欲を失ってしまうからだ。
- デモは、想定されている本番環境にできるだけ近い機器や環境で行うこと。例えば、モバイルアプリケーションを開発する場合、ノートパソコン上のシミュレーターからではなく、スマートフォン（モニターに接続したもの）でフィーチャーを見せること。
- ステークホルダーは、デモが行われたプロダクトインクリメントについて質問し、フィードバックを提供することができる。
- 値を直接コードに書き込んだり、アプリケーションを実際よりも優れたものに見せるための不正なプログラムを使わないようにしよう。こうした不正な仕掛けを使うと、ステークホルダーがその機能が本当にあると誤解してしまい、将来のスプリントでスクラムチームの作業が増えてしまう。正確な期待値を設定することで信頼を築こう。
- スプリントレビューは、透明性を持って残りの予算およびその使い道を検討する絶好の機会である。これにより、プロダクトオーナーは残りのバックログの価値を評価できる。

<秘訣>

開発の中止や方向転換のタイミングを判断するには、第 15 章で述べる「AC+OC>V」という数式が役に立つ。将来の開発に掛かる実際のコスト（AC）と機会費用（OC）の合計が、ビジネス価値（V）よりも大きくなったら、開発を中止するか、次の開発に方向転換しよう。スプリントレビューは、ステークホルダーと一緒に、フィーチャーやプロダクトの開発に今後投資を続けるべきかどうかを判断するための絶好の機会である。

- プロダクトオーナーは、今回のスプリントで紹介したフィーチャーや新しく追加された項目を基に、次に何をするかについて話し合いをリードすることができる。

<覚えておこう！>

スプリントレビューに至るまでに、プロダクトオーナーは、提示される各ユーザーストーリーの機能を既に見ており、それらが完了していることに同意している。開発チームが取り組んだユーザーストーリーをプロダクトオーナーが受け入れていない場合、そのストーリーのデモがスプリントレビューで行われることはない。プロダクトは次のスプリントでも反復的に構築されるため、スプリントレビューはステークホルダーとプロダクトビジョンをすり合わせる上で非常に重要である。チームは毎回のスプリントで、顧客の問題解決に集中すべきだ。

また、スプリントレビューは、開発チームにとって、自分たちの仕事をステークホルダーや顧客に示し、その努力を認めてもらえるという点で価値がある。このスプリントレビューは開発チームの士気にも影響し、プロダクトビジョンの達成、顧客の問題の解決、望ましいビジネスのアウトカムの達成に向けたチームのモチベーションを維持する。開発チームがビジネス用語を使ってプロダクトのデモを行うことで、チームに対するステークホルダーの自信と信頼が高まる（チームが安定していることのもう 1 つの利点は、顧客とビジネスについて苦労して得た知識を保持できることである）。

<秘訣>

検査は貴重なツールだ。最も多くの世界記録が更新されるのがオリンピックなのはなぜか？ 世界中の何百万人もの人が見ているからだ。スプリントレビューは、オリンピックよりはるかに規模が小さいとはいえ、スクラムチームにとって同じような舞台となる。仕事が定期的に透明に公開されることで、責任感がより一層強まっている。

次は、スプリントレビューでステークホルダーからのフィードバックをメモし、活用する方法を紹介する。

## スプリントレビューでのフィードバック収集

スプリントレビューでは非公式にフィードバックを集めよう。開発チームはプレゼンテーションとその後の会話に集中していることが多いので、プロダクトオーナーやスクラムマスターが彼らの代わりにメモを取ることができる。例えば、ホワイトボードにフィードバックを公開することで、フィードバックが意図したとおりに提供され、受け取られたことを確認できる。また、透明性が確保されることで、重複を防ぐこともできる。

スプリントゴールは、顧客の要望に関するチームの仮定に基づいて選択される。そのため、スプリントレビューでは、チームにとって、その仮定をステークホルダー、さらに良いことには顧客と検証する貴重な機会が得られる。

本書でプロジェクトのサンプルとして繰り返し使用している XYZ 銀行のモバイルアプリケーションを思い出してほしい。XYZ 銀行のモバイルアプリケーションの機能を見たステークホルダーが、次のようなコメントをするかもしれない。

- 営業またはマーケティング担当者：「結果を見たところ、顧客に自分の好みを保存させたほうがいいと感じた。そうすれば、その後の体験をパーソナライズできるのではないか。」
- 部門ディレクターやマネジャー：「私が見た感じでは、昨年の ABC プロジェクトでも同じようなデータ操作が必要になったので、その時開発されたコードモジュールを活用できるかもしれない。」
- 社内の品質マネジメントやユーザーエクスペリエンスのプロフェッショナル：「ログインがとても簡単だと感じた。このアプリケーションは特殊文字を扱えるだろうか？」

スプリントレビューから新しいユーザーストーリーが生まれるかもしれない。そのストーリーが、新しいフィーチャーになるかもしれないし、既存の機能が変更されることになるかもしれない。どちらも歓迎だ。

<秘訣>

最初の数回のスプリントレビューでは、スクラムマスターがステークホルダーにアジャイルの原則とプラクティスについて思い出させる必要があるかもしれない。「デモ」という言葉を聞くと、すぐに派手なスライドや配布資料を期待する人もいる。スクラムマスターは、このような期待の声にうまく対処し、ステークホルダーがアジャイルの価値観とプラクティスを支持できるように支援することで、スクラムチームを守ることができる。

プロダクトオーナーは、新しいユーザーストーリーをプロダクトバックログに追加し、それらのストーリーを優先順位順に並べる必要がある。プロダクトオーナーはさらに、現在のスプリントに予定されているが完了していないストーリーをプロダクトバックログに追加し、その項目を最新の優先順位に基づいて並べ替える。

次のスプリントプランニングに間に合うように、プロダクトバックログの更新を完了させるのも、プロダクトオーナーの仕事だ。

スプリントレビューが終わったら、スプリントレトロスペクティブの時間だ。スクラムチームのメンバーがリフレッシュしてリラックスした気持ちでレトロスペクティブのディスカッションに臨めるように、スプリントレビューとスプリントレトロスペクティブの間に短い休憩を取るのもいいだろう。

スプリントレビューを終えたスクラムチームは、自分たちのプロセスを検査するための準備をしてレトロスペクティブに臨む。適応のためのアイデアも用意しておく。

# 12-2　スプリントレトロスペクティブ

スプリントレトロスペクティブは、プロダクトオーナー、開発チーム、スクラムマスターが、スプリントを振り返り、次のスプリントを改善するために何ができるかを話し合うイベントである。スクラムチームはスプリントレトロスペクティブを自主的に行う必要がある。マネジャーやスーパーバイザーがスプリントレトロスペクティブに参加すると、スクラムチームのメンバーが率直な発言を避けるようになるため、チー

ムが自己組織化して検査し、適応する能力の効果が損なわれてしまう。

　チームが日頃からやり取りのある人(ステークホルダーなど)をスプリントレトロスペクティブに招待することもあるが、これは一般的には例外だ。

　スプリントレトロスペクティブは、価値創出のロードマップのステージ7である。図12-4は、スプリントレトロスペクティブがアジャイルプロダクト開発にどのように組み込まれているかを示したものだ。

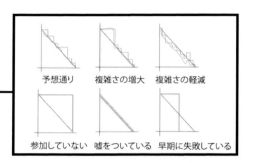

**図12-4　価値創出のロードマップにおけるスプリントレトロスペクティブ**

　スプリントレトロスペクティブのゴールは、プロセス、環境、コラボレーション、スキルセット、プラクティス、ツールの継続的な改善である。スクラムチームの必要に応じて、コラボレーションの仕方を改善し、カスタマイズすることが、スクラムチームの士気を高め、望ましいアウトカムを達成するための効率を高め、ベロシティ(仕事のアウトプット)を向上させる(ベロシティについての詳細は第15章を参照)。

　しかし、あるチームでうまくいくことが、他のチームでもうまくいくとは限らない。スクラムチームの外部にいるマネジャーは、スクラムチームに課題の克服方法を指示するのではなく、スクラムチーム自身が最善の解決策を見つけられるように見守るべきである。

　スプリントレトロスペクティブの結果が、そのスクラムチーム独自のものになることもある。例えば、以前一緒に仕事をしたあるスクラムチームのメンバーは、夏の午後を家族と過ごすために、早く出社して早く退社したいと考えた。同じ組織の別のチームのメンバーは、夜遅くまで仕事をした方が良いと感じ、午後に出社して夜まで仕事をすることにした。結果は、どちらのチームも士気、効率、ベロシティが向上した。

　レトロスペクティブで学んだ情報を元に、作業プロセスを見直し、修正して、次のスプリントをより良いものにしよう。

　　＜覚えておこう！＞
　　　アジャイルアプローチ、特にスクラムでは、プロダクト開発の問題がすぐに露呈される。スクラム自体は問題を解決しない。問題を明らかにし、明らかになった問題を検査して適応させるためのフレームワークを提供するだけだ。スプリントバックログのデータは、開発チームのペースがどこで落ちたかを正確に示す。開発チームは話し合い、協力する。こうしたツールとプラクティスによって、非効率が明らかになり、スクラムチームがプラクティスを洗練化し、今後のスプリントに向けた改善ができるようになる。明らかになったことには注意を払おう。無視したり、回避したりしてはいけない。

　この後のセクションでは、スプリントレトロスペクティブの準備、実施方法、およびスプリントレトロスペクティブの結果を使って以降のスプリントを改善する方法について説明する。

## ラインを止める

　リーン生産が始まった1950年代から60年代にかけてトヨタ生産方式を構築した大野耐一は、ライン作業者に決定権を与えるために組み立てラインの管理を分散化した。ライン作業者には実際に、組み立てラインで欠陥や問題を発見した場合、赤いボタンを押してラインを停止させる権限を与えられていた。従来、工場の管理者はラインを止めることを失敗と見なし、スループットを最大化するために1日のうちのできるだけ長い時間、組み立てラインを稼働させることに注力していた。大野の哲学は、発生した制約を取り除くことでより良いシステムを積極的に作り出すというものだったが、我々は既存プロセスを最適化しようとするのではなく、先手を打つ対応により良いシステムを作り上げるのだ。

　導入された当初、このやり方を導入したマネジャーのチームの生産性は、導入しなかったマネジャーのチームよりも低下した。システムの不具合の修正に多くの時間が掛かっていたからだ。後者のチームは最初、自分たちの勝ちだと宣言した。しかし、程なくして前者のチームは追いつき、さらにはシステムの継続的な改善を行わなかったチームよりも、より早く、より安く、欠陥やばらつきの少ない生産を行えるようになった。この定期的かつ継続的な改善のプロセスこそが、トヨタを成功に導いたのである。

## レトロスペクティブの準備

　最初のスプリントレトロスペクティブでは、スクラムチームの全員がいくつかの重要なことを考え、それについて話し合えるようにしておこう。スプリント中に何がうまくいっただろうか？ 何を継続させ、何をどのように変えるべきだろうか？

　スクラムチームの全員が、事前にメモを用意しておくのもいいし、スプリント中にメモを取るのもいいだろう。スクラムチームは、スプリントのデイリースクラムで挙がった障害を覚えておくことで、2回目以降のスプリントレトロスペクティブで、現在のスプリントと以前のスプリントを比較し、改善作業がどのように進んでいるかを把握できる。第11章では、以前のスプリントのスプリントバックログの保存について述べている。これは知っておくと役に立つだろう。

　スクラムチームが、何がうまくいき、何を改善できるかについて正直に、徹底的に考えることで、スプリントレトロスペクティブで有益かつ具体的な会話ができるようになる。

## スプリントレトロスペクティブの実施

　スプリントレトロスペクティブは行動指向だ。スクラムチームはここで学んだことをすぐに次のスプリントに適用する。

### ＜覚えておこう！＞

　スプリントレトロスペクティブは行動重視であり、言い訳をする場ではない。もし「なぜならば……」と理由付けの言葉ばかりが聞こえてくるようであれば、その会話は行動ではなく言い訳に向かっているということだ。

　スクラムのルールの1つに、1か月のスプリントでスプリントレトロスペクティブに掛ける時間は3時間以内というものがある。つまり、1週間のスプリントごとにスプリントレトロスペクティブに費やす時間は、通常45分以内だ。次ページの図12-5は、スプリントの期間ごとのスプリントレトロスペクティブの時間のクイックレファレンスだ。

　スプリントレトロスペクティブでは、主に次の3つのトピックについて話さなければならない。

- このスプリントでうまくいったことは何か？
- 何を変えたいか？

12-2　スプリントレトロスペクティブ

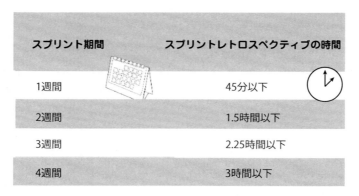

図 12-5　スプリントの期間に対するスプリントレトロスペクティブの時間

- どうすればその変化を実現できるか？

以下の項目は、検査すべき項目の一例である。

- **結果**：計画した作業量と開発チームが完了した作業量を比較する。スプリントまたはリリースのバーンダウンチャート（第 11 章を参照）で、チームの状況をレビューする。
- **人**：チームの構成と連携について話し合う。
- **人間関係**：コミュニケーション、コラボレーション、チームの協力体制について話し合う。
- **プロセス**：サポート、開発、ピアレビューのプロセスを確認する。
- **ツール**：スクラムチームにとって、各ツールがどのように機能しているか？作成物、電子ツール、コミュニケーションツール、技術ツールについて考えてみよう。
- **生産性**：チームが生産性を向上させ、持続可能なペースを維持しながら、次のスプリントで最も多くの仕事を終わらせるためには、どうすればいいか？アジャイル原則 8「アジャイルプロセスは持続可能な開発を促進します。」を思い出そう。「ムダなく作れる量を最大限にする」（原則 10）機会や、よりスマートに仕事ができる機会があるかもしれない。

チームが 1 週間のスプリントで活動する場合、レトロスペクティブを行う機会は毎年 52 回ほどある。レトロスペクティブの実施方法は多数ある。どれも当事者意識を維持するためのもので、またチームの多様性や構造化されたディスカッションにも役に立つ。『アジャイルレトロスペクティブズ　強いチームを育てる「ふりかえり」の手引き』（角征典訳、オーム社）の著者である Esther Derby 氏と Diana Larsen 氏が、スプリントレトロスペクティブのための素晴らしいフレームワークを提供している。これにより、チームが真の改善に向けたディスカッションに集中できる。

1. **場を設定する**
   レトロスペクティブに向けてゴールとスコープを前もって設定しておくことで、スクラムチームが会議の後半で適切なフィードバックを提供することに集中できる。スプリントが進んだら、1 つか 2 つの具体的な改善項目に焦点を当てたレトロスペクティブを実施するのもいい。
2. **データを収集する**
   前回のスプリントでうまくいったこと、改善が必要だったことを話し合う。スプリントの全体概要を描く。ホワイトボードを使って会議参加者の意見を書き出すことも検討しよう。
3. **アイデアを出す**
   集めたデータを見て、次のスプリントに向けた改善方法に関するアイデアを出す。
4. **何をすべきか決定する**
   チームとして、どのアイデアを実行に移したいかを決める。アイデアを実現するための具体的な行動を決める。

5. レトロスペクティブを終了する

次のスプリントの行動計画を再確認する。貢献してくれた人たちに感謝する。次のレトロスペクティブの改善方法も考えよう。

最初はなかなか打ち解けられないスクラムチームもあるだろう。ディスカッションを始めるため、スクラムマスターが具体的な質問をしなければならない場合もある。レトロスペクティブに参加するには練習が必要だ。重要なのは、スクラムチームがスプリントに対して責任感を持ち、真に自己管理できるようになることである。

レトロスペクティブの間に議論やディスカッションが繰り返されるスクラムチームもあるかもしれない。スクラムマスターはこのようなディスカッションのファシリテーターとして、レトロスペクティブを決められた時間内に収めながら、望ましいアウトカムへと導く。

<秘訣>

スプリントレトロスペクティブから生じたアクション項目は、すべてプロダクトバックログに追加する必要がある。フィーチャー、技術的負債、オーバーヘッド、改善項目など、プロダクトビジョンを達成するためにスクラムチームが行うすべての作業をプロダクトバックログに追加し、優先順位を付けるべきである。スクラムチームは、各スプリントで潜在的に出荷可能な機能をデリバリーする作業を継続的に改善するために、少なくとも 1 つの改善項目を前回のレトロスペクティブから含めることに合意する必要がある。

スプリントレトロスペクティブの結果は、スポット的にだけでなく、プロダクト開発全体を通して、すべてのスプリントを検査し、適応させるために使用しよう。

## 検査と適応

スプリントレトロスペクティブは、検査と適応のアイデアを実行に移す絶好の機会だ。レトロスペクティブ中に課題や解決策を思いついたら、それらをレトロスペクティブ後に放置してはいけない。改善を毎日の仕事の一部にしよう。

改善のための推奨事項を非公式に記録することもできる。レトロスペクティブで特定されたアクションをチームエリアに掲示して、挙がったアクション項目を確実に可視化しているスクラムチームもある。アクション項目はプロダクトバックログにリマインダーとして追加し、次回以降のスプリントで実施しよう。

以後のスプリントレトロスペクティブでは、前のスプリントの評価をレビューし、提案された改善項目を確実に実行することが重要だ。パフォーマンスの高いチームは、レトロスペクティブを機にベロシティを加速させる方法を知っている。

12-2　スプリントレトロスペクティブ

# 第4部　アジリティマネジメント

第 4 部では…

- 要求仕様（アウトプット）を満たすことよりも、価値（アウトカム）を生み出すことを漸進的に追求する。
- スコープの変更に効果的に対応する。
- 成功に向けて「ベンダー」と「契約」を管理する。
- スケジュールと予算をモニタリングし、調整する。
- 最適なコミュニケーションのために自己組織化する。
- 質を高め、リスクを軽減するために検査、適応する。

# 第 13 章

# ポートフォリオマネジメント：価値の追求

---

**この章の内容**
- アジャイルポートフォリオマネジメントの特徴を学ぶ
- ポートフォリオ投資の意思決定方法を知る
- アジャイルプロダクトのポートフォリオマネジメントを学ぶ

---

今日、組織のリーダーたちは、かつてないスピードで価値を提供しなくてはならない、という難しい課題に直面している。急速に変化する市場に対応するための限られたリソースと資金で、どのプロダクト投資機会が組織のリターンを最大化するかを決めることは容易ではない。この章では、プロダクトポートフォリオを管理するために使われる様々なアジャイルアプローチとテクニックを紹介する。ポートフォリオマネジメントは、組織が要件（アウトプット）を満たすことよりも、価値（アウトカム）を追求することをサポートする。

プロダクト開発と同様に、アジャイルポートフォリオマネジメントはアジャイル宣言の価値観と原則に基づいており、次のような結果をもたらす。

- 最も高いビジネス価値の優先提供
- より頻繁な価値の提供
- 優先順位の見直しなどの方向転換によるコスト低減
- より高い透明性
- より短いフィードバックループから得たタイムリーなデータ
- チームとプロダクトの透明性による例外管理の容易性
- 小さく、漸進的かつ継続的な改善
- 持続可能な生産性
- 集中力の向上と持続可能なペースによる士気の向上
- 要件を満たすだけでなく、価値も最大化

## 13-1　アジャイルポートフォリオマネジメントは何がどう違うのか？

スクラムチームは、最も価値が高く、リスクが高い項目から優先的に取り組むため、アジャイルプロダクト開発の取り組みでは、しばしば、時間や資金が尽きる前に価値が創造される。同じことがプロダクトのポートフォリオにも言える。実際、1つのプロダクト由来の価値を最大化するための原則の多くが、プロダクトのポートフォリオにも適用できる。

アジャイルポートフォリオマネジメントとは、組織の長期的目標とリスク許容度を満たすプロダクト投資

のグループを選択し、監督する芸術であり科学だ。プロダクトポートフォリオマネジメントには、強みと弱み、機会と脅威を総合的に判断する能力が必要である。その選択をするためには、短期と長期、市場セグメントの拡大と縮小、国内と海外、成長と既存プロダクトへの投資といったトレードオフを考慮する必要がある。

　様々なトレードオフを天秤にかけることは、まさに芸術であり科学である。プロダクトオーナーとポートフォリオリーダーは、強み、弱み、機会、脅威（SWOT）を評価し、効果的なポートフォリオマネジメントによって顧客とステークホルダーの価値を最大化できるようになる。

### ＜豆知識＞

　SWOT とは、強み、 弱み、 機会 、脅威の頭文字をとったものである。SWOT 分析は、プロダクト、会社、チーム、ポートフォリオなど、チームが望むあらゆる対象に対して実施できる。制限がないのだ。話し合いのテーマを決めたら、チームで、そのテーマの強み、弱み、機会、脅威をブレインストーミングする。分析の結果は、チームが考慮すべき最も重要な要因の簡潔な要約であり、プロダクトのポートフォリオ、バックログ、ビジョン、ロードマップの指針となる。

アジャイル原則はすべて、組織のプロダクトポートフォリオマネジメントに役立つ。

1. 顧客満足を最優先し、価値のあるソフトウェアを早く継続的に提供します。
2. 要求の変更はたとえ開発の後期であっても歓迎します。変化を味方に付けることによって、お客様の競争力を引き上げます。
3. 動くソフトウェアを、2〜3 週間から 2〜3 か月というできるだけ短い時間間隔でリリースします。
4. ビジネス側の人と開発者は、プロジェクトを通して日々一緒に働かなければなりません。
5. 意欲に満ちた人々を集めてプロジェクトを構成します。環境と支援を与え仕事が無事終わるまで彼らを信頼します。
6. 情報を伝える最も効率的で効果的な方法はフェイス・トゥ・フェイスで話をすることです。
7. 動くソフトウェアこそが進捗の最も重要な尺度です。
8. アジャイルプロセスは持続可能な開発を促進します。一定のペースを継続的に維持できるようにしなければなりません。
9. 技術的卓越性と優れた設計に対する不断の注意が機敏さを高めます。
10. シンプルさ（ムダなく作れる量を最大限にすること）が本質です。
11. 最良のアーキテクチャ・要求・設計は、自己組織的なチームから生み出されます。
12. チームがもっと効率を高めることができるかを定期的に振り返り、それに基づいて自分たちのやり方を最適に調整します。

　プロダクトポートフォリオをマクロレベルから評価する際には、どのプロダクトの投資機会を全般的に追求すべきか、次はどれに取り組むべきか、その後はどれなのかについて、重要な決定を下さなければならない。また、組織やチームのキャパシティが健全で、活気が保たれるようなバランスを慎重に整えることも重要である。過度に負担を掛けると、イノベーションが減り、チームが疲れ果て、現状維持に甘んじることになる。

## 投資すべきか？

　財務投資と同様、資本予算は、潜在的な投資の収益性を見積もるために、内部収益率（IRR：Internal Rate of Return）という重要な指標を用いる。IRR は、初期投資のコストと将来得られる収益またはコスト削減の現在価値との対比を考慮する。IRR が高ければ高いほど、ポートフォリオリーダーはそのプロダクト投資が利益を生むと確信できる。

　同じ財務リターンの原則が、プロダクトポートフォリオマネジメントにも適用できる。開発費、人件費、ライセンス費、メンテナンス費など、プロダクトに掛かる初期コストと、将来の年間収益またはコスト削減

13-1　アジャイルポートフォリオマネジメントは何がどう違うのか？

の現在価値と比較される。内部収益率が資本コストや初期投資コストを上回れば、それは有望な投資と言える。考慮すべきこととして、CapEx（資本的支出）と OpEx（運営支出）のバランスがある。資産として計上できる費用が多いほど、その投資は収益性が高くなる可能性がある。

<豆知識>

　　資本的支出（CapEx）とは、企業が不動産、建物、産業プラント、テクノロジー、設備などの物理的資産を取得、アップグレード、維持するために使用する資金である。CapEx は多くの場合、企業の新規プロジェクトや投資に使われる。運営支出（OpEx）は、事業経費、事業運営費、営業支出などとも呼ばれ、プロダクト、事業、システムを運営するための継続的な費用である。

　内部収益率と CapEx と OpEx のバランスを理解することで、「投資すべきか？」という問いに対する答えを見つけることができる。以下は、プロダクトの経済的なリターンを予測する際に考慮すべきその他の要因である。

- **価値とリスク**：ポートフォリオの優先順位付けでは、価値とリスクを考慮する。価値を考慮するのは、そのポートフォリオが顧客のニーズを満たす必要があるからだ。リスクについて、早期に、より低コストで失敗を可能にし、システムが最も単純で財務リソースが最も豊富な時に、解決策を見つけるための最も長い準備期間が得られる。
- **短期か長期か**：短期的利益と長期的価値のトレードオフを行う。
- **プロダクトミックス**：プロダクトを多様化し、新しいプロダクトと市場から撤退するプロダクトの両方のプロダクトライフサイクル（発見から市場投入まで）を活用することで、プロダクトのバランスを取る。

それぞれについて、次に詳しく説明する。

## プロダクト投資リターンを予測するための要因

　プロダクト投資リターンを予測する際には、価値とリスクの優先順位付け、短期か長期か、プロダクトミックスのバランスなど、いくつかの要因を考慮する必要がある。次のセクションで、それぞれの要因について説明する。

### 価値とリスクの優先順位付け

　アジャイルプロダクトチームは、1 つのことに集中し、それを完成までしっかりやり遂げた後、チームとして、次に最も重要なことに移すことが推奨されている。一度に 1 つのことに取り組むのは、コンテキストスイッチによる大きな遅延コストを防ぐためだ。

　ポートフォリオ全体の優先順位付けも同様である。ポートフォリオには投資機会のバックログがあるかもしれないが、賢明なポートフォリオリーダーは仕掛かり作業を減らし、一度に 1 つの機会に集中する。そして、その結果、生まれたアウトカムを評価し、納得がいけば次の機会に移る。

　ポートフォリオリーダーは、価値とリスクに応じてポートフォリオに優先順位を付ける。価値の基準には、投資対効果や内部収益率、市場シェア、収益、コスト削減、企業イメージ、プロダクト強化、メンテナンス、セキュリティ、企業コンプライアンスなどが含まれる。リスクの基準には、ユーザーが新しいプロダクトを採用するリスク、組織にとって馴染みのないテクノロジーを使うリスク、組織が必要な期間内に価値を提供できないリスクなどが含まれる。ポートフォリオの優先順位は、価値とリスクによって決まる。優先順位付けのために、どのように価値とリスクを使うかについては、第 9 章でより詳しく説明している。

　図 13-1 は、価値とリスクのマトリクスツールである。プロダクトポートフォリオリーダーが様々なプロダクト投資機会を評価するために使用する。最も価値が高く、最もリスクが高い象限にあるプロダクトを最初に試みるべきで、最も価値が低く、最もリスクが高いプロダクトは避けるべきである。

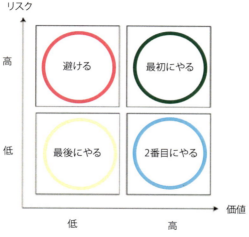

図 13-1　価値とリスクを評価する 4 象限

　ポートフォリオは優先順位付けされたプロダクト投資機会のバックログを持つことによって、チームは投資機会の高い順から着手できるようになる。その時点で手が空いているチームがバックログから最初の項目を選んで着手した後、次のチームは、最初のチームにサポートが必要かどうかを確認し、必要でなければ、次に最も価値のあるプロダクトの投資機会に取り掛かる。このアプローチにより、最も価値の高いプロダクトの投資機会が最初にその組織の目に留まることが保証される。また、その組織のケイパビリティの範囲内で進めながら、仕掛かり作業（WIP）の数を少なく抑えることもできる。

### 組織とポートフォリオの優先順位の整合性を取る

　私たちのクライアントだった、ある医療機関は、従来のプロジェクトマネジメント手法を使っていたため、年間計画を立てるのに苦労していた。資金の割り当てを調整するために、予備金を確保し、予測は年間を通じて頻繁に更新された。マネジャーたちは CapEx と OpEx の目標値を厳重に監視していた。依存関係の強いタスクがいくつも並行して進行していたため、進捗を図るのは困難だった。専門的なスキルを持つ人材が同時に複数のプロジェクトに携わる必要があった。

　新年度の計画を立てるにあたり、プロのアジャイルメンターを招聘し、予算と生産性の課題を解決するためのワークショップを開いた。メンターは、リスクと価値を評価するための基準に合意することから始めるというアプローチを通して、リーダーたちを導いていった。

　その後、各リーダーは 5 インチ×3 インチのインデックスカードに、計画しているプロダクト投資機会のタイトルを記入し、壁に設置したリスク対価値のマトリクスに配置していった。価値のラベル欄には、推定投資対効果（50 万ドル、30 万ドル、10 万ドルなど）を記録し、各カードについて議論する中で、その推定投資対効果の正当性について説明した。

　すべてのカードを壁に貼った後、全員がまず気づいたことは、投資機会が多すぎるということ、つまり計画が非現実的だということだった。次に、価値、リスク、大まかな順番の予測を立てることで、ポートフォリオに優先順位を付けられることが分かった。最も価値のあるいくつかの投資機会が、優先順位によって浮かび上がり、さらに重要なことに、それらが組織的な整合性を持っていた。

　そして、最も価値のある機会/最もリスクの高い機会を左側に、最も価値のない機会/最もリスクの低い機会を右側に、優先順位を付けて壁一面に並べた。要するに、プロダクトポートフォリオへの投資機会のバックログを作成したということだ。

　結果は大幅に改善された。優先順位の高い案件は早期に成功し、リスクが高く価値の低い案件はすぐにリストから削除された。その組織のチームは手が空いたステージで、優先順位付けされた

バックログから最も価値のある投資機会に着手できるようになり、より多くの人材が、利用可能な
キャパシティの中で、いいペースで最も重要な仕事の遂行に集中できるようになった。

## 短期的な決断と長期的な決断

ポートフォリオリーダーたちは、プロダクトオーナーと協力して、短期と長期のプロダクトポートフォリ
オの決定を行う。彼らがよく考えることは「短期的なプロダクト投資の機会を捨てて良いのか」あるいは「短
期投資は、長期的な戦略ビジョンを達成するための道筋を作るのか」ということだ。

スクラムチームは頻繁に、「次に何をすべきか？」と考える。何かを修正するか、新しいものを構築また
は実装するかを決定しなければならない。先手を打つ対応と即応作業のバランス、そして技術的負債[†]を返
済するか、より速いプロダクト開発のために自動化やプラットフォームのアップグレードに投資するかの
決断を下さなければならない。

このような短期的か長期的かの判断をするために、ポートフォリオリーダーは、プロダクトオーナー、ス
テークホルダー、開発チームと密接に連携する。アジャイルアプローチ特有の強力なコミュニケーションサ
イクルと迅速なフィードバックループが、彼らの意思決定に反映される。ポートフォリオリーダーたちは、
ステークホルダーやプロダクトオーナーと対話する中で、顧客のニーズと機会について学んでいく。そして、
プロダクトオーナーとステークホルダーは、開発チームと共に、迅速にプロダクトビジョンステートメント
とロードマップを作成し、資金調達の支援を得る。リリースプランニングとスプリントプランニングがそれ
に続く。最初のスプリントでは、機会の実現可能性に関する情報を早期に得ることができる。最小限の投資
で、短期的か長期的かの判断に役立つ情報が明らかになる。

### 組織の技術的負債の短期返済は長期成果をもたらす

ある医療関連企業は、アジャイルトランスフォーメーションを支援するために、新しくアジャイ
ル移行チーム（ATT：アジャイル移行チーム、詳細は第18章を参照）を編成した。このチームに
とって、組織の技術的負債を返済するために投資するという短期的な決断が頭に重くのしかかって
いた。パイロットスクラムチームが作業を始めると、テスト自動化が不足していることが明らか
になった。本来なら自動化できたはずの数千件のテストケースが、日々、全員の手作業によって行
われていた。新しい機能が作成されるたびに、さらに多くの手動テストケースが追加され、手動テス
トの負債はどんどん積み上がっていった。

スクラムチームと相談した結果、ATTは、この負債に対処する最善の方法は、新しいスクラム
チームを編成し、この問題解決に集中させることだと判断した。

新しいスクラムチームのバックログに含まれる最初の項目は、全チームが使用できるテストフ
レームワークを構築することだった。各パイロットチームは、この新しいテストフレームワークを
完成の定義に組み込んだ。このフレームワークにより、すべてのチームが自身のテストを自動化し、
共有のテストプールに追加できるようになった。スクラムチームが新しいスプリントのテストを
自動化している間、新しいスクラムチームは、新しいフレームワークを使用して、テスト自動化の
負債に関するバックログに取り組んだ。そして1つ1つ、テストケースの負債は返済された。

プロダクトの品質だけでなく、チームの生産性も向上した。変更の対応がより容易になり、チー
ムは優先順位を楽々と変更できるようになった。手動テストの担当者はテスト自動化を構築する
際に新たなスキルを獲得し、さらに他のスキルを習得する道が開かれたのだ。

長期的には、自動化への投資により、すべてのチームの開発におけるベロシティあるいは相対的
なペースが向上した。短期的な技術的負債の返済が、長期的な成果をもたらした。

---

[†] （訳注）技術的負債とは、ソフトウェアやアプリケーションを開発する上で先送りにされた修正作業。

第13章　ポートフォリオマネジメント：価値の追求

### プロダクトミックスのバランス

プロダクトミックスは、プロダクトアソートメントとも呼ばれ、組織が顧客に提供するプロダクトラインの総数を指す。例えば、ナイキが販売する様々な商品（靴、靴下、パンツ、シャツ、スウェットシャツ、チームギア、その他スポーツ用品など）を考えてみよう。企業のプロダクトミックスには、幅、長さ、深さ、一貫性という4つの側面がある。

- **幅**：組織が提供するプロダクトラインの数、または提供する種類の多さ。例えば、靴に始まり、その他の衣料品やチームギアに至るまでのプロダクトラインの数。
- **長さ**：ランニングシューズの種類の数など、その会社または特定のプロダクトライン内のプロダクトの数。
- **深さ**：靴の様々なサイズ、スタイル、色など、各プロダクトのバリエーションの総数。
- **一貫性**：プロダクトラインにおけるプロダクト間のつながりと、それらを消費者に届ける方法。プロダクトラインが、使用、製造、流通の面で、どれだけ密接に関連しているかを表す。例えば、2つの靴のラインが同じように使用、製造、流通されることで、そのプロダクトラインに一貫性が生まれる。

#### ＜秘訣＞

プロダクトミックスは、ビジネスとブランドのイメージを決定する上で重要である。ターゲット市場から見た一貫性を保つのに役立つからだ。

プロダクトミックスのバランスを取るために採用できる戦略は様々だ。小規模な企業は、幅、深さ、長さを限定した一貫性の高いプロダクトミックスからスタートすることが通例だ。そういった企業も、時間の経過と共にプロダクトの差別化を図ったり、新しい市場に参入するために新しいプロダクトを獲得したりしたくなるだろう。また、様々な選択肢と価格帯を提供するために、品質レベルに濃淡を付けた類似プロダクトをプロダクトラインに加えることもある。より高価なプロダクトを追加するためにプロダクトラインを上方へ伸ばし、品質の劣る低価格のプロダクトを追加するためにプロダクトラインを下方へ伸ばすのである。

プロダクトポートフォリオにおいてバランスのとれたマーケティングミックスが重要な理由はたくさんある。ポートフォリオリーダーが投資価値を最大化するのに役立ち、プロダクトの差別化によって利益を上げ、新しい市場、顧客セグメント、価格帯を活用するために必要なステップを定義してくれる。そして、プロダクトマーケティングの方向性を定めてくれるのだ。

## 13-2 アジャイルプロダクトポートフォリオマネジメント

アジャイルプロダクトポートフォリオマネジメントには多くの未確定要素が関係するため、プロセスが複雑になることがある。効果的なポートフォリオは、現実的かつ戦略的な優先順位を設定すること、そして、ポートフォリオ項目をできるだけ早く完了できるように仕掛かり作業を減らすことに重点を置いている。効果的なポートフォリオはアジャイルの原則10「シンプルさ（ムダなく作れる量を最大限にすること）が本質です」に忠実である。

ブレント・バートンは、「The 5 Simple Rules of Agile Portfolio Management（アジャイルポートフォリオマネジメントの5つのシンプルなルール）」と題した記事で、プロダクトポートフォリオを管理・計画する際の課題について述べている。彼は、サイロ化した組織で複数のプロダクトの新機能を計画することは、50%未満の精度で局地的な天気を予測するようなものだと結論付けた。精度が低いのは、局地的な気候の気象学者が、自分たちの領域を超えた、より大きなシステムが気象パターンにどのような影響を与えるかを考慮していなかった（あるいは、考慮する術がなかった）からである。言い換えれば、需要に見合ったキャパシティを適切にマッチングするための正しい視点がなければ、プロダクトポートフォリオの計画は、ほぼ不可能なのだ。

このためバートンは、アジャイルプロダクトポートフォリオマネジメントの複雑さを軽減するための5

つのシンプルなルールを定義した。

- **すべての作業を強制的にランク付けする**。すべてを最優先に位置付ける組織は、本当の優先順位を明確にすることができない。投資機会のポートフォリオを強制的にランク付けすることで、明確さが生まれ、焦点が定まる。「投資すべきか？」という問いに答えるのと同様に、ポートフォリオは、顧客にとっての価値だけでなく、ビジネスリスク、技術リスク、またはその両方を考慮した時に、最も適切に優先順位付けされる。最も価値があり、最もリスクの高い機会に最初に取り組む。

**＜覚えておこう！＞**
　『Essentialism：The Disciplined Pursuit of Less』（Virgin Books）（『エッセンシャル思考　最小な時間で成果を最大にする』、高橋璃子訳、かんき出版）の中で、著者のグレッグ・マキューンはこう述べている。
　「優先事項（priority）という言葉が英語に登場したのは 1400 年代のことだ。元々は単数形しかなく、1900 年代になって初めて複数形（priorities）ができ、「優先順位」という概念が生まれた。非論理的に思えるが、言葉を変えれば現実も曲げられるのは理に適っていたのだ。」

- **十分なデータに基づいて運用する**。ポートフォリオの意思決定が必要な時に、すべての決定を支えることができる完璧で詳細なデータがあると期待するのは非現実的だ。特定の分野に関して、ある程度詳細なデータがあったからといって、他の分野でも高価な詳細データを入手する必要があるというわけではない。すべての経験制御プロセスと同様、分かっていることから始め、学んだことに基づいて検査し、適応させるのだ。
- **目先のキャパシティを決める**。組織の現状のキャパシティに基づいて投資機会を決定しよう。チーム数やスキル数を希望的に予測し、ポートフォリオマネジメントの成果に影響を与えようとすると、かえって複雑になり問題が生じる。新しいチームをタイムリーに予測し、オンボーディングすることは、リーダーが望む以上に困難なことである。
- **独自の価値提供ケイパビリティごとにポートフォリオを作成する**。可能な限り作業を簡素化し、最も価値のある小さな単位に分解する。ポートフォリオ内のチームが高度に連携し、高度に自律できるようにする。段階的精緻化を通じて、彼らの仕事を戦略につなげる。
- **ポートフォリオごとに 1 つのインテークシステム†を設ける**。ポートフォリオにおける戦略的意思決定では、テクノロジーの革新、構築、リリース、進化、サポート、廃止に必要な作業スコープ全体を完全に把握する必要がある。

　アジャイルプロダクトポートフォリオマネジメントのための、これらの 5 つのシンプルなルールは、複雑さを減らし、組織の集中力を高めるのに役立つ。また、過度に分析して動けなくなることを防ぎ、迅速な行動を促進する。すべてのガイドラインがそうであるように、これらも良い出発点として役立つが、検査しながら調整していく必要がある。

　プロダクトポートフォリオに効果的に優先順位を付けるために考慮すべきその他の要素は以下のとおりである。

- **ポートフォリオを可視化する**。目的地に行くには、口頭や書面での道案内よりも地図のほうが分かりやすい。同様に、プロダクトチームのポートフォリオを可視化することで、より効果的なコラボレーションができる。自己組織化された環境では、検査と適応のために完全な透明性が不可欠である。自社のポートフォリオが、企業ビジョン、目標（望んでいるアウトカム）、成功基準、戦略と整合性があるかどうかを、誰もが確認できるようにする。プロダクトやケイパビリティのロードマップは、目に見える形で意思決定プロセスを支える必要がある。可視化は、責任を持てる最後の瞬間に意思決定を行う際に情報を与えてくれる。
　図 13-2 は、戦略的なビジョンに沿った投資機会のポートフォリオバックログの例で、価値、リスク、見積もりによってランク付けしたものである。

---

†（訳注）インテークシステムとは、要求を受け入れ、処理、計画・実行に移すプロセス。

第13章　ポートフォリオマネジメント：価値の追求

図 13-2　投資機会の優先順位付けをしたポートフォリオのバックログ

- **人材配置を最適化する**。有能なスクラムチームが最大利益を生み出すよう最適化する。
- **プロダクトのパフォーマンスを評価する**。変化する市場環境と顧客の要求に適応するために、顧客主導の指標が利用可能であることを確認する。
- **将来の価値を見極める**。新しいプロダクトを設計・開発し、新しいアイデアを探す。自社のビジネスと競合他社をモニタリングし、顧客からのフィードバックを得て、顧客の将来のニーズを予測する。新しい技術、法律、規制も、将来の価値に影響を与える可能性がある。
- **できる試みを見つける**。試す余地のある領域を探して、それを理解するために投資する。選択肢としては、プロダクトの市場の潜在性を推測する、ケーススタディを行う、フォーカスグループを運営するなどがある。
- **実際に試してみる**。新しいプロダクトやフィーチャーは、チームが開発しなければならないものだ。最初の実験は、そのプロダクトの潜在市場を確認するのに役立つ。
- **段階的にプロダクトに資金を割り当てる**。あらゆる可能性のある試みには資金が必要であり、その中には、新規チームの立ち上げや開発努力のための主要な資金、プロダクトローンチ後の継続的な構築、移行、運営のための予算も含まれる。開発全体に資金を割り当てるのではなく、段階的に割り当てることを検討する。例えば、90日分の資金を割り当て、その間にどのような価値が生み出されるかを見る。成功すれば、さらに90日分の資金を割り当てる。また、資金が賢く使われるよう、プロダクトオーナーとスポンサーが常にこの資金の割り当てをモニタリングする必要がある。
- **ベンダーを参画させる**。サプライヤーやベンダーの管理は、アジャイルポートフォリオマネジメントの重要な側面である。このタスクには、契約の調達または締結、可能性のあるベンダーの絞り込みと特定、進行中のプロジェクトの監督、契約の終了が含まれる。ベンダーは、優先順位や顧客ニーズの変化に合わせて適応する必要があるため、ベンダーがアジャイルの原則を実行できるようにすることが不可欠である。多くの場合、ベンダーと共に段階的な資金調達の方法を活用すると、より効果的にポートフォリオを管理できる。プロダクトオーナーやスクラムマスターが早期にベンダーとの関係に関与できるようにしよう。

表 13-1 は、効果的なポートフォリオマネジメントを行うための重要な検討事項を、それぞれの状況において、やるべきことと、やってはいけないことに分けて示したものだ。

表 13-1　効果的なアジャイルポートフォリオマネジメントの鍵

| トピック | やるべきこと | やってはいけないこと |
|---|---|---|
| プロダクトオーナーと連携する | 権限を与えられたプロダクトオーナーは、顧客に近しいので、顧客のニーズや問題を理解している。ポートフォリオの意思決定にプロダクトオーナーを参加させることが、より整合性の取れたポートフォリオにつながる。 | 契約交渉、発見、ポートフォリオの決定といったことからプロダクトオーナーを排除してはならない。プロダクトオーナーはプロダクトの投資対効果に責任を持つ。 |
| 優先順位を付け、やるべき仕事を限定する | 最初に最も価値のある機会1つだけに取り組み、それをうまくやり遂げ、望ましいアウトカムが達成できたことを検証し、次の機会に移る。優先順位を付け、やるべき仕事を限定することで、市場投入のスピードと組織の集中力が向上し、機能横断的で有機的なケイパビリティが構築される。 | 価値が高く、リスクも高い仕事を犠牲にして、価値が低く、リスクも低い仕事にチームを取り組ませないこと。一度に多くのことに取り組むと、顧客にとって最も重要な優先順位の高いことに取り組めなくなる。 |
| 需要とキャパシティのバランスを重視する | チームや組織に過度の負担をかけないこと。過度な負担によってチームメンバーは疲弊し、非効率的になり、ミスが増え、それが遅延の原因となり、修正費用がかかる。さらに悪いことに、彼らのイノベーション能力が制約を受けることになる。 | ベロシティへの期待をチームに押し付けてはいけない。スクラムチームは、キャパシティの制約を考慮した上で、自分たちでリリースやスプリントの作業を選ぶほうが効果が出る。 |
| 社内外の価値を最大化する | 顧客のために価値を創造することに集中するだけでなく、組織にとって最善のことをするという広い視野を持ち続けるようにする。アジャイルプロダクトのポートフォリオマネジメントとは、プロジェクトを完了させることよりも、将来のために組織を改善することに重点を置く。最も効果のあるところに資金を提供することなのだ。 | 内的価値や外的価値、そのどちらかだけに焦点を当ててはならない。顧客を見ず、従業員への配慮を怠る内部重視の企業が消滅することは、歴史が証明している。 |
| 頻繁に優先順位を付け直す | 市場の状況や顧客の要求が変化したら、検査し、適応する。プロダクトへの投資機会には優先順位を付け続ける。 | 変化に対応しないことで、組織が時代遅れになってはいけない。 |
| 小さな塊で価値をデリバリーする | ポートフォリオを計画する際には、市場にリリースする価値のインクリメントをいかに小さく、シンプルにできるかということを重視する。そうすることで、より早いキャッシュフローと投資対効果を生み出すだけでなく、複雑さとリスクを軽減することができる。 | 在庫品のように、価値を棚上げしてはいけない。辛うじて十分な量の価値が生まれたら、それをリリースする。 |
| プロダクトの並行作業を避ける | プロダクトポートフォリオリーダーは、複数のプロダクトに同時に取り組むと、その組織の成果が少なくなることを知っている。優先順位を付け、最初に一番価値のある機会を選び、それを終わらせる。その後、キャパシティとケイパビリティが許す場合にのみ次に最も価値のある投資機会に着手する。 | チームに並行作業をさせない。価値のない仕掛かり作業を減らし、プロダクト開発を簡素化する。 |

トム・デマルコの著書『ゆとりの法則　誰も書かなかったプロジェクトマネジメントの誤解』（伊豆原弓訳、日経 BP 社）に、プロダクトの並行作業におけるアンチパターンが、詳しく説明されている。人やチームは交換可能でもなければ、代替可能でもないと著者は述べている。複数のプロダクト開発を並行する必要がある人やチームは、コンテキストスイッチという高い代償を支払うことになるのだ。米国心理学会によれば、そのコストは、人間の生産時間の、最大 40%にものぼるという。

カリフォルニア大学アーバイン校のグロリア・マークとドイツのフンボルト大学のダニエラ・グディットとウルリッヒ・クロッケが行った研究によると、仕事を中断された人は、仕事量が増え、ストレスが増し、イライラが高まり、時間的なプレッシャーや労力も増すという。同じ原則が、並行し、中断されたプロダクト開発にも当てはまる。

図 13-3 は、専任チームによる逐次開発とスラッシングを行うチームによる並行開発の違いを示している。

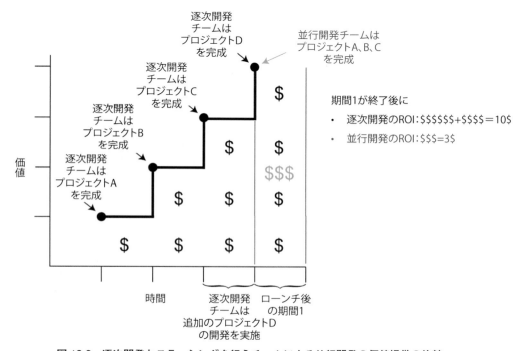

図 13-3　逐次開発とスラッシングを行うチームによる並行開発の価値提供の比較

この例では、ポートフォリオには 3 つのプロダクトをそれぞれ開発する 3 つのプロジェクト A、B と C があると仮定する。A、B と C が逐次で実施される場合、1 つのプロダクト開発につき、1 単位の時間が必要とし、開発が完了するとそれぞれ 1 単位の価値（$）が生み出される。

チームをスラッシングさせ、A、B と C が並行で実施される場合、マルチタスクやコンテキストの切り替えが発生するため、チームの集中力が削がれ、各作業の完成に掛かる時間が 30%～40%延びる（この例では 33%と仮定する）。そのため、3 つのプロダクト開発を同時並行で実行させると、3 つのプロダクトの完成時間は 99%増加となる。

逐次開発と比べ、並行開発による 3 つのプロダクトを完成させるためには、約 1 単位分の追加時間が必要であり、開発が終了した時点で 3 単位分の価値（$$$）は回収される。逐次開発は、同じ期間で、追加のプロジェクト D の開発も実施でき、回収できる価値は$$$$$$＋$$$$＝10$となる。そのため、専任チームによる逐次開発はスラッシングを行うチームによる並行開発と比較すると投資対効果（ROI）は 3 倍以上になる。

13-2　アジャイルプロダクトポートフォリオマネジメント

<覚えておこう！>
スラッシングをやめよう。一度に1つのプロジェクトを、1つのチームで進める。チームを専念させれば、誰もが早期に価値を提供でき、早期かつ全体的に高いROIを得ることができる。ポートフォリオに過負荷をかけ、チームが一度に複数のことに取り掛かることには意味がないのだ。

## 投資を続けるべきか？

投資を続けるべきかどうかという問題については、プロダクトオーナーと協力するすべてのポートフォリオリーダーが考えなければならない。決断を下すためには、多くの要因を考慮する必要がある。リーダーとプロダクトオーナーは、「プロダクトを終わらせる適切なタイミングはいつか？」あるいは「投資リターンが他のプロダクト投資ほど大きくならない、限界収益逓減のポイントに達したか？」を検討する。

<豆知識>
**限界収益逓減の法則**は、限界収益減少法則とも呼ばれ、生産プロセスにおいて、ある投入変数が増えても、他のすべての要因を一定に保ったまま、単位生産量あたりの限界生産量が減少し始めるポイントがあることを述べている。

図13-4は、限界収益逓減の法則をプロダクトポートフォリオに適用する方法を示している。ポートフォリオの初期ステージでは、知識価値が獲得され、その後、新しい能力が顧客に提供されるにつれて、顧客価値（またはアウトカム）が急上昇する（図の曲線の中で、「最高の収益」の部分は生産性が最も高い部分である）。このステージでは、より多くの時間と労力を投資することが得策である。次に「収益の減少」の部分だが、これはインプットを追加するごとにアウトプットの割合が減少していくことを意味する。このステージのどこかでストップし、「尻尾切り」をするのがベストだ。言い換えれば、より価値のある機会を検討すべきなのだ。最後のステージである「マイナスの収益」は避けるべきものだ。労力に見合うリターンが得られないだけでなく、全体的なアウトプットが減少してしまう。

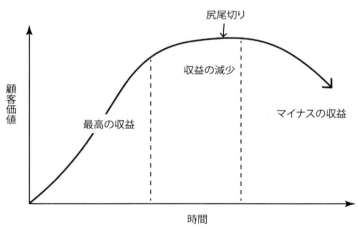

図13-4　収益逓減の法則

収益逓減のポイントに達した時は、そのプロダクトへの投資をやめる、あるいは減らす時である。言い換えれば、第15章で説明しているV＜AC＋OCの方程式を使って、次に最も価値のある投資機会にシフトする時なのである。

## 検査し、次の機会に適応する

　完成させるという目標を達成したら、次は何をするのか？ 洗練された投資機会のポートフォリオバックログを維持しておくと、容易に決めることができる。このセクションでは、プロダクトポートフォリオの中で継続的に優先順位を付け、次に最も価値のある投資にシフトするためのいくつかの重要なポイントを解説する。

### 次に価値のある項目にシフトする

　継続的に優先順位を付けた投資機会のポートフォリオが維持されていれば、次に最も価値のある項目へのシフトは容易である。プロダクトバックログと同様に、ポートフォリオバックログの、次の項目に集中する。

### プロダクトポートフォリオ投資の見直し

　ポートフォリオ投資のアウトカムが意図したとおりではなかった時、それは調整と適応の時期かもしれない。アジャイルプロダクトポートフォリオの優れた点は、ほとんど中断することなく優先順位を変更できることである。すべてのスプリントの終わりに出荷可能な機能を実装するスクラムチームには、十分に価値が達成されたかどうかを判断するための頻繁な検査ポイントがある。

> **＜覚えておこう！＞**
>
> 　アジャイルポートフォリオマネジメントは、組織にとって最善のことを追求しながら、顧客に対して最高の投資価値を提供することを保証する。優れたポートフォリオリーダーは、権限を与えられたプロダクトオーナーと連携して、アジャイルの原則を理解し、それに従う。彼らはまた、ポートフォリオを戦略的方向性に整合させ、優先順位を付け、仕掛かり作業を減らし、他者をアジャイルの取り組みに加わるようにサポートする。彼らは要件（アウトプット）を満たすことよりも、価値（アウトカム）を追求するのだ。

13-2　アジャイルプロダクトポートフォリオマネジメント

# 第 14 章

# スコープと調達のマネジメント

---

**この章の内容**
- アジャイルプロダクト開発がスコープマネジメントをどう変えるかを知る
- アジャイルテクニックでスコープとスコープの変更を管理する
- アジャイルプラクティスが調達にもたらす独自のアプローチを知る
- アジャイルの調達マネジメントを知る

---

　スコープマネジメントは、すべてのプロダクト開発プロセスにおいて重要な要素である。プロダクトを作るために、基本的なプロダクト要件と、その要件を満たすために必要な作業を理解しておく必要がある。新たな要件が発生した場合は、優先順位を付け、それに伴うスコープの変更を管理する。そしてプロダクトのフィーチャーが完成した時には、それが顧客のニーズを満たしているかどうかを検証する。

　調達も、多くのプロダクト開発プロセスにおいて重要である。開発を完了させるために組織外に助けを求める必要がある場合、物品やサービスを調達する方法を知っておく必要がある。プロダクトライフサイクルの中で、ベンダーチームとどのように連携するかを知っておくと良いだろう。また、契約書の作成や様々な費用構造についても知っておく必要がある。

　この章では、スコープマネジメントについて、そして変更に対するアジャイルメソッドの柔軟なアプローチを活用する方法について説明する。また、プロダクトスコープを実現するために、物品やサービスの調達を管理する方法についても述べる。まずは従来のスコープマネジメントについて復習しよう。

## 14-1　アジャイルスコープマネジメントは何がどう違うのか？

　歴史的に、プロジェクトマネジメントの大部分はスコープマネジメントに関わっている。プロダクトスコープとは、プロダクトに含まれるすべてのフィーチャーと要件のことである。プロジェクトスコープとは、プロジェクト予算内でプロダクトのフィーチャー作成にまつわるすべての作業のことである。

　従来のプロジェクトマネジメントでは、要件の変更は事前計画における失敗の兆候として扱われる。しかしアジャイルプロダクト開発では、スコープは変化するものと捉え、そのおかげでスクラムチームが学習したことやフィードバックを、即座に、そして段階的に取り入れ、最終的により良いプロダクトを生み出すことができると捉えている。アジャイル宣言の署名者たちは、スコープが変わることは自然なことであり、有益だと考えていた。アジャイルアプローチは、変化を受け入れ、情報に基づいたより良い意思決定と、より有用なプロダクトを作るために変化を利用する。

　**＜秘訣＞**
　アジャイルプロダクト開発では、プロセスを通じて、何も新しいことを学ばず、要件が全く変わらなかった場

合、それは失敗と見なされる。プロダクトバックログは、ステークホルダーや顧客のフィードバックから学ぶたびに、頻繁に変更されるべきである。最初からすべてを分かっているということは、まずない。

**＜覚えておこう！＞**

アジャイル宣言と、アジャイルの 12 の原則については第 2 章で詳しく説明している。（もし、まだ第 2 章を読んでいなければ、先に読もう。）　アジャイル宣言と原則は、「私たちはどの程度アジャイルだろうか？」という自問に答えてくれるものだ。あなたのやり方がアジャイル宣言の価値観と原則を、どの程度支持するかで、あなたのメソッドが、どの程度アジャイルかが分かる。

スコープマネジメントに特に関連のあるアジャイルの原則を以下に示す。
1. 顧客満足を最優先し、価値のあるソフトウェアを早く継続的に提供します。
2. 要求の変更はたとえ開発の後期であっても歓迎します。変化を味方につけることによって、お客様の競争力を引き上げます。
3. 動くソフトウェアを、2〜3 週間から 2〜3 か月というできるだけ短い時間間隔でリリースします。
10. シンプルさ（ムダなく作れる量を最大限にすること）が本質です。

スコープマネジメントに対するアジャイルアプローチは、従来のスコープマネジメントの手法とは根本的に異なる。表 14-1 に記す違いについて考えてみてほしい。

**表 14-1　従来のスコープマネジメントとアジャイルスコープマネジメントの比較**

| 従来のアプローチによるスコープマネジメント | アジャイルアプローチによるスコープマネジメント |
|---|---|
| プロジェクトチームは、プロダクトに関する情報が最も少ないプロジェクト開始時に、完全なスコープを特定し、文書化しようとする。 | プロダクトオーナーは、プロダクト開発が始まる時に大まかな要件を収集し、直近で実装される要件を分解してさらに詳細化する。要件は、顧客のニーズとプロダクトの現実に関するチームの知識が深まるにつれて、開発期間を通して収集され、洗練されていく。 |
| 組織は、要件定義フェーズが完了した後のスコープ変更を失敗とみなす。 | 組織は、開発を進めながらプロダクトを改善していくための前向きな方法として変化を捉える。<br>開発の後半、プロダクトについてより深く知ってからの変更は、多くの場合、最も価値のある変更となる。 |
| プロジェクトマネジャーは、ステークホルダーが要件を受け入れた後の変更を厳格に管理し、抑制する。 | 変更の管理はアジャイルプロセスに本来備わっている部分である。スコープを評価し、スプリントごとに新しい要件を取り入れる機会を持つ。<br>プロダクトオーナーは、新しい要件の価値と優先順位を決定し、その要件をプロダクトバックログに追加したり、入れ替えたりする。 |
| 変更のコストは時間の経過と共に増大する一方で、変更を実装する能力は低下する。 | 最初にリソースとスケジュールを固定する。<br>優先順位の高い新たなフィーチャーが、必ずしも予算やスケジュールの遅れを引き起こすとは限らない。<br>反復型開発では、新しいスプリントごとに変更を加えることができる。 |
| プロジェクトで、しばしば**スコープの肥大化**が起こる。スコープの肥大化とは、プロジェクトの途中での変更を恐れて不必要なプロダクトフィーチャーを盛り込むことだ。 | スクラムチームは、どのフィーチャーがプロダクトビジョン、リリースゴール、スプリントゴールを直接サポートするかを考慮してスコープを決定する。<br>開発チームは最も価値のあるフィーチャーを最初に作り、できるだけそれらのフィーチャーを含むプロダクトの提供を行う。<br>より価値の低いフィーチャーは実現しないこともあるが、最も価値の高いフィーチャーが手に入った後であれば、ビジネスと顧客はそれを容認することもある。 |

アジャイルプロダクト開発では、スクラムチーム、ステークホルダーだけでなく、良いアイデアがあるなら組織内の誰もがいつでも新しいプロダクト要件を提案することができる。新しい要件の価値と優先順位を決定し、プロダクトバックログ内の他の要件と比較して、新しい要件の優先順位付けをするのは、プロダクトオーナーだ。

**＜豆知識＞**

従来のプロジェクトマネジメントには、プロジェクトの初期の定義フェーズで決めた要件が後から変更されることを**スコープクリープ**と呼んでいる。ウォーターフォールの開発では、プロジェクトの途中で変更をうまく取り入れる方法がないため、スコープの変更があるとスケジュールや予算に大きな問題が生じることがよくある。（ウォーターフォール方法論の詳細は第 1 章を参照のこと。）ベテランのプロジェクトマネジャーに「スコープクリープ」とささやいてみると、身震いするかもしれない。

スクラムチームは各スプリントの最初のスプリントプランニング中に、プロダクトバックログの優先順位を確認して、新しい要件をスプリントに含めるかどうかを決定する。優先順位の低い要件は、プロダクトバックログに残しておいて将来的に検討する。スプリントプランニングについては、第 10 章を参照してほしい。

次の節では、アジャイルプロダクト開発におけるスコープマネジメントの方法を取り上げる。

# 14-2　アジャイルスコープマネジメント

スコープの変更を受け入れることは、最高のプロダクトを作るのに役立つ。しかし、変更を受け入れるということは、現状のスコープを理解し、更新が発生した時に対処する方法を知っておく必要がある。幸い、アジャイルアプローチには、新しい要件や既存の要件を管理するための分かりやすい方法がある。

- プロダクトオーナーは、チームメンバー（スクラムチームのメンバーおよびステークホルダー）が、プロダクトビジョン、現状のリリースゴール、そして現状のスプリントゴールといった観点から、既存のプロダクトスコープを明確に理解していることを確認する。
- プロダクトオーナーは、プロダクトビジョン、リリースゴール、スプリントゴール、および既存の要件との関連において、新しい要件の価値と優先順位を決定する。
- 開発チームは、プロダクトの最も重要な部分を最初にリリースするために、優先順位の高い順にプロダクト要件を実現する。

以下のセクションでは、プロダクト開発の様々な部分でのスコープを理解し、それを伝える方法について説明する。新しい要件が発生した時に優先順位を評価する方法を見ていく。また、スコープを管理するために、プロダクトバックログやその他のアジャイル作成物をどのように活用するかについても説明する。

### プロダクト開発全体でのスコープを理解する

スクラムチームは開発の各ステージにおいて異なる方法でスコープを管理する。開発全体を通してのスコープマネジメントを確認する方法は、「価値のロードマップ」を利用することである。第 9 章で最初に紹介したものだが、図 14-1 で再び示す。

価値創出のロードマップの各ステージを考慮する。

- **ステージ1　プロダクトビジョン**：プロダクトビジョンステートメントは、プロダクトにどんな機能を含めるかの大まかな枠を決めるもので、スコープを決める最初のステップである。プロダクトオーナーは、プロダクトチームの全員がプロダクトビジョンステートメントを理解し、正しく解釈していることを確認する責任がある。
- **ステージ2　プロダクトロードマップ**：プロダクトロードマップを作成する時に、プロダクトオーナーはビジョンステートメントを参照し、フィーチャーがビジョンステートメントをサポートして

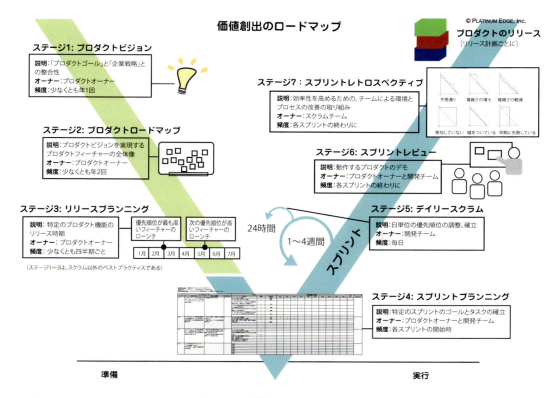

図 14-1　価値創出のロードマップ

いるかを確認する。新しいフィーチャーが具体化するにつれて、プロダクトオーナーはそのフィーチャーを理解し、開発チームやステークホルダーにフィーチャーのスコープと、それらがどのようにプロダクトビジョンをサポートするかを明確に伝えなければならない。

- ステージ3　リリースプランニング：リリースプランニング時に、プロダクトオーナーはリリースゴール（次のリリースで市場投入予定の機能の中期的な範囲）を決め、そのリリースゴールをサポートするスコープのみを選択する必要がある。

- ステージ4　スプリントプランニング：スプリントプランニング時に、プロダクトオーナーはスクラムチームがリリースゴールを理解し、そのリリースゴールに基づいて各スプリントゴール（そのスプリント終了時に潜在的に出荷可能な機能の直近の範囲）を設定しているようにする。プロダクトオーナーと開発チームは、対象のスプリントのゴールをサポートするスコープのみを選択する。プロダクトオーナーはまた、開発チームがそのスプリントで選択した個々のユーザーストーリーのスコープを理解していることを確認する。

- ステージ5　デイリースクラム：デイリースクラムでは、スクラムチームがスプリントゴール達成に向けて進捗状況を確認し、集中することの調整を行う。デイリースクラムは、将来のスプリントでスコープを変更するための出発点になることもある。

<秘訣>
　デイリースクラムの時間や形式を超える大きな議論が必要なトピックが出てきたら、スクラムチームでフォローアップミーティングを開催することができる。フォローアップミーティングでは、スクラムチームのメンバーが、スプリントゴールに向けた進捗に影響する問題について話し合う。スプリント中に新しい機能、つまり新しいスコープの機会が特定された場合、プロダクトオーナーはそれらを評価し、将来のスプリントのためにプロダクトバックログに追加し、優先順位を付ける。

14-2　アジャイルスコープマネジメント

- **ステージ6　スプリントレビュー**：プロダクトオーナーは、スプリントのスコープ（スクラムチームが追求したスプリントゴールと、完了した内容）を改めて説明することで、各スプリントレビューの基本方針を定める。特に初回では、スプリントレビューに参加するステークホルダーがスコープについて正しい期待値を持っていることが重要だ。

  スプリントレビューは発想を促す。チーム全員が同じ部屋に集まり動くプロダクトに触れることで、新たな視点でプロダクトを捉え、プロダクトに関する改善アイデアが浮かぶことがある。プロダクトオーナーは、スプリントレビューで受けたフィードバックに基づいてプロダクトバックログを更新する。

- **ステージ7　スプリントレトロスペクティブ**：スプリントレトロスペクティブでは、スクラムチームのメンバーは、スプリントの最初に行ったスコープへのコミット、すなわちスプリントゴールをどの程度達成できたかを話し合う。もし開発チームがスプリントゴールを達成できなかった場合、メンバーは計画と作業の進め方を見直して、次回はもっと適切に作業量を決められるように改善する。逆にゴールを達成できた場合、今後のスプリントでさらに多くの作業を追加する方法（スコープの追加）を考える。スクラムチームは、スプリントごとに生産性を向上させることを目指すのだ。

## スコープを変更する

　プロダクトの新たなフィーチャーを提案できる人は、組織の内外に大勢いる。新たなフィーチャーのアイデアを提供するのは、以下のような人々だ。

- プロダクトを試用しフィードバックを提供するグループや人々で形成されるユーザーコミュニティ
- 新たな市場機会や脅威を見出すビジネス上のステークホルダー
- 長期的な組織戦略や変化を洞察する経営幹部やシニアマネジャー
- 日々プロダクトについて学び、プロダクトに最も近いところにいる開発チーム
- 外部の部署と連携したり、開発チームの障害を取り除いたりする中で、機会を見出すことがあるスクラムマスター
- プロダクトおよびステークホルダーのニーズについて最もよく知るプロダクトオーナー

　プロダクト開発中はいつでもプロダクトの変更提案を受ける可能性があるため、どの変更が有効かを判断し、更新を管理したいところだ。その方法については、次に詳述する。

## スコープの変更を管理する

　新しい要件が出てきたら、次の手順で要件を評価し、優先順位を付けてプロダクトバックログを更新する。

> **＜注意！＞**
> 　予想外にキャパシティが増えたなど、開発チームからのリクエストがある場合を除いて、進行中のスプリントには新しい要件を追加しない。

1. **要件に関する以下の質問への回答を通じ、新しい要件をプロダクト、リリース、またはスプリントのいずれかに含めるべきかどうかを評価する。**

    (a) 新しい要件は、プロダクトビジョンステートメントをサポートしているか？

    □ Yes の場合、その要件をプロダクトバックログとプロダクトロードマップに追加する。

    □ No の場合、その要件は現行のプロダクトに加えるべきではない。別のプロダクトに適しているかもしれない。

    (b) 新しい要件がプロダクトビジョンをサポートしている場合、現行のリリースゴールもサポートしているか？

    □ Yes の場合、その要件は現行のリリース計画の候補となる。

□ No の場合、将来のリリースのためにプロダクトバックログにその要件を残しておく。
(c) 新しい要件がリリースゴールをサポートする場合、現行のスプリントゴールもサポートしているか？
□ Yes の場合で、スプリントがまだ開始していない場合、その要件は現行のスプリントバックログの候補となる。
□ No の場合やスプリントがすでに開始している場合、将来のスプリントのためにプロダクトバックログにその要件を残しておく。

2. **新しい要件の工数を見積もる。**
開発チームが工数を見積もる。その方法については、第 9 章を参照のこと。

3. **要件をプロダクトバックログ内の他の要件と比較して、優先順位順に従って、新しい要件をプロダクトバックログに追加する。**
次のことを考慮する。
□ プロダクトオーナーは、プロダクトのビジネス上のニーズを一番よく知っているため、新しい要件が他の要件と比較してどれくらい重要であるかもよく分かる。プロダクトオーナーは、プロダクトのステークホルダーに働き掛け、要件の優先順位に関する更なる洞察を得ることもある。
□ 新しい要件の優先順位について開発チームが技術的な知見を提供できる場合もある。例えば、要件 A と要件 B のビジネス価値が同等であっても、要件 A を実現するために、要件 B を完了させる必要がある場合、開発チームがそのことをプロダクトオーナーに教え、要件 B を先に完了させることもある。
□ 開発チームとプロダクトのステークホルダーは、要件の優先順位付けに役立つ情報を提供することができるが、最終的にはプロダクトオーナーが優先順位を決める。
□ プロダクトバックログに新たな要件を追加するということは、他の要件が優先順位の下位に移動する可能性を意味する。プロダクトバックログに新しい要件を追加する例を図 14-2 に示す。

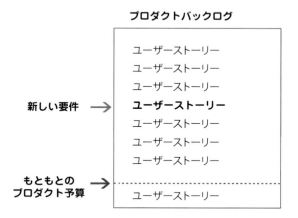

図 14-2　新しい要件をプロダクトバックログに追加する

　プロダクトバックログは、プロダクトに関するあらゆる既知のスコープの完全なリストであり、スコープの変更を管理するための最も重要なツールである。
　プロダクトバックログを常に最新の状態に保つことで、素早く優先順位を付け、新しい要件を追加することができる。最新のプロダクトバックログがあれば、常に残りのスコープを把握することができる。要件の優先順位付けについては、第 9 章でより詳しく説明している。

## スコープマネジメントにアジャイル作成物を活用する

ビジョンステートメントからプロダクトのインクリメントに至るまで、様々な作成物が、スコープマネジメントの取り組みをサポートする。フィーチャーが優先順位リストの上位に上がると、その要件を順次詳細化、または分解していく。要件の分解と段階的精緻化については、第9章で説明している。

表14-2は、プロダクトバックログを含むアジャイル作成物が、継続的なスコープの絞り込みをどのように助けるかを示している。

表14-2　アジャイル作成物とスコープマネジメントの役割

| 作成物 | スコープの設定における役割 | スコープ変更における役割 |
|---|---|---|
| **ビジョンステートメント：** プロダクトの最終ゴールの定義。ビジョンステートメントについては第7章で詳述している。 | ビジョンステートメントをベンチマークとして、プロダクトのフィーチャーがそのプロダクトのスコープに適しているかを判断する。 | 新しい要件が提案された場合、それらの要件がプロダクトのビジョンステートメントをサポートしているかどうかを判断する。 |
| **プロダクトロードマップ：** プロダクトビジョンを実現するプロダクトのフィーチャーの全体像。プロダクトロードマップについては第9章で詳述している。 | プロダクトロードマップは、プロダクトのスコープを網羅したものだ。フィーチャーに関する要件は、プロダクトビジョン実現のためのビジネス上の議論を助けてくれる。 | 要件の発生や変更に応じて、プロダクトロードマップを更新する。プロダクトロードマップで、プロダクトに追加された新しいフィーチャーが視覚的に理解しやすくなる。 |
| **リリース計画：** 市場投入可能なフィーチャーの最小セットに焦点を当てた、実行しやすい中期目標。リリース計画については第10章で詳述している。 | リリース計画は、現行のリリースのスコープを示すものだ。テーマ（要件の論理的なまとまり）ごとにリリースを計画すると良い。 | リリース計画には、現行のリリースに属する新しいフィーチャーを追加する。新しいユーザーストーリーが現行のリリースに適さない場合は、将来のリリースのためにプロダクトバックログに残しておく。 |
| **プロダクトバックログ：** プロダクトに関するあらゆる既知のスコープの完全なリスト。プロダクトバックログについては、第9章と第10章で詳述する。 | 要件がプロダクトビジョンのスコープ内にある場合、それはプロダクトバックログの一部である。 | プロダクトバックログには、すべてのスコープ変更が含まれる。新しく優先順位の高いフィーチャーが加わると、プロダクトバックログ内のその他のフィーチャーの優先順位が下がる。 |
| **スプリントバックログ：** 現行スプリントのスコープ内にあるプロダクトバックログ項目とタスク。スプリントバックログについては第10章で詳述している。 | スプリントバックログには、現行スプリントのスコープにあるプロダクトバックログ項目が含まれる。 | スプリントバックログは、そのスプリントで何が許容されるかを定める。開発チームがスプリントプランニングでスプリントゴールにコミットした後は、開発チームだけがスプリントバックログを修正できる。 |

# 14-3　アジャイル調達マネジメントは何がどう違うのか？

調達もアジャイルプロダクト開発の一部であり、プロダクトのスコープを実現するために必要なサービスや物品の購入を管理する。スコープと同様に、調達もプロダクト開発における投資関連の活動の一部である。

第2章で、アジャイル宣言が「契約交渉よりも顧客との協調」を重視していることを説明している。これは、調達において重要な基調となる。

契約交渉よりも顧客との協調を重視することは、アジャイル開発の取り組みに契約が必要ないという意味ではない。契約と交渉は、ビジネス上の関係性にとって非常に重要だ。しかし、アジャイル宣言では、買

い手と売り手は協力してプロダクトを作るべきだという前提の考えがある。不見識な詳細について屁理屈をこねたり、最終的に顧客にとって価値があるかどうか分からない契約項目をチェックすることよりも、両者の関係性のほうが重要である。

12のアジャイル原則はすべて調達に当てはまる。しかし、プロダクト開発のために物品やサービスを確保する場合、とりわけ次の原則が注目に値する。

2. 要求の変更はたとえ開発の後期であっても歓迎します。変化を味方につけることによって、お客様競争力を引き上げます。

3. 動くソフトウェアを、2〜3週間から2〜3か月というできるだけ短い時間間隔でリリースします。

4. ビジネス側の人と開発者は、プロジェクトを通して日々一緒に働かなければなりません。

5. 意欲に満ちた人々を集めてプロジェクトを構成します。環境と支援を与え仕事が無事終わるまで彼らを信頼します。

10. シンプルさ（ムダなく作れる量を最大限にすること）が本質です。

11. 最良のアーキテクチャ・要求・設計は、自己組織的なチームから生み出されます。

表14-3は、従来のプロジェクトにおける調達と、アジャイルプロダクト開発における調達の違いに焦点を当てたものだ。

**表14-3 従来の調達マネジメントとアジャイル調達マネジメントの比較**

| 従来のアプローチによる調達マネジメント | アジャイルアプローチによる調達マネジメント |
| --- | --- |
| 調達活動に責任を持つのはプロジェクトマネジャーと組織である。 | 調達が必要なものを特定する上で大きな役割を果たすのは自己管理する開発チームである。スクラムマスターは、開発チームが必要とするものを調達する手助けをする。 |
| サービスプロバイダーとの契約には、決められた要件、広範な文書化、包括的なプロジェクト計画、その他ウォーターフォールライフサイクルに基づく従来の成果物に関する条項が含まれることが多い。 | アジャイルプロダクト開発の契約は、各スプリントの終了時に動く機能を評価することに基づいており、高品質のプロダクトの提供に貢献するかどうか分からない、定められた成果物や文書には基づいていない。 |
| 買い手と売り手の契約交渉が困難になる時がある。交渉はストレスの多い作業なため、プロジェクトに着手する前から買い手と売り手の関係にひずみが生じることもある。 | スクラムチームは、調達プロセスの最初から、買い手と売り手の間で前向きで協力的な関係を保つことに重点を置いている。 |
| プロジェクト開始後にベンダーを切り替えると、新しいベンダーが古いベンダーが残した膨大な仕掛かり作業を理解することから始めなければならないため、コストと時間が掛かる。 | ベンダーは各スプリントの終了時に、完了した動く機能を提供する。開発中盤のスプリントでベンダーが変わっても、新しいベンダーはすぐに次のスプリントの要件の開発に着手できるため、時間とコストの掛かる移行を避けることができる。 |

＜豆知識＞

ウォーターフォールのチームにとっても、スクラムのチームにとっても、ベンダーの仕事がうまくいくかどうかは重要である。従来のプロジェクトアプローチでは、コンプライアンスに対する説明責任が堅固であり、リストにある文書や成果物を完了することが成功の定義である。対照的にアジャイルアプローチは、最終結果に対する説明責任が堅固で、顧客の望むアウトカムを達成する動く機能を成功の定義とする。

次の節では、調達のマネジメント方法を説明する。

## 14-4　アジャイル調達マネジメント

　この節では、スクラムチームがどのように調達プロセスを進めるかに焦点を当てる。それはニーズの決定に始まり、ベンダーの選定、契約書の作成を経て、ベンダーとの協働、そして売り手と買い手によるプロダクト開発作業終了をもって契約が終了するまでのプロセスである。

### ニーズの決定とベンダーの選定

　アジャイルプロダクト開発では、開発チームがプロダクトを作るためにツールや第三者のサービスが必要だと判断した時点で調達が始まる。

> **＜覚えておこう！＞**
>
> 　アジャイル開発チームは自己管理し、自己組織化している。そして開発のアウトプットを最大化するために何が最善かを決定することができる。自己管理は、調達を含むすべてのプロダクトマネジメント領域に適用される。自己管理するチームについては第7章と第16章で詳述している。

　開発チームには、外部の物品やサービスを検討する機会が数多く与えられている。

- **プロダクトビジョンのステージ**：開発チームは、このステージでプロダクトビジョンに到達するために必要なツールやスキルについて考え始める。しかしこのステージではニーズのリサーチに留め、購買プロセスは開始しないほうが賢明だ。
- **プロダクトロードマップのステージ**：開発チームは、このステージで作るべき具体的なフィーチャーが見え始め、プロダクトづくりに必要な物品やサービスが分かってくる。
- **リリースプランニング中**：このステージにある開発チームは、プロダクトに関する知識が深まり、次のリリースゴールを達成するための具体的な物品やサービスを特定することができる。この時点で調達を開始する。
- **スプリントプランニング中**：このステージの開発チームは、開発のまっただ中にいるため、スプリントで緊急のニーズが発生することもある。
- **デイリースクラム**：開発チームのメンバーはデイリースクラムで開発における阻害要因を報告する。物品やサービスを調達することで、これらの阻害要因を取り除けることがある。
- **1日を通して**：開発チームのメンバーは互いにコミュニケーションを取り、協力してタスクを進める。メンバー同士の会話の中から具体的なニーズが生まれることもある。
- **スプリントレビュー**：プロダクトのステークホルダーが、将来のスプリントのために特定した新たな要件に必要な物品やサービスの調達が発生することがある。
- **スプリントレトロスペクティブ**：開発チームは、特定のツールやサービスが、終了したスプリントをどのように助けたかを話し合い、将来のスプリントのためにそれらを購入することを提案する場合がある。

　開発チームが物品やサービスが必要だと判断した後、開発チームとスクラムマスターはプロダクトオーナーと協力して必要な資金を調達する。プロダクトオーナーには予算を考慮してスコープを管理する責任があるため、最終的な購買責任はプロダクトオーナーにある。ベンダーの調達を開始した後は、スクラムマスターがスクラムチームに代わってベンダーとの関係を管理するのが通例だ。

　物品を調達する場合、開発チームは購入を決定する前にツールやベンダーを比較する必要があるかもしれない。何を、どこで買うかが決まれば、その後のプロセスは、購入して納品してもらう、というシンプルなものだ。

　サービスの調達は、通常、物品の購入よりも長く複雑なプロセスになる。サービスベンダーを選定する際のアジャイル特有の考慮事項には、次のようなものがある。

- ベンダーがアジャイルプロダクト開発環境で機能するかどうか。機能する場合は、ベンダーがアジャイルテクニックについてどの程度の経験を持っているか。
- ベンダーが開発チームとオンサイトで作業できるかどうか。
- ベンダーとスクラムチームの関係が、前向きで協力的なものになるかどうか。

### ＜注意！＞

　組織や会社によっては、業者選定に関する法律や規制の適用を受けることがある。例えば、政府の仕事に携わっている会社では、その仕事に一定以上のコストが掛かる場合、複数の会社からの提案や入札を受けなければならないことがよくある。担当者の親戚や大学時代の友人がその仕事に最適な人材であったとしても、適用される法律に従わなければ問題が起きる可能性がある。肥大化したプロセスを効率的に処理する方法が分からない場合は、会社の法務部門に確認すると良いだろう。

　サービスベンダーを選定したら、ベンダーが作業を開始できるように契約書を作成する必要がある。次のセクションでは、アジャイルプロダクト開発において、契約がどのように機能するかを説明する。

## サービス調達における費用アプローチと契約を理解する

　開発チームとプロダクトオーナーがベンダーを選定したら、そのサービスと価格に関する合意を確実にするための契約が必要になる。契約プロセスを開始するには、様々な価格体系と、それらがアジャイルプロダクト開発でどのように機能するかについて知っておく必要がある。これらのアプローチを理解すれば、契約書を作成する方法が分かる。

### 費用構造

　アジャイルプロダクト開発のためにサービスを調達する場合、固定価格、固定期間、タイム＆マテリアル、上限価格の違いを知ることが重要である。各アプローチには、アジャイル環境におけるそれぞれの強みがある。

- **固定価格**：最初は決められた予算でスタートする契約。ベンダーが予算を使い切るか、十分なプロダクトフィーチャーを提供するか、そのどちらか1つが実現するまでベンダーはプロダクトを作り、リリースし続ける。

　例えば、予算が25万ドルで、ベンダーのコストが週1万ドルだとすると、ベンダーの開発期間は25週間となる。この間に、ベンダーはできるだけ多くの出荷可能な機能を作成し、リリースする。

- **固定期間**：期限が決められた契約。例えば、次のホリデーシーズン、特定のイベント、または他のプロダクトのリリースなど、プロダクトをローンチするまでの期限がある場合がこれにあたる。固定期間契約では、開発期間中のベンダーチームのコストと、ハードウェアやソフトウェアといった追加リソースのコストに基づいて費用を決める。

- **タイム＆マテリアル**：固定価格や固定期間よりも自由度が高い契約。タイム＆マテリアル契約は、総コストに関係なく、十分なプロダクト機能が完成するまでベンダーとの作業が続く。プロダクトが完成したと言えるだけのフィーチャーが備わっているとステークホルダーが判断した後、開発終了時に総コストが分かる。

　例えば、開発費が週に1万ドル掛かるとする。20週後にステークホルダーが十分に価値のあるプロダクトフィーチャーができたと考えれば、総コストは20万ドルになる。あるいは10週が終了した時点で十分な価値があるとステークホルダーが判断した場合、コストはその半分の10万ドルになる。

- **上限価格**：タイム＆マテリアル契約に上限価格を設けたもの。

14-4　アジャイル調達マネジメント

**＜覚えておこう！＞**

　費用計算アプローチにかかわらず、アジャイルプロダクト開発では、最も価値の高いプロダクトフィーチャーを最初に完成させることに集中する。

---

### ベンダーに低価格を強いるという間違い

　できるだけ低い価格を提示するようベンダーに強いても、誰も得をしない。プロジェクトが常に最低落札価格を提示した業者に委託される業界には、こんな格言がある。「安く入札、あとで増額」。プロジェクトを提案するステージでは低価格を提示しておいて、その後、何度も変更注文を追加し、最終的には高額提示した業者と同じ額か、それ以上の金額をクライアントが支払うことになるのはよくあることだ。

　ウォーターフォールのプロジェクトマネジメントは、プロジェクトの開始時、つまりプロジェクトについての知識が最も乏しいステージでスコープと価格を確定してしまうので、この慣行がなくならない。変更指示とそれに伴うコスト増は避けられないのだ。

　より良いモデルは、定められたコストとスケジュールの範囲内で、ベンダーとクライアントが、プロダクト開発を進めながら共にスコープを定義するものだ。両者は開発中に学んだことを生かしながら、各スプリントの終わりには最も価値の高い機能を提供し、特定し、より良いプロダクトを作る。タフネゴシエーターになろうとするのではなく、良き協力者になろう。

---

## 契約書の作成

　費用計算アプローチが分かったら、スクラムマスターは契約書の作成を手伝う。契約とは、買い手と売り手の間で交わされる法的拘束力のある合意であり、作業内容や作業量と支払いに関する期待値を定めるものである。

　契約書作成の責任者は組織によって異なる。法務部や調達部の担当者が契約書の草案を作り、スクラムマスターにレビューを依頼するケースもある。逆に、スクラムマスターが契約書の草案を作り、法務や調達の専門家にレビューしてもらうというケースもある。

　誰が契約書を作成するかに関わらず、スクラムマスターは通常スクラムチームを代表して以下のいずれかを行う：契約書の作成を開始する、契約の詳細を交渉する、必要な社内承認を経て契約を締結する。

　契約交渉よりも協調を重視するアジャイルアプローチが、契約書を作成して交渉する間、買い手と売り手の良好な関係を維持するための鍵となる。スクラムマスターはベンダーと緊密に連携し、契約書の作成プロセスを通して、ベンダーとオープンに、頻繁にコミュニケーションを取る。

**＜注意！＞**

　アジャイル宣言は、決して契約が不要だと言っているわけではない（「契約交渉よりも顧客との協調」）。会社や組織の規模に関係なく、サービスを受ける時には会社とベンダーの間で契約を結ぶべきである。契約がないと、買い手と売り手が期待値について混乱する可能性があり、未完成の仕事が発生し、法的問題に発展する可能性さえある。対立を避けるためにも、顧客と協調しながら契約プロセスを進めるべきだ。

　ほとんどの契約書には、最低限、当事者と作業内容、予算、費用計算アプローチ、支払い条件に関する法的な解説がなされている。アジャイルプロダクト開発の契約には、次のようなものが含まれる場合がある。

- **ベンダーが完了すべき作業の解説**：ベンダーは、独自のプロダクトビジョンステートメントを持っている場合があり、これがベンダーの仕事を解説するための良いスタート地点になる。第9章のプロダクトビジョンステートメントを参照のこと。

- **ベンダーが使う可能性のあるアジャイルアプローチ**：以下のようなものがある。
  - □ デイリースクラム、スプリントプランニング、スプリントレビュー、スプリントレトロスペクティ

第14章　スコープと調達のマネジメント

ブなど、ベンダーが参加するイベント

□ 各スプリント終了時に動く機能を提供するということ

□ 完成の定義（第 11 章で説明）：プロダクトオーナー、開発チーム、スクラムマスターの合意に従って、開発、テスト、統合、文書化される作業のこと

□ 進捗状況を可視化するためのバーンダウンチャート付きスプリントバックログなど、ベンダーが提供する作成物

□ 開発チームなど、ベンダーがプロダクト開発にアサインする人々

□ ベンダーの作業場所（オンサイトかどうかなど）

□ ベンダーが協働するスクラムマスターが、ベンダーの組織に属する人材か、クライアントの組織に属する人材か

□ 契約の終了を構成するものの定義：固定予算または固定期間の終了、または十分な完成、動く機能

● アジャイルアプローチを使わないベンダーの場合、ベンダーとベンダーの作業が、クライアントの開発チームやスプリントとどのように統合されるのかの解説。

上記が包括的なリストということではない。契約項目はプロダクトや組織によって異なる。

契約書は、最終版が完成するまでに何度か見直しや変更を繰り返すことになるだろう。変更を明確に伝え、ベンダーとの良好な関係を維持する 1 つの方法は、変更を提案するたびにベンダーと話をすることである。改訂した契約書をメールで送る場合は、フォローアップの電話をし、変更内容とその理由を説明し、質問に答え、更なる改訂のアイデアについて話し合う。オープンな話し合いは、契約プロセスを前向きなものにしてくれる。

契約に関する議論中に、ベンダーのサービスについて実質的な変更があれば、プロダクトオーナーやスクラムマスターが開発チームと共に、その変更点をレビューすると良い。開発チームは特に、ベンダーが提供するサービス、ベンダーのアプローチ、ベンダー側のチームメンバーたちの変更について知り、意見を提供する必要がある。

　　＜秘訣＞
　　クライアント組織もベンダーも、それぞれのチーム外の人たちによる契約書のレビューや承認を必要とする可能性が高い。契約書をレビューするのは、上層部のマネジャーや幹部、調達のスペシャリスト、経理担当者、会社の顧問弁護士などだ。組織によって異なるが、スクラムマスターは、契約書を読む必要のある人に、その機会を設ける必要がある。

ベンダーの選び方や契約書の作り方を少し理解したところで、次はベンダーとの仕事の進め方を見ていく。

## ベンダーとの協働

アジャイルプロダクト開発の取り組みにおいて、ベンダーとどのように協力するかは、ベンダーチームの体制に依存する部分がある。ベンダーチームがクライアント組織に完全に統合されているのが理想だ。つまりベンダーのチームメンバーは、クライアントのスクラムチームと同じ場所で作業し、必要な期間、クライアントの開発チームの一員として働く。

　　＜覚えておこう！＞
　　ベンダーが、クライアント組織の一員でないからといって、ベンダーのチームメンバーがスクラムチームの一員ではないということにはならない。スクラムチームとしては、ベンダーを開発チームの一員として統合したいので、すべてのスクラムイベントにベンダーのチームメンバーを参加させる。

ベンダーのチームは、統合されていても、別の場所で作業をすることはできる。ベンダーがクライアントの会社でオンサイトで働くことができなくても、クライアントのスクラムチームの一部になることはでき

14-4　アジャイル調達マネジメント

る。第16章では、チームのダイナミクスについてより詳しく説明している。

　ベンダーが同じ場所で作業ができない場合、あるいは、ベンダーがプロダクトの個別の、独立した部分を担当する場合、ベンダーが別のスクラムチームを持っても良い。ベンダーのスクラムチームは、クライアントのスクラムチームと同じスプリントスケジュールで作業する。複数のスクラムチームで作業する方法については、第15章と第19章を参照してほしい。

　ベンダーがアジャイルのプロダクトマネジメントプロセスを採用していない場合、ベンダーのチームはクライアントのスクラムチームとは別に、スプリントと関係のない独自のスケジュールで作業を行う。ベンダー側の、従来のプロジェクトマネジャーは、開発チームがそのサービスを必要とする時に、ベンダーがサービスを提供できるようにサポートする。ベンダーのプロセスやスケジュールが、開発チームにとって障害や混乱の要因になる場合は、クライアントのスクラムマスターが介入する必要があるかもしれない。スクラムを導入していないチームとの連携については、第16章の「分散したチームとのプロダクトマネジメント」を参照してほしい。

　ベンダーは、決められた期間、または開発期間中、サービスを提供する。ベンダーの作業が完了した後、契約は終了する。

## 契約の終了

　ベンダーが契約に関する作業を完了した後、クライアントのスクラムマスターは通常、契約を終えるための最終的なタスクをいくつかこなす必要がある。

　開発が、契約条件に従って正常に終了した場合、スクラムマスターは契約の終了を書面で承認すると良いだろう。契約がタイム＆マテリアルに基づくものであれば、スクラムマスターは、ベンダーが優先順位の低い要件の作業を続け、その分の請求をしないように、必ず書面で契約を終了させるべきである。

　組織構造や契約の費用構造によっては、スクラムマスターが、作業完了後にクライアント側の経理部門に通知し、ベンダーに適切な支払いが行われるようにする責任がある。

　もしプロダクト開発が、契約で定められた終了時期より前に終了した場合（十分な価値が提供され、新しいプロダクト開発に資本を再配分できる）、スクラムマスターはベンダーにそれを書面で通知し、契約に書かれた早期終了時の指示に従う必要がある。

> **＜秘訣＞**
> ベンダーとの契約は前向きな雰囲気で終わらせよう。もしベンダーが良い仕事をしたのであれば、スクラムチームはスプリントレビューでベンダーのチームの人たちに謝意を表すと良いだろう。全員が再び一緒に仕事をする可能性があるので、シンプルで誠実な「ありがとう」は、将来の開発のために良好な関係を維持するのに役立つ。

# 第 15 章

# 時間とコストのマネジメント

---

**この章の内容**
- アジャイルプロダクト開発におけるタイムマネジメントの特徴を理解する
- アジャイルプロダクト開発におけるコストマネジメントが他とどのように異なるかを認識する

---

　時間とコストのマネジメントは、アジャイルプロダクト開発のマネジメントにおける重要な側面である。この章では、時間とコストを管理する際のアジャイルアプローチを紹介する。スクラムチームの開発スピードを利用して時間とコストを定め、開発スピードを上げてプロダクト開発に掛かる時間を減らし、コストを下げる方法を見ていく。

## 15-1　アジャイルタイムマネジメントは何がどう違うのか？

　アジャイルプロダクト開発において、時間とはタイムリーな完了と、時間の効果的な使い方を保証するプロセスを指す。アジャイルのタイムマネジメントを理解するには、第 2 章で説明したアジャイル原則のいくつかを復習すると良いだろう。

1. 顧客満足を最優先し、価値のあるソフトウェアを早く継続的に提供します。
2. 要求の変更はたとえ開発の後期であっても歓迎します。変化を味方につけることによって、お客様の競争力を引き上げます。
3. 動くソフトウェアを、2〜3 週間から 2〜3 か月というできるだけ短い時間間隔でリリースします。
8. アジャイルプロセスは持続可能な開発を促進します。一定のペースを継続的に維持できるようにしなければなりません。

　次ページの表 15-1 に、従来のプロジェクトとアジャイルプロダクト開発におけるタイムマネジメントの違いをいくつか示す。

　**＜覚えておこう！＞**
　　アジャイル開発チームは、時間や予算の制約の中で常に最優先の機能を提供するため、固定スケジュールや固定コストのアプローチは、アジャイルテクニックにとってはどちらもリスクが低い。

　アジャイルタイムマネジメントの大きな利点は、スクラムチームが従来のプロジェクトチームよりもずっと早くプロダクトを提供できることだ。例えば、開発の開始が早いことと、反復的に機能を完成させていくことで、筆者の会社 Platinum Edge と協働するスクラムチームは、30〜40％早く市場に価値をもたらすことができる。

表 15-1　従来のタイムマネジメントとアジャイルタイムマネジメントの比較

| 従来のアプローチによるタイムマネジメント | アジャイルアプローチによるタイムマネジメント |
| --- | --- |
| 固定されたスコープが直接スケジュールを左右する。 | スコープは固定されない。時間を固定することはでき、開発チームは特定の時間枠に収まる要件を実現することができる。 |
| プロジェクトマネジャーは、プロジェクト開始時に収集した要件に基づいて時間を定める。 | スクラムチームは、開発中、与えられた時間内にどれだけの仕事を完了できるかを繰り返し評価する。 |
| チームは、要件収集、設計、開発、テスト、デプロイなど、プロジェクトのすべての要件をまとめて、フェーズごとに作業を行う。重要な要件もオプションの要件も同じ期間内で作業を進める。 | スクラムチームはスプリント単位で作業を行い、優先順位が高く、価値の高い要件に関するすべての作業を最初に完了させる。 |
| チームが実際のプロダクト開発に着手するのは、プロジェクトの後半、要件収集と設計のフェーズが完了してからである。 | スクラムチームは最初のスプリントでプロダクト開発を開始する。 |
| 従来のプロジェクトでは時間が変動しやすい。 | タイムボックス化されたスプリントは安定しているので、予測が可能になる。 |
| プロジェクトマネジャーは、プロダクトについてほとんど分かっていないプロジェクト開始時に、スケジュール予測を試みる。 | スクラムチームは、スプリントにおける実際の開発実績に基づいて長期的なスケジュールを定める。開発全体を通してプロダクトや開発チームのスピード（ベロシティ）をさらに知っていく過程で、時間の見積もりを調整していく。ベロシティについての詳細はこの章の後半で述べる。 |

**＜秘訣＞**

　アジャイルプロダクト開発がより早く終わる理由は複雑なものではなく、単純に開発作業を早期開始することだけだ。

　次の節では、タイムマネジメントの方法について説明する。

# 15-2　アジャイルスケジュールマネジメント

　アジャイル実践は、戦略的な・戦術的なスケジュール、およびタイムマネジメントの両方をサポートする。

● 初期の計画は本来、戦略的なものだ。プロダクトロードマップとプロダクトバックログにある大まかな要件は、全体的なスケジュールを早いステージで見当をつけるのに役立つ。プロダクトロードマップとプロダクトバックログの作成方法については、第 9 章を参照のこと。

● 各リリースや各スプリントでの詳細な計画は戦術的なものだ。リリースプランニングとスプリントプランニングについては、第 10 章で詳述している。

　□ リリースプランニングでは、市場に投入可能な最小限のフィーチャーを特定の日付に合わせてリリースする計画を立てる。

　□ 特定のフィーチャーセットを作成するために、リリースに十分な時間を確保する計画を立てることも可能だ。

　□ 各スプリントプランニングで、スプリントのスコープを選択することに加えて、開発チームは、そのスプリントの各要件に必要な個々のタスクを完了するのに掛かる時間を、時間単位で見積もる。スプリントバックログを使用して、スプリント全体の詳細な時間配分を管理する。

● 開発開始後、スクラムチームのベロシティ（開発スピード）を使って、スケジュールを微調整する。ベロシティについては次の節で説明する。

## プロダクト開発期間を定める

アジャイルプロダクト開発の期間を定める要素には以下がある。

● **決められた期限**：ビジネス上の理由から、スクラムチームが特定の開発終了日を設定したい場合がある。例えば、特定のショッピングシーズンに向けてプロダクトを市場投入したいとか、競合他社のプロダクトリリースのタイミングに合わせたいといった理由だ。このような場合、特定の終了日を設定し、開始から終了日まで、できるだけ多くの出荷可能な機能を作成する。

● **予算の考慮**：スクラムチームは、プロダクト開発の期間に影響する予算を考慮する必要もあるだろう。例えば、予算が160万ドルで、チームの運営費が週2万ドルだとすると、開発期間は80週となる。80週でできるだけの出荷可能な機能を作り、リリースすることになる。期間の固定によって、投資決定に制限を設けることができる。

● **機能の完了**：アジャイルプロダクト開発では、特定の価値を提供するために必要な機能が完成するまで、プロジェクトが継続する場合もある。スクラムチームは、最も価値の高い要件が完了するまでスプリントを実行し、その後、あまり使用されない要件や、収益性と価値が低い要件を不要と判断することがある。

> **＜覚えておこう！＞**
> 第10章では、市場に投入可能な最小限のフィーチャー、つまり効果的に市場に展開し普及させるのに十分な価値を持つプロダクト機能の最小グループのリリースプランニングについて説明している。

アジャイル開発チームが一定期間内にどれだけの機能を提供できるかを見定めるには、開発チームのベロシティを知る必要がある。次のセクションでは、ベロシティを計算する方法、計画のインプットとしてベロシティを利用する方法、プロダクト開発全体を通してベロシティを向上させる方法について説明する。

## ベロシティの導入

アジャイルプロダクト開発におけるタイムマネジメントに関する最も重要な考慮事項の1つは、ベロシティの利用だ。アジャイル用語「ベロシティ」とは、開発チームの作業速度のことで、スクラムチームが長期的なタイムラインを予測するために使う、強力な経験的データセットである。第9章では、要件、あるいはユーザーストーリーを実装するための工数の相対見積もりをストーリーポイントで説明している。開発チームが各スプリントの完成の定義を満たして完了したユーザーストーリーのポイントの合計によってベロシティを測定する。

> **＜覚えておこう！＞**
> **ユーザーストーリー**とは、プロダクト要件の簡単な説明であり、要件が誰のために何を達成しなければならないかを特定するものだ。ユーザーストーリーポイントは、ユーザーストーリーの開発および実装に必要な工数を表す相対的な数値である。第10章では、ユーザーストーリーの定義と、ストーリーポイントを使用した工数の見積もりについて詳しく説明している。

開発チームのベロシティが分かれば、それを長期計画ツールとして使うことができる。ベロシティは、スクラムチームが一定数の要件を完了するのに掛かる時間や、開発コストを予測するのに役立つ。

次のセクションでは、タイムマネジメントのツールとしてのベロシティを見ていく。スコープの変更がタイムラインにどのような影響を与えるかも説明する。また、複数のスクラムチームで作業する方法を解説し、タイムマネジメントの観点からアジャイル作成物を見ていく。

## ベロシティのモニタリングと調整

開発が始まったら、スクラムチームは各スプリントの終わりにベロシティのモニタリングを始める。ベロ

15-2　アジャイルスケジュールマネジメント

シティは、スプリントプランニングだけでなく、長期的なスケジュールと予算の計画にも利用する。

　一般的に、人は短期的な計画と見積もりが得意で、次のスプリントのタスクに掛かる時間を特定することには長けている。一方、遠くのタスクについて時間などの絶対値で見積もるのは苦手な場合が多い。相対見積もりやベロシティといったツールは実際のパフォーマンスに基づくため、より正確に長期的な計画を立てることができる。

　ベロシティは優れたトレンド分析ツールである。スプリント内の活動と開発時間はどのスプリントでも同じであるため、将来のタイムラインを定めるために利用できる。

> **＜注意！＞**
>
> 　ベロシティは目標ではなく、スプリント終了時の事実だ。開発開始前やスプリントの途中で、特定のベロシティを推測したり、確定したりすることは避けよう。そうしないと、チームがどれだけの作業をこなせるかについて、現実的でない期待を持つことになる。ベロシティが過去の実績を測定したものではなく目標になってしまうと、スクラムチームはその目標を達成するために見積もったストーリーポイントを誇張したくなるかもしれない。そうなってしまうと見積もりとベロシティの意味はなくなる。その代わりに、スクラムチームの実際のベロシティを、開発に掛かる時間とコストを予測するために利用する。そして、スプリント中やスプリントレトロスペクティブで特定された制約を取り除くことで、ベロシティを上げることに集中しよう。アジャイルプロダクト開発はプル型であり、プッシュ型ではない。

　次のセクションでは、ベロシティの計算方法、ベロシティを使ってスケジュールを予測する方法、スクラムチームのベロシティを上げる方法を紹介する。

## ベロシティの計算

　スクラムチームは、各スプリントの終わりに、完了した要件を確認し、それらの要件に関連するストーリーポイントの数を合計する。完成したストーリーポイントの総数が、そのスプリントにおけるスクラムチームのベロシティとなる。最初の数スプリントが終わると傾向が見え始め、平均ベロシティを計算できるようになる。

> **＜注意！＞**
>
> 　ベロシティは数字なので、マネジャーや経営幹部たちは、チームを評価したり比較したりするためのパフォーマンス指標としてベロシティを使いたくなるかもしれない。ベロシティはパフォーマンス指標ではなく、各チーム固有のものであり、スクラムチーム外で使うべきではない。ベロシティはスクラムチームが残りの仕事を予測するための計画ツールに過ぎない。ここでアジャイルの原則 7 を再確認しておきたい。「動くソフトウェアこそが進捗の最も重要な尺度です。」最も重要な尺度はベロシティではないのだ。

　平均ベロシティは、完了したストーリーポイントの総数を、完了したスプリントの総数で割ったものである。例えば、開発チームのベロシティが下記のとおりだったとしよう。

　　　　スプリント 1 ＝ 15 ポイント
　　　　スプリント 2 ＝ 13 ポイント
　　　　スプリント 3 ＝ 16 ポイント
　　　　スプリント 4 ＝ 20 ポイント

　完了したストーリーポイントの総数は 64 になる。平均ベロシティは、64 ストーリーポイントを 4 スプリントで割った、16 になる。

　予測のための実際のデータを得ようと、いくつものスプリントを実行する必要はない。実際、スプリントを 1 回実行すれば、スクラムチームのベロシティが分かる最初の経験的データを得ることはできる。もちろん、より多くのスプリントを実行すれば、理論ではなく現実に基づいて予測を微調整するために使える経験的なデータは増える。

## ベロシティを使った開発タイムラインの見積もり

ベロシティが分かれば、プロダクト開発に掛かる時間を定めることができる。手順は以下のとおりだ。

1. **プロダクトバックログに残っている要件のストーリーポイントの数を合計する。**
2. **上記算出したストーリーポイント数をベロシティで割り、必要なスプリント数を定める。**
   - □ 悲観的な見積もりを出すには、開発チームが達成した中で最も遅いベロシティを使う。
   - □ 楽観的な見積もりを出すには、開発チームが達成した最も速いベロシティを使う。
   - □ 最も確率の高い見積もりを出すには、開発チームが達成した平均ベロシティを使う。

   **＜秘訣＞**

   プロダクトオーナーは、この経験的データ（アウトプットの実際の速度）を使って、ステークホルダーにリリースのアウトカムの範囲を示すことができ、協力してビジネスの優先順位を早期に決めることができる。これらの決定事項には、より多くのスコープ項目を開発するために追加のスクラムチームを立ち上げる必要があるかどうか、市場リリース日を調整する必要があるかどうか、追加予算を要求する必要があるかどうかなどが含まれる場合がある。さらに良いのは、プロダクトオーナーが、どのフィーチャーをあきらめるべきかを早期に認識できることだ。

3. **スプリントの期間に残りのスプリント数を掛けることで、プロダクトバックログのストーリーポイントを完了するのに要する時間を定める。**

   例えば、次のように仮定する。
   - □ 残りのプロダクトバックログに 400 のストーリーポイントがある。
   - □ 開発チームのベロシティは、1 スプリントあたり平均 20 ストーリーポイントだ。

   プロダクトバックログに、あと何スプリント必要だろうか？ ストーリーポイントの数をベロシティで割れば、残りのスプリントが分かる。この場合、400÷20＝20 スプリントだ。

   1 スプリントの期間が 2 週間なら、プロダクト開発期間は 40 週になる。

スクラムチームがベロシティと要件のストーリーポイント数を把握した後、ベロシティを使って、任意の要件グループの作成に掛かる時間を定めることができる。例えば、

- リリースに含まれるストーリーポイントの数が分かれば、個々のリリースに掛かる時間を計算することができる。リリースレベルでは、ストーリーポイントの見積もりはスプリントレベルよりも大まかなものになる。リリースのタイミングが特定の機能のデリバリーに基づいている場合、プロダクト開発全体を通してユーザーストーリーと見積もりを洗練化するなかで、リリースの日程が変わる可能性がある。
- 優先順位の高いストーリーや、特定のテーマに関連するストーリーなど、特定のユーザーストーリーのグループに必要な時間は、そのユーザーストーリーグループ内のストーリーポイント数を使って計算できる。

   **＜秘訣＞**

   長期計画の別のアプローチとして、#noestimates（見積もりなし）運動がある。これは、規模の異なるストーリーポイントの項目を見積もるのではなく、プロダクトバックログの項目を、同じ規模の項目に分解することを提唱しているものだ。この場合のベロシティとは、各スプリントでどれだけのプロダクトバックログ項目を達成できるかを指す。プロダクトバックログにある項目の総数を、チームが 1 スプリントで完了できるプロダクトバックログ項目の数（ベロシティ）で割って、プロダクトを完成させるのに必要なスプリントを出すことによってスケジュールを算出する。

ベロシティはスプリントによって異なる。新しいプロダクトの最初の数スプリントでは、スクラムチームのベロシティは低いのが一般的だ。プロダクト開発が進むにつれて、プロダクトについてより多くを学び、協働するチームとして成熟してくるためベロシティは上昇するはずだ。スプリント内でつまずくと、ベロシ

ティが一時的に低下することがあるが、スプリントレトロスペクティブのようなアジャイルプロセスによって、そのつまずきが一時的なものであると認識することができる。

**＜秘訣＞**

　新しいチームのベロシティは、スプリントごとにかなり異なる。スクラムチームのメンバーが一貫していれば、ベロシティは時間の経過と共に安定してくる。第8章では、長期的なプロダクト開発チームを作ることの価値について議論している。

　スクラムチームはベロシティを上げることで、プロダクト開発を短期化し、コストを削減することもできる。次のセクションでは、スプリントごとにベロシティを上げていく方法を見ていく。

## ベロシティの向上

　スクラムチームのプロダクトバックログが400ストーリーポイントで、平均ベロシティが20ストーリーポイントの場合、プロダクト開発は20スプリント、つまり1スプリントが2週間であれば、40週続くことになる。しかし、スクラムチームがベロシティを上げることができるとしたら、どうだろうか？

- 平均ベロシティを1スプリントあたり23ストーリーポイントに引き上げると、17.39スプリント。これを18スプリントとすると、同じプロダクト開発の工数は36週になる。
- 平均ベロシティが26の場合、15.38スプリントで、約16スプリント、つまり32週になる。
- 平均ベロシティが31の場合、12.9スプリントで、約13スプリント、つまり26週になる。

　お分かりのように、ベロシティをわずかに上げるだけでも、かなりの時間が節約でき、結果としてコスト削減につながる。

　スクラムチームが協働するなかでリズムができると、ベロシティはスプリントごとに自然に上がっていく。しかし、時間と共に自然に上がる以上にベロシティを上げることもできる。スクラムチームの全員が、スプリントを重ねるごとにベロシティを上げる一端を担っている。

- **障害を取り除く**：ベロシティを向上させる1つの方法は、障害、あるいは阻害要因を素早く取り除くことである。障害とは、開発チームのメンバーが最大限の能力で働くことを妨げるすべての要因のことである。定義上、障害はベロシティを低下させる。障害が発生したらすぐに取り除くことで、スクラムチームがフルに機能し生産的になることで、ベロシティが向上する。阻害要因を取り除くことについては、第11章で詳しく説明している。
- **障害を回避する**：ベロシティを向上させる最善の方法は、障害となるものを回避したり、未然に防いだりする方法を戦略的に構築することである。共に仕事をするグループのプロセスや具体的なニーズについて知る（あるいは学ぶ）ことで、障害が発生する前に回避することができる。
- **集中を妨げるものをなくす**：ベロシティを上げるもう1つの方法は、スクラムマスターが開発チームを妨害するものから守ることだ。開発チームがスプリントゴール以外の仕事を（たとえすぐに終わる仕事でも）頼まれないようにすることで、開発チームはスプリントに集中することができる。

**＜覚えておこう！＞**

　常にスクラムチームを制約から守り、それを取り除く手助けをする専任スクラムマスターがいると、継続的にベロシティを向上させることができる。専任のスクラムマスターの価値は定量化できる。

- **チームの意見を求める**：スプリントレトロスペクティブで、スクラムチームの誰もがベロシティを上げるためのアイデアを提供できる。開発チームは自分たちの仕事を一番よく知っており、アウトプットを改善する方法についてアイデアを持っているだろう。プロダクトオーナーは、開発チームがより速く作業できるように、要件に関する洞察を持っているかもしれない。スクラムマスターは、繰り返し発生する障害に気づくので、それを未然に防ぐ方法について議論できるだろう。

## 障害を防ぐ

筆者たちが共に仕事をしたある開発チームは、その会社の法務部門からのフィードバックを必要としていたが、E メールやボイスメールでの返答を得ることができなかった。デイリースクラムで、開発チームのメンバーの 1 人が、返答がないことが障害になっていると述べた。デイリースクラムが終わった後、スクラムマスターは法務部に出向いて担当者と会った。その担当者曰く、メールの受信ボックスは常にリクエストであふれていて、ボイスメールも同じ状態だということだった。

そこでスクラムマスターは、法務リクエストの新しいプロセスを提案した。今後は、開発チームのメンバーが直接法務部に行ってリクエストを伝え、その場でフィードバックを得るというものだ。この新しいプロセスには数分しか掛からないが、法務部からの返答を待つ必要がなくなるため、何日も短縮することができ、将来的に同じような障害が発生することを効果的に防いだのだった。このように、障害を防ぐ方法を見つけることは、スクラムチームのベロシティを上げるのに役立つ。

### <秘訣>

ベロシティを向上させることには価値があるが、一夜にして変化が現れるとは限らないことを覚えておいてほしい。スクラムチームのベロシティは、スクラムチームが足かせとなっている制約を特定し、実験し、修正していくなかで、緩やかな上昇、急速な上昇、横ばい期間、そして再び緩やかな上昇というパターンをたどることが多い。第 4 章で議論したように、スクラムチームは一貫してチームを改善するために科学的手法を使う。

## ベロシティの一貫性

ベロシティは、完了した作業をストーリーポイントで測定する指標であり、以下の実践を行う場合にのみ、パフォーマンスの正確な指標および予測として利用できる。

- 一貫したスプリントの期間：各スプリントの期間は、プロダクト開発の全期間を通して一定にするべきだ。スプリントの期間が異なると、開発チームが各スプリントで完了できる作業量も変わってしまう。その結果、ベロシティが安定せず、プロジェクトの残り時間を正確に予測することが難しくなる。
- 一貫した労働時間：開発チームの各メンバーの労働時間は、各スプリントで一定にするべきだ。例えば、サンディがあるスプリントで 45 時間働き、別のスプリントで 23 時間、さらに別のスプリントで 68 時間働くとすると、スプリントごとに完了する仕事の量が異なってしまう。しかし、サンディの労働時間がどのスプリントでも同じであれば、彼女のベロシティはどのスプリントでも同じになる。
- 一貫した開発チームメンバー：人によって作業速度は異なる。例えば、トムのスピードはボブよりも速いとする。トムが 1 つのスプリントを担当し、ボブが次のスプリントを担当するとなると、トムのスプリントのベロシティで、ボブのスプリントは予測できない。

開発を通してスプリントの期間、作業時間、チームメンバーが一貫していれば、開発スピードが上がっているのか下がっているのか、ベロシティを使って知ることができ、タイムラインを正確に見積もることができる。このためにスクラムチームは原則 8「アジャイルプロセスは持続可能な開発を促進します。一定のペースを継続的に維持できるようにしなければなりません。」に忠実になるのだ。

### <注意！>

パフォーマンスは、単純に利用可能な時間に比例して増えるわけではない。例えば、1 スプリントが 2 週間で、1 スプリントあたりのストーリーポイントが 20 だとする。これを 3 週間に延ばしたからといって、30 ストーリーポイントが確実に達成できるわけではない。スプリント期間を変更すると、ベロシティがどう変わるかは予測できない。

15-2　アジャイルスケジュールマネジメント

スプリントの期間を変えると、スクラムチームのベロシティと予測にばらつきが生じるのは確かだが、筆者たちは、スクラムチームがスプリントの期間を短縮することを（3週間から2週間へ、あるいは2週間から1週間へ）止めることはほとんどない。なぜなら、フィードバックループが短くなることで、スクラムチームは顧客からのフィードバックに素早く反応できるようになり、顧客により多くの価値を提供できるようになるからだ。しかし、スプリントの期間を変える時は必ず注意しないといけないことがある。つまり、ベロシティはスプリント期間の短縮に比例して減少するわけではない。スクラムチームは、再び信用できる予測を立てられるようになるまで、短くしたスプリント期間の新しいベロシティを確立しなければならない。

> **＜覚えておこう！＞**
> スプリントは長くするよりも短くするほうが良い。1スプリントの期間を2週間から3週間にすると、最初の経験的データが得られるまで3週間待たなければならない。同じ3週間の間に、1スプリントを2週間から1週間に変更すれば、3つの新しい経験的データを得ることができる。

ベロシティを正確に測定し、向上させる方法を知っていれば、時間とコストを管理するための強力なツールを手に入れることができる。次のセクションでは、常に変化するアジャイル環境でタイムラインを管理する方法について話す。

## 時間的観点からスコープの変更を管理する

スクラムチームが、開発中にいつでも要件の変更を歓迎するということは、スコープがビジネス上の実際の優先順位を反映していることを意味する。これは、開発チームが最も優先順位の高い要件を最初に完成させるという、最も純粋な「要件のダーウィニズム」だ。理論的には良いアイデアのように聞こえる要件でも、「どちらの要件を選ぶかコンテスト」で勝てないと、固定されたスプリントの長さによって押し出される。

新しい要件はタイムラインに影響しない場合もある。ただ優先順位を付ければ良いのだ。プロダクトオーナーはステークホルダーと協力して、一定の期間や予算に収まる要件だけを開発する決断を下すことができる。プロダクトバックログ項目の優先順位によって、どの要件が開発するに足るほど重要かが決まる。スクラムチームは、優先順位の高い要件の完了を保証することができる。優先順位の低い要件は、別のプロダクトの一部になるかもしれないし、作成されないかもしれない。

> **＜覚えておこう！＞**
> 第14章では、プロダクトバックログを使ってスコープの変更を管理する方法について説明している。新しい要件を追加する時は、プロダクトバックログの他のすべての項目を考慮して、その要件に優先順位を付け、適切な順位に新しい項目を追加する。これにより他のプロダクトバックログ項目の優先順位が下がる可能性がある。新しい要件が発生した時に、プロダクトバックログとその見積もりを常に最新の状態にしておけば、スコープが常に変化していてもタイムラインを把握することができる。

一方、プロダクトオーナーとステークホルダーは、新しい要件を含むプロダクトバックログのすべての要件が、プロダクトに含めるのに十分有用であるかどうかを判断する場合がある。この場合、追加のスコープに対応するために、開発終了日を延長したり、ベロシティを上げたり、複数のスクラムチームにスコープを分けて同時に取り組んだりする。複数チームによるプロダクト開発については、第19章で詳しく説明する。

スクラムチームは、優先順位の低い要件について、開発の終盤にスケジュールを決定することが多い。このようなジャストインタイムの決定を行う理由は、特定のスコープに対する市場の要求が変化するため、そして開発チームのリズムが安定するほどにベロシティが上昇する傾向があるためだ。ベロシティが上昇すると、開発チームが一定の期間内にどれだけのプロダクトバックログ項目を完成できるかについての予測が増える。アジャイルプロダクト開発では、できるだけ遅く、しかし責任を持てる最後の瞬間まで、残りの仕事に対するコミットを待つ。これは、目前の課題について最もよく理解した時点で決定を下すためだ。

次のセクションでは、複数のスクラムチームで共通の目標に取り組む方法を紹介する。

## 複数のチームによるタイムマネジメント

　大規模な開発作業では、複数のスクラムチームが並行して作業することで、短期間で開発を完了できる場合がある。

　次のような場合には、複数のスクラムチームを使うと良い。

- 開発作業が非常に大規模で、完成させるためには9人以下の開発チームだけでは不十分な場合。
- 終了日が決まっていて、そのスクラムチームのベロシティではそれまでに最も価値のある要件を完成させられない場合。

### ＜覚えておこう！＞

　開発チームの理想的な人数は3人以上9人以下である。9人を超えるとサイロ化が始まり、コミュニケーションチャネルが増えることによって、自己管理が難しくなる。（場合によっては、9人以下のチームでも、このような問題は発生する。）　プロダクト開発において、効果的なコミュニケーションが取れる人数を超える開発メンバーが必要になった場合は、複数のスクラムチームの実装を検討する時かもしれない。

　複数のチームによる大規模プロダクト開発については第19章で紹介する。

## アジャイル作成物を用いたタイムマネジメント

　プロダクトロードマップ、プロダクトバックログ、リリース計画、スプリントバックログはすべて、タイムマネジメントの一端を担っている。表15-2は、それぞれの作成物が、どのようにタイムマネジメントに貢献するかを示している。

**表15-2　アジャイル作成物とタイムマネジメント**

| 作成物 | タイムマネジメントにおける役割 |
|---|---|
| プロダクトロードマップ：<br>プロダクトビジョンを支える大まかな要件を優先順位付けした全体的なビュー。プロダクトロードマップの詳細については、第9章を参照のこと。 | プロダクトロードマップは、プロダクト全体の優先順位を戦略的に検討するものだ。プロダクトロードマップには通常、具体的な日付はないが、機能グループを括る大まかな日付範囲があり、これによりプロダクトを市場投入するための最初の枠組みができる。 |
| プロダクトバックログ：<br>現在分かっているプロダクトの要件に関する完全なリスト。プロダクトバックログについては、第9章と第10章を参照のこと。 | プロダクトバックログ内の要件には、見積もったストーリーポイントがある。開発チームのベロシティが分かったら、プロダクトバックログのストーリーポイントの総数を使って、現実的な終了日を定めることができる。 |
| リリース計画：<br>リリース計画には、最小限の要件セットに対するリリーススケジュールが含まれる。リリースプランニングについては、第10章を参照のこと。 | リリース計画には、市場に投入可能な最小限のフィーチャーセットが支える特定のゴールに対する目標リリース日がある。スクラムチームは、一度に1つのリリースだけを計画し、それだけに取り組む。 |
| スプリントバックログ：<br>スプリントバックログには、現行スプリントの要件とタスクが含まれる。スプリントバックログについては、第10章を参照のこと。 | スプリントプランニングで、スプリントバックログにある個々のタスクを時間単位で見積もる。各スプリントの終わりに、スプリントバックログから、完了した要件のストーリーポイントの総数を使って、開発チームのそのスプリントのベロシティを計算する。 |

　次の節では、アジャイルプロダクト開発のためのコストマネジメントを見ていく。コストマネジメントはタイムマネジメントと直接関係している。従来のコストマネジメントのアプローチとアジャイルプロダクト開発のアプローチを比較する。コストを見積もる方法と、長期予算を予測するためにベロシティを使う方法についても説明する。

15-2　アジャイルスケジュールマネジメント

## 15-3　アジャイルコストマネジメントは何がどう違うのか?

コストとは、プロダクトの財務予算である。アジャイルプロダクト開発アプローチで作業する場合、価値に焦点を当て、変化の力を利用し、シンプルさを目指す。アジャイルの原則1、2、10には次のように書かれている。

1. 顧客満足を最優先し、価値のあるソフトウェアを早く継続的に提供します。
2. 要求の変更はたとえ開発の後期であっても歓迎します。変化を味方につけることによって、お客様の競争力を引き上げます。
10. シンプルさ（ムダなく作れる量を最大限にすること）が本質です。

このように、価値、変化、シンプルさを重視するため、アジャイルプロダクト開発は、予算とコストの管理に対してのアプローチが、従来のプロジェクトとは異なる。表15-3に、その違いのいくつかを挙げる。

表15-3　従来のコストマネジメントとアジャイルのコストマネジメントの比較

| 従来のアプローチによるコストマネジメント | アジャイルアプローチによるコストマネジメント |
|---|---|
| 時間と同様、コストも固定されたスコープに基づいている。 | コストに最も影響するのは、スコープではなくスケジュールである。固定コストと固定期間でスタートし、予算とスケジュールに合った出荷可能な機能として要件を完成させることができる。 |
| 組織は、プロジェクト開始前にプロジェクトのコストを見積もり、資金を調達する。 | プロダクトオーナーは、プロダクトロードマップの策定が完了した後に資金を確保することが多い。組織によっては、プロダクトオーナーが、各リリースのリリースプランニング完了後に資金を確保するという、リリースごとに資金を調達する場合もある。 |
| 新しい要件はコスト増を意味する。プロジェクトマネジャーは、プロジェクト開始時、つまりほとんど何も分かっていない状態でコストを見積もるため、コスト超過はよくあることだ。 | スクラムチームは、時間やコストに影響を与えることなく、優先順位の低い要件を、新しい、同じ規模で優先順位の高い要件に置き換えることができる。 |
| スコープの肥大化（第12章参照）によって、人々がほぼ使用しないフィーチャーに多額の費用を浪費することになる。 | アジャイル開発チームは、優先順位によって要件を完成させていくため、開発1日目でも100日目でも、ユーザーが必要とするプロダクトフィーチャーだけを作ることに集中する。 |
| プロジェクトが完了するまで収益が上がらない。 | スクラムチームは、収益を生み出す動く機能を早期にリリースし、自己資金でプロダクトを作ることができる。 |

**＜豆知識＞**

ウォーターフォールアプローチでは、プロジェクトが終了するまで完全なプロダクト機能が提供されないため、コストが上がると、スポンサーが人質を取られたような状態に陥ることがある。従来の開発アプローチは「全てか無か」の提案であり、コストが上がると、ステークホルダーはその分の対価を支払わなければ、完成した要件を何一つ得ることができない。「対価を払え。さもなければ何も渡さない」という状況、つまり、未完成のプロダクトは誘拐された人質のようなものになるのだ。

以降の節では、アジャイルプロダクト開発に対するコストアプローチ、コストの見積もり方、予算の管理方法、コストの下げ方について説明する。

## 15-4　アジャイル予算マネジメント

　アジャイルプロダクト開発では、大抵の場合コストは時間の掛かり具合を直接反映している。スクラムチームはフルタイムの専属メンバーで編成されるため、各スプリントで同じチームコスト（一般的には1人あたりの時給または固定給）が決まっている。スプリントの期間、作業時間、チームメンバーを一貫させることで、ベロシティを利用して開発スピードを正確に予測することができる。ベロシティを利用して残りのスプリント、つまりプロダクト開発作業の期間が決まれば、プロダクト開発作業のコストが分かる。

　コストには、ハードウェア、ソフトウェア、ライセンス、その他、開発を完了するために必要な消耗品などのリソースのコストも含まれる。

　この節では、初期予算の立て方と、スクラムチームのベロシティを利用して長期的なコストを定める方法について説明する。

### 初期予算を立てる

　プロダクトの予算を立てるには、スプリントごとのスクラムチームのコストと、開発を完了するために必要な追加リソースのコストを知る必要がある。

　通常、スクラムチームのコストは、各メンバーの時給を使って計算する。各メンバーの時給に、各メンバーの週あたりの作業可能時間を掛け、それにスプリントの週数を掛けると、スクラムチームの1スプリントあたりのコストが算出できる。表15-4は、スクラムチーム（プロダクトオーナー、5人の開発チームメンバー、スクラムマスター）の1スプリント2週間の場合の予算例を示している。

**表15-4　1スプリントが2週間の場合のスクラムチームの予算例**

| チームメンバー | 時給 | 週間労働時間 | 週間コスト | スプリントコスト（2週間） |
|---|---|---|---|---|
| ドン | $80 | 40 | $3,200 | $6,400 |
| ペギー | $70 | 40 | $2,800 | $5,600 |
| ボブ | $70 | 40 | $2,800 | $5,600 |
| マイク | $65 | 40 | $2,600 | $5,200 |
| ジョーン | $85 | 40 | $3,400 | $6,800 |
| トミー | $75 | 40 | $3,000 | $6,000 |
| ピート | $55 | 40 | $2,200 | $4,400 |
| 合計 | | 280 | $20,000 | $40,000 |

　追加リソースのコストは変動するため、コストを定める際には、スクラムチームメンバーのコストに加えて、以下を考慮に入れる。

- ハードウェアコスト
- ライセンス費を含むソフトウェアコスト
- ホスティングコスト
- トレーニングコスト
- 追加の事務用品、チームの昼食代、交通費、必要な道具の費用といった雑費

これらのコストは、スプリントごとのコストではなく、1回限りのコストになる可能性があるので、予算の中で区別しておいたほうがいいだろう。次のセクションで説明するように、開発コストを定めるためには各スプリントのコストが必要になる。（この章では計算をシンプルにするために、1スプリントあたりのコストを4万ドルと仮定する。これにはスクラムチームメンバーのコストと、先述のような追加リソースのコストも含む。）

**＜秘訣＞**

**リソース**とは通常、人ではなく無生物を指す。リソースは管理する必要がある。リソースについて議論する際は、人のことを「チームメンバー」、「人材」、あるいは単に「人」と言うこと。些細なことに思えるかもしれないが、細部に至るまでプロセスやツールよりも個人との対話に価値を置くようにしておくと、考え方も有り様も、よりアジャイル思考になる。

## 自己資金でプロダクトを作る

アジャイルプロダクト開発の大きな利点は、自己資金で開発できることである。スクラムチームは、各スプリントの終わりに動く機能を提供し、各リリースサイクルの終わりに、その機能を市場に提供可能な状態にする。もし、あなたのプロダクトが収入を生み出すものであれば、初期のリリースから得た収益を利用し、残りのプロダクト開発のための資金に充てることができる。

例えば、あるeコマースのウェブサイトが、段階的に機能をリリースするのではなく、6か月後の大きなリリースで初めて完成品を出す場合、毎月10万ドルの売上を生み出すことはできるかもしれない。しかし、同じウェブサイトでも、最初に必要不可欠な価値ある機能をリリースして、月1.5万ドルの売り上げ、2回目の価値ある機能の段階的リリースでは月4万ドルといった具合に売上を上げていくことができるかもしれない。表15-5と表15-6は、従来のサンプルプロジェクトの収入と、自己資金によるアジャイルプロダクト開発の取り組みの収入を比較したものである。

| 表15-5　6か月後に初めてリリースされる<br>従来のプロジェクトの収入 | | |
|---|---|---|
| 月 | 収入 | プロジェクト収入合計 |
| 1 月 | $0 | $0 |
| 2 月 | $0 | $0 |
| 3 月 | $0 | $0 |
| 4 月 | $0 | $0 |
| 5 月 | $0 | $0 |
| 6 月 | $0 | $0 |
| 7 月 | $100,000 | $100,000 |

| 表15-6　毎月リリースした場合の収入と、<br>6か月後の最終リリース時の合計収入 | | |
|---|---|---|
| 月/リリース | 収入 | 合計収入 |
| 1 月 | $0 | $0 |
| 2 月 | $15,000 | $15,000 |
| 3 月 | $25,000 | $40,000 |
| 4 月 | $40,000 | $80,000 |
| 5 月 | $70,000 | $150,000 |
| 6 月 | $80,000 | $230,000 |
| 7 月 | $100,000 | $330,000 |

表15-5を見ると、このプロジェクトが開発から6か月後に10万ドルの収入を得ることが分かる。では表15-5の収入と表15-6の収入を比較してみよう。

表15-6を見ると、このプロダクトは最初のリリースで収入を得ている。6か月後には33万ドルの収入を得るので、表15-5のプロジェクトより23万ドル多い。

## ベロシティを使って長期的なコストを定める

15-2の「ベロシティを使った開発タイムラインの見積もり」セクションでは、スクラムチームのベロシティとプロダクトバックログの残りのストーリーポイントを用いて、プロダクト開発に掛かる期間を定める方法を示している。同じ情報を使って、プロダクト全体、あるいは現行リリースの開発コストを定めることができる。

スクラムチームのベロシティが分かったら、残りのプロダクト開発のコストが計算できる。

先述したベロシティの例を見ると、スクラムチームのベロシティが1スプリントあたり平均16ストーリーポイント、プロダクトバックログに400ストーリーポイントあり、1スプリントは2週間で、プロダクトの完成に25スプリント、つまり50週を要した。

プロダクト開発の残りのコストを定めるには、スプリントあたりのコストに、スクラムチームがプロダク

トバックログを完了するのに必要なスプリント数を掛ける。

スクラムチームのコストが1スプリントあたり4万ドルで、残り25スプリントだとすると、残りの開発コストは100万ドルになる。

次のセクションでは、コストを下げるいくつかの方法を紹介する。

## ベロシティを上げてコストを削減する

15-2の「ベロシティの向上」セクションでは、スクラムチームのベロシティを上げることについて言及した。先のセクションの例と、表15-4で例示した2週間のスプリントあたり4万ドルの例を使うと、ベロシティを上げることで、以下のようにコストを削減できる。

- スクラムチームが1スプリントあたりの平均ベロシティを16から20ストーリーポイントに上げた場合
  - □ 残りは20スプリント。
  - □ 残りの開発コストは80万ドルで、20万ドルの節約になる。
- スクラムチームがベロシティを23ストーリーポイントに上げた場合
  - □ 残りは18スプリント。
  - □ 残りの開発コストは72万ドルで、さらに8万ドルの節約になる。
- スクラムチームがベロシティを26ストーリーポイントに上げた場合
  - □ 残りは16スプリント。
  - □ 残りの開発コストは64万ドルで、さらに8万ドルの節約になる。

このように、阻害要因を取り除くことによってスクラムチームのベロシティを上げると、実際にコストの削減ができる。スクラムチームの生産性を上げる方法については、先述の15-2の「ベロシティの向上」セクションを参照してほしい。

## 時間を短縮してコストを削減する

優先順位の低い要件には取り組まないことによって、必要なスプリント数を減らす。結果的に、コストを下げることもできる。アジャイルプロダクト開発では、各スプリントで完成した機能が提供されるため、ステークホルダーは、将来の開発に掛かるコストが、その将来の開発の価値よりも高い場合に、開発を終了するというビジネス上の決断を下すことができる。

ステークホルダーは、中止した開発作業の残りの予算を使って、さらに価値のあるものを開発できる。ある開発作業から別の開発作業に予算を移動するテクニックを、資本再配分と呼ぶ。

コストに基づいてプロダクト開発の終了時期を決定するには、次の点を把握する必要がある。

- プロダクトバックログに残っている要件の「ビジネス価値（V）」
- 上記の要件を完了するために必要な作業の「実際のコスト（AC）」
- 「機会費用（OC）」、つまりスクラムチームが新しいプロダクトに取り組む場合に生み出せる価値

上記に基づいて、「V＜AC＋OC」ならば、プロダクト開発を中止する判断ができる。なぜなら、残りのプロダクト要件に費やすコストが、そこから得られる価値よりも高くなるからである。

たとえば、ある企業がプロダクト開発にアジャイルテクニックを採用しているとする。現在のプロダクト開発を継続するかどうかについて、以下のように考える。

- プロダクトバックログに残っている要件（フィーチャー）は、10万ドルの収入をもたらす可能性がある（V＝10万ドル）。
- これらの要件を開発するには3スプリントが必要で、1スプリントあたり4万ドル、合計12万ドルのコストが掛かる（AC＝12万ドル）。
- もし、スクラムチームが新たなプロダクトに取り組む場合、3スプリント後に、スクラムチームのコ

15-4 アジャイル予算マネジメント

ストを差し引いて 15 万ドルが得られる見込みがある（OC＝15 万ドル）。
- 「V＜AC＋OC」であるため、現在のプロダクト開発を中止し、新しいプロダクトの開発に取り組むことが「資本再配分」の良い機会である。

組織がスクラムチームに一時停止や、より価値のあるものへの方向転換を求める場合、資本再配分は急に発生することがある。新しいプロダクト開発に向けて再開する前に、スポンサーが残りの価値とコストを評価しよう。

**＜注意！＞**

一時停止と方向転換のコストは高くなる場合がある。仕掛かり作業の保存、現状の文書化、中断したチームメンバーへの説明、新しい開発のための設備の再調整、チームメンバーに対する新しい開発の説明、新しい開発に必要な新しいスキルの習得など、休止と再稼動に関連するコストは大きくなる可能性がある。そのため将来的に再稼動する必要があるかもしれない開発を休止する決定を下す前に、これらのコストを評価する必要がある。V＜AC＋OC の数式は、この決定を下す際に役立つ。

スポンサーは、プロダクトバックログの価値と、プロダクト開発期間中の残りの開発コストを比較することで開発を終了する適切なタイミングを知ることができ、最大の価値を受け取ることができる。

## 他のコストを定める

タイムマネジメントと同様に、スクラムチームのベロシティが分かったら、開発コストを定めることができる。例えば、

- リリースに含まれるストーリーポイントの数が分かれば、個々のリリースのコストを計算できる。リリースのストーリーポイント数をスクラムチームのベロシティで割り、必要なスプリント数を定める。リリース時のストーリーポイントの見積もりは、スプリント時よりも大まかなものになるため、リリース日をどのように定めるかによってコストが変わる可能性がある。
- すべての優先度の高いストーリー、あるいは特定のテーマに関連するすべてのストーリーなど、特定のユーザーストーリーグループのコストを、そのユーザーストーリーグループのストーリーポイント数を使って計算できる。

## コストマネジメントのためにアジャイル作成物を使う

コストマネジメントには、プロダクトロードマップ、リリース計画、スプリントバックログを使うことができる。開発に掛かる時間とコストを測定し、評価するために、それぞれの作成物がどのように役立つかは、表 15-2 を参照してほしい。

時間とコストの予測は、仮説やチームの達成願望に基づくものより、チームの経験的実証済みの開発ペースに基づくもののほうが、より正確である。

# 第 16 章

# チームダイナミクスとコミュニケーションの
# マネジメント

---

**この章の内容**
- アジャイル原則がチームダイナミクスをどのように変化させるかを知る
- アジャイルプロダクト開発におけるコミュニケーションの違いを理解する
- コミュニケーションの仕組みを知る

---

　チームダイナミクスとコミュニケーションは、アジャイルプロダクト開発にとって重要な要素だ。この章では、チームとコミュニケーションに対する従来のアプローチとアジャイルアプローチを見ていく。「個人」と「対話」に価値を置くことが、アジャイルチームをいかに優れたチームにしているか、また、アジャイルプロダクト開発の成功に、対面（face-to-face）の対話が、どのように役立っているかも理解していただけるだろう。

## 16-1　アジャイルチームダイナミクスは何がどう違うのか？

　アジャイルチームの独自性とは何だろうか？　アジャイルチームが従来のチームと異なる根本的な理由は、そのチームダイナミクスである。アジャイル宣言（第2章を参照）は、アジャイルチームのメンバーがどのように協働するかについてのフレームワークを定めている。アジャイル宣言で最初に挙がる価値観は、「プロセスやツールよりも個人と対話を」である。

　第2章でも紹介している次のアジャイル原則は、チームの人々とその働き方に価値を置くことを支えるものだ。

4. ビジネス側の人と開発者は、プロジェクトを通して日々一緒に働かなければなりません。
5. 意欲に満ちた人々を集めてプロジェクトを構成します。環境と支援を与え仕事が無事終わるまで彼らを信頼します。
8. アジャイルプロセスは持続可能な開発を促進します。一定のペースを継続的に維持できるようにしなければなりません。
11. 最良のアーキテクチャ・要求・設計は、自己組織的なチームから生み出されます。
12. チームがもっと効率を高めることができるかを定期的に振り返り、それに基づいて自分たちのやり方を最適に調整します。

　アジャイル原則は、プロダクトマネジメントの様々な領域に適用することができる。原則の中には、本書を通して繰り返し紹介しているものもある。

## ＜覚えておこう！＞

　アジャイルプロダクト開発における開発チームは、プロダクトを作るという実際の作業を行う人々から成る。スクラムチームには、開発チームに加え、プロダクトオーナーとスクラムマスターが含まれる。プロダクトチームとは、スクラムチームとステークホルダーのことだ。スクラムチームの全員が、自己管理に関連する責任を担っている。

　表16-1は、従来のプロジェクト開発とアジャイルプロダクト開発におけるチームマネジメントの違いをいくつか示している。

**表16-1　従来のチームマネジメントとアジャイルチームのダイナミクスの比較**

| 従来のアプローチによるチームマネジメント | アジャイルアプローチによるチームダイナミクス |
|---|---|
| プロジェクトチームは、**指揮統制**、つまり、プロジェクトマネジャーがチームメンバーにタスクを割り振り、チームの行動をコントロールしようとする、トップダウンのプロジェクトマネジメントのアプローチに依存している。 | アジャイルチームは自己管理し、自己組織化し、**サーバントリーダーシップ**の恩恵を受ける。サーバントリーダーはトップダウンのマネジメントではなく、コーチングを行い、障害を取り除き、集中を妨げる要因を防ぎ、チームの成功を促す。 |
| 会社は個々の従業員の業績を評価する。 | アジャイルな組織はチームとしてのパフォーマンスを評価する。スポーツチームと同様に、チームとして成功し、失敗するのだ。チーム全体としてのパフォーマンスが個々のメンバーを鼓舞し、チームの成功にもっと貢献しようという気持ちが生まれる。 |
| チームメンバーは、一度に複数のプロジェクトに取り組むことが多いため、集中力が分散する。 | 開発チームは一度に1つの目標に専念し、集中することで成果を出す。 |
| 開発チームのメンバーには、プログラマーやテスターといった明確な役割がある。 | アジャイル組織は、肩書きではなくスキルを重視する。開発チームは、優先順位の高い要件を迅速に完了させるために、チーム内で様々な仕事を機能横断的にこなす。 |
| 開発チームには特に人数制限がない。 | 開発チームは意図的に人数を制限している。3人以上9人以下のチームが理想だ。 |
| チームメンバーは一般的に**人的資源**を意味する**リソース**と呼ばれる。 | チームメンバーは**人々**、**人材**、あるいは単に**チームメンバー**と呼ばれる。恐らくアジャイルプロダクト開発において、人を指して**リソース**という言葉を使うことはない。 |

## ＜秘訣＞

　筆者たちは、人を指す時に「リソース」という言葉を使わないようにしている。人と設備を同じ言葉で呼ぶことは、チームメンバーを交換可能な物として考えることにつながる。リソースは物であり、実用性のある消耗品だが、チームのメンバーは人間であり、内にも外にも感情やアイデア、優先すべきことを持っている。人は共に働く経験を通して学び、創造し、成長することができる。チームの仲間を「リソース」ではなく「人」と呼んで尊重することは、アジャイルの考え方の中心に人がいるということを強調する、さりげなくも強力な方法である。

　以下の節では、機能横断的で自己組織化され、人数も制限した専任チームでの作業が、アジャイルプロダクト開発にどのようなメリットをもたらすかについて説明する。また、サーバントリーダーシップとスクラムチームのための良い環境作りについても詳しく見ていく。チームダイナミクスがアジャイルプロダクト開発の成功にどのように役立つかを学んでいただけるはずだ。

# 16-2　アジャイルチームダイナミクスマネジメント

　プロダクトオーナー、開発者、スクラムマスターと話をしてみると、何度も耳にすることは、皆がアジャイルプロダクト開発を楽しんでいる、ということだ。スクラムチームのダイナミクスによって、その人が知っている最善の方法を最大限に生かす形で仕事をすることができる。スクラムチームに属する人々には、学び、教え、リードし、そして結束力があり自己管理するチームの一員になる機会が与えられる。

　以下のセクションでは、アジャイルチームの一員として（スクラム環境で）どのような働き方をするか、そしてなぜチームワークへのアジャイルアプローチがアジャイル開発を成功に導くのかを説明する。

## 自己管理と自己組織化

　アジャイルプロダクト開発では、成果物の作成に直接責任を持つのはスクラムチームだ。スクラムチームは自己管理し、仕事内容とタスクを自分たちで組み立てる。誰かがスクラムチームに、すべきことの指示を出すことはない。これは、アジャイル開発の取り組みにリーダーシップがないという意味ではない。スクラムチームの各メンバーには、自分のスキル、アイデア、主体性に基づいて、形式にこだわらずにリードする機会がある。

　自己管理と自己組織化という考え方は、仕事についての成熟した考え方である。自己管理は、人々がプロフェッショナルであり、意欲があり、仕事に対して献身的であり、その仕事を最後までやり遂げることを前提としている。自己管理の根幹にある考え方は、仕事に最も詳しいのは日々その仕事を行う人であり、完了させる最適な方法を決めるのもその人たちであるというものである。自己管理するスクラムチームで仕事をする時は、チーム内に、そしてチームから組織全体に対する信頼と敬意が必要だ。

　とはいえ、はっきりさせておこう。アジャイルプロダクト開発の根幹にあるのは、責任だ。中でも、アジャイルチームは、目で見ることができ、デモ可能で、具体的な結果に対して責任を負うという点に独自性がある。従来、企業は組織のプロセス1つ1つを遵守する責任をチームに課しており、チームからイノベーションの可能性やインセンティブを奪っていた。しかし自己管理によって開発チームはイノベーションと創造性を取り戻すことができる。

### ＜秘訣＞

　スクラムチームが自己管理するためには、信頼を育む環境が必要である。スクラムチームの全員が互いに信頼していれば、チームとプロダクトにベストを尽くすことができる。スクラムチームが所属する会社や組織も、スクラムチームの能力、決断力、自己管理の能力を信頼しなければならない。信頼を育む環境を作り、それを維持するために、スクラムチームの各メンバーは、個人としてもチームとしても、プロダクトの成功にコミットし、お互いを信じて団結しなければならない。

　自己管理する開発チームが、より優れたプロダクトアーキテクチャ、要件、設計を生み出す理由は単純で、当事者意識があるからだ。問題を解決する自由と責任を与えられた人々は、仕事に対する心からの当事者意識が向上する。

　スクラムチームのメンバーは、開発のあらゆる領域で役割を果たす。次ページの表 16-2 は、スクラムチームの各役割が、それぞれスコープ、調達、時間、コスト、チームダイナミクス、コミュニケーション、ステークホルダー、品質、リスクをどのように管理しているかを示している。

## 表 16-2　プロダクトマネジメントと自己管理するチーム（その 1）

| プロダクト<br>マネジメント領域 | プロダクトオーナー<br>による自己管理 | 開発チームによる<br>自己管理 | スクラムマスター<br>による自己管理 |
|---|---|---|---|
| スコープ | プロダクトビジョン、リリースゴール、各スプリントゴールを使って、スコープ項目がそのプロダクトにふさわしいか、そしてどこに属するのかを決定する。<br>プロダクトバックログの優先順位を利用して、開発する要件を決定する。 | 技術的な親和性に基づいてフィーチャーを提案することもある。<br>プロダクトオーナーと直に協力して要件を明確にする。<br>スプリントでどれだけの仕事を引き受けられるかを見極める。<br>スプリントバックログのスコープを完了するためのタスクを特定する。<br>それぞれのフィーチャーを作成するための最善の方法を決定する。 | 開発チームが作成できるスコープの量を制限する阻害要因を取り除く。<br>コーチングをして、スプリントを重ねるごとに開発チームの生産性が向上するよう支援する。 |
| 調達 | 開発チームのためのツールや設備に必要な資金を確保する。 | プロダクトを作るために必要なツールを特定する。<br>プロダクトオーナーと協力してツールを入手する。 | 開発チームのベロシティを加速させるツールや設備の調達を助ける。 |
| 時間 | 開発チームがプロダクトのフィーチャーを正しく理解し、そのフィーチャーを生み出すための工数を正しく見積もることができるようにする。<br>ベロシティ（開発速度）を利用して、長期的なスケジュールを予測する。 | プロダクトフィーチャーの工数を見積もる。<br>与えられた時間枠、つまりスプリントで作成できるフィーチャーを特定する。<br>多くの場合、各スプリントにおけるタスクの見積もり時間を提示する。<br>毎日のスケジュールを自分で決め、自分で時間を管理する。 | 見積もりポーカーゲームのファシリテーションを担当する。<br>開発期間に影響を与える開発チームのベロシティ向上を支援する。<br>時間を浪費させ集中力を削ぐものからチームを守る。 |
| コスト | 予算と投資対効果の最終責任を持つ。<br>ベロシティを利用して、タイムラインに基づいた長期的なコストを予測する。 | プロダクトフィーチャーの工数を見積もる。 | 見積もりポーカーゲームのファシリテーションを担当する。<br>開発コストに影響を与える、開発チームのベロシティ向上を支援する。 |
| チームダイナミクス | スクラムチームの一員としても、プロダクトにコミットする。 | 機能横断的に働くことでボトルネックを防ぎ、様々な種類の仕事を進んで引き受ける。<br>絶えず学び、互いに教え合う。<br>個人としても、スクラムチームの一員としても、プロダクトにコミットし、仲間と団結する。<br>重要な決定を下す際には、合意形成に努める。 | スクラムチームが同じ場所で作業するように促す。<br>スクラムチームの自己管理を阻害する要因を取り除く。<br>スクラムチームと一体化したサーバントリーダーである。<br>重要な決定を下す際には、スクラムチーム内の合意形成に努める。<br>スクラムチームとステークホルダーの関係性作りを助ける。 |

## 表16-2 プロダクトマネジメントと自己管理するチーム（その2）

| プロダクト<br>マネジメント領域 | プロダクトオーナー<br>による自己管理 | 開発チームによる<br>自己管理 | スクラムマスター<br>による自己管理 |
|---|---|---|---|
| コミュニケーション | プロダクトに関する情報やビジネスニーズを継続して開発チームに伝える。<br>開発の進捗状況に関する情報をステークホルダーに伝える。<br>各スプリントの終わりに行われるスプリントレビューで、ステークホルダーに動く機能をプレゼンする手助けをする。 | デイリースクラムで、進捗状況を検査し、以降のタスクを調整し、障害を特定する。<br>スプリントバックログを毎日最新の状態に保ち、開発状況について正確で迅速な情報を提供する。<br>各スプリントの終わりに行われるスプリントレビューで、ステークホルダーに動く機能をプレゼンする。 | スクラムチームメンバー全員が、対面で話せるよう促す。<br>スクラムチームと、会社あるいは組織における他部門との緊密な協力を促す。 |
| ステークホルダー | ビジョン、リリース、スプリントのゴールに対する期待値を設定する。<br>業務側の干渉から開発チームを守る。<br>スプリントレビュー中にフィードバックを収集する。<br>プロジェクトを通して要件を収集する。<br>リリースの日程と、新しいフィーチャーのリクエストがリリースの日程にどのように影響するかを伝える。 | スプリントレビューで動く機能をデモする。<br>プロダクトオーナーと協力して要件を分解する。<br>リリースやスプリントのバーンダウンチャートを通じて進捗状況を報告する。<br>タスクのステータスは毎日必ず更新する。 | スクラムチームとの相互作用に関連するスクラムとアジャイル原則について指導する。<br>ビジネスとは無関係の妨害から開発者を守る。<br>フィードバックを収集するためのスプリントレビューを促す。<br>スプリントレビュー以外での交流を促す。 |
| 品質 | 要件を追加し、受け入れ基準を明確にする。<br>開発チームが要件を正しく理解し、解釈できるようにする。<br>開発チームに、組織や市場からのプロダクトに関するフィードバックを提供する。<br>各スプリントで完成した機能を受け入れる。 | 卓越した技術と優れた設計を提供することにコミットする。<br>1日を通してその作業をテストし、毎日すべての開発を漏れなくテストする。<br>各スプリントの終わりに行われるスプリントレトロスペクティブで、自分たちの仕事を検査し、改善のために適応させる。 | スプリントレトロスペクティブの進行を手助けする。<br>スクラムチームメンバー間の対面のコミュニケーションを保証し、質の高い仕事を実現する。<br>開発チームが最高のパフォーマンスを発揮できるよう、持続可能な開発環境の構築に貢献する。 |
| リスク | コミットしたROIに対するリスクだけでなく、プロダクト全体のリスクにも目を向ける。<br>プロダクトバックログの中でもリスクの高い項目を優先させ、すぐに対処する。 | 各スプリントでリスクを軽減するアプローチを特定し、それを進める。<br>スクラムマスターに障害や干渉を注意喚起する。<br>各スプリントレトロスペクティブで得た情報を、将来のスプリントのリスク軽減に役立てる。<br>メンバーの1人が突発的にチームを離れた場合のリスクを軽減するために、機能横断性を取り入れる。<br>各スプリントの終わりに出荷可能な機能を提供することにコミットし、プロダクト全体のリスクを軽減する。 | 障害や干渉を防ぐ手助けをする。障害や、特定されたリスクの排除を助ける。<br>可能性のあるリスクについて、開発チームの対話を促進する。 |

16-2 アジャイルチームダイナミクスマネジメント

**＜覚えておこう！＞**

全体的に、アジャイルテクニックを使ってプロダクト開発に取り組んでいる人々は、仕事に大きなやりがいを見出す傾向がある。自己管理は、自律性、つまり自分の運命を自分でコントロールしたいという、人間に深く根ざした欲求に訴えかけるものであり、それを日常ベースで可能にするものだ。

次のセクションでは、アジャイルテクニックでプロダクト開発に取り組む人々が幸せであるもう1つの理由について述べる。

## チームを支えるサーバントリーダー

スクラムマスターは、チームをリードしていくサーバントリーダーとしての役割を果たす。この役割は、障害を取り除き、干渉を排除し、スクラムチームのメンバーがその能力を最大限に発揮できるように支援する。アジャイルリーダーは、タスクを割り当てるのではなく、解決策を見つける手助けをする。スクラムマスターは、スクラムチームを指導し、信頼し、チームが自己管理できるように後押しする。

スクラムチームの他のメンバーも、サーバントリーダーシップの役割を担うことができる。スクラムマスターが干渉や障害を取り除く手助けをする一方で、プロダクトオーナーや開発チームのメンバーも必要なところに手を差し伸べることができる。プロダクトオーナーは、プロダクトのニーズに関する重要な詳細情報を先手を打って提供していき、開発チームからの質問に素早く回答を出すことでリードすることができる。開発チームのメンバーは、機能横断的になっていく過程で、互いに教え合い、メンタリングすることができる。スクラムチームの各人が、プロダクト開発過程のどこかの時点で、サーバントリーダーとして行動することがある。サーバントリーダーシップの考え方はチーム全体に浸透していく。

ラリー・スピアーズの論文「Understanding and Practice of Servant-Leadership（サーバントリーダーシップの理解と実践）」（サーバントリーダーシップ・ラウンドテーブル、リージェント大学リーダーシップ研究科、2005年8月）には、サーバントリーダーの10の特徴を挙げている。以下に、それぞれの特徴がチームダイナミクスにどのようなメリットをもたらすかについて、筆者たちの補足を加えて紹介する。

- **傾聴**：スクラムチームのメンバーが互いの話をよく聞くことは、メンバーが助け合える領域を特定するのに役立つ。サーバントリーダーは、障害を取り除くために、メンバーが言っていること、あるいは言っていないことに耳を傾ける必要があるだろう。
- **共感**：サーバントリーダーは、スクラムチームの人々を理解し、共感し、彼らがお互いを理解するのを助けようと努める。
- **癒し**：癒しとは、人間中心ではないプロセスによるダメージを修復することを意味する。人間中心ではないプロセスとは、人を設備や交換可能な部品のように扱うプロセスのことだ。従来のプロジェクトマネジメントのアプローチの多くは、人間中心ではないと言える。
- **気づき**：スクラムチームのメンバーは、スクラムチームに最大限貢献するために、様々なレベルの活動を意識する必要があるだろう。
- **説得**：サーバントリーダーには、トップダウンの権威ではなく、説得する能力が必要だ。強力な説得スキルは、組織的な影響力と共に、スクラムマスターが会社や組織に対してスクラムチームを擁護するのに役立つ。また、サーバントリーダーがスクラムチームの他のメンバーに説得スキルを伝授すると、調和を保ち、合意を形成する上で役に立つ。
- **概念化**：スクラムチームのどのメンバーも、概念化のスキルを使うことができる。アジャイルライフサイクルの、変化を受け入れる性質は、スクラムチームが革新的なアイデアを思い描くことを促す。サーバントリーダーは、プロダクト開発とチームダイナミクス両方のために、スクラムチームが創造性を育む手助けをする。
- **先見力**：スクラムチームは、スプリントレトロスペクティブのたびに先見力を得る。その仕事、プロセス、チームダイナミクスを定期的に検査することで、スクラムチームは継続的に適応し、将来のス

プリントに向けてより良い決断を下す方法を理解することができる。

- **スチュワードシップ**：サーバントリーダーは、スクラムチームのニーズを管理する執事だ。スチュワードシップとは信頼のことである。スクラムチームのメンバーは、チームとプロダクト全体のニーズを見守るために、お互いを信頼する。
- **人々の成長へのコミット**：スクラムチームが機能横断的であるためには、成長が不可欠である。サーバントリーダーは、スクラムチームが学び、成長することを奨励し、それを可能にする。
- **コミュニティの構築**：スクラムチームはそれ自体がコミュニティである。サーバントリーダーは、そのコミュニティの中でポジティブなチームダイナミクスを構築し、維持する手助けをする。

サーバントリーダーシップが機能するのは、アジャイルプロダクト開発の重要な信条である「個人」と「対話」に、積極的に焦点を当てるからである。自己管理と同様に、サーバントリーダーシップには信頼と敬意が欠かせない。

#### ＜豆知識＞

　サーバントリーダーシップの概念は、アジャイルプロダクト開発特有のものではない。マネジメントテクニックを学んだことのある人であれば、1970 年発表のエッセイで、現代版サーバントリーダーシップのムーブメントを起こし、「サーバントリーダー」という言葉を生み出したロバート・K・グリーンリーフの功績をご存じだろう。グリーンリーフは、Center for Applied Ethics を創設以来、Greenleaf Center for Servant Leadership に名称を変更した今もなお、世界中にサーバントリーダーシップの概念を広めている。

　もう一人のサーバントリーダーの専門家、ケン・ブランチャードが、スペンサー・ジョンソンと共著した『1 分間マネジャー』（小林薫訳、ダイヤモンド社）では、パフォーマンスの高い人々やチームにおける優れたマネジャーの特徴が述べられている（この本はその後『新 1 分間マネジャー』（金井壽宏監訳、田辺希久子訳、ダイヤモンド社）として改訂された）。ブランチャードが研究したマネジャーたちが成果を上げていた理由は、業務にあたる人々が、できるだけ早く作業をこなせるように方向性を示し、リソースを確保し、干渉から守ることに重点を置いていたからである。

　次の 2 つのセクションでは、スクラムチームの成功に大きく関わる要因である、専任のチーム、および機能横断的なチームについて見ていく。

## 専任のチーム

専任のスクラムチームを持つことで、次のような重要なメリットが得られる。

- **一度に 1 つの目標に集中させることで、注意散漫を防ぐことができる。**スプリントゴールなど、1 つの目標に集中することで、複数のタスクを行ったり来たりして、結局どれも終わらないというタスクスイッチが減り、生産性が向上する。
- **専任のスクラムチームは集中を妨げる要因が少ない。**集中できればミスが少なくなる。複数の取り組みからの要求に応える必要がなくなれば、仕事で最高の結果を出すための時間と明晰さを保つことができる。第 17 章では、プロダクトの品質を高める方法について詳しく説明している。
- **専任のスクラムチームに属する人は、毎日、何に取り組むべきか分かっている。**行動科学の興味深い事実に、人々が近い将来に取り組むことを知っていると、職場では意識的に、職場以外では無意識にその課題に取り組むようになるということがある。タスクや仕事が一貫していて予測可能であると、長い時間集中して取り組むことができる。より良い解決策や、より質の高いプロダクトを生み出すことができる。
- **専任のスクラムチームのメンバーは、より多くのイノベーションを起こすことができる。**気が散ることなくプロダクトに没頭できれば、プロダクトの機能に関する創造的な解決策を思いつくことができる。

16-2　アジャイルチームダイナミクスマネジメント

223

- **専任のスクラムチームに属する人は、自分の仕事からより高い満足感を得られる。**スクラムチームで1つの目標に集中すると、メンバーの仕事が楽になる。質の高い仕事を生み出し、生産的で、創造的であることを、多くの、いや、ほとんどの人が楽しむことができる。専任のスクラムチームは、より高い満足感を得ることができる。
- **専任のスクラムチームの労働時間が毎週同じであれば、ベロシティ（チームの開発速度）を正確に計算することができる。**第15章では、各スプリントの終わりにスクラムチームのベロシティを定め、ベロシティを利用して長期的なタイムラインとコストを決定することについて説明している。ベロシティは、スプリントごとのアウトプットを比較できるため、スクラムチームの作業時間が一定であれば、正確にベロシティから時間とコストを予測することができる。専任のスクラムチームを持つことができない場合は、少なくともチームメンバーが開発作業を行う時間を毎週一定にするといいだろう。

<豆知識>
　マルチタスカーは生産性が高いという考えは神話だ。過去25年間、特にこの10年間の多くの研究で、タスクスイッチは生産性を低下させ、意思決定能力を損ない、ミスを増やすと結論付けている。

　専任のスクラムチームを持つには、その組織からの揺るぎないコミットが必要だ。雇用人数を減らせば、その分コストを削減できると勘違いして、従業員に複数の目的や目標に同時に取り組むよう求める企業は多い。しかし企業がよりアジャイルな考え方を取り入れるようになると、最もコストのかからないアプローチは、集中させることによって不具合を減らし、開発の生産性を上げることだと学ぶ。

<注意！>
　仕掛かり作業は金の掛かる在庫であり、何の価値も生み出さない。スクラムチームは、集中力と献身によって、仕掛かり作業を減らす努力を続ける。

　専任が可能になるように、スクラムチームの各メンバーは以下のことができる。
- プロダクトオーナーは、スクラムチームを専任にすることが財務上良い決断だと会社に教えることができる。プロダクトオーナーはプロダクトの投資対効果に責任があるのだから、プロダクトの成功のために戦うことを厭わないこと。
- 開発チームのメンバーは、現行のスプリントゴール以外の仕事を依頼されても断って、必要であればプロダクトオーナーやスクラムマスターに相談する。本来の業務以外のタスク依頼は、たとえ悪気がなくても、高いツケを支払うことになる可能性をはらんでいる。
- スクラムマスターは、アジャイルアプローチの専門家として、専任のスクラムチームを持つことが、なぜ仕掛かり作業を減らし、生産性、品質、イノベーションを向上させるのかということについて会社を教育することができる。優秀なスクラムマスターは、他の開発作業のために会社がスクラムチームから人材を引き抜こうとするのを防ぐ、組織的影響力も持っているべきである。安定性があり、長期的に存続する恒久なチームの重要性については、第8章を参照してほしい。

スクラムチームの別の特性として、機能横断性がある。

## 機能横断的なチーム

　開発チームが機能横断的であることも重要だ。開発チームのメンバーは、ソフトウェアのコードを書くプログラマーだけではない。開発中にプロダクト要件を価値あるもの、出荷可能なものに変えるという業務に当たるすべての人が開発チームには含まれる。ソフトウェア以外のスクラムチームの場合、プログラマーはいないが、プロダクトを生み出すために必要な様々なスキルを持つ人がいる。
　例えば、ソフトウェアを開発するスクラムチームには、プログラミング、データベース、品質保証、ユー

ザビリティ、グラフィック、デザイン、インフラのスキルを持つ人などが含まれるだろう。各人が専門性を持っている一方で、機能横断的であるということは、チームの全員が、可能な限り、開発の様々な部分に進んで参加することを意味する。ソフトウェア以外のプロダクトについても同じことが言える。

　開発チームのメンバーは、常に2つの質問を自分に投げかける。「今日、自分が貢献できることは何か？」「今後、自分の貢献をどのように広げていけるのか？」。開発チームの全員が、各スプリントで自分のスキルや専門性を発揮する。機能横断性は、開発チームのメンバーに対して、専門外の分野に取り組むことで新しいスキルを学ぶ機会を与えてくれる。それだけでなく、メンバー同士が知識を共有することも可能にする。開発チームで働くために、何でも屋である必要はないが、新しいスキルを学び、あらゆる種類の仕事を手伝いたいと思う気持ちは大切。個人とチームのケイパビリティ構築の詳細については、第7章のT型、π型、M型モデルの説明を参照してほしい。

### ＜豆知識＞
　タスクスイッチは生産性を低下させるが、機能横断型がうまくいくのは、取り組んでいるタスクのコンテキストを変えるのではなく、チームが1つの問題を別の視点から見ることになるからだ。1つの問題の別の側面に取り組むことで、知識の深みが増し、より良い成果につなげる能力が高まる。

　機能横断的な開発チームの最大のメリットは、特定のメンバーに依存しないことである。プロジェクトに携わったことがあれば、重要なメンバーの休暇や病気、あるいは退職が原因で遅れが生じた経験があるかもしれない。これらは避けられないことだが、機能横断型のチームなら、他のメンバーがその役割を補い、混乱を最小限に抑えて仕事を続けることができるのだ。たとえ専門家が突然チームを離れたとしても、他の開発チームメンバーが十分な知識を持っているので、仕事を進めることはできる。

### ＜注意！＞
　開発チームのメンバーが、休暇を取ったり、インフルエンザにかかったりする。そのような時にあるスキルや職能分野の専門家が1人しかいないことで、チームの進行が阻まれるという状況があってはならない。

　機能横断性を実現するには、全員がメンバーとしてもチームとしても、開発チームの揺るぎないコミットが必要である。「There is no i in team」つまり、「チームという単語に私（I）という文字はない」という古い慣用句が、アジャイル開発にはぴったりと当てはまる。開発チームで働くということは、肩書きではなくスキルが重要なのだ。

### ＜秘訣＞
　肩書きが存在しない開発チームは、チームの序列や地位が、その時の知識、スキル、貢献度に基づいているため、より実力主義的である。

　自分は「シニアQAテスター」だとか、「ジュニア開発者」だという考えを捨てるには、自分自身に対する考え方を改める必要があるだろう。機能横断的な開発チームの一員であるという概念を受け入れるには、多少の努力が必要かもしれないが、新しいスキルを学び、チームワークのリズムを身に付けることは、やりがいにつながる。

### ＜秘訣＞
　開発者がテストも行う場合、テストしやすいコードが自然に作られる。

　機能横断的な開発チームを持つには、組織のコミットに加えて、サポートも必要だ。企業によってはチームワークを促すために、肩書きをなくしたり、意図的に曖昧にしたりしている（「アプリケーション開発」のような肩書を目にしたことがないだろうか？）。組織的な立場から強力な機能横断型の開発チームを作るテクニックとしては他にも、トレーニングを提供する、スクラムチームをメンバー個人ではなく全体として捉える、特定の人がチーム環境になじめない場合は進んで変えていく、などがある。採用の際には、協調性の

高い環境でうまく働き、新しい仕事を学ぶ熱意があり、開発の全領域に取り組む意欲のある人材を積極的に探すと良いだろう。

組織の物理的環境と文化的環境の両方が、成功への重要な鍵だ。次のセクションで詳しく述べる。

### 公開性を強化する

他の章でも説明しているように、スクラムチームは同じ場所で作業できるのが理想である。インターネットのおかげで、私たちは世界のどこにいてもつながれるようになったが、メール、インスタントメッセージ、ビデオ会議、電話、オンラインコラボレーションツールといった素晴らしいツールを組み合わせても、対面で話すことのシンプルさと、その効果に代わるものはない。図 16-1 にメールのやり取りと対面での会話の違いを示している。

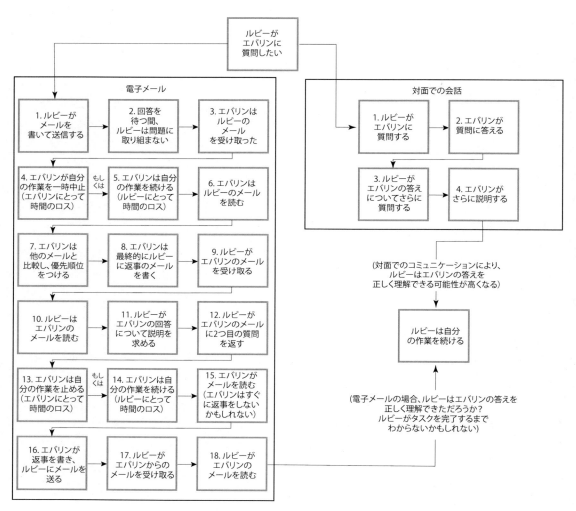

図 16-1　メールと対面での会話の比較

スクラムチームのメンバーが物理的に同じ場所で作業をし、直接、即座に話ができるという考え方は、チームダイナミクスにとって重要である。コミュニケーションに関しては、この章の後半で詳しく説明する。また、第 6 章では、物理的な環境とバーチャルな環境の両方を整えてスクラムチームの効果的なコミュニケーションにつなげる方法について詳しく説明している。

スクラムチームの成長に資するオープンな文化的環境を持つことも、成功要因の１つである。スクラムチームの全員が、次のようなことができる環境を整えよう。

- 安心感を持てる。
- ポジティブに自分の考えを話せる。
- 現状に挑戦できる。
- ペナルティを受けることなく、直面する問題についてオープンになれる。
- 変化をもたらすリソースを要求できる。
- 失敗し、そこから学ぶことができる。
- 変更を提案し、他のスクラムメンバーにその変更について真剣に検討してもらえる。
- スクラムチームのメンバーを尊重できる。
- スクラムチームのメンバーから尊重される。

信頼、公開、敬意はチームダイナミクスの基本である。

> **＜秘訣＞**
> 最高のプロダクトや最も優れたプロセス改善は、初心者の「たわいない」質問から生まれることがある。

スクラムチームのダイナミクスのもう１つの側面は、チームの規模を制限するという概念にある。

## 開発チームの規模を制限する

チームダイナミクスの心理的側面で興味深いのは、開発チームの人数の影響である。スクラム開発チームの人数は、通常３人から９人の間が理想的だ。

開発チームの人数をこの範囲内に収めることで、コミュニケーションとコラボレーションをシンプルに保ちながら、紙面上の要件をプロダクト化するのに十分な、多様なスキルを持つチームができる。メンバー同士のやり取りが容易なので、合意の上で意思決定を行うことができる。

９人以上の開発チームでは、その中でサブグループに分かれ、サイロ化する傾向がある。これは人間の行動として当たり前のことだが、自己管理に努める開発チームにとって、サブグループは分裂の元だ。また、大きな開発チームではコミュニケーションも難しくなる。コミュニケーションチャネルが増えるため、メッセージを見過ごしたり誤解したりする機会が増えるからだ。

一方、９人未満の開発チームは、傾向として自然とアジャイルアプローチへと向かう。しかし、開発チームが小さすぎると、チーム内に様々なスキルを持つ人が十分に確保できない可能性があるため、機能横断的な作業が困難になることがある。

> **＜秘訣＞**
> プロダクト開発に９人以上の開発メンバーが必要な場合や、チーム内のコミュニケーションを改善するための役割を作る必要があると考えられる場合は、代わりに複数のスクラムチームで作業を分担することを検討しよう。複数のスクラムチームで作業する方法については、第15章と第19章で詳述している。

## 分散したチームのプロダクト開発マネジメント

本書を通して述べているように、アジャイルプロダクト開発においては、スクラムチームが同じ場所にいるのが理想だ。しかし、スクラムチームが１つの場所で一緒に仕事をすることが不可能な場合もある。新型コロナウイルスのパンデミックで私たち皆が目の当たりにしたように、分散したチーム（物理的に異なる場所で働く人々で構成されるチーム）は、様々な理由、様々な形で存在する。

企業によっては、チームに適したスキルを持つ人材が別々のオフィスに勤務している場合があり、開発期間中に彼らを１つの場所に集めるためにコストを掛けたくない場合もある。組織によっては、他の組織と共

同で開発に取り組んでいるが、オフィススペースを共有したくない、または共有できない場合もある。在宅勤務をしている人、特に契約ベースの人などは、会社から遠い所に住んでいて、出社しない場合もある。海外のチームと連携し、他国の人々とプロダクトを作る企業もある。

**＜秘訣＞**

オフショア開発が必要なら、中途半端なやり方は避けよう。スクラムチームのプロダクトオーナー、開発チーム、スクラムマスターは同じ場所に配置するのだ。スクラムチームを2箇所に置くことになったとしても、それぞれのチームは同じ場所にまとまるべきだ。

幸い、スクラムチームが分散していても開発はできる。仮に分散したチームでの開発が避けられない場合、アジャイルアプローチを使えば、動く機能がより早く実現するので、分散したチームがよく経験するコミュニケーション不足による、誤解が生じるというリスクを抑えることができる。分散したチームはスクラムを導入してアジャイルアプローチを取るほうが、そうでない場合に比べて成果を上げる場合が多い。

表16-3は、Ambysoft社が2008年に実施した「Agile Adoption Rate Survey Results（アジャイル導入率調査結果）」に基づくもので、スクラムチームが同じ場所で作業をする場合と、地理的に分散している場合で、開発したプロダクトの成功率の違いを比較している。チームの距離が大きく離れていても、スクラムの導入によって成功率が高いことが分かる。

表16-3　同じ場所で作業するスクラムチームと分散したスクラムチームの成功率

| チームの所在 | 成功率 |
| --- | --- |
| コロケーションされたスクラムチーム（チーム全員が物理的に同じ場所にいる） | 83% |
| 分散しているが、物理的に対面することが可能<br>（メンバーは物理的に異なる場所で働いているが、出張して顔を合わせることができる） | 72% |
| 地理的に分散している（メンバーが時差などのある場所に分散している） | 60% |

分散したスクラムチームが開発を成功させるにはどうしたら良いだろうか？　一にも二にもコミュニケーションを取ることだ。日々直接会って会話することができない分散したスクラムチームでは、プロダクトに携わる全員が、独自の努力をする必要がある。分散したスクラムチームメンバー同士がうまくコミュニケーションを取るためのヒントをいくつか紹介する。

- **ビデオ会議技術を使って、対面での会話をシミュレートする。**対人コミュニケーションの大半は視覚的なものであり、表情の合図、手の動き、肩のすくめ方などが含まれる。ビデオ会議を利用すれば、互いの顔を見ることができ、ディスカッションだけでなく、非言語コミュニケーションの恩恵を受けることもできる。スプリントプランニング以外でも、1日を通して自由にビデオ会議を利用しよう。チームメンバーが予定外のビデオチャットにも対応できるように、十分な帯域幅、マイク、ヘッドフォン、複数のモニターなど、ビデオ会議を成功させるために必要な機器を用意しておくこと。
- **可能であれば、スクラムチームのメンバーが、開発開始時に少なくとも1回、できれば開発期間中に複数回、集まりやすい場所で直接会う機会を設ける。**たとえ1回でも2回でも、直接会うという経験を共有することで、離れた場所にいるチームメンバー間のチームワークを築くことができる。直接顔を合わせることで築かれた仕事上の関係は、より強固なものとなり、顔を合わせられない時でも続いていく。
- **オンラインコラボレーションツールを使用する。**ホワイトボードやユーザーストーリーカードをシミュレートし、会話を把握し、複数の人が同時に作成物を更新できるようにする。
- **オンラインコラボレーションツールやメールの署名欄にスクラムチームメンバーの顔写真を入れる。**人間は文字だけよりも顔が見えたほうが反応がいい。写真というシンプルなツールが、インスタ

ントメッセージやメールを人間らしくしてくれる。

- **時差を意識する。** 誤って午前3時に誰かの携帯電話を鳴らして起こしてしまわないように、あるいは、なぜその人が応答しないのか不思議に思わないように、それぞれの時間帯を示す時計を複数設置しておく。

- **時差を踏まえて柔軟に対応する。** 仕事を円滑に進めるために、時折、変則的な時間帯にビデオ通話や電話を受ける必要があるかもしれない。時差が大きい場合は、対応する時間帯を交互にすることも検討しよう。例えば、ある週は、拠点Aが早朝に、拠点Bが夜遅くに対応する。次の週は対応時間を逆にする。そうすれば、いつも不都合を抱えることになる人がいなくなる。

- **会話や文字によるメッセージに疑問がある場合は、電話やビデオで説明を求める。** 相手が何を言いたかったのか分からない場合、再確認するのは良いことだ。誤解から発生するミスを避けるため、電話でフォローアップしよう。分散したチームが成功するためには、通常以上にコミュニケーションの努力が必要である。

- **複数の国にまたがる場合は、スクラムチームメンバー間の言語や文化の違いに注意する。** 話し言葉や発音の違いを理解することで、国境を越えたコミュニケーションの質を高めることができる。現地の祝日について知っておくことも役に立つ。筆者たちも、異なる州にあるオフィスが閉まっていて不意打ちを食らったことが何度もあるが、これもまた、互いの地域で直接会う機会を設けると良い理由の1つだ。

- **時には仕事以外の話題についても話す努力をする。** 仕事以外の会話をすることで、場所に関係なくスクラムチームメンバーとの距離を縮めることができる。

　分散型のアジャイル開発でも、メンバーが献身的で意識を高く持ち、強力なコミュニケーションを取れば成功する。

　アジャイル開発が成功するためには、チームダイナミクスに対する独自のアプローチが重要である。このチームダイナミクスと密接に関係しているのがコミュニケーションだ。次の節では、アジャイルコミュニケーション方法が、従来のプロジェクトとはどのように異なるかを説明する。

## 16-3　アジャイルコミュニケーションは何がどう違うのか？

　プロジェクトマネジメント用語でコミュニケーションとは、プロジェクトチームの人々がお互いに情報を伝達し合う公式・非公式の方法のことである。従来のプロジェクトと同様に、優れたコミュニケーションはアジャイルプロダクト開発にとって必要不可欠である。

　しかし、アジャイル原則は趣が異なり、シンプルさ、率直さ、対面での会話を強調する。コミュニケーションに関連するアジャイル原則は以下のとおりだ。

4. ビジネス側の人と開発者は、プロジェクトを通して日々一緒に働かなければなりません。
6. 情報を伝える最も効率的で効果的な方法はフェイス・トゥ・フェイスで話をすることです。
7. 動くソフトウェアこそが進捗の最も重要な尺度です。
10. シンプルさ（ムダなく作れる量を最大限にすること）が本質です。
12. チームがもっと効率を高めることができるかを定期的に振り返り、それに基づいて自分たちのやり方を最適に調整します。

　アジャイル宣言もコミュニケーションに言及しており、包括的なドキュメントよりも動くソフトウェアに価値を置いている。ドキュメントにも価値はあるが、動く機能のほうが重要なのだ。

　次ページの表16-4は、従来のプロジェクトとアジャイル開発におけるコミュニケーションの違いをいくつか示している。

表16-4 従来のコミュニケーションマネジメントとアジャイルコミュニケーションマネジメントの比較

| 従来のアプローチによる<br>コミュニケーションマネジメント | アジャイルアプローチによる<br>コミュニケーションマネジメント |
| --- | --- |
| チームメンバーが対面で会話することに特別な努力をしない。 | アジャイルアプローチは、情報を伝達する最良の方法として対面のコミュニケーションを重視する。 |
| 従来のアプローチは、文書化に高い価値を置く。チームは、実際のニーズを考慮するのではなく、プロセスに基づいて複雑な文書や進捗報告を大量に作成する。 | **作成物**と言われるアジャイルの文書は意図的にシンプルであり、必要最小限の情報を提供する。アジャイル作成物には必要不可欠な情報のみが含まれ、多くの場合、一目でステータスが分かる。チームは「show, don't tell」(語るな、見せろ)のコンセプトに従い、スプリントレビューで定期的に動く機能を見せることで進捗を伝える。 |
| チームメンバーは、その会議が有益であるか必要であるかに関わらず、非常に多くの会議に出席する必要がある。 | アジャイルの会議体(イベント)は、あえて、できるだけ短時間で行う設計になっていて、会議に参加する意味のある人、会議から利益を得る人だけが参加する。アジャイルの会議体は、時間を無駄にすることなく、対面のコミュニケーションによるあらゆるメリットを提供する。アジャイルの会議体の構造は、生産性を下げるのではなく、高めるものである。 |

### <秘訣>

　どの程度の文書が必要かと考える時、量ではなく、適切さについて考えるべきだ。なぜその文書が必要なのか？ それをできるだけシンプルな方法で作成するにはどうすればいいか？ ポスターサイズの付箋を壁に貼れば、情報がより分かりやすくなる。これは、ビジョンステートメント、完成の定義、阻害要因のログ、重要なアーキテクチャの決定事項などの作成物を視覚的に伝えるのにも最適である。まさに百聞は一見にしかずなのだ。

　以下の節では、アジャイルフレームワークが重要視している対面の会話、シンプルさ、そしてコミュニケーションメディアとしての動く機能の価値を活用する方法を示す。

## 16-4　アジャイルコミュニケーションマネジメント

　アジャイルプロダクト開発におけるコミュニケーションを管理するには、アジャイルメソッドの様々なコミュニケーション方法が、それぞれどのように機能し、それらをどのように組み合わせて利用するかの理解が必要だ。また、ステータスについて、従来となぜ違うか、その理由を理解し、ステークホルダーに進捗を報告する方法も知っておく必要がある。以下のセクションでは、その方法を紹介する。

### アジャイルコミュニケーションの方法を理解する

　コミュニケーションは作成物や会議体、そして非公式な場の利用を通じて取ることができる。

　アジャイルプロダクト開発の中心であり、柱となっているのは対面で話をすることだ。スクラムチームのメンバー同士が毎日プロダクトについて会話をすれば、コミュニケーションがスムーズになる。時間が経つにつれて、メンバーは互いの性格、コミュニケーションスタイル、思考プロセスを理解し、迅速かつ効果的なコミュニケーションが取れるようになる。

　図16-2は、アリスター・コーバーンによる「Software Development as a Cooperative Game (共働するゲームとしてのソフトウェア開発)」から引用したもので、対面のコミュニケーションと、他のタイプのコミュニケーションの有効性を示している。

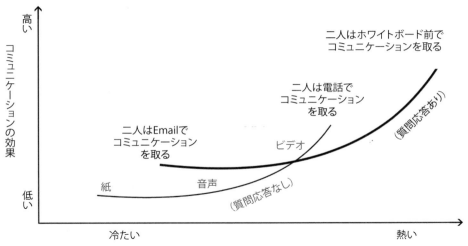

図 16-2　タイプ別コミュニケーションの比較

　これまでの章では、アジャイル開発に適合する様々な作成物や会議について説明してきた。これらはすべて、コミュニケーションを円滑にするためのものである。アジャイルの会議体は対面環境でコミュニケーションを取るための「型」を提供する。アジャイルの会議体は、開発チームを会議室に座らせるのではなく、仕事に取り掛かれるようにするためのものなので、特定の目的と特定の時間枠が設定されている。アジャイル作成物は、冗長ではなく必要な情報だけを含んでいる。これによって、構造化された書面でのコミュニケーションの「型」を提供する。

　表 16-5 は、アジャイルプロダクト開発における様々なコミュニケーションチャネルを示したものである。

表 16-5　アジャイルのコミュニケーションチャネル（その 1）

| チャネル | タイプ | コミュニケーションにおける役割 |
|---|---|---|
| リリースプランニングとスプリントプランニング | 会議体／イベント | プランニングにおいて、具体的な望ましいアウトカムが設定されていたり、ビジネスゴールに基づく特定の作業スコープに焦点を当たりしていて、スクラムチームにリリースとスプリントの目的および詳細を簡潔に伝える。プランニングについては第 9 章と第 10 章で詳しく説明している。 |
| プロダクトビジョンステートメント | 作成物 | プロダクトビジョンステートメントは、チームと組織にプロダクトの最終ゴールを伝える。プロダクトビジョンについては第 9 章で詳しく説明している。 |
| プロダクトロードマップ | 作成物 | プロダクトロードマップは、プロダクトビジョンをサポートし、プロダクトの一部となる可能性のあるフィーチャーについての長期的な展望を伝える。プロダクトロードマップについては第 9 章で詳しく説明している。 |
| プロダクトバックログ | 作成物 | プロダクトバックログは、プロダクト全体のスコープをチームに伝える。プロダクトバックログについては第 9 章と第 10 章で詳しく説明している。 |
| リリース計画 | 作成物 | リリース計画は、特定のリリースのゴールとタイミングを伝える。リリースプランニングについては第 10 章で詳しく説明している。 |
| スプリントバックログ | 作成物 | 毎日更新するスプリントバックログは、その情報を必要とする人にスプリントと開発のステータスを即座に提供する。スプリントバックログのバーンダウンチャートは、スプリントの進捗状況を素早く視覚化する。スプリントバックログについては第 10 章と第 11 章で詳しく説明している。 |

表16-5　アジャイルのコミュニケーションチャネル（その2）

| チャネル | タイプ | コミュニケーションにおける役割 |
|---|---|---|
| タスクボード | 作成物 | タスクボードを使うことで、現行のスプリントやリリースの状況を、スクラムチームの作業エリアに来る人全員に視覚的に伝えることができる。チームメンバーが完了したタスクが書かれた付箋などを移動させると、次のタスクに取り掛かるタイミングが来たことを、全員が把握できる。タスクボードについては11章で詳しく説明している。 |
| デイリースクラム | 会議体/イベント | デイリースクラムは、その日の優先事項を調整し課題を特定するために、対面かつ口頭でコミュニケーションを取る機会をスクラムチームに提供する。デイリースクラムについては11章で詳しく説明している。 |
| 対面の会話 | 非公式 | 対面の会話は最も効果的なコミュニケーション手段だ。 |
| スプリントレビュー | 会議体/イベント | スプリントレビューは、「語るな、見せろ」の哲学を体現するものだ。動く機能をステークホルダーを含むチーム全体に見せることで、文書による報告や概念のプレゼンテーションよりも有意義な方法で進捗を伝えることができる。スプリントレビューについては、第12章で詳しく説明している。 |
| スプリントレトロスペクティブ | 会議体/イベント | スプリントレトロスペクティブで、スクラムチームはとりわけ改善のためのコミュニケーションを取ることができる。スプリントレトロスペクティブについては第12章で詳しく説明している。 |
| 会議メモ | 非公式 | 会議メモは、任意の非公式なコミュニケーション方法だ。スクラムチームのメンバーが会議後に忘れないように、アクション項目のメモを取る。スプリントレビューの会議メモは、プロダクトバックログ項目の更新に関わると言える。スプリントレトロスペクティブの会議メモは、将来のスプリントで検討するためにプロダクトバックログに追加されるアクション項目でもあり、スクラムチームに改善プランを思い出させるものでもある。 |
| コラボレーションツール | 非公式 | ホワイトボード、付箋、電子ツールといったコラボレーションツールはすべてスクラムチームのコミュニケーションに役立つ。これらのツールは、対面での会話を置き換えるのではなく、補強するものとして使う。コラボレーションの結果を記録し保存するのは簡単なことで、直近の、そして将来的な検討事項として決定したことをチームに思い出させてくれる。これらのツールのデジタル版も有効である。 |

### ＜覚えておこう！＞

　作成物も会議体（イベント）も、非公式のコミュニケーションチャネルも、すべてツールにすぎない。どんなに優れたツールも、それを正しく使う人がいなければ効果を発揮しないことを心に留めておいてほしい。アジリティとは人と人との相互作用のことであり、ツールはその相互作用をサポートするためのものでしかない。

　次のセクションでは、アジャイルコミュニケーションの具体的な領域である「進捗報告」を取り上げる。

## ステータスと進捗の報告

　すべてのプロダクトにはステークホルダー、つまりスクラムチーム外の、プロダクトに既得権のある人々がいる。ステークホルダーの少なくとも1人は、開発費を支払う責任者（スポンサー）である。ステークホルダー、特に予算の責任者にとって、開発の進捗を知ることは重要である。このセクションでは、ステータスをどのように伝えるかを説明する。

　スクラムチームで言うステータスとは、チームが完了したフィーチャーの尺度である。第2章、第10章、第12章、第17章で説明している完成の定義を用いて、スクラムチームが、プロダクトオーナーと開発チームの合意に従って、そのフィーチャーを開発し、テストし、統合し、文書化すれば、そのフィーチャーは完

了したことになる。

　従来のプロジェクトに携わったことがある人なら、進捗報告会議で「プロジェクトの 64％が完了しました」と報告したことが何度もあるだろう。その時にステークホルダーが「素晴らしい！ では資金が絶えたのでその 64％分だけもらおう」と答えたとしたら、あなたも、そのステークホルダーも、困惑することになっただろう。なぜなら、あなたが言っていたのは、プロダクトのフィーチャーの 64％が使用可能であるという意味ではなく、プロダクトの各フィーチャーがどれも 64％しか進行しておらず、動く機能はなく、そのプロダクトが使えるようになるまでには、まだ多くの作業が残っているという意味なのだから。

　完成の定義を満たす動く機能は、進捗を測る主要な尺度であり、これによってプロダクトのフィーチャーは完成していると自信を持って言うことができる。スコープは常に変化するため、ステータスを割合で表すことはしない。その代わりステークホルダーが興味を持つのは、潜在的に出荷可能なフィーチャーの増加を示すリストのほうだろう。

　スプリントとリリースの進捗は毎日確認しよう。ステータスと進捗を伝える主要なツールは、タスクボード、スプリントバックログ、プロダクトバックログ、リリースとスプリントのバーンダウンチャート、そしてスプリントレビューだ。

### ＜秘訣＞

　　スプリントレビューは、ステークホルダーに対して動くソフトウェアをデモする場である。スライドや配布資料の作成は避けよう。スプリントレビューで重要なのは、ステークホルダーに完了したことを伝えることではなく、進捗状況をデモとして見せることだ。アジャイル原則 7 には、「動くソフトウェアこそが進捗の最も重要な尺度です。」とある。つまり「語るな、見せろ」だ。

　プロダクトの成功に影響を受ける人には、スプリントレビューに参加することを強く勧めよう。機能が実際に動く様子を見ること、特に定期的に見ることで、完了した仕事についての実感をより強く得ることができる。

### ＜注意！＞

　　**ダブルワークアジャイル**に巻き込まれないようにしよう。アジャイルテクニックを導入したばかりの企業や組織は、アジャイル作成物に加えて、従来の進捗報告も求めることがある。このような組織は、スクラムチームのメンバーに、デイリースクラムなどのアジャイルの会議体以外の定期的な進捗報告会議への出席も求める場合がある。これがダブルワークアジャイルだ。ダブルワークアジャイルは、アジャイル導入における大きな落とし穴の 1 つだ。スクラムチームが全く異なる 2 つの開発アプローチの要求を満たそうとすると、すぐに燃え尽きてしまう。この問題を避けるためには、アジャイル作成物やイベントが従来の文書や会議の、より良い代替手段であることを、会社に教えることが重要である。アジャイル作成物を試しに使ってみることを強く勧めよう。

　スプリントバックログは、現在のスプリントの、日々のステータスを報告するためのものだ。スプリントバックログには、スプリントで取り組むユーザーストーリーと、それに関連するタスクと見積もりが含まれる。スプリントバックログには、開発チームが完了した作業のステータスと、スプリントの要件を完了するための残りの作業を視覚的に示すバーンダウンチャートが含まれていることがよくある。開発チームは、少なくとも 1 日に 1 回はスプリントバックログを更新し、各タスクの残りの作業時間を更新する責任がある。スプリントバックログから日々のステータスが分かるので、デイリースクラムで進捗報告に時間を費やす必要はない。デイリースクラムはその日の作業を調整するためのものであり、進捗報告のためのものではない。

### ＜注意！＞

　　あなたが現在プロジェクトマネジャーであるなら、あるいは将来プロジェクトマネジメントを学ぶなら、プロジェクトの進捗やパフォーマンスを測定する方法として、**アーンドバリューマネジメント**（EVM）という概念に出会うかもしれない。アジャイル実践者の中には、EVM のアジャイル版を使おうとする人もいるが、筆者たちは、アジャイルプロダクト開発においては EVM を避けている。なぜなら、EVM は、プロジェクトのスコー

プが固定されていることを前提としており、アジャイルアプローチとは相反するからだ。古い「型」にアジャイルアプローチをはめ込もうとするのではなく、ここで挙げたツールを使おう。それでうまくいく。

バーンダウンチャートは、進捗状況の伝達をするというよりは、一見して分からせるためのものだ。スプリントのバーンダウンチャートを見れば、スプリントがうまくいっているのか、それとも問題があるのかが即座に分かる。第 11 章で、様々なスプリントパターンのバーンダウンチャートのサンプルを紹介しているが、図 16-3 でもう一度例示しよう。

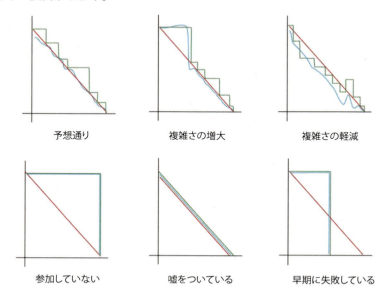

図 16-3　バーンダウンチャートのパターン

スプリントバックログを毎日更新すれば、ステークホルダーは常に最新の状況を知ることができる。また、プロダクトバックログを見せることで、スクラムチームがその日までに完成させたフィーチャー、将来のスプリントに含まれるフィーチャー、そしてフィーチャーの優先順位を知ることができる。

<覚えておこう！>
　プロダクトバックログは、フィーチャーを追加したり、優先順位を付け直したりすることで変化する。特にステータスを知る目的でプロダクトバックログをレビューする人には、この考え方を理解してもらう必要がある。

<秘訣>
　タスクボードは、スプリント、リリース、あるいはプロダクト全体のステータスをチームに素早く示す優れた方法だ。タスクボードには、ユーザーストーリーのタイトルを書いた付箋を少なくとも次の 4 つの列に並べる：やるべきこと、進行中、受け入れ、完成。タスクボードをスクラムチームの作業エリアで見えるようにすれば、立ち寄った人は誰でも、どのプロダクトの、どのフィーチャーが完成していて、どのフィーチャーが進行中であるかという大まかなステータスを確認することができる。スクラムチームは毎日タスクボードを見るので、常に開発の状況を把握できる。タスクボードの例については第 6 章を参照してほしい。

ステータスや進捗状況を伝える時は、常にシンプルでわかりやすい情報ラジエーター（重要な情報を大きく表示するもので、継続的に更新され、チームメンバーは最新情報を一目で確認できる）の設置と運用を心掛けよう。情報へのアクセスが、より簡単で、よりオンデマンドであればあるほど、進捗報告に費やす時間が減り、進捗はどうなっているかとステークホルダーが悩む時間を減らすことができる。

# 第 17 章

# 品質とリスクのマネジメント

---

**この章の内容**
- 品質に対するアジャイルアプローチがどのようにリスクを低減させるかを学ぶ
- 高い品質のプロダクト開発を保証する方法を知る
- 生産性向上のために自動テストを活用する方法を学ぶ
- アジャイル開発アプローチがどのようにリスクを低減させるかを理解する

---

　プロダクト開発において、品質とリスクは密接に関係する要素である。この章では、アジャイルメソッドを用いて高品質のプロダクトを提供する方法について説明する。また、プロダクトのリスクを管理するためにアジャイルアプローチを活用する方法も紹介する。歴史的にはどのように品質がリスクに影響を及ぼしてきたのか、そしてアジャイルの品質マネジメントによる根本的なリスク低減の方法を見ていく。

## 17-1　アジャイル品質マネジメントは何がどう違うのか？

　品質は、プロダクトが機能するかどうか、ステークホルダーや顧客のニーズを満たすかどうかに直結し、アジャイルプロダクトマネジメントとは切り離せない要素である。第 2 章で挙げた 12 のアジャイル原則はすべて、直接的にも間接的にも品質が向上するように促進するものだ。原則は次のとおりである。

1. 顧客満足を最優先し、価値のあるソフトウェアを早く継続的に提供します。
2. 要求の変更はたとえ開発の後期であっても歓迎します。変化を味方につけることによって、お客様の競争力を引き上げます。
3. 動くソフトウェアを、2〜3 週間から 2〜3 か月というできるだけ短い時間間隔でリリースします。
4. ビジネス側の人と開発者は、プロジェクトを通して日々一緒に働かなければなりません。
5. 意欲に満ちた人々を集めてプロジェクトを構成します。環境と支援を与え仕事が無事終わるまで彼らを信頼します。
6. 情報を伝える最も効率的で効果的な方法はフェイス・トゥ・フェイスで話をすることです。
7. 動くソフトウェアこそが進捗の最も重要な尺度です。
8. アジャイルプロセスは持続可能な開発を促進します。一定のペースを継続的に維持できるようにしなければなりません。
9. 技術的卓越性と優れた設計に対する不断の注意が機敏さを高めます。
10. シンプルさ（ムダなく作れる量を最大限にすること）が本質です。
11. 最良のアーキテクチャ・要求・設計は、自己組織的なチームから生み出されます。
12. チームがもっと効率を高めることができるかを定期的に振り返り、それに基づいて自分たちのやり

方を最適に調整します。

　これらの原則は、チームが価値ある動く機能を生み出せる環境作りの重要性を強調している。アジャイルアプローチは、プロダクトが正しく動くという意味でも、ステークホルダーのニーズを満たすという意味でも、高い品質の実現を促進するものだ。

　表 17-1 に、従来のプロジェクトとアジャイルプロダクト開発における品質マネジメントの違いをいくつか示す。

表 17-1　従来の品質マネジメントとアジャイルの品質マネジメントの比較

| 従来のアプローチによる品質マネジメント | アジャイルアプローチによる品質マネジメントのダイナミクス |
| --- | --- |
| プロジェクトの最終ステージ、プロダクトのデプロイ前にテストが行われる。作成から何か月も経ってからテストするフィーチャーもある。 | テストは各スプリントの一部で、毎日実行し、各要件の完成の定義にも含まれている。自動テストを活用することで、迅速かつ堅固なテストを毎日行うことができる。 |
| 品質マネジメントは往々にして事後対応的になり、プロダクトのテストと問題解決に主眼が置かれる。 | 品質マネジメントには、テストを通じて事後対応的に行うものと、質の高い仕事の土台作りとして先手を打つものと両方ある。ソフトウェア開発における先手を打つ品質マネジメントのアプローチの例としては、対面のコミュニケーション、ペアプログラミング、テスト駆動開発（テストファースト開発とも呼ばれる）、既定のコーディング規約などがある。 |
| 問題はプロジェクトの終盤に見つかるほうがリスクが高くなる。チームがテストをする頃には、サンクコストが高額になっている。 | サンクコストがまだ低い初期のスプリントでリスクの高いフィーチャーを作成しテストすることができる。 |
| ソフトウェア開発では「バグ」とも呼ばれる問題や欠陥は、プロジェクト終了時に見つけるのは難しく、プロジェクト終了時に問題を修正するとコストが掛かる。 | 出荷可能な作業成果物を、少しずつ、頻繁に、段階的にテストするので、容易に問題が見つかる。何か月も前に作ったものを修正するよりも、作ったばかりのものを修正するほうが簡単だ。 |

　本章の冒頭で、品質とリスクは密接に関連していると述べた。表 17-1 のアジャイルアプローチは、通常、品質マネジメントを後回しすることに伴うリスクと不必要なコストを大幅に削減する。

<豆知識>

　**虫だ。虫？ 虫だよ！**　なぜコンピューターの問題を「バグ（虫）」と呼ぶのだろうか？ 最初のコンピューターは、部屋全体を占めるガラス張りの大型マシンだった。1947 年、この巨大なコンピューターの 1 つで、ハーバード大学にあった Mark II Aiken Relay Calculator の回路の 1 つに問題が発生した。技術者たちは、この問題の原因がマシンの中の蛾（文字通り、虫）であることを突き止めた。以来、コンピューターに発生した問題の原因は「虫だ」というのがこのチームのお決まりのジョークになった。この言葉が定着し、今日でも人々はハードウェアの問題、ソフトウェアの問題、時にはコンピューターサイエンスの領域外の問題さえもバグと表現する。ハーバードの技術者たちは、その蛾を日誌にテープで貼り付けておいた。その最初の「バグ」は、スミソニアン国立アメリカ歴史博物館に何年も展示されていたのだった。

　アジャイルアプローチにおける品質に関するもう 1 つの違いは、開発全体を通して複数の品質フィードバックループがあることだ。図 17-1 は、スクラムチームが開発の過程で受ける様々な種類のプロダクトフィードバックを示している。開発チームは、このフィードバックを即座にプロダクトに取り入れることができ、プロダクトの品質を定期的に向上させていくことができる。

<覚えておこう！>

　第 16 章で、開発チームにはプロダクトに関わる作業に携わるすべての人が含まれると述べた。開発チームには、テストを作成して実行し、品質を保証する専門家を含めなければならない。開発チームは機能横断的である。つまり、メンバー全員が、開発中いつでも、異種の作業にあたる可能性があるのだ。機能横断的な活動は、問題

の発生を防止する、テストをする、バグを修正するといった品質保証の活動にも及ぶ。

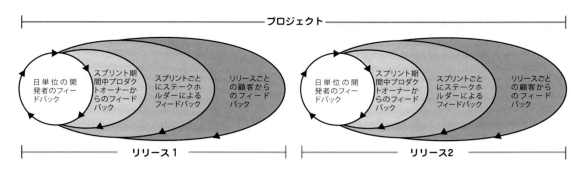

図17-1　品質フィードバックサイクル

次の節では、アジャイルテクニックを使って品質を高める方法を紹介する。

## 17-2　アジャイル品質マネジメント

　品質マネジメントは、アジャイル開発チームが担う主要な責任の1つだ。品質保証に対する責任は、自己管理に伴う責任と自由の延長上にある。開発チームが自由に開発テクニックを決定できるということは、開発チームがそのテクニックで高い品質結果をもたらすことも保証するという責任も負う。

<豆知識>
　品質マネジメントのことを、まとめて**品質保証**（QA: Quality Assurance）と呼ぶ組織は多い。QA部門、QAテスター、QAマネジャー、QAアナリストなど、QAにちなんだ肩書きは多く存在するが、これらはすべて品質マネジメントの責任者を指すものである。QAは「プロダクトのQAを実行した」とか「現在QAフェーズだ」など、テストを意味する略語として使われることもある。QAは通常、あるプロダクトが、ビジネス側のニーズや、そのプロダクトの顧客のニーズを満たしているかどうかを指す。QC（Quality Control）もまた品質マネジメントを指す一般的な言い方だが、より直接的に、プロダクトの技術面の品質を指す。

　スクラムチームでは、スクラムマスターとプロダクトオーナーも品質マネジメントの一翼を担う。プロダクトオーナーは、各スプリントを通じて要件を明確化し、要件が完成したら受け入れる。スクラムマスターは、開発チームのメンバーがその能力を最大限に発揮できる職場環境を確保する手助けをする。

　幸運なことに、アジャイルアプローチには、スクラムチームが質の高いプロダクトを作れるようにサポートする方法がいくつかある。この節では、スプリント中にテストを行うことで不具合を発見する可能性を高め、いかに不具合を修正するコストを削減するかも見ていく。アジャイル開発には質の高いプロダクトを開発するために、先手を打つ方法が多くあることをお分かりいただけるだろう。定期的な検査と適応が、品質マネジメントにどのように貢献するかも説明する。最後に、アジャイル開発を通じて継続的に価値あるプロダクトを提供するために、自動テストがどれほど不可欠かということを説明する。

### 品質マネジメントとスプリント

　品質マネジメントは、アジャイルプロダクト開発の日常的な要素である。スクラムチームは、1週間から4週間の短い開発サイクル、スプリントで開発を行う。各サイクルには、スプリント内のユーザーストーリーごとに、従来のプロジェクトで言う様々なフェーズ（要件、設計、開発、テスト、デプロイのための統合）の活動が含まれる。スプリントでの作業については、第10章、第11章、第12章で詳しく説明している。

<秘訣>
　ここで簡単なクイズを1つ。テーブルの上にある25セント硬貨とスタジアムの中にある25セント硬貨、ど

ちらが見つけやすいだろうか？答えはもちろんテーブルだ。それと同じくらい明らかなのは、プロダクト全体よりも、バックログ項目1つ分の開発で不具合を見つけるほうが簡単だということだ。反復開発は、質の高いプロダクト開発をしやすくする。

スクラムチームは、スプリントを通じてテストを実行する。図17-2は、テストがどのようにスプリントに組み込まれているかを示している。開発チームが最初の要件を作成し始めるとすぐに、最初のスプリントでテストが始まることに注目してほしい。

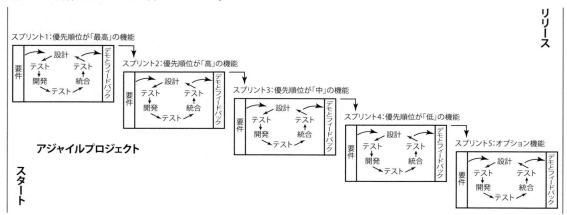

**図17-2　スプリント内でのテスト**

開発チームが各スプリントを通してテストを行えば、非常に迅速に不具合を発見し修正することができる。開発チームは、プロダクト要件を実装し、その要件をすぐにテストし、問題があればすぐに修正してから、作業が完成したと見なす。何週間も何か月も前に作成したものを修正する方法を思い出そうとする代わりに、せいぜい1日か2日前に作業した要件を修正すればいいのだ。

毎日テストを行うことは、プロダクトの品質を保証するための素晴らしい方法である。品質を保証するもう1つの方法は、最初から良いプロダクトを作ることである。次のセクションでは、アジャイルプロダクト開発がエラーを回避し、優れたプロダクトを生み出す上で役に立つ様々な方法を紹介する。

## 先手を打つ品質マネジメント

品質マネジメントの重要な側面でありながら軽視されがちなのが、問題を未然に防ぐという考え方である。スクラムチームが質の高いプロダクトを作成できるように、先手を打つアジャイルアプローチは数多く存在する。その一部を以下に紹介する。

- 技術的卓越性と優れた設計を重視する
- 品質に特化した開発テクニックをプロダクト作りに取り入れる
- 開発チームとプロダクトオーナーが日常的にコミュニケーションを図る
- 受け入れ基準をユーザーストーリーに組み込む
- 対面のコミュニケーション、同じ場所に配置されたチーム
- 持続可能な開発
- 作業成果物と行動の定期的な検査と適応

以下のセクションでは、先手を打つ品質マネジメントの実践について、それぞれ詳しく見ていく。

＜覚えておこう！＞
品質マネジメントとは、プロダクトが正しく機能することと、ステークホルダーが必要とすることをプロダクトが実行すること、その両方を意味する。

## 技術的卓越性と優れた設計への継続的な配慮

　スクラムチームが技術的卓越性と優れた設計を重視するのは、これらの特性が価値あるプロダクトにつながるからだ。開発チームはどのようにして優れた技術的解決策と設計を提供するのだろうか？

　開発チームが技術的卓越性を提供する1つの方法が、自己管理である。自己管理によって技術面での自由なイノベーションが可能になる。伝統的な組織において、個別プロジェクトにとって意味があるのかないのか分からない、組織内で順守が求められる義務的な技術基準が存在することがある。自己組織化された開発チームには、その基準がプロダクト作りに価値をもたらすかどうか、あるいは別のアプローチのほうがうまくいくかどうかを決定する自由がある。イノベーションは、優れた設計、技術的卓越性、質の高いプロダクトにつながる。

　自己管理は、プロダクトに対する開発チームの当事者意識も高める。開発チームの人々が、自分たちが作っているプロダクトに強く責任を感じていれば、最善の解決策を見つけ、その解決策を可能な限り最善の方法で実行しようと努力するようになる。

> **＜秘訣＞**
> シンプルな解決策ほど洗練されたものはない。

　組織のコミットもまた、技術的卓越性の一翼を担う。企業や組織の中には、プロダクトマネジメントのアプローチにかかわらず、卓越性に対してコミットしているところがある。あなたが日常的に使用しているプロダクトで、高品質のものを想像してみてほしい。それらのプロダクトは、優れた技術的解決策を重視する企業が生んだプロダクトではないだろうか。あなたが働いている企業が、技術的卓越性を信じ、それに報いる企業ならば、このアジャイル原則を実行するのは簡単だろう。

　企業の中には、技術的卓越性を軽んじているところもある。そのような企業のスクラムチームは、より良いプロダクトを生み出すためのトレーニングやツールを取り入れようとする時に苦労するかもしれない。中には、優れた技術、優れたプロダクト、そして収益性を結びつけない企業もある。スクラムマスターやプロダクトオーナーは、なぜ優れた技術や設計が重要なのかを企業に教える必要があるかもしれないし、優れたプロダクトを作るために必要なものを開発チームに提供するよう働きかける必要があるかもしれない。

> **＜注意！＞**
> 「新しいから」「流行しているから」という理由で新しい技術を使うことと、技術的卓越性を混同してはならない。テクノロジーソリューションは、プロダクトのニーズを効率的にサポートするものであるべきで、単に履歴書や会社のスキルプロファイルを増やすものであってはならない。

　技術的卓越性と優れた設計を日々の仕事に取り入れることで、質が高く、誇りを持てるプロダクトを生み出すことができる。

## 質の高い開発テクニック

　過去数十年間のソフトウェア開発において、より適応的でアジャイルであろうとするモチベーションが、品質に焦点を当てた多くのアジャイル開発テクニックを推進した。このセクションでは、先手を打って品質を確保するのに役立つエクストリームプログラミング（XP）開発アプローチを俯瞰的に見ていく。XPのプラクティスについては第5章で詳述している。

> **＜秘訣＞**
> アジャイル品質マネジメントテクニックの多くは、ソフトウェア開発を念頭に置いて作られてきた。これらのテクニックの中には、ハードウェアプロダクトや建築物など、他の種類のプロダクトを作る時にも適用できるものがある。もしあなたがソフトウェア以外の開発に取り組んでいるのであれば、このセクションで紹介する開発テクニックを当てはめながら読んでほしい。

- **テスト駆動開発（TDD）**：この開発テクニックは、開発者が作成したい要件に対するテストを作ることから始まる。次に開発者はテストを実行するが、最初は機能が存在していないため失敗するはず。そして、開発者はテストがパスするまで開発を続け、その後コードをリファクタリングする。リファクタリングでは、テストがパスする状態を保ちながら、できるだけ不要なコードを多く削除する。TDD では、機能を作成しながらテストを行い、テストがパスするまで機能を開発し続ける。新しく作成された要件の機能が正しく動作することを確認できる。
- **ペアプログラミング**：ペアプログラミングでは、開発者が 2 人 1 組で作業を行う。2 人が 1 つのコンピューターの前に座り、チームとして 1 つの開発タスクを実行する。開発者が交代でキーボードを操作し、共同作業を行う。通常、キーボードに向かっている人はそのまま戦術的な役割を担い、観察しているパートナーはより戦略的、あるいはナビゲーター的な役割を担って、先を見越してその場でフィードバックする。開発者たちは文字通りお互いの肩越しに見ているため、エラーを素早く見つけることができる。ペアプログラミングは、即座にエラーを発見し、相互にコードの品質を高めることで全体の品質を向上させる。
- **ピアレビュー**：「ピアコードレビュー」とも呼ばれるピアレビューでは、開発チームのメンバー同士が、作業完了後すぐにレビューし合う。ピアレビューは、ペアプログラミングと同様、本質的に協働性がある。完了した作業を互いにレビューした際に発見した問題の解決策は共同で見つける。ペアプログラミングを実践しない開発チームでも、少なくともピアレビューは実践すべきだ。ピアレビューでは、開発の専門家がプロダクト内の構造的な問題を探すことによって品質が向上する。
- **コードの共同所有**：このアプローチでは、開発チームの全員がコードのあらゆる部分を作成、変更、修正することができる。コードの共同所有は、開発スピードを上げ、イノベーションを促進し、複数の目でコードを見ることで不具合を素早く発見する上で役に立つ。
- **継続的インテグレーション**：このアプローチでは、毎日 1 回以上に統合されたコードのビルドを行う。継続的インテグレーションによって、開発チームのメンバーは、作成中のユーザーストーリーがプロダクトの他の部分とどのように連携するかを確認できる。継続的インテグレーションは、開発チームが定期的にコンフリクトをチェックすることで、品質を確保する上で役に立つ。自動テストを実行する前に、チェックインごとにコードビルドを作成する必要がある。自動テストについては、この後詳しく説明する。

### ＜覚えておこう！＞
アジャイルプロダクト開発では、スプリント、プロダクト、そしてチームにとってどのツールやテクニックが最適かを開発チームが決定する。

　アジャイルソフトウェア開発テクニックの多くが、品質保証を助ける。アジャイルアプローチを採用している人々のコミュニティでは、これらのテクニックについての議論や情報が数多く存在する。そういったテクニックについて、特に開発者の方はさらに学習を深めることをお勧めする。テスト駆動開発など、1 つのテクニックに特化した書籍もある。ここで筆者たちが提供する情報は氷山の一角だ。役に立つ資料については第 24 章を参照のこと。

## プロダクトオーナーと開発チーム

　品質マネジメントを支えるアジャイルプロダクト開発のもう 1 つの側面は、開発チームとプロダクトオーナーの密接な関係である。プロダクトオーナーは、プロダクトに対するビジネスニーズの代弁者だ。この役割においてプロダクトオーナーは、毎日開発チームと協働し、開発中の機能がビジネスニーズを満たすことを保証する。

　計画作りのステージでは、開発チームが各要件を正しく理解できるように支援することがプロダクト

オーナーの仕事である。スプリント期間中、開発チームからの要件に関する質問に答え、機能をレビューし、完成したものを受け入れる責任を負う。プロダクトオーナーが要件を受け入れる時は、開発チームが各要件のビジネスニーズを正しく解釈し、新しい機能が実行すべきタスクを実行するかどうかを確認する。

ウォーターフォールのプロジェクトでは、開発者とビジネスオーナー間のフィードバックループが頻繁ではないため、開発チームの仕事が、プロダクトビジョンステートメントで設定された当初のプロダクト目標から外れるのがよくあることだ。

毎日要件をレビューするプロダクトオーナーは、誤った解釈を早期に発見する。そのおかげで開発チームの軌道を修正でき、無駄な時間と労力を費やすことが避けられる。

<覚えておこう！>

プロダクトビジョンステートメントは、プロダクトのゴールを明確にするだけでなく、プロダクトが企業や組織の戦略をどのようにサポートしているかを伝えるものでもある。プロダクトビジョンステートメントの作成方法は第9章で説明している。

## ユーザーストーリーと受け入れ基準

アジャイル開発におけるもう1つの先手を打つ品質対策は、各ユーザーストーリーに受け入れ基準を組み込むことである。第9章で、ユーザーストーリーがプロダクトの要件を説明するためのフォーマットの1つだということを説明している。ビジネスニーズを正しく満たすために、ユーザーが取る具体的なアクションをユーザーストーリーに記述することで、品質向上に貢献することになる。図17-3に、ユーザーストーリーとその受け入れ基準を示す。

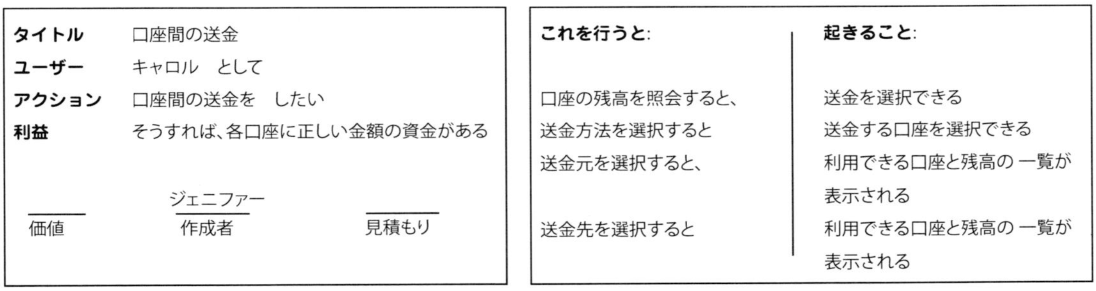

| タイトル | 口座間の送金 |
|---|---|
| ユーザー | キャロル　として |
| アクション | 口座間の送金を　したい |
| 利益 | そうすれば、各口座に正しい金額の資金がある |

| 　 | ジェニファー | 　 |
|---|---|---|
| 価値 | 作成者 | 見積もり |

| これを行うと: | 起きること: |
|---|---|
| 口座の残高を照会すると、 | 送金を選択できる |
| 送金方法を選択すると | 送金する口座を選択できる |
| 送金元を選択すると、 | 利用できる口座と残高の一覧が表示される |
| 送金先を選択すると | 利用できる口座と残高の一覧が表示される |

**図 17-3　ユーザーストーリーと受け入れ基準**

要件をユーザーストーリー形式で記述しない場合でも、各要件に検証のステップを組み込むことを検討しよう。受け入れ基準は、プロダクトオーナーが要件をレビューするのを助けるためだけにあるのではない。そもそも開発チームがプロダクトを作成する方法を理解するのを助けるのだ。

## 対面のコミュニケーション

誰かと会話をしている時、相手の顔を見て、自分の話が理解されていないことを悟った経験はないだろうか。第16章では、対面での会話が最も迅速で効果的なコミュニケーションであることを説明している。なぜなら、人間は言葉だけでなく、表情、ジェスチャー、ボディーランゲージ、そして視線によって情報を伝え、理解し合うからだ。

対面のコミュニケーションは、要件、障害、スクラムチームメンバー間の議論をより正しく解釈することにつながるため、品質向上を促す。

17-2　アジャイル品質マネジメント

## 持続可能な開発

生きていれば誰でも、長時間働いたり勉強したりした時期があるだろう。一晩徹夜をしたことも一度や二度はあるかもしれない。その間どんな気分だっただろうか？ 良い判断ができただろうか？ うっかりミスはなかっただろうか？

残念なことに、従来のプロジェクトでは、プロジェクトの終盤、締め切りが迫ってくる時期に、作業の終わりが見えずに信じられないほど長い時間働くことになるチームは多い。このような長時間労働の日々が続くと、チームメンバーのミスが増え始め（愚かなミスもあれば、より深刻なミスもある）、最終的に燃え尽きてしまって、問題が大きくなっていくのだ。

アジャイル開発では、チームが一丸となって、開発チームのメンバーが永続的に一定の作業ペースを維持できる環境作りをすることで、質の高い仕事を保証する。スプリントで作業することで、一定の作業ペースを維持することができる。開発チームは各スプリントで達成できる作業を自ら選択するため、終盤で焦ることはないはずだ。

開発チームは、自分たちにとっての持続可能な働き方を決めることができる。週40時間働くこともあれば、働く日数や時間を調整することもできる。また、9時から5時の決まった時間に縛られない働き方をすることも可能である。

### ＜秘訣＞

スクラムチームの仲間がシャツを裏返しに着て出勤するようになったら、持続可能な開発環境を維持できているか再確認したほうがいいかもしれない。

開発チームのメンバーが幸せを感じながら、しっかりと休息を取り、仕事以外のことをする時間が取れるようにしておくことは、ミスを減らし、創造性とイノベーションを高め、全体として、より良いプロダクトを生み出すことにつながる。

先手を打つ品質保証への取り組みは、長い目で見れば頭痛の種を減らすことになるのだ。修正すべき欠陥が少ないプロダクトで作業するほうがはるかに簡単で楽しい。次のセクションでは、先手を打つことと即応の両方の観点から品質に取り組むアジャイルアプローチ「検査と適応」について説明する。

## 定期的な検査と適応による品質マネジメント

アジャイルの信条である「検査」と「適応」は、高品質のプロダクトを生み出す鍵である。アジャイル開発を通して、あなたはプロダクトとプロセスの両方を見て（検査）、必要に応じて変更を加える（適応）。この信条については第9章と第12章で詳しく説明している。

スクラムチームは、スプリントレビューとスプリントレトロスペクティブで、定期的に自分たちの作業やテクニックを振り返り、より良いプロダクトを作るために調整する方法を決定する。スプリントレビューとスプリントレトロスペクティブの詳細については第12章で説明している。以下は、これらの会議体がどのように品質保証に役立つかについての簡単な概要である。

スプリントレビューでは、スクラムチームが各スプリントの終わりに完了した要件をレビューする。ステークホルダーに動く要件を見せ、開発過程を通してそれらの要件に関するフィードバックをもらうことで品質向上に努める。ステークホルダーは、要件が期待に沿わない場合、直ちにスクラムチームに伝える。スクラムチームは、以降のスプリントでそのプロダクトを調整することができる。また、スクラムチームは、プロダクトがどのように機能する必要があるかについての理解を修正し、他のプロダクト要件に適用することもできる。

スプリントレトロスペクティブでは、スクラムチームが各スプリントの終了時に、何がうまくいき、何を調整する必要があるかについて話し合う。スプリントレトロスペクティブは、スクラムチームが問題を議論し、即座に修正することで、品質保証に貢献する。また、スプリントレトロスペクティブでは、チームが一

堂に会し、プロダクト、開発プロセス、または作業環境の変更について改めて話し合うことで、品質を向上させることができる。

スプリントレビューとスプリントレトロスペクティブだけが品質を検査し、適応させる唯一の機会ではない。アジャイルアプローチでは、日々作業を検査し、行動やテクニックを適応することを推奨している。プロダクトに対して行うすべてのことを毎日検査し、適応させることは、品質保証に貢献する。

品質を管理し、保証するためのもう1つの方法は、自動テストツールを使うことである。次のセクションでは、なぜ自動テストがアジャイルソフトウェア開発にとって重要なのか、そしてどのように自動テストをプロダクトに組み込むのかを説明する。

## 自動テスト

自動テストとは、ソフトウェアを使ってプロダクトをテストすることだ。完成の定義（設計、開発、テスト、統合、文書化）を満たす機能を素早く作りたいのであれば、作成した各機能を素早くテストする手段が必要だ。自動テストとは、日常的に迅速かつ堅固なテストを行うことを意味する。スクラムチームは、システムを自動テストする頻度を継続的に増やしていくことで、価値ある新しい機能を完成させ、顧客に提供するまでの時間を継続的に短縮していく。

### <秘訣>
自動テストなしではチームはアジャイルにならない。手動テストは単純に時間が掛かりすぎるのだ。

本書を通して、筆者たちはスクラムチームがどのようにローテクな解決策を取り入れているかを説明している。では、なぜ本書では、かなりハイテクな品質マネジメントテクニックである自動テストについてのセクションを設けているのだろうか？ 答えは「効率」である。自動テストは、ワードなどドキュメント作成ツールのスペルチェック機能のようなものである。実際、スペルチェックは自動テストの一形態だ。つまり自動テストは手動テストよりもはるかに速く、正確であることが多い。従ってより効率的に欠陥を発見できるテクニックなのだ。

自動テストを使ったプロダクト開発では、開発チームが以下のステップで開発とテストを行う。

1. ユーザーストーリーを実装しながら、ユーザーストーリーをサポートする自動テストを作成し、実行する。
2. 何かが追加されるたびに、組織の継続的インテグレーションと継続的デプロイパイプラインの一環として、自動テストを実行する。
3. テストが失敗した場合、関係する開発メンバーへ、すぐにフィードバックを提供し、エラーが直ちに修正されるようにする。

### <秘訣>
自動テストによって、迅速な「作成—テスト—修正」のサイクルが実現する。また、自動テストソフトウェアは、人間が要件をテストするよりも速く、より正確で一貫性のあるテストを実行できる場合が多い。

今日の市場には多くの自動テストツールがある。オープンソースで無料の自動テストツールもあれば、有料のものもある。開発チームは様々な自動テストツールを検討し、最適なツールを選択する必要がある。

自動テストは、開発チームの品質マネジメント担当者の仕事を変える。従来、品質マネジメント担当者の仕事の大部分は、プロダクトを手作業でテストすることだった。従来のプロジェクトのテスターは、実際にプロダクトを使って問題を探す。しかし、自動テストを用いる場合、品質マネジメントにまつわる仕事の大部分は、自動テストツール上で実行するテストを作成することになる。自動テストツールは、人間のスキル、知識、作業を置き換えるのではなく、補強するものである。

17-2 アジャイル品質マネジメント

**＜注意！＞**
　自動テストツール導入の初期は特に、開発中の要件が正しく動作するかどうかを定期的に人間がチェックすると良いだろう。どのような自動化ツールでも、時折不具合が発生する可能性はある。自動テストの小さな一部を手動でダブルチェック（スモークテストと呼ぶこともある）することで、スプリントの終盤になってプロダクトが想定された動作をしないことに気づくという事態を避けることができる。

　ほとんどすべてのプロダクトテストを自動化できる。プロダクト開発に初めて携わる読者のために、様々なテストの一部を紹介しよう。

- **ユニットテスト**：プロダクトコードの個々のユニット、あるいは最小部分のテスト。
- **回帰テスト**：以前テストした要件を含め、プロダクト全体を最初から最後まで確認するテスト。
- **ユーザー受け入れテスト**：プロダクトのステークホルダー、あるいはプロダクトのエンドユーザーの一部がプロダクトをレビューし、完了として受け入れるテスト。
- **機能テスト**：プロダクトがユーザーストーリーの受け入れ基準に従って動作することを確認するテスト。
- **統合テスト**：プロダクトが他の部分と連動することを確認するテスト。
- **エンタープライズテスト**：必要に応じて、プロダクトが組織内の他のプロダクトと連動することを確認するテスト。
- **パフォーマンステスト**：様々なシナリオにおけるプロダクトのパフォーマンスを確認するテスト。
- **負荷テスト**：プロダクトが様々な量の同時アクティビティにどの程度対応できるかを確認するテスト。
- **セキュリティテスト**：プロダクトの脆弱性、不正や脅威、悪用可能な弱点を確認するテスト。
- **スモークテスト**：小さいが重要な部品でテストを行い、プロダクト全体が機能するかどうかを判断する。
- **静的テスト**：動くプロダクトではなく、規約の確認に重点を置いたテスト。

　自動テストは、これらだけでなく、様々なタイプのプロダクトテストでも有効だ。

　もうお分かりのように、品質マネジメントはアジャイルプロダクト開発から切っても切り離せない部分だ。しかし品質マネジメントは、アジャイルプロダクト開発におけるリスクマネジメントを従来のプロジェクトと差別化する1つの要因にすぎない。次の節では、従来のプロジェクトにおけるリスクマネジメントとアジャイル開発におけるリスクマネジメントを比較する。

# 17-3　アジャイルリスクマネジメントは何がどう違うのか？

　リスクとは、プロジェクトの成功や失敗につながる要因を指す。アジャイルプロダクト開発においては、リスクマネジメントのための正式な文書や会議は必要ない。その代わりに、リスクマネジメントはスクラムの役割、作成物、イベントの中に組み込まれている。さらに、リスクマネジメントを支える以下のアジャイル原則を考慮するといいだろう。

1. 顧客満足を最優先し、価値のあるソフトウェアを早く継続的に提供します。
2. 要求の変更はたとえ開発の後期であっても歓迎します。変化を味方につけることによって、顧客の競争力を引き上げます。
3. 動くソフトウェアを、2〜3週間から2〜3か月というできるだけ短い時間間隔でリリースします。
4. ビジネス側の人と開発者は、プロジェクトを通して日々一緒に働かなければなりません。
7. 動くソフトウェアこそが進捗の最も重要な尺度です。

　前述の原則と、その原則を実証するプラクティスは、プロジェクトの問題や失敗につながる多くのリスクを大幅に低減または排除する。

　表17-2を参照してほしい。1万件のソフトウェアプロジェクトを調査したStandish Groupの「2015

Chaos Report」によると、小規模なアジャイル開発の取り組みは、従来のプロジェクトよりも成功する確率が30%高い。中規模のプロジェクトは、従来のアプローチよりもアジャイルアプローチで成功する確率が4倍高く、大規模で複雑なプロジェクトは、6倍高い。言い換えれば、開発の労力が大きいほど、アジャイルアプローチで成功する確率は高くなるのだ。

表17-2 アジャイルとウォーターフォールのプロジェクト成功率の比較（Standish Groupの「2015 Chaos Report」）

| 規模 | 開発方法 | 成功率 | 課題ありの割合 | 失敗率 |
|---|---|---|---|---|
| すべてのプロジェクト | アジャイル | 39% | 52% | 9% |
| | ウォーターフォール | 11% | 60% | 29% |
| 大規模プロジェクト | アジャイル | 18% | 59% | 23% |
| | ウォーターフォール | 3% | 55% | 42% |
| 中規模プロジェクト | アジャイル | 27% | 62% | 11% |
| | ウォーターフォール | 7% | 68% | 25% |
| 小規模プロジェクト | アジャイル | 58% | 38% | 4% |
| | ウォーターフォール | 44% | 45% | 11% |

新しいCHAOSデータベースを使用し、2011年から2015年までの10,000件を超えるソフトウェアプロジェクトの情報に基づいて、アジャイルとウォーターフォール別に分析した結果である。

表17-3では従来のプロジェクトとアジャイル開発におけるリスクの違いをいくつか示している。

表17-3 従来のリスクマネジメントとアジャイルリスクマネジメントの比較（その1）

| 従来のアプローチによるリスクマネジメント | アジャイルアプローチによるリスクマネジメントのダイナミクス |
|---|---|
| 多くのプロジェクトが失敗、あるいは難航する。 | 大金を投じたのに何も見せられないといった大失敗のリスクはほとんどない。 |
| プロジェクトが大きく、長く、複雑になればなるほどリスクが高くなる。リスクの可能性はプロジェクトの最後に最も高くなる。 | 失敗の可能性が高まる中、何か月も何年もプロダクトに費用を投じるのではなく、スプリントごとに即座に、かつ段階的にプロダクトの価値を提供する。 |
| プロジェクトの最後にすべてのテストを実施するということは、重大な問題が見つかればプロジェクト全体にまでリスクが及ぶことを意味する。 | 開発しながらテストを行う。技術的なアプローチ、要件、あるいはプロダクト全体が実現不可能な場合、開発チームは短時間でそれを発見するため、軌道修正できる時間が増える。軌道修正が不可能だとしても、ステークホルダーが失敗した開発に費やす費用は抑えられる。 |
| 最も優先順位の低い要件にさえ多額のサンクコストが存在するため、時間とコストを増やさずにプロジェクトの途中で新しい要件に対応することができない。 | プロダクトの利益になる変更は歓迎される。アジャイルテクニックは、時間やコストを増やすことなく、優先順位の高い新しい要件に対応する。 |
| プロジェクトについての知識が最も乏しいプロジェクト開始時に、正確な時間とコストの見積もりが必要とされる。しかし見積もりは不正確であることが多く、プロジェクトのスケジュールや予算について、予想と実際の間に齟齬が生じる。 | スクラムチームの実際のパフォーマンスやベロシティから時間とコストを見積もる。作業に充てる時間に比例してプロダクト、要件、スクラムチームについての知識も増えるため、開発をしながら見積もりを洗練化させる。 |

17-3 アジャイルリスクマネジメントは何がどう違うのか？

表 17-3　従来のリスクマネジメントとアジャイルリスクマネジメントの比較（その 2）

| 従来のアプローチによるリスクマネジメント | アジャイルアプローチによるリスクマネジメントのダイナミクス |
| --- | --- |
| ステークホルダーたちが共通の目標を持っていない場合、プロダクトが達成すべきことについての情報が食い違い、プロジェクトチームを混乱させることになりかねない。 | プロダクトオーナーがプロダクトビジョンの作成に責任を持ち、ステークホルダーたちを代表してチームに説明する。 |
| ステークホルダーが応答しなかったり不在だったりすると、プロジェクトの遅延を引き起こし、プロダクトが正しい目標を達成できない可能性が生じる。 | プロダクトオーナーが、プロダクトに関する情報を即座に提供する責任を担っている。さらに、スクラムマスターが日常的に障害を取り除く手助けをする。 |

　アジャイルアプローチでは、開発が進むにつれてリスクは減少していく。図 17-4 は、ウォーターフォールプロジェクトとアジャイルプロダクト開発におけるリスクと開発期間の関係性を比較したものだ。

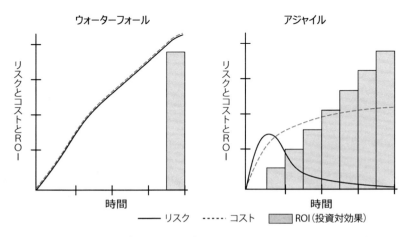

図 17-4　アジャイルプロダクト開発におけるリスク減少のモデル

　どのようなアプローチであれ、すべてのプロジェクトにはある程度のリスクがある。しかし、アジャイルプロダクトマネジメントならば、投資対効果（ROI）がないまま大量の時間とコストを費やし、プロジェクトが大失敗に終わるということはなくなる。大規模な失敗がなくなることが、従来のプロジェクトとアジャイルプロダクト開発におけるリスクマネジメントの最大の違いだ。次の節で、その理由を説明する。

## 17-4　アジャイルリスクマネジメント

　この節では、プロダクトのライフサイクルにわたってリスクを低減させるアジャイル開発の主な構造について見ていく。アジャイルのツールやイベントを用いて、適切なタイミングでリスクを発見し、それらのリスクに優先順位を付けて低減させる方法を見つける。

### 本質的なリスクの低減

　アジャイルアプローチが正しく実施されれば、プロダクト開発におけるリスクは本質的に低減される。スプリントで開発することで、プロダクトへの投資開始から、プロダクトの機能が実証されるまでの期間が短くなる。スプリントは、プロダクトが早期に収益を生み出す可能性も提供する。スプリントレビュー、スプリントレトロスペクティブ、そして各スプリント中のプロダクトオーナーの関与によって、開発チームは継続的にプロダクトフィードバックを受けることができる。継続的なフィードバックは、プロダクトの期待値と完了したプロダクトとの乖離を防ぐ上で役に立つ。

リスク低減を実現させるアジャイル開発の中でも特に重要な要素は次の３つである。それは完成の定義、自己資金、そして早期の失敗という考え方だ。このセクションで各要素について詳しく説明する。

## リスクマネジメントと完成の定義

　第 12 章では、要件の完成の定義について説明している。要件が完了し、スプリントの最後にデモを行う準備ができたと判断するためには、その要件がスクラムチームの完成の定義を満たしている必要がある。プロダクトオーナーと開発チームは、定義の詳細について合意している。通常、完成の定義には以下のカテゴリーが含まれる。

- **開発済み**：開発チームは、顧客がプロダクトを使用する環境を反映した環境で、動くプロダクトの要件を完全に作成し終えていなければならない。
- **テスト済み**：開発チームは、プロダクトが正しく機能し、欠陥がないことを確認するテストを終えていなければならない。
- **統合済み**：開発チームは、要件がプロダクト全体および関連システムと連動することを確認し終えていなければならない。
- **文書化済み**：開発チームは、プロダクトの開発プロセスと、主要な技術的決定の根拠となる申し送りの文書を作成し終えていなければならない。

図 17-5 に完成の定義の例を示す。

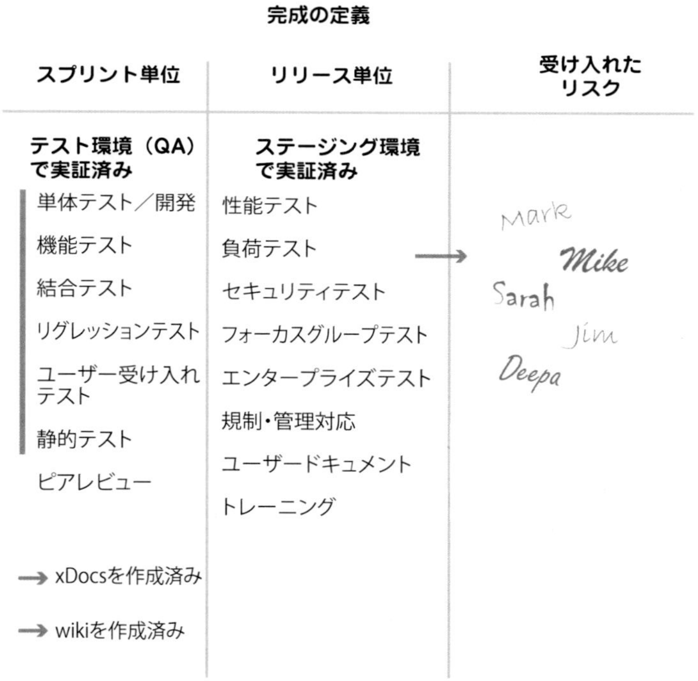

**完成の定義**

| スプリント単位 | リリース単位 | 受け入れた<br>リスク |
| --- | --- | --- |
| **テスト環境（QA）<br>で実証済み** | **ステージング環境<br>で実証済み** | |
| 単体テスト／開発 | 性能テスト | Mark |
| 機能テスト | 負荷テスト | Mike |
| 結合テスト | セキュリティテスト | Sarah |
| リグレッションテスト | フォーカスグループテスト | Jim |
| ユーザー受け入れ<br>テスト | エンタープライズテスト | Deepa |
| 静的テスト | 規制・管理対応 | |
| ピアレビュー | ユーザードキュメント | |
| | トレーニング | |
| → xDocsを作成済み | | |
| → wikiを作成済み | | |

**図 17-5　完成の定義の例**

　プロダクトオーナーと開発チームで、許容できるリスクのリストを作成する場合もある。例えば、エンドツーエンドの回帰テストやパフォーマンステストは、スプリントにおける完成の定義には過剰だということになるかもしれない。あるいは、クラウドコンピューティングの場合は、オンデマンドで簡単かつ迅速に、しかもわずかなコストでキャパシティを追加できるため、負荷テストはそれほど重要ではないかもしれな

い。このように、許容できるリスクがあれば、開発チームは最も重要な活動に集中することができる。

完成の定義は、アジャイルアプローチのリスク要因を劇的に変える。すべてのスプリントで完成の定義を満たすプロダクトを作成することで、各スプリントの終わりに、使用可能で出荷可能な動くプロダクトインクリメントが実現する。外的要因によって開発が早期に終了したとしても、ステークホルダーは常に何らかの価値を確認し、すぐに使用しながら、後に構築可能な機能を手に入れることができる。

## 自己資金による開発

アジャイル開発の取り組みは、従来のプロジェクトにはないユニークな方法で財務上のリスクを低減させることができる。第15章では自己資金による開発の例を挙げている。あるプロダクトが収入を生むプロダクトであれば、その収入を、残りのプロダクト開発の資金として使うことができる。

第15章で紹介した2つのROIモデルを再び表17-4と表17-5に例示する。どちらも同一プロダクトの開発を示している。

表17-4　6か月後に初めてリリースされる従来のプロジェクトの収入

| 月 | 収入 | プロジェクト収入合計 |
|---|---|---|
| 1月 | $0 | $0 |
| 2月 | $0 | $0 |
| 3月 | $0 | $0 |
| 4月 | $0 | $0 |
| 5月 | $0 | $0 |
| 6月 | $0 | $0 |
| 7月 | $100,000 | $100,000 |

表17-5　毎月リリースした場合の収入と、6か月後の最終リリース時の合計収入

| 月/リリース | 収入 | 収入合計 |
|---|---|---|
| 1月 | $0 | $0 |
| 2月 | $15,000 | $15,000 |
| 3月 | $25,000 | $40,000 |
| 4月 | $40,000 | $80,000 |
| 5月 | $70,000 | $150,000 |
| 6月 | $80,000 | $230,000 |
| 7月 | $100,000 | $330,000 |

表17-4を見ると、このプロダクトが開発から6か月後に10万ドルの収入を生み出したことが分かる。では表17-4と表17-5、それぞれのROIを比較してみよう。

表17-5を見ると、このプロダクトは最初のリリースで収入を得ている。6か月後には33万ドルを生み出すので、表17-4のプロジェクトより23万ドル多い。

短期間で収益を上げられることは、企業やチームにとって多くの利点がある。自己資金によるアジャイル開発は、ほとんどすべての組織にとって財務上の理にかなっているが、プロダクトを前もって作成する資金がない組織にとっては特に有用である。資金不足のグループにとって、自己資金による開発は、さもなければ実現不可能なプロダクトフィーチャーの実現を可能にする。

自己資金は、資金不足のために開発が中止されるリスクを低減させる上でも役に立つ。会社の緊急事態によって、従来のプロジェクトの予算を他に振り向けることが決定し、プロジェクトが遅延またはキャンセルされた時に、それまで費やした時間にかかわらず見せられる具体的なものがない場合がある。しかし、リリースのたびに追加収益を生み出すアジャイルプロダクト開発なら、危機的状況でも継続できる可能性が高い。

最後に、自己資金による開発は、そもそもステークホルダーへの売り込みを助けてくれる。なぜなら、継続的に価値を提供し、最初からプロダクトコストの少なくとも一部をまかなえるプロダクトには異論を唱えにくいからだ。

## 早期の失敗

すべてのプロダクト開発には失敗のリスクが伴う。スプリント内でテストすることは、早期の失敗という考え方を取り入れることになる。つまり要件定義、設計、開発という長期間の取り組みに費用を投じ、テストフェーズでプロダクトの前進を妨げる問題を発見するのではなく、開発チームが数スプリント以内に重

大な問題を特定する。この定量的なリスク低減により、組織は多額の費用を節約できる。

表 17-6 と表 17-7 は、失敗したウォーターフォールプロジェクトと失敗したアジャイル開発のサンクコストを、同一コストの同一プロダクトで比較したものだ。

表 17-6　ウォーターフォールプロジェクトにおける失敗のコスト

| 月 | フェーズと課題 | プロジェクトの<br>サンクコスト | プロジェクトの<br>サンクコストの合計 |
|---|---|---|---|
| 1 月 | 要件定義フェーズ | $80,000 | $80,000 |
| 2 月 | 要件定義フェーズ | $80,000 | $160,000 |
| 3 月 | 要件定義フェーズ | $80,000 | $240,000 |
| 4 月 | 要件定義フェーズ | $80,000 | $320,000 |
| 5 月 | 設計フェーズ | $80,000 | $400,000 |
| 6 月 | 設計フェーズ | $80,000 | $480,000 |
| 7 月 | 開発フェーズ | $80,000 | $560,000 |
| 8 月 | 開発フェーズ | $80,000 | $640,000 |
| 9 月 | 開発フェーズ | $80,000 | $720,000 |
| 10 月 | QA フェーズ：テスト中に大規模<br>な問題が発見された。 | $80,000 | $800,000 |
| 11 月 | QA フェーズ：開発チームが問題を解決して<br>開発を継続しようとした。 | $80,000 | $880,000 |
| 12 月 | プロジェクトは中止され、プロダクトが実現<br>しなかった。 | 0 | $880,000 |

表 17-7　アジャイルテクニック適用時の失敗のコスト

| 月 | スプリントと課題 | サンクコスト | サンクコスト合計 |
|---|---|---|---|
| 1 月 | スプリント 1：問題なし。<br>スプリント 2：問題なし。 | $80,000 | $80,000 |
| 2 月 | スプリント 3：テスト中に発覚した大規模な<br>問題により、スプリントは失敗に終わった。<br>スプリント 4：開発チームは開発を継続する<br>ために問題解決を試みたが、結局スプリント<br>は失敗に終わった。 | $80,000 | $160,000 |
| 最終決断 | 開発中止。 | 0 | $160,000 |

表 17-6 では、ステークホルダーが 11 か月の間に 100 万ドル近くを費やした末に、1 つのプロダクト案が失敗に終わった。表 17-6 と表 17-7 のサンクコストを比較してみよう。

早期のテスト（2 週間のスプリントで毎日）により、表 17-7 の開発チームは 2 月末までにプロダクトが機能しないと判断したため、表 17-6 のプロジェクトに費やした時間と費用の 6 分の 1 以下の浪費で済んだ。

　　＜覚えておこう！＞

　　完成の定義があるため、早期に失敗したプロダクト開発でも、活用したり改善したりできる具体的な何かが残る。例えば、表 17-7 の失敗した開発ならば、最初の 2 つのスプリントで動く機能が提供できたはずである。

　早期に失敗するという概念は、プロダクトの技術的な問題以外にも応用できる。また、スプリントでの開

17-4　アジャイルリスクマネジメント

発や、早期に失敗するという概念を活用して、プロダクトが市場で通用するかどうかを確認し、顧客がプロダクトを購入したり使用したりしないようであれば、開発を早めに終了することもできる。開発の早いステージでプロダクトの小さな部分をリリースし、潜在的な顧客との相性をテストすることで、プロダクトが商業的に成立するかどうかがよく分かり、人々がプロダクトを購入しないことが分かった場合、多額の費用を節約することができる。また、顧客のニーズをさらに満たすために、プロダクトに加えるべき重要な変更点を発見することもできる。

　最後に、早期に失敗することが必ずしも中止を意味するわけではない。サンクコストが低い時に壊滅的な問題が見つかれば、全く別のアプローチでプロダクトを作る時間と予算が残っている場合がある。

　完成の定義、自己資金による開発、そして、早期の失敗は、アジャイル原則の基盤と共に、あらゆるリスクを低減させる上で役に立つ。次のセクションでは、リスクマネジメントの目的で積極的にアジャイルツールを使用する方法について説明する。

## リスクの特定、優先順位付け、早期対応

　アジャイルプロダクト開発の構造によって、従来のリスクの多くが本質的に低減されるが、それでも開発チームは、開発中に発生する可能性のある問題を意識しておくべきである。スクラムチームは自己管理する。品質に責任を持つのと同じように、リスクを特定し、それらのリスクが顕在化するのを防ぐ方法を特定する責任もある。

> **＜秘訣＞**
> 　スクラムチームは、最も価値が高く、最もリスクの高い要件を最優先する。

　潜在的なリスク、リスクの発生可能性、リスクの重大性、リスクを低減させる方法をすべて文書化するのに何時間も何日も費やす代わりに、既存のアジャイル作成物や会議体を利用してリスクを管理する。また、プロダクトや、発生する可能性が高い問題について最もよく分かっている時、つまり責任を全うできる最終ステージでリスクに対処する。表17-8 は、スクラムチームが適切なタイミングでリスクマネジメントをするために、様々なアジャイルツールをどのように利用できるかを示している。

　このセクションで説明した作成物や会議体によって、スクラムチームの各役割が、適切なタイミングでリスクに対処できるようになるため、アジャイル開発におけるリスクマネジメントを体系的に支えてくれる。プロダクトの規模が大きくて複雑であればあるほど、アジャイルアプローチによって失敗のリスクを排除できる可能性が高くなる。

表 17-8　アジャイルリスクマネジメントツール

| 作成物または会議体 | リスクマネジメントにおける役割 |
| --- | --- |
| プロダクトビジョン | プロダクトビジョンステートメントは、プロダクトゴールの定義を統一し、プロダクトが何を達成する必要があるかについての誤解のリスクを低減させるのに役立つ。チームでプロダクトビジョンを作成するステージでは、市場や顧客のフィードバックに基づき、組織戦略に沿った形で、非常に大まかにリスクを捉える。プロダクトビジョンについては第 9 章で詳しく説明している。 |
| プロダクトロードマップ | プロダクトロードマップは、プロダクトの要件と優先順位の概要を視覚的に示す。この概要により、チームが迅速に要件の抜けを見つけたり、誤った優先順位付けを特定したりすることができる。プロダクトロードマップについては第 9 章で詳しく説明している。 |
| プロダクトバックログ | プロダクトバックログは、プロダクトの変更に対応するためのツールだ。プロダクトバックログに変更を加え、定期的に要件の優先順位を付け直すことができれば、スコープ変更に伴う従来のリスクを、より良いプロダクトを生み出すための手段に変えることができる。プロダクトバックログの要件と優先順位を常に最新の状態に保つことで、開発チームが適切なタイミングで最も重要な要件に取り組めるようになる。プロダクトバックログについては第 9 章と第 10 章で詳しく説明している。 |
| リリースプランニング | リリースプランニングでは、スクラムチームはリリースにまつわるリスクと、それらのリスクを低減させる方法について議論する。リリースプランニングでのリスクについての議論は大まかなもので、リリース全体に関連するものであるべきだ。個々の要件に関するリスクについてはスプリントプランニングで対処する。リリースプランニングについては第 10 章で詳しく説明している。 |
| スプリントプランニング | 各スプリントプランニングで、スクラムチームはスプリントの特定の要件やタスクに対するリスクと、それらのリスクを低減させる方法について議論する。スプリントプランニングでリスクについて議論する時は、深く掘り下げても良いが、現行のスプリントに関するものに限定すべきである。スプリントプランニングについては第 10 章で詳しく説明している。 |
| スプリントバックログ | スプリントバックログのバーンダウンチャートを見れば、スプリントの状況を素早く確認することができる。一目で把握できるため、スクラムチームがスプリントのリスクを管理し、発生時には即座に対処することでリスクの影響を最小限に抑える上で役に立つ。スプリントバックログと、バーンダウンチャートでのステータスの見方については第 11 章で詳しく説明している。 |
| デイリースクラム | デイリースクラムでは開発チームが障害について議論する。場合によっては障害、あるいは阻害要因もリスクだ。毎日障害について話し合うことで、開発チームとスクラムマスターがこのリスクを即座に低減させる機会を得ることになる。デイリースクラムについては第 11 章で詳しく説明している。 |
| タスクボード | タスクボードから、スプリントのステータスについての事実が分かる。これによってスクラムチームはスプリントのリスクを捉え、すぐに管理することができる。タスクボードについては第 11 章で詳しく説明している。 |
| スプリントレビュー | スプリントレビューでは、プロダクトがステークホルダーの期待に応えているかどうかをスクラムチームが定期的に確認する。また、ビジネスニーズの変化に応じたプロダクトの変更について議論する機会をステークホルダーに提供する。この 2 つの側面が、開発終了後に間違ったプロダクトが作られるというリスクを低減させる上で役に立つ。スプリントレビューについては第 12 章で詳しく説明している。 |
| スプリントレトロスペクティブ | スプリントレトロスペクティブでは、スクラムチームがスプリントの問題点を議論し、その中から今後のスプリントでリスクになりそうなものを特定する。開発チームは、それらのリスクが再び問題になるのを防ぐ方法を決定する必要がある。スプリントレトロスペクティブについては、第 12 章で詳しく説明している。 |

# 第5部　確実に成果を上げる

第5部では ...

- 組織および個人のコミットによって、よりアジャイルになるための基盤を構築する。
- 初のアジャイルプロダクト開発の機会を選び、アジャイルへの移行を成功させるための環境を整える。
- 複数チームでプロダクト開発を行う場合のアジャイルテクニックを簡素化し、連携と自律ができるようにする。
- 組織のチェンジエージェントとなり、組織とリーダーがアジャイルに移行する際に落とし穴にはまらないように支援する。

# 第 18 章

# アジャイルの土台を固める

---

**この章の内容**
- 組織と個人のコミットを得る
- 必要なスキルと能力を備えたチームを編成する
- 適切な環境を整える
- トレーニングに投資する
- 初期および継続的な組織的支援を確保する

---

　従来のプロジェクトマネジメントからアジャイルプロセスへの移行を成功させるためには、まずは良い基盤が必要だ。組織と個人、その両方のコミットが必要であり、アジャイルテクニックを試運転するために優れたパイロットチームを作り、アジャイルアプローチに資する環境を整える必要がある。そしてチームのために適切なトレーニングを見つけることで組織のアジャイルアプローチを持続的にサポートし、最初の開発を終えた後も成長し続けるようにしたい。

　この章では、組織内に強力なアジャイルの基盤を構築する方法を紹介する。

## 18-1　組織と個人のコミット

　アジャイルプロダクト開発にコミットするということは、新しい手法で仕事をし、古い習慣を捨てるために積極的で意識的な努力をすることである。アジャイルへの移行を成功させるためには、個人レベルと組織レベル、その両方のコミットが重要である。

　組織的な支援がなければ、どれほど熱心なスクラムチームのメンバーでも古いプロジェクトマネジメントのプロセスに戻らざるを得なくなるかもしれない。そして個々のメンバーのコミットを得なければ、アジャイルアプローチを導入しようとしている企業がアジャイル組織になるまでの間に、多くの抵抗、もっと言えば妨害行為に遭うかもしれない。

　以下のセクションでは、組織と個人がどのようにアジャイルへの移行に貢献できるかについて詳しく説明する。

### 組織的なコミット

　組織的なコミットは、アジャイルへの移行において大きな役割を果たす。企業や企業内のグループがアジャイル原則を受け入れると、チームメンバーにとって移行が容易になる。

　アジャイルへの移行に組織としてコミットするためには以下のことを行う必要がある。
- 社内で変革を主導するために必要なスキルのトレーニングをリーダーたちに提供する

- 経験豊富なアジャイルの専門家を起用し、現状に基づいた現実的な移行計画を作成し、その計画に基づき会社を指導してもらう
- 従業員のトレーニングに投資する。まずは会社初のスクラムチームのメンバーと、彼らをサポートするあらゆるレベルのリーダーたちから始める
- スクラムチームがウォーターフォールのプロセスや会議体、重厚な文書化作業をやめ、効率的なアジャイルアプローチを導入できるようにする
- スクラムチームに必要なメンバー全員を専任にする。スクラムチームは、権限を与えられたプロダクトオーナー、マルチスキルを持つ人材から成る機能横断型の開発チーム、影響力のあるサーバントリーダーであるスクラムマスターで編成される
- 開発チームが継続的にスキルアップできるようにする
- 自動テストツールと継続的インテグレーションのフレームワークを提供する
- 効果的かつリアルタイムのコラボレーションを実現させるために、スクラムチームが同じ場所で作業できるように環境を整える
- 新型コロナウイルスのパンデミックのようにまれな事態によって、チームが物理的に同じ場所で作業できない時は、同じようなタイムゾーンで分散型チームを編成し、適切なバーチャルツールやトレーニングに投資する
- スクラムチームが自己管理できるようにする
- 適切な権限移譲を行う。プロダクトオーナーがビジネスの優先順位決定を行い、開発チームが技術的な卓越性に関する決定を担い、スクラムマスターが組織の制約を打破して現状に挑戦できるようにする
- スクラムチームが健全な試行錯誤のプロセスをたどる時間と自由を与えた上で、学習を奨励する
- チームパフォーマンスを重視した業績評価を見直す
- スクラムチームを励まし、成功をたたえる

　組織のサポートは、アジャイルへの移行を終えた後も重要である。企業は、スクラムチームを念頭に置いた人材を採用し、新入社員にアジャイルトレーニングを提供することによって、アジャイルプロセスが継続的に機能するように努める。また、チームが新しい挑戦に直面した際に指導できるように、組織はアジャイルメンターの継続的なサポートを利用しても良いだろう。

　当然のことながら、組織は個人によって構成されている。組織のコミットと個人のコミットは密接な関係にあるのだ。

## 個人のコミット

　アジャイルへの移行において、個人のコミットは組織のコミットと同等の役割を持つ。スクラムチームの一人一人がアジャイルプラクティスの導入に取り組めば、メンバー全員にとって変化が容易になる。
　以下の手法を使えば、個人個人がアジャイルへの移行にコミットできる。

- トレーニングやカンファレンスに参加し、アジャイルメソッドを積極的に学ぶ
- 変化を受け入れ、積極的に新しいプロセスを試し、新しい習慣に適応する努力をする
- エゴを捨て、チームの一員として、特に従来の上下関係や部門の垣根を越えて働く
- 従来のプロセスに戻りたくなる誘惑に打ち勝つ
- アジャイルテクニックの経験が浅いチームメンバーのピアコーチになる
- 間違うことを許し、その間違いから学ぶ
- スプリントレトロスペクティブで各スプリントを率直に反省し、誠実に改善に向けた努力をする
- 開発チームメンバーとしてマルチスキルを持てるように努める
- チームとしての成功と失敗に責任を持つ

18-1　組織と個人のコミット

- 率先して自己管理を行う
- 何にでも能動的に関与する

アジャイル移行を終えた後のコミットが重要なのは、組織も個人も同様だ。最初のパイロットに参加したメンバーはひな形になると同時に、会社全体にとってのチェンジエージェントとなり、他のチームがアジャイルメソッドで成果を上げられるように土俵を整え、模範を示すことになる。

## コミットを得る

アジャイルメソッドへのコミットは、すぐには得られないかもしれない。人が変化に抵抗したくなるのは自然な衝動で、それを克服するには助けが必要だ。

アジャイル移行の初期ステージでは、シニアレベルのマネジャーや経営陣の中から組織の変革を支援するアジャイル推進者を見つけると良いだろう。アジャイル移行に伴う基本的なプロセスの変更には、ビジネス上の意思決定を行い、それを実施する人たちからの支援が必要だ。優れたアジャイル推進者は、プロセス、構造、および考え方を変えるために、組織と従業員を結集させることができる。

この他にも、コミットを得る上で大切なことは、組織が抱える開発プラクティスの課題を特定し、アジャイルアプローチを使った解決策を提案することである。アジャイルの価値観、原則、フレームワーク（スクラムなど）は、プロダクトの品質、顧客満足度、チームの士気、予算とスケジュールの超過、資金調達、ポートフォリオマネジメント、プロダクト全体の問題など、多くの課題を解決する上で役に立つ。

そして、プロダクト開発におけるアジャイルアプローチの利点を強調しよう。従来のプロジェクトマネジメント手法からアジャイルメソッドへの移行を進める上で現実的で具体的なメリットには、次のようなものがある。

- **顧客満足度の向上**：アジャイルアプローチを使うと、多くの場合、顧客満足度が上がる。なぜならスクラムチームは、動くプロダクトを迅速に生産し、変化に対応し、顧客をパートナーと捉えてコラボレーションするからだ。
- **利益上のメリット**：アジャイルアプローチにより、従来のアプローチに比べ迅速に機能を市場に提供できる。アジャイル組織は、自己資金でチームを運営する結果として、投資対効果が比較的高くなることが多い。
- **欠陥の軽減**：品質はアジャイルアプローチの重要な部分である。先手を打つ品質対策、継続的インテグレーションとテスト、そして継続的な改善はすべて、より高品質なプロダクトに貢献する。
- **士気の向上**：持続可能な開発や自己管理型の開発チームによって実践されるアジャイルプラクティスは、従業員の幸福度や効率の向上、そして離職率の低下につながる。

アジャイルプロダクト開発の利点については、第19章で詳しく説明している。

## どうすれば移行できるか？

あなたはアジャイルアプローチへ移行するための多くの価値ある理由を見いだし、自分の提案がうまく行きそうな感覚も得ている。しかし、本当に移行は可能なのだろうか？ 考慮すべき重要な項目をいくつか挙げよう。

- **組織的な障害は何か？** 組織に価値提供の文化があるか、あるいはリスクマネジメントの文化があるか。マネジメントと並行してコーチングやメンターシップによる支援に賛同しているか。トレーニングに賛同しているか。組織として成功をどう定義しているか。プロダクトの進捗を可視化するオープンな文化があるか。
- **現在、どのように業務を行っているか？** プロダクト開発がマクロレベルでどのように計画されているか。組織が固定されたスコープに固執していないか。業務担当者はどの程度関与しているか。開発を外部委託しているか。

- **現在のチームがどのように作業をしていて、アジャイルメソッドの導入においてはどこを変える必要があるか？** ウォーターフォールがどの程度根付いているか。チームに強い指揮統制のメンタリティが根付いているか。良いアイデアは誰からでも提案可能か。早期の失敗を学びと捉えているか。チームに信頼関係があるか。チーム間で人材が共有されているか。移行を確実にするために何を提供してもらう必要があるか。新たなプロセスを試運転するための人材、ツール、作業スペース、コミットを得られるか。
- **規制上の課題は何か？** 規制要件に関連するプロセスや手順はあるか。それらの要件は、外部または内部で採用した規制や基準から課せられたものか。規制要件を満たすために、追加文書を作成する必要があるか。コンプライアンスについて監査を受ける可能性はあるか、コンプライアンスを守らなかった場合の代償は何か。

障害や課題を分析して見直してみると、以下のような懸念が明らかになるかもしれない。

- **アジャイルアプローチによって、組織変革の必要性が浮き彫りになる。** アジャイルの実践と結果を従来の方法と比較すると、パフォーマンスが必ずしも十分に発揮されていなかったことが明らかになる場合がある。この問題には正面から取り組む必要がある。あなたの組織は、これまで決められた方法でプロダクト開発を行ってきた。多くの困難に直面しながらも、結果を出すために最善を尽くしてきたことであろう。その関係者全員の努力を認めつつ、さらに大きな成果を上げるために、アジャイルプロセスの可能性を取り入れることが必要である。
- **リーダーたちは、アジャイルテクニックでは不十分だと誤解していることがある。** アジャイル宣言の価値観や原則から、アジャイルフレームワークが計画や文書化において不十分で、一般に受け入れられているプロジェクトマネジメントの標準を無視するものだと誤解されることがよくある。経験豊富なプロジェクトマネジャーは、アジャイルプロセスへの移行中に、その価値観の一部が失われると思う時があるかもしれない。ことあるごとに、アジャイルの価値観と原則が何を支持し、何を支持しないかを明確に説明しよう。アジャイル原則のそれぞれが、従来のプロジェクトマネジメントと同じ課題に異なる方法で対応しているということを説明すると良いだろう。
- **過去のアジャイルトランスフォーメーションでネガティブな経験をした。** 従業員の中には、過去にアジャイルトランスフォーメーションに失敗した経験があり、再び挑戦するという考えに消極的になっている人がいるかもしれない。このような状況は、アジャイルの価値観と原則に立ち戻る機会となり得る。アジャイルトランスフォーメーションの成功には、適切なトレーニング、経験豊富なアジャイルメンター、そしてアジャイルの基本に焦点を当てることが不可欠である。
- **指導型から奉仕型への移行は簡単ではない。** アジャイルリーダーはサービス指向である。従来の指揮統制はファシリテーションに道を譲ることになる。サーバントリーダーシップは、多くのチームや部門マネジャーにとって大きな変化である。この変化がどのようにして全員にとってより効果的な成果をもたらすかを示そう。サーバントリーダーシップについては、第16章で詳しく説明している。

反対なくして変革は起きない。何らかの抵抗に遭うことは覚悟し、抵抗に遭っても落胆しないことが大切だ。

## 移行のタイミングを図る

組織的には、アジャイルアプローチへの移行はいつでも始められる。最適なタイミングをいくつか考えてみると良いだろう。

- **アジャイルプロダクト開発の必要性を証明する必要がある時：** 例えば終了レビューなど、大規模プロジェクト終了時にうまくいかなかった点が明確に分かる。アプローチが何であれ、失敗したアプローチはその問題点を明確に示すことができ、最初のアジャイルパイロットを始めるきっかけを作ることができる。
- **正確な予算編成が課題になっている時：** 新しい予算年度が始まる前の第4四半期に、最初のアジャ

18-1　組織と個人のコミット

イル開発作業を実行する。最初の開発作業から指標を得ることで、来年度の予算を計画する際に、より多くの情報を得ることができる。

- **新しいプロダクト開発を始める時**：達成すべき新しい目標がある時にアジャイルプロセスに移行することで、古いアプローチに縛られることなく新たなスタートを切ることができる。
- **新しい市場や業界に参入しようとする時**：アジャイルテクニックは、組織にとって新しいタイプの顧客に向けたプロダクトを作る際、イノベーションを迅速に提供する上で役に立つ。
- **新しいリーダーシップが誕生した時**：経営陣の交代は、アジャイルアプローチで新たな期待値を設ける絶好の機会である。

アジャイルプロセスを使い始めるために、上記の機会を活用することは可能だが、必須条件というわけではない。よりアジャイルになるための最良のタイミングは…「今」なのだ！

# 18-2　適切なパイロットチームメンバーの選択

初期のステージでは特に、共に働く上で最適な人材を決定することが成功の秘訣である。組織にとって最初のアジャイルパイロットにおける様々な役割に人材を配置する際、考慮すべき事項を説明する。

## アジャイル推進者

アジャイル移行の初期ステージにおいて、アジャイル推進者は、チームの成功に貢献するキーパーソンとなる。それはパイロットチームの成功を左右する組織の各層に、効果的かつ迅速に影響を与えられる人でなければならない。優れたアジャイル推進者は、以下のタスクをすべてこなすことができる。

- アジャイルであることに情熱を持ち、組織や市場の課題解決にアジャイルアプローチで対処することに熱心に取り組める。
- 会社のプロセスに関する意思決定を行うことができる。現状を改善する必要がある場合、アジャイル推進者はそれを促すことができる。
- アジャイルプロセスで何ができるようになるか、組織に期待を持たせることができる。
- アジャイルプロセスを定着させるために、定期的かつ直接的にチームと協力し、支援することができる。
- 最初のパイロットチームだけでなく、すべてのチームの長期的な成功に貢献できるチームメンバーを選定できる。
- 集中を妨げる阻害要因を排除したり、アジャイルではないプロセスを排除したりするための頼れる存在になれる。

アジャイル推進者を選ぶ時は、組織内で影響力がある人を選ぶと良いだろう。つまりその人の発言が尊重され、過去に変革を成功させた経験がある人が適している。

## アジャイル移行チーム[†]

アジャイル推進者は重要だが、1人ですべてをこなすことはできない。移行する上でスクラムチームが必要とする支援を提供できる組織内のリーダーたちと連携すべきである。パイロットチームと、それ以降のスクラムチームが確実に成果を上げるために、アジャイル推進者とアジャイル移行チームは協力して組織の障害を取り除いていく。

> **＜秘訣＞**
> アジャイル移行チームは、パイロットチームを支援するために組織の障害に対処するが、少数の個別チームだけでなく、組織のシステム全体を最適化するための変化も促進する。このプロセスは**システム思考**と呼ばれる。

---

† 　（訳注）アジャイル移行チームは、アジャイルセンターオブエクセレンス（CoE）と同様に、アジャイルの導入を推進し、組織全体でのアジャイル実践を支援する専門チームである。

アジャイル移行チームは、1つのパイロットチームが提起した問題をシステム全体の問題として捉え、組織全体に利益をもたらす方法でその問題に対処する。

アジャイル移行チームは次のことを行う。
- パイロットチームを継続的に支援しながら、組織の成功にコミットする。
- 組織がよりアジャイルになるための明確なビジョンとロードマップを確立する。
- スクラムチームのように編成される。アジャイル推進者はプロダクトオーナーの役割を担い、パイロットのスクラムチームを支援しながら組織を変えることができるリーダーたちは開発チームとして活動する。スクラムマスターは、アジャイル移行チームがアジャイル原則を取り入れるのを支援し、スクラムのルールを教えることに集中できる組織のリーダーによって務める。
- スクラムチームとして活動し、5つのスクラムイベントをすべて実施し、3つのスクラム作成物をすべて導入する。

図18-1は、アジャイル移行チームとパイロットのスクラムチーム、それぞれのスプリントとそのケイデンス（開発サイクルの単位、周期、リズム）の連携を示している。パイロットチームのスプリントレトロスペクティブで特定された阻害要因は、移行チームがパイロットチームのプロセス改善として解決すべきバックログ項目になる。

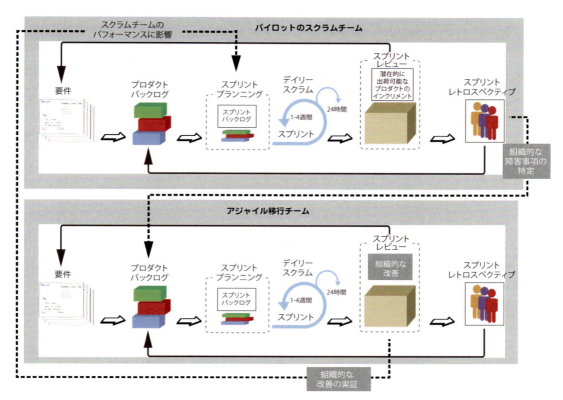

図18-1　アジャイル移行チームとパイロットのスクラムチームのケイデンスの連携

アジャイル移行チームはパイロットのスクラムチームを体系的に支援するだけでなく、パイロットチームと共にスクラムを使うことによって、組織のリーダーとしても、よりアジャイルになる。

## プロダクトオーナー

アジャイル推進者とアジャイル移行チームが決まったら、次はパイロットのスクラムチームを編成する

18-2　適切なパイロットチームメンバーの選択

ことに注力する。パイロットのスクラムチームのプロダクトオーナーには、組織のビジネス側の人材を充て、テクノロジーとビジネスを連携させていく。最初のアジャイル開発においては、プロダクトオーナーが開発チームと共に毎日プロダクトに取り組むことに慣れていく必要があるだろう。優れたプロダクトオーナーは次のような人物だ。

- 決断力がある。
- 顧客の要件とビジネスニーズの専門家である。
- ビジネス上の権限を持ち、プロダクト要件の優先順位付けと調整を行う権限を持つ。
- プロダクトバックログに頻繁な変更があっても適切に管理する能力がある。
- スクラムチームの他のメンバーと協力し、開発期間中は毎日開発チームと連絡が取れる。
- プロダクトの資金やその他のリソースを獲得する能力がある。

　最初のアジャイルパイロットのためにプロダクトオーナーを選ぶ時は、プロダクトの専門知識を持ち、プロダクトに誠実に向き合うことができる人を見つける。プロダクトオーナーの役割については、第7章を参照してほしい。

## 開発チーム

　アジャイルプロダクト開発では、自己管理型の開発チームがプロダクトの成功を実現させる中心的な存在となる。開発チームは、プロダクトのゴールを達成するための作業をどのように進めるかを決定する。優れた開発チームのメンバーは、次のような人物だ。

- 多彩なスキルを持つ。
- 機能横断的に働く意志がある。
- スプリントを計画し、その計画に沿って自己管理する。
- プロダクトの要件を理解し、工数の見積もりを行う。
- プロダクトオーナーが複雑な要件を理解し、適切な判断を下せるよう、技術的なアドバイスを提供する。
- 状況に応じてパフォーマンスを最適化するためにプロセス、基準、ツールを調整する。

　知的好奇心が旺盛で、新しいことを学ぶ意欲があり、様々な方法でプロダクトのゴールに貢献しようとする開発者は、アジャイル環境で成功する可能性が高い。パイロットの開発チームを選ぶ時は、変化を受け入れ、楽しんで難題に取り組み、新しい開発の最前線に立つことを好み、自分のスキルセット以外の新しいスキルを学んだり使ったりするなど、成功のために必要なことは何でも進んで行う人を選ぼう。開発チームの役割については、第7章を参照してほしい。

## スクラムマスター

　会社が初めて取り組むアジャイルプロダクト開発のスクラムマスターは、それ以降の取り組みよりも、開発チームの集中力を削ぐような干渉に対してより敏感になる必要がある。優れたスクラムマスターは以下のような人物だ。

- 影響力がある。
- チームがアジャイルメソッドを駆使する上で邪魔になるような、外部からの干渉を排除すべく組織に働き掛けるだけの力がある。
- アジャイルプロダクト開発について十分な知識を持ち、開発を通してチームがアジャイルプロセスを維持できるよう支援できる。
- 開発チームの合意を得るためのコミュニケーション能力とファシリテーション能力を持つ。
- 開発チームが自己組織化し、自己管理できるよう、チームを信じて一歩引いて見守ることができる。

　会社にとって初めてのチームにスクラムマスターを選ぶ時は、サーバントリーダーになることを厭わな

い人を選びたい。同時に、スクラムマスターは、集中を妨げる阻害要因を排除し、現状に疑問を投げかけ、組織や個人の抵抗に直面してもアジャイルプロセスを維持できるような強い気質を持つ必要がある。スクラムマスターの役割の詳細については、第7章を参照のこと。

## ステークホルダー

組織にとって初めてのアジャイルパイロットでは、優れたステークホルダーは以下のような行動を取れる人物だ。

- 積極的に関与する。
- プロダクトの最終決定をプロダクトオーナーに委ねる。
- スプリントレビューに出席し、プロダクトのフィードバックを提供する。
- アジャイル原則を理解する。ステークホルダーをチームの他のメンバーと同じトレーニングに参加させることで、新しいアプローチ、プロセス、そしてテクニックに慣れてもらうとよい。
- スプリントレビュー、プロダクトバックログ、スプリントバックログなど、アジャイルの形式でプロダクトの情報を受け取る。
- プロダクトオーナーや開発チームからの質問に対し、十分な答えを提供する。
- プロダクトオーナーやチームの他のメンバーと協働する。

ステークホルダーは、協力的で、プロダクトに積極的に貢献する信頼できる人でなければならない。

## アジャイルメンター

アジャイルメンターは、アジャイルコーチとも呼ばれ、チームや組織がスクラムを学び、よりアジャイルな環境を構築し始める間、その軌道に乗せる上でキーパーソンとなる。優れたアジャイルメンターは以下のような人物だ。

- 経験豊富である（業界、業務、職務経験の多様性）。
- アジャイルプロセス、特にその組織が選択するアジャイルアプローチの専門家である。
- 大小様々な規模の開発に慣れている。
- チームが自己管理できるよう支援し、自分たちで学べるような質問を投げかけ、主導権を握ることなく有益なアドバイスや支援を提供する。
- チームにとって初めてのスプリント開始時にはチームを指導し、開発期間中は必要に応じて彼らの疑問を解決することができる。
- プロダクトオーナー、開発チームメンバー、スクラムマスターと協力し、関係を築く。
- 部門や組織の外部の人間である。社内からアジャイルメンターを選出する時は、その企業の従来のプロジェクトマネジメントグループやセンターオブエクセレンス（CoE）の出身者である場合が多い。アジャイルメンターを組織内部から選ぶ時は、提案や助言をする時に社内政治的な配慮を脇に置くことができる人物であるべきだ。

筆者たちの会社である Platinum Edge も含め、多くの組織がアジャイルの戦略、計画、メンタリングサービスを提供している。

## 18-3　アジリティを可能にする環境づくり

従来の手法からアジャイルメソッドへのアプローチを調整するための基盤を築く時には、アジャイルプロダクト開発が成功し、チームが成長できるような環境を整えよう。アジャイル環境とは、第6章で説明したような物理的な環境だけでなく、良質な組織環境のことも指す。良いアジャイル環境を作るには、次のような要素が必要である。

- **アジャイルプロセスをうまく使う**：これは当たり前と思うかもしれないが、初めは実績のあるアジャイルフレームワークとテクニックを使うこと。図 18-2 の「価値創出のロードマップ」を活用し、スクラムなどの主要なアジャイルプラクティスを使うことで、成功の可能性を高めよう。基本的なことから始め、プロダクトが進展し、知識が蓄積されたときにのみ、その基本に積み重ねていく。表面上の進捗だけを見てプロセスを変更しても完璧さにはつながらない。実践を繰り返すことから生まれるのは完璧さではなく、習慣であることを忘れないでほしい。正しいスタートを切ろう。
- **完全な透明性**：開発状況や将来のプロセス変更についてオープンであること。プロダクト開発の詳細については、チーム内はもちろん、組織全体が知ることができるようにする。
- **頻繁な検査**：スクラムによって可能になる定期的なフィードバックループの機会を利用して、開発の進み具合を直接確認する。
- **即時の適応**：開発全体を通して、検査の結果に対応するために、改善に必要な変更を行う。リリースの終わりや開発終了まで待つのではなく、改善の機会には即座に対応すること。
- **専任のスクラムチーム**：プロダクトオーナー、開発チーム、スクラムマスターは、開発作業に専念できるようにすべきだ。
- **同じ場所に配置されたスクラムチーム**：最良の結果を得るためには、プロダクトオーナー、開発チーム、スクラムマスターは、同じオフィスの同じエリアで作業すべきだ。同じ部屋での作業が望ましいが、それが不可能な場合（第 6 章で述べている新型コロナウイルスのパンデミック時のように）、バーチャルな環境を最大限に活用できるような設備やトレーニングの導入を検討する。
- **よく訓練されたプロダクトチーム**（第 7 章）：チームのメンバーが協力してアジャイルの価値観や原則について学び、アジャイルテクニックを試してみることで、アジャイル組織としての方向性について共通の理解と期待値を持つようになる。

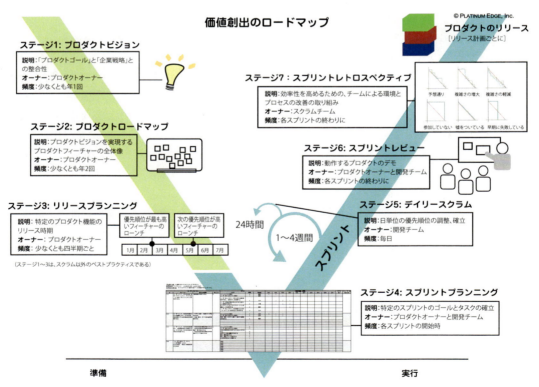

図 18-2　価値創出のロードマップ

幸運なことに、アジャイルプロセスのトレーニングを受ける機会はたくさんある。正式な資格認定プログラムだけでなく、資格取得が目的ではないアジャイルコースやワークショップもある。取得可能なアジャイル認定資格には次のようなものがある。

- Scrum Alliance：
  - □ 認定スクラムマスター（CSM）
  - □ アドバンスト認定スクラムマスター（A-CSM）
  - □ 認定スクラムプロダクトオーナー（CSPO）
  - □ アドバンスト認定スクラムプロダクトオーナー（A-CSPO）
  - □ 認定スクラムデベロッパー（CSD）
  - □ アドバンスト認定スクラムデベロッパー（A-CSD）
  - □ スクラムマスター（CSP-SM）、プロダクトオーナー（CSP-PO）、デベロッパー（CSP-D）のための認定スクラムプロフェッショナル（CSP）
  - □ 認定チームコーチ（CTC）
  - □ 認定エンタープライズコーチ（CEC）
  - □ 認定スクラムトレーナー（CST）
  - □ 認定アジャイルリーダーシップ（CAL）
- Scrum.org：
  - □ プロフェッショナルスクラムマスター（PSM I、II、III）
  - □ プロフェッショナルスクラムプロダクトオーナー（PSPO I、II、III）
  - □ プロフェッショナルスクラムデベロッパー（PSD I）
  - □ プロフェッショナルアジャイルリーダーシップ（PAL I）
- International Consortium for Agile（ICAgile）より、アジャイルファシリテーション、コーチング、エンジニアリング、トレーニング、ビジネスアジリティ、デリバリーマネジメント、DevOps、エンタープライズ、アジリティ、バリューマネジメントといった様々なプロフェッショナルおよびエキスパート向けのコースが用意されている
- Kanban University：
  - □ チームカンバンプラクティショナー（TKP）
  - □ カンバンマネジメントプロフェッショナル（KMP I、II）
  - □ カンバンコーチングプロフェッショナル（KCP）
  - □ 公認カンバンコンサルタント（AKC）およびトレーナー（AKT）
- プロジェクトマネジメント協会アジャイル認定実務者（PMI-ACP）資格
- 多数の大学認定プログラム

良い環境があれば、成功するチャンスは十分にある。

## 18-4　アジリティの獲得を持続的にサポートする

アジャイルプロセスを初めて導入する時は、アジャイル移行を確実に成功させるため、重要な成功要因を念頭に入れておこう。

- **適切なパイロットを選ぶ**。全員から支持を得られるような、重要なパイロットプロジェクトを選ぶと同時に、期待値を設定しておくことも大切だ。パイロットプロジェクトの結果を見れば、改善したことを確認できるとはいえ、チームが新しいテクニックを学んでいる間は、その成果はわずかなものだ。しかし時間と共に成果も大きくなっていくことを覚えておこう。
- **アジャイルメンターを活用する**。メンターやコーチを利用することで、良いアジャイル環境を構築し、素晴らしいパフォーマンスを発揮する可能性を最大限に高めることができる。

- **たくさんのコミュニケーションを図る**。組織のあらゆるレベルでアジャイル原則についての対話が絶えないようにしよう。パイロットを通して、そしてより広範なアジャイル適応に向けた進展を促進するため、アジャイル推進者をサポートしよう。

- **前に進む準備をする**。常に先を見据えよう。パイロットから得た教訓を、新しい開発作業やチームにどのように活かすかを考える。また、アジャイル原則とテクニックを、1つのプロダクトから多くのプロダクトに（複数チームでの作業も含む）適用するにはどうすれば良いかについても考えよう。

# 第 19 章

# 大規模アジャイルへの対応

---

**この章の内容**
- 複数チームにわたるスケーリングをいつ、何のために行うかを特定する
- スケーリングの基本を理解する
- スケーリングの課題を詳しく知る

---

　多くの中小規模のプロダクト開発作業は、スケジュール、スコープ、必要なスキルにもよるが、1つのスクラムチームで達成することができる。しかし、大規模な取り組みでは、プロダクトビジョンとリリースゴールを妥当な市場投入期間内に達成するために、複数のスクラムチームが必要になることがある。複数のスクラムチームが必要になれば、チーム間で効果的なコラボレーション、コミュニケーション、同期が必要になる。開発規模に関係なく、同じ（あるいは複数の）プロダクトを開発しているチーム間に相互依存関係が存在する場合は、スケーリングが必要になることもある。ただし、スケーリングはアジリティを損なう可能性があるので、注意すること。

　アジャイルテクニックを使って、要件をシンプルで独立した価値のある部分に分解することで、動くプロダクトを早く、継続的に提供できるようになる。スケーリングはその逆で、依存関係を取り入れることである。依存関係が増えるとオーバーヘッドが生じてしまうので、依存関係をできるだけ少なく単純化するのが第一目標だ。

　　**＜秘訣＞**
　　スケーリングは必要な場合にのみ行おう。複数のチームでプロダクトに取り組めるだけの人材とリソースがあったとしても、複数のチームであれば必ずしも高い品質と短期間での市場投入が保証されるわけではない。10番目のアジャイル原則「シンプルさ（ムダなく作れる量を最大限にすること）が本質です」を実践できないかを常に探ってみよう。Less is more、つまり少ないほうが効果的なのだ。

　アジャイルテクニックの1つであるスクラムは、プロダクトが1つのスクラムチームから構成されているか、1000のスクラムチームから構成されているかにかかわらず、チームが作業を整理し、進捗を効果的に公開するのを助ける。しかし、スケーリングによって新たな課題が生じるので、アジャイルの価値観や原則をサポートするだけでなく、プロダクトや組織が直面している特定の課題にも対応するような、チーム間の協調とコラボレーションのためのテクニックを導入したいものだ。

　この章では、プロダクト開発作業に複数のチームが必要な場合に対処すべき課題について説明する。また、スケーリングの課題に対処する一般的なアジャイルのスケーリングフレームワークとアプローチの概要についても紹介する。

# 19-1　複数チームによるアジャイル開発

プロダクトバックログとリリース計画の実現について、求める開発スピードが単一のスクラムチームを超える場合に、複数のスクラムチームが必要かどうかを組織で判断する。

アジャイルプロダクト開発では、機能横断型のチームが各スプリントで協力して同じ種類の作業を一緒に行い、プロダクトバックログの要件を動作する出荷可能な機能として実装し、完成させていく。しかし、複数のチームが同じプロダクトバックログを元に作業する場合、新たな課題が発生する。

複数のスクラムチームが同じプロダクトに取り組む場合、一般的に次のような場面で課題が発生する。

- **プロダクト計画作り**：アジャイル計画作りはコラボレーションが欠かせない。しかし、大人数でのコラボレーションは単一のスクラムチームとは異なる。広範で、すべてのスクラムチームとステークホルダーと一緒にビジョンを設定し、関係者全員が共通のインプットを基にプロダクトロードマップを構築するには、単一のチームとは異なるアプローチが必要である。

- **リリースプランニング**：プロダクト計画作りと同様に、リリースプランニングでもスコープとリリースのタイミングをより具体的に計画する必要がある。依存関係、スコープのギャップ、人材配置をプロダクト全体のニーズと一致させるには、リリースサイクル全体を通して、誰が何に取り組み、誰が誰の助けを必要とするかを調整することがさらに重要になる。

- **分解**：同じプロダクトバックログ内の大きな要件を分解するために、複数のチームが調査や洗練化のディスカッションや活動に参加しなければならない場合がある。誰がそのディスカッションを始めるのだろうか？ 誰がファシリテーターになるのだろうか？

- **スプリントプランニング**：スプリントプランニングがスクラムチーム間の計画と実行を調整する最後の機会というわけではないが、ここでスクラムチームがプロダクトバックログから実行する一定のスコープが確定する。このステージで、スクラムチーム間の依存関係が現実のものとなる。先行するプロダクトロードマップやリリース計画の作成で依存関係が明らかにならなかった場合、どうすればスクラムチームがスプリントプランニングで依存関係を明らかにし、対処できるだろうか？

- **日々の協調**：開始時からスプリントプランニングまでに効果的な計画作りとコラボレーションを行った後も、スクラムチームは毎日コラボレーションできるし、そうすべきである。チームが実行モードに入っている間、誰が参加し、何ができるだろうか？

- **スプリントレビュー**：多くのチームがプロダクトインクリメントのデモを行い、フィードバックを求める。ステークホルダーは、限られたスケジュールの中でそれらにどのように参加するのだろうか？ プロダクトオーナーは、複数のスクラムチームで学んだことを、どうやってプロダクトバックログに反映させればいいだろうか？ 開発チームは、他の開発チームが達成した内容をどうやって把握するのだろうか？

- **スプリントレトロスペクティブ**：一緒に作業する複数のスクラムチームで、より広範なプロダクトチームが構成される。彼らはどのようにして改善の機会を特定し、その改善をプロダクトチーム全体に取り入れればいいだろうか？

- **統合**：すべてのプロダクトインクリメントが、統合環境で連携して動作する必要がある。誰が統合を行うのだろうか？ チームにインフラを提供するのは誰だろうか？ 統合の成功に責任を持つのは誰だろうか？

- **アーキテクチャの決定**：アーキテクチャと技術標準を監督するのは誰だろうか？ チームが自己組織化し、可能な限り自律的に働けるようにするために、その決定内容をどのように周知させるか？

これらは一例であり、あなたの経験に基づいて他の課題が挙げられるかもしれない。どのような状況であれ、スケーリングの課題に対する解決策の中から、具体的な課題に対応するものを選んでほしい。

<秘訣>
　スケーリングフレームワークの中には、あなたが抱えていない課題まで解決してくれるものもある。存在しない問題に対する解決策を取り入れて、フレームワークを肥大化させないように注意しよう。

　最初のスクラムチームが生まれたのは1990年代半ばだが、それ以降、複数のスクラムチームが効果的にコラボレーションしなければならないアジャイルプロダクトが発生している。以下に、そのような課題の多くに対処する様々なスケーリングフレームワークとテクニックの概要を示す。

## 19-2　垂直スライスで仕事をこなしやすくする

　最もシンプルなスケーリングアプローチの1つが、垂直スライスだ。これは、チーム間で作業を分割することで、スプリントごとにインクリメントとして機能をデリバリーし、統合できるようにする簡単な解決策である。チーム間での作業の分割がスケーリングの課題になっているのならば、垂直スライスによって解決できる。

<覚えておこう！>
　垂直スライスの概念は、単一チームのプロダクト開発作業にも適用できる。開発チームは、要件を、出荷可能な機能として完了するために必要なあらゆるスキルを持つ人たちで構成される。開発チームが一度に1つの要件に全員で取り組むスウォーミングも、必要な技術やスキルのあらゆる側面に触れられる、プロダクトバックログの垂直スライスだ。

　緊密に連携し、自律的な複数のスクラムチームは、顧客のニーズを満たすために必要なことを行う。同じプロダクトに取り組む複数の開発チームは、それぞれ十分に機能横断的であるため、プロダクトバックログのどの項目にも取り組むことができる。各チームは、同じプロダクトバックログから項目を選び、同じケイデンスで実装する。要件に必要なスキルが欠けているチームは、そのスキルを持つ他のチームと協力することでケイパビリティを拡大し、依存関係による制約を減らす。

　スプリントごとに、各チームは自分たちの作業を他のチームの作業と統合する。統合のコストや手間を少なくするため、自動化して行うのが理想的だ。各スプリントの終わりには、スプリント中に選ばれたすべて

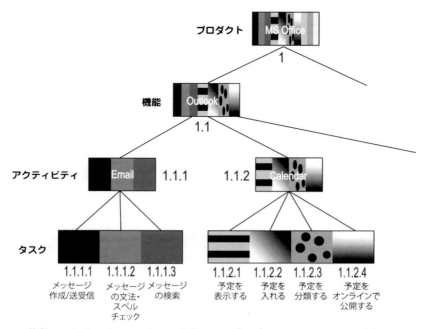

図19-1　複数のスクラムチームによって実装されるプロダクトフィーチャーの垂直スライス

のプロダクトバックログ項目が精緻化され、設計され、開発され、テストされ、統合され、文書化され、承認される。

図 19-1 は、複数のチームが 1 つのプロダクトに取り組めるように、プロダクトを垂直スライスする方法を示したものだ。

どのスクラムチームにも共通するベースライン定義があるため、垂直スライスによって、各チームは全体的なリリースゴールに合わせながら、自分たちの開発アプローチを使って自己組織化することができる。プロダクトビジョンとロードマップが、全員をまとめる「接着剤」の役割となるのだ。

## スクラム・オブ・スクラムズ

垂直スライスは、スクラムチームが協調し、技術的に統合するための方法だ。では、それぞれのスクラムチームは、互いに毎日どのように協調を行っているのだろうか？ スクラム・オブ・スクラムズモデルは、スクラムチームを構成する人たちの効果的な統合、協調、コラボレーションを促す 1 つの方法である。本章で紹介するほとんどのスケーリングフレームワークは、スクラム・オブ・スクラムズを使ってスクラムチーム間の日々の協調を行っている。

図 19-2 は、各チームのそれぞれの役割が、広範なチーム全体に影響を与える優先事項、依存関係、阻害要因に関して、他のチームの同じ役割の人たちとの間で、日々どのように協調を行っているかを示したものだ。役割ごとのスクラム・オブ・スクラムズは、関係するグループの中で指名され、権限を与えられた者がファシリテートする。徹底した統合とリリースの作業により、一貫性のある定期的なスクラム・オブ・スクラムズモデルが確立される。

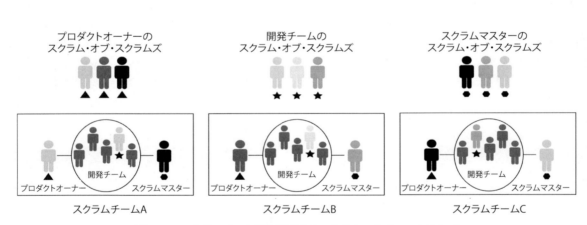

図 19-2　スクラムチーム間を協調するスクラム・オブ・スクラムズ

各スクラムチームは毎日、ほぼ同時刻に、それぞれ別の場所でデイリースクラムを行う。そのデイリースクラムの後に、次に説明するようなスクラム・オブ・スクラムズが行われる。

### プロダクトオーナーのスクラム・オブ・スクラムズ

各スクラムチームのデイリースクラムの後に、毎日（あるいは必要に応じて何度でも）、各スクラムチームのプロダクトオーナーが 15 分以内のスクラム・オブ・スクラムズを行う。各スクラムチームのデイリースクラムで明らかになった現状を踏まえて、進行中の優先事項に対処し、調整を行う。各プロダクトオーナーは、以下のことを話し合うことができる。

- 前回のスクラム・オブ・スクラムズ以降に受け入れられた、または却下されたビジネス要件
- 次回までに受け入れる必要がある要件

- 障害になっており、他のチームによる解決が必要な要件（「ジョンが今のスプリントバックログの要件 xyz を完了しないと、要件 123 に取り掛かれない」など）

    <秘訣>
    実際には、連携し、自己組織化したプロダクトオーナーたちが一丸となって、自分のスクラムチームと同様に、各スクラムチームが取り組んでいることの大まかなサマリービューを見ながら話し合うことになる。図 19-3 は、プロダクトオーナーのスクラム・オブ・スクラムズのボードの一例である。

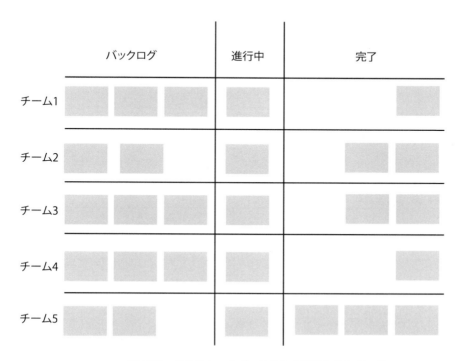

図 19-3　スクラム・オブ・スクラムズのタスクボード

### 開発チームのスクラム・オブ・スクラムズ

毎日、各スクラムチームのデイリースクラムの後、各スクラムチームの開発チームメンバーの代表者 1 名が、開発チームの 15 分以内のスクラム・オブ・スクラムズに出席し、以下のことを話し合う。

- 前回のスクラム・オブ・スクラムズ以降のチームの達成内容
- 現在から次回までのチームの達成予定と、それらの統合方法
- 支援を必要とする技術的な問題
- チームで決定した技術的方針と、潜在的な問題を防ぐために周知しておきたいこと

    <秘訣>
    プロダクト開発全体の取り組みで全員が足並みを揃えられるように、各スクラムチームからスクラム・オブ・スクラムズに出席する開発チームのメンバーは毎日、またはスプリントごとに交代させることを検討しよう。

### スクラムマスターのスクラム・オブ・スクラムズ

各スクラムチームのスクラムマスターは、他のスクラムマスターとも 15 分以内のスクラム・オブ・スクラムズを行い、各チームが対処している阻害要因について話し合う。各スクラムマスターは、以下のことを話し合う。

19-2　垂直スライスで仕事をこなしやすくする

- 前回のスクラム・オブ・スクラムズ以降に個々のチームレベルで解決された阻害要因と、その解決方法（他のスクラムマスターが同じ問題に直面した場合の参考に）
- 前回のスクラム・オブ・スクラムズ以降に確認された新たな阻害要因と、未解決の阻害要因
- 解決について支援が必要な阻害要因
- 全員が知っておくべき潜在的な阻害要因

エスカレーションが必要な阻害要因は、毎日のスクラム・オブ・スクラムズの後にディスカッションされ、対処される。プロダクトオーナーや開発チームのメンバーと同様に、スクラムマスターも、連携し、自己組織化したスクラムマスターとして一丸となる。

**＜覚えておこう！＞**
　各チームで戦術的な決断を下せるように、指針となりその権限を与える基準を、組織として設ける必要がある。そうすれば、各チームで同じ作業を繰り返す必要がなくなる。

垂直スライスは、各スクラムチームの自主性を維持し、より広いプロダクトチーム全体のコンテキストで価値ある機能を提供するシンプルな方法である。また、チームが制約や進捗についてタイムリーで適切な会話をするためにも有効である。

# 19-3　LeSSによる複数チームの協調

大規模なプロダクト開発作業でスクラムをスケーリングさせるもう1つの方法が大規模スクラム（LeSS, Large-scale scrum）だ。LeSS は、複数のスクラムチームが同じプロダクトバックログに取り組む際に、スクラムをシンプルに保つ原則に基づいている。LeSS は、各スクラムチームが全方位的に能力を生かし、プロダクトバックログ全体に効果的に貢献できるように、システムを最適化することに焦点を当てている。また、スケーリングの各課題に対処するための様々なオプションとアプローチも提示している。このセクションでは、概要を紹介してから、特筆すべきいくつかの実践方法を取り上げる。

LeSS には、LeSS と LeSS Huge という2つの規模のフレームワークが定義されている。その違いは、関係するチーム全体の規模にある。

## LeSS の基本フレームワーク

図 19-4 は、3つのスクラムチームを例にした、LeSS の基本フレームワークを示している。LeSS は、基本モデルに従い、スクラムチームの数を8チーム以下にすることを推奨している。

LeSS は複数のスクラムチームがどのように協力して1スプリントずつ進めていくかを示している。スプリントプランニングから始まり、その後にスプリント実行とデイリースクラムが続き、スプリントレビューとスプリントレトロスペクティブで終わる。LeSS はスクラムに忠実だが、次のような大きな違いがある。

- LeSS では、スクラムマスターが通常1〜3チームと共に作業し、プロダクトオーナー1人が最大8チームまで担当する。

**＜覚えておこう！＞**
　スクラムチームのメンバーを1つのチームに専念させることで、コンテキストスイッチによる頻繁な認知的な切り替えの心理的負担を無くすことができる。チームメンバーの集中力を複数のチームに分散させることのリスクを常に意識すること。

- スプリントプランニング（パート1）に、開発者全員が出席する必要はないが、プロダクトオーナーと共に各スクラムチームの2名以上が出席する。その後、代表メンバーが各チームに戻り、情報を共有する。

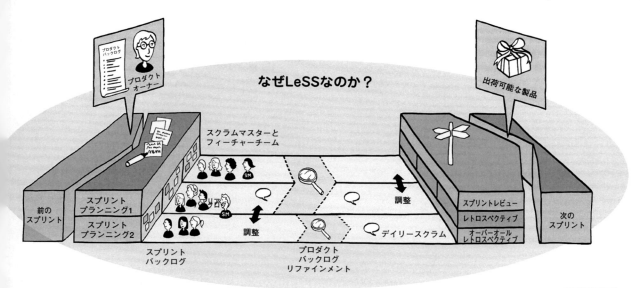

図 19-4　LeSS の基本フレームワーク
(Craig Larman と Bas Vodde の許諾を得て使用。https://less.works/jp/less/framework も参照されたい)

- パート 1 を実施後に、個別チームのスプリントプランニング(パート 2)とデイリースクラムが行われる。異なるチームのメンバーがお互いのイベントに出席することで、情報共有が促進される。
- スプリントレビューは通常、全チーム合同で行われる。
- チームごとのスプリントレトロスペクティブに加え、スクラムマスター、プロダクトオーナー、開発チームの代表者が集まり、全体でもレトロスペクティブを行う。プロセス、ツール、コミュニケーションなどに関して、プロダクト全体の仕組みを検査し、適応させる。

## LeSS Huge フレームワーク

　LeSS Huge では、構造はシンプルなまま、数千人が 1 つのプロダクト開発に取り組むことができる。
　スクラムチームは、要件エリアと呼ばれる顧客要件の主要な領域に基づいてグループ化される。各要件エリアには、1 人のエリアプロダクトオーナーと、4〜8 つのスクラムチームを配置する(各要件エリアに最低 4 つのチームを配置することで、局所最適化と複雑化を防ぐ)。全体のプロダクトオーナーが、複数のエリアプロダクトオーナーと協力して、そのプロダクトのプロダクトオーナーチームを形成する。次ページの図 19-5 に示すのが LeSS Huge だ。
　単独チームレベルのスクラムでも、基本的な LeSS でもそうだが、チーム全体で 1 つのプロダクトバックログ、1 つの完成の定義、1 つの潜在的に出荷可能なプロダクトインクリメント、1 人のプロダクトオーナー、1 つのスプリントケイデンスを決める。LeSS Huge は、各要件エリアの複数の並列的な LeSS を積み重ねただけのものだ。
　各チームが要件エリアをまたいで効果的に協力できるようにするため、次のことを行う。

- プロダクトオーナーは、エリアプロダクトオーナーと定期的に調整を行う。
- プロダクトバックログの要件エリアにフラグを立てて、プロダクトのどの部分を誰が作業する予定なのかを明らかにする。
- 要件エリアごとに、スプリントのイベントを並行して行う必要がある。複数チームによる継続的な検査と適応を可能にするために、全チームが参加する全体的なスプリントレビューとレトロスペクティブを行う。このような複数チームによるイベントは、全体やチーム間の作業とプロセスを調整するのに役立つ。

19-3　LeSSによる複数チームの協調

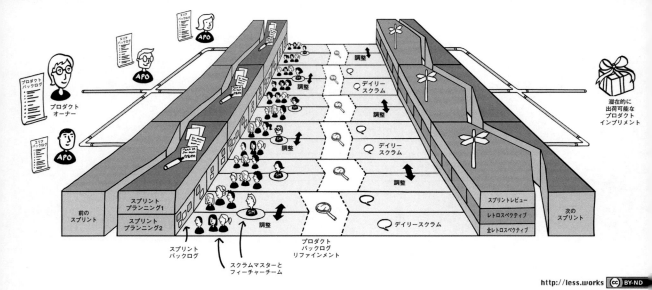

図 19-5 LeSS Huge のフレームワーク
（Craig Larman と Bas Vodde の許諾を得て使用。https://less.works/jp/less/less-huge も参照されたい）

開発者がビジネス担当者（プロダクトオーナー）と日常的に緊密に仕事ができなくなるが、LeSS によってスクラムをプロダクト開発作業全体にシンプルにスケーリングできるようになる。

<覚えておこう！>
　　LeSS は、単独チームのスクラムと同様に、開発チームに大きく依存している。開発チームはビジネスドメイン（主力事業、本業）の知識を持ち、顧客やビジネスのステークホルダーとやり取りし、顧客やプロダクトオーナーと直接コラボレーションして要件を精緻化することができる。このコラボレーションは、複数のチームがたった 1 人のプロダクトオーナーとやり取りする場合、特に重要になる。

　また、LeSS で提案されている柔軟な協調のためのテクニックは、複数チームが直面している特定の課題の対処にとっても効果的である。LeSS では、スクラム・オブ・スクラムズ（本章で前述）と継続的インテグレーション（第 5 章を参照）に加えて、スクラムチームが他のスクラムチームと協調を行うためのいくつかのオプションを提案している。以降のセクションで紹介する。

## バザー形式でのスプリントレビュー

　複数のチームが各スプリントで同じプロダクトインクリメントに取り組んでいるため、すべてのチームが何らかのデモを行う必要がある。また、どのチームも、プロダクトバックログの担当箇所を更新するためにステークホルダーによるフィードバックを必要としている。すべてのスクラムチームが同じケイデンスで動いているため、LeSS の基本フレームワークを適用する組織であっても、ステークホルダーは同じ日に多くのスプリントレビューに出席しなければならない。
　そこで LeSS が推奨しているのが、科学博覧会やバザーのような、見本市形式のスプリントレビューである。各スクラムチームが、すべてのスクラムチームが入れるような広さの部屋の一角にスペースを設ける。スクラムチームは、スプリント中に行ったことのデモを行い、そのエリアを訪れたステークホルダーからフィードバックを集める。ステークホルダーは、自分の関心のあるエリアを訪れる。スクラムチームは、複数のチームを回るステークホルダーに対応するために、デモを数回繰り返すことができる。このアプローチなら、スクラムチームのメンバーも他のスクラムチームのデモを見ることができる。合同スプリントレビューの実施方法は様々あるため、他の方法での実施もできる。
　スプリントレビューを合同で行うことで、スクラムチーム全体の透明性が高まり、コラボレーションの文化が醸成される。

## デイリースクラムにオブザーバーとして参加

スクラムチームがその日の仕事を調整するために行われるデイリースクラムは、誰でも話を聞くことができる。透明性がアジリティの鍵となる。この章で前述したスクラム・オブ・スクラムズモデルは参加型であり、スクラムチームの合同デイリースクラムの形で行われる。出席する開発者はディスカッションに参加するが、他のメンバーは、他のチームが何をしているのかを知るために、オブザーバーとして他のチームのデイリースクラムに参加することがある。

あるチームの開発チームの代表者が、他のチームのデイリースクラムに出席して話を聞き、自分のチームに報告することで、次に取るべき行動を決定することができる。この方法なら、他のスクラムチームも邪魔をしない形で参加でき、会議時間が増えてオーバーヘッドが発生することもない。

## コンポーネントのコミュニティとメンター

LeSS でも、プロダクトバックログをチーム間で分割する垂直スライスのアプローチを採用しているため、複数のチームが同じシステムやテクノロジーのコンポーネントに「触れる」ことができる。例えば、複数のチームが共通のデータベース、ユーザーインターフェース、自動テストスイートで作業することができる。このような領域に実践コミュニティ（CoP）を設けることで、特に多くの時間を費やすコンポーネント領域について、関係者同士が非公式でコラボレーションすることができる。

CoP は通常、複数のスクラムチームからのメンバーによって組成される。彼らは関連する知識と経験を持ち、コンポーネントの仕組みを人々に教え、コンポーネントを長期的にモニタリングする。また、コミュニティを定期的なディスカッションやワークショップに参加させ、コンポーネント領域で行われている作業のレビューを行う。

## 複数チームでの会議体

スプリントレビューのような合同イベントが効果的であることが示されているが、他のスクラムイベントや活動でも同様のメリットが得られることがある。プロダクトバックログリファインメント、スプリントプランニングのパート 1、その他のデザインワークショップなどがその例である。これらの実施について、LeSS では、次の共通点で類似の形式での実施を推奨している。

- 全チーム参加の全体セッションは最初に行う。各チームがどのプロダクトバックログ項目を担当する可能性が高いかを特定できる。
- 各チームの代表者が全体セッションに出席する（全員出席することもできるが、必須ではない）。
- 全体セッションの後にチームレベルのセッションを行い、詳細を掘り下げる。
- 全体セッションの後に必要に応じて、複数のセッションに分かれる。各セッションに関係するチームだけが参加する。

これらのセッションで重要なのは、同じ部屋で顔を合わせ、リアルタイムのコラボレーションによって依存関係を解消することだ。LeSS のグループが分散している（あるチームが他のチームとは違う場所にいる）場合は、ビデオ会議を行うといいだろう。

## トラベラー

開発チームが多才であればあるほど、スクラムチームが経験するボトルネックは少なくなる。伝統的な組織には技術分野のスペシャリストがいるが、アジャイルへの移行を始める時に、すべてのスクラムチームを回れるほどの人数はいない。チーム間のスキルのギャップを埋めるために、技術的な専門家がトラベラーとなってスクラムチームに参加し、ペアプログラミング（第 5 章を参照）、ワークショップ、ティーチングセッションを通じて、専門分野のコーチングやメンタリングを行うことができる。

この専門知識を共有しながら、専門家メンターは引き続き（CoP のオーガナイザーとして）組織全体のスキル向上をリードし、加速させる。さらに、スクラムチームは機能横断性を高め、より効率的に開発できるようになる。トラベラーは、プロダクトに対する説明責任が開発チームに残るように注意すること。

## 19-4　Scrum@Scaleによる役割の連携

アジャイルのスケーリングモデルは、複雑さもシンプルさも様々である。Scrum@Scale アプローチは、2つから数百のスクラムチームが協調して作業するためのものである。これは、スクラムマスターとプロダクトオーナーのための基本的なスクラム・オブ・スクラムズモデルの一形態であり、コミュニケーションの調整、障害の除去、優先順位の設定、要件の洗練化、および計画に使用できる。このモデルを用いて、様々な規模のチーム間でも日々の同期が可能になる。

> **＜注意！＞**
> Scrum@Scale のガイドによると、スクラムを実践できない組織はスケーリングもできない。権限があり小規模で自己組織化したチーム、アジャイルの価値観と原則、そしてスクラムの価値観とスクラムそのものという強固な基盤があることで、最も効果的なスケーリングが可能になる。

### スクラムマスターのサイクル

Scrum@Scale では、最大 5 つのスクラムチームを、1 つのスクラム・オブ・スクラムズ（SoS チーム）にグループ化し、共同でプロダクトのデリバリーを行う。複雑なプロダクトでは、スクラムチームを増やす必要があるため、より多くの SoS チームが必要になることがある。各 SoS チームにはそれぞれに最大で 5 つのスクラムチームまで。スケーリングされたデイリースクラムには、毎日各スクラムチームの代表者（少なくともスクラムマスター）が出席し、個々のスクラムチームのデイリースクラムの結果を共有し、全体の進捗を検査し、阻害要因を明らかにして取り除く。

Scrum@Scale では、SoS チームに参加する人数を減らすことで、複雑なコミュニケーションが制限され、チーム横断の効果的なコラボレーションを行うことが可能になる。スクラムチームが何に取り組んでいるのか、そしてその作業がお互いにどのような影響を与える可能性があるのかを、より適切に可視化することができる。

図 19-6 は Scrum@Scale の SoS モデルを示したものだ。SM はスクラムマスター、PO はプロダクトオーナーである。

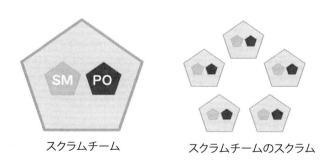

図 19-6　Scrum@Scale の SoS モデル（©2006-2020 Jeff Sutherland & Scrum, Inc.）

Scrum@Scale では、プロダクト開発において、図 19-6 の右図のようにスクラムチーム数が 5 つを超える場合、スクラム・オブ・スクラム・オブ・スクラムズ（SoSoS）モデルを採用する。各 SoS チームの代表

者は、他の 4 つの SoS チームの代表者と共に、SoSoS レベルで阻害要因を明らかにし、取り除く。

図 19-7 は、Scrum@Scale の SoSoS モデルを示したものだ。

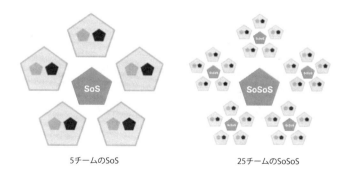

図 19-7　Scrum@Scale の SoSoS モデル（©2006-2020 Jeff Sutherland & Scrum, Inc.）

　図 19-8 に示すエグゼクティブアクションチーム（EAT）は、組織全体のスクラムマスターの役割を果たし、スクラムチームが最適に機能するためのアジャイルエコシステムを提供する。EAT の焦点は、アジャイルの価値観とスクラムが効果的に導入され、組織がそれに向けて最適化されるようにすることである。

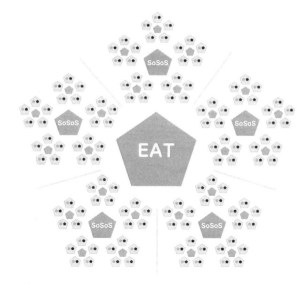

図 19-8　Scrum@Scale のエグゼクティブアクションチーム（EAT）（©2006-2020 Jeff Sutherland & Scrum, Inc.）

## プロダクトオーナーのサイクル

　各 SoS チームに、それぞれ 1 つ共有された自チームのプロダクトバックログを持つ。プロダクトオーナーは、SoS チームのスクラムマスターと同じような形で連携するが、その組織の名前が SoS チームからプロダクトオーナーチームに代わる。

　プロダクトオーナーチーム（チーフプロダクトオーナー（CPO）と各スクラムチームのプロダクトオーナーを含む）は、プロダクトバックログを指図し、各スクラムチームが優先順位に従うようにする責任を担う。CPO は、プロダクトオーナーの 1 人である場合もあれば、専任の他の誰かである場合もある。

　各スクラムチームには 1 人のプロダクトオーナーがおり、スクラムチームのスプリントバックログの優先順位付けに集中する。プロダクトオーナーチームは、包括的なプロダクトビジョンについてやり取りする。

19-4　Scrum@Scaleによる役割の連携

図 19-9 は、Scrum@Scale のプロダクトオーナーチームを示したものだ。

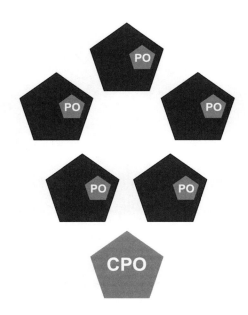

図 19-9　Scrum@Scale のプロダクトオーナーチーム（©1993-2020 Jeff Sutherland & Scrum, Inc.）

組織全体のプロダクト開発を調整するために、チーフプロダクトオーナー（CPO）はエグゼクティブメタスクラム（EMS）イベントで経営陣や主要なステークホルダーと顔を合わせる。

図 19-10 は、Scrum@Scale のエグゼクティブメタスクラム（EMS）を示したものだ。

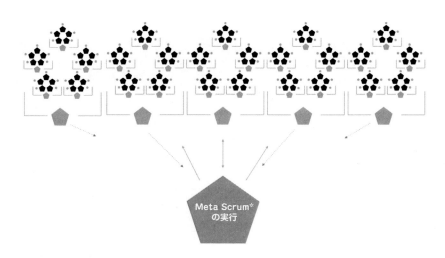

図 19-10　Scrum@Scale のエグゼクティブメタスクラム（EMS）（©1993-2020 Jeff Sutherland & Scrum, Inc.）

## 1 日あたり 1 時間の同期

1 日 1 時間以内であれば、組織全体でその日の優先順位をすり合わせ、阻害要因を除去する効果的な調整を行うことができる。例えば、午前 8 時 30 分に、各スクラムチームが個別のデイリースクラムを行う。午前 8 時 45 分に、各チームのスクラムマスターが SoS 会議を行い、同時に、各チームのプロダクトオーナー

も集まり、類似の会議を実施する。午前9時に、SoSoSがあれば、各SoSチームのスクラムマスターが集まる。同時に、プロダクトオーナーも集まり次のレベルの優先順位を調整する。最後に、午前9時15分にEATとEMSが集まり、全体の解決すべき問題を調整し、対処する。

## 19-5　SAFeによる大部屋プランニング

Scaled Agile Framework®（SAFe®）は、スクラムとアジャイル原則をITとソフトウェアまたはシステム開発組織の複数層にわたってスケーリングするために採用する。図19-11はSAFe 6.0の全体像を示したものだ。

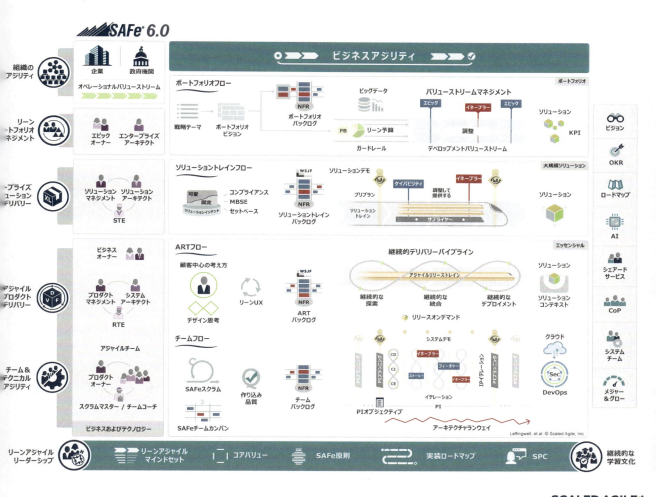

図19-11　リーンな企業向けのSAFe 6.0
（Scaled Agile, Inc.の許諾を得て使用。
https://scaledagileframework.com/ja/posters/も参照されたい）

SAFe導入時に、組織は4つのSAFeのパターンから選ぶことができる。
- **フルSAFe**（Full SAFe）は最も複雑な構成であり、数百人以上を要する大規模な統合ソリューションの構築をサポートする。
- **ポートフォリオSAFe**（Portfolio SAFe）では、ポートフォリオと投資の資金調達、ポートフォリオ

の運用、組織全体でのリーンガバナンスが追加される。

- **大規模ソリューション SAFe**（Large Solution SAFe）は、大規模で複雑なソリューションを構築するためのものだが、ポートフォリオレベルの構成は必要ない。
- **エッセンシャル SAFe**（Essential SAFe）は、小規模組織向けの基本的な出発点であり、必要最小限の要素で構成されている。

SAFe は、リーンな企業になるための7つのコアコンピテンシーに焦点を当てている。

- **リーンアジャイルリーダーシップ**（Lean Agile leadership）：人とチームが潜在能力を発揮できるようにすることで、組織の変革を推進し、維持できるようにするリーダーシップスキル
- **チーム＆テクニカルアジリティ**（Team and technical agility）：チームのアジャイルな行動と、品質と開発に関するプラクティスを含む健全な技術的プラクティスの推進力
- **アジャイルプロダクトデリバリー**（Agile product delivery）：様々な自動化ツールセットを使用して価値あるプロダクトを継続的に提供するための、デザイン思考と顧客重視を取り入れた、高パフォーマンスで協力的なチーム構築
- **エンタープライズソリューションデリバリー**（Enterprise solution delivery）：世界最大級のエンタープライズ向けサイバーソリューション、ソフトウェアプロダクト、ネットワークの構築と維持
- **リーンポートフォリオマネジメント**（Lean portfolio management）：ポートフォリオのビジョンと戦略策定の実行、ポートフォリオの制定、優先順位付け、ロードマップ作成
- **組織のアジリティ**（Organizational agility）：戦略と投資の資金調達、ポートフォリオの運用、ガバナンスにリーン思考とシステム思考を適用することによる、戦略と実行の整合
- **継続的な学習の文化**（Continuous learning culture）：組織が学習と革新にコミットすることによる、知識、コンピテンシー、パフォーマンスの継続的な向上

他のスケーリングフレームワークとは戦術的な違いがあるが、次のような共通点も多い。

- 開発は開発チームによって行われる。
- 各チームのスプリントの期間とケイデンスが揃っている。
- SoS チームに類似なチームによって協調を促す。

ここでは SAFe のすべての詳細には触れないが、本章で前述したスケーリングの課題のいくつかに対処するプラクティスをいくつか紹介する。

SAFe では、いくつかの新しい役割、構造が導入されている。SAFe に、複数のアジャイルチームから成る「チームのチーム」であるアジャイルリリーストレイン（ART）モデルがある。ART は合計50〜125人で、一定の時間で価値を提供していく。ART には、チームが足並みを揃えて同期するための決まったケイデンスがある。組織の他のメンバーも、このケイデンスを知ることで、既知のリリーストレインスケジュールを元に確実に作業計画を立てることができる。

ART は、リリーストレインエンジニア（RTE）、プロダクトマネジメント、システムアーキテクト/エンジニアによって推進される。RTE は、リリーストレインのスクラムマスターの役目を担う。プロダクトオーナーシップのガイダンスは、プロダクトマネジメントが提供する。システムアーキテクト/エンジニアは、リリーストレインの技術的リーダーシップをとる。ART は、デフォルトで5回のイテレーションのケイデンスで作業し、プロダクトインクリメントを作成する。

<注意！>
　スケーリングフレームワークは、組織の混乱を避けるために現状を維持する手助けになる可能性がある。しかし、実際には顧客のニーズに応えるために、組織が変わらなければならないこともある。スケーリングフレームワークの中から、あなたの組織に最も適したものを選ぼう。

## 大部屋プランニング：PI プランニング

　ART は、8 週から 12 週の PI（Plan Interval）と呼ばれるデフォルトで 5 回のイテレーションのケイデンスで作業を計画し、構築し、検証し、価値を提供し、迅速なフィードバックを得る。PI プランニングは、ART 全員が参加するベクトル合わせのイベントである。PI プランニングでは、チームが同じ部屋で顔を合わせ、次の PI に向けた作業を同時に計画する。

　PI プランニングは以下のようにして行う。

- 上層部またはビジネスオーナーが PI のビジネスコンテキストを設定する。
- プロダクトマネジメントがプロダクトのビジョンを伝達し、ART バックログにあるフィーチャーを説明する。
- アーキテクトは、システムアーキテクチャのビジョンと、アジャイルで対応できる開発プラクティス（テスト自動化など）を提示する。
- RTE が PI プランニングプロセスの概要を説明する。
- チームごとのブレイクアウトセッションを行い、ビジョンを実現するために、作業のキャパシティを算出し、チームのバックログ項目を決定する。
- 各チームが主な PI プランニングのアウトプットとして、PI 目標、潜在的リスク、依存関係を提示し、ART 全員で計画のドラフト案をレビューする。プロダクトマネジメントやその他のステークホルダーがインプットやフィードバックを提供する。
- マネジメント層は計画のドラフト案をレビューし、スコープ、人材配置の制約、依存関係の問題を特定する。RTE がファシリテーターになる。
- ART の各チームはフィードバックに基づき、最終計画の作成向けに、ブレイクアウトセッションを通じ、ドラフト計画の見直しを行う。
- RTE がファシリテーターになり、最終計画を検討する。

　PI プランニングが優れているのは、イベント中に依存関係を特定し、その場で調整できることだ。チームのブレイクアウトセッションで、もしあるチームが自分たちの要件に依存関係があると気づいた場合、そのチームは当該チームにメンバーを送り、直接話し合いを行う。これにより、何度も行き来する手間が省ける。

　どんなに計画を練っても、すべての問題を前もって特定することはできないが、このようにコラボレーションを行えば、ほとんどの問題に前もって対処することができる。加えて、このコラボレーションによって、オープンなコミュニケーションラインが確立するため、別々のチームで計画し、ディスカッションなしにドキュメントを共有した場合よりも、より早く、効果的に問題に対処できる。

## マネジャー向けの明確化

　第 3 章と第 16 章では、チームがよりアジャイルで適応力に優れた特性を持つようにするために管理職がどう変わるべきかについて述べている。大規模な組織では、SAFe は中間管理職がアジャイルチームにどのように関与するかの仕組みを提供する。ポートフォリオと大規模ソリューションの構成によって、個々のチームメンバーでは果たせない役割と機能を明確にし、部門、技術、その他のリーダーによってどのように問題を解決でき、個々のチームが最大限に効果的かつ効率的になり、戦略を実行につなげることができるかが、ある程度明確になる。

> **＜注意！＞**
> プロダクト開発の取り組みに複数のリーダー層が加わる場合、プロダクトオーナーの役割を明確にし、顧客との密接な関係を保つことに注意が必要。スケーリングした多くのチームは、意図せずにスクラムチームの権限を弱めてしまうという罠に陥っている。

## 19-6 ディシプリンドアジャイル（DA）ツールキット

プロジェクトマネジメント協会（PMI）のディシプリンドアジャイル（DA, Disciplined Agile）は、「真のビジネスアジリティはフレームワークではなく、自由から生まれる」という前提に基づいている。DAは、何百ものプラクティスを備えたツールキットで、チームや組織の仕事の進め方を改善する上で役に立つ。

ディシプリンドアジャイルは、情報技術（IT）ソリューションをデリバリーするための、学習指向のハイブリッドアプローチである。企業全体への適応が可能で、リスク対応と価値提供の両方に効果的であるとされている。

ディシプリンドアジャイルの基礎層は、原則（アジャイルとリーンを含む）、ガイドライン、役割、チーム、そしてそれらがどのように連携するかを概説したものだ。

第2層を構成するのがディシプリンドDevOpsで、ソフトウェア開発とIT運用活動の合理化が行われる。DevOpsについては第10章で説明している。

第3層が、FLEXワークフローに基づくバリュー・ストリームだ。これによって、組織の戦略が結び付き、システム全体のコンテキストで組織の各部分を改善するための意思決定ができるようになる。単に革新的になるだけでなく、以下を通じた価値の実現を増やすことが目標だ。

- 研究開発
- ビジネスオペレーション
- ポートフォリオマネジメント
- プロダクトマネジメント
- 戦略
- ガバナンス
- 営業およびマーケティング
- 継続的改善

DAの第4層であるDAE（ディシプリンド・アジャイル・エンタープライズ）は、組織の文化と構造を通じて市場の変化を感知し、それに対応する能力に関するものである。DAE層は、バリュー・ストリームを支援する、次のような組織の企業活動に焦点を当てる。

- エンタープライズアーキテクチャ
- 人材マネジメント
- 資産マネジメント
- ファイナンス
- ベンダーマネジメント
- 法務
- IT
- トランスフォーメーション

ディシプリンドアジャイルは、DevOps、エクストリームプログラミング（XP）、スクラム、SAFe、かんばんなど、他の手法やフレームワークの基礎の上に構築されるハイブリッドなツールキットだ。これらのフレームワークがプロセスの「レンガ」を提供すると喩えるなら、DAはそれらのレンガをつなぎ合わせる「モルタル」を提供していると言える。

本章の冒頭で述べたように、スケーリングはアジリティを損なう可能性がある。スケーリングの必要性を防ぐ最善の方法は、チームが高度に連携し、高度に自律できるようにすることである。作業とフィーチャーを、最も価値のある最小の単位に分解しよう。

コンウェイの法則（1967年にこの法則を発表したメルビン・コンウェイの名にちなむ）とは、「組織が設

計するシステムには、その組織のコミュニケーション構造の設計が反映される」というものである。同様に、あなたのプロダクトもあなたの組織を反映しているのだ。だからこそ、できるだけシンプルに編成しよう。

　アジャイルテクニックの採用のような文化的変化には、考え方や構造の長期的変化に対する組織全体でのコミットが必要だ。これについては次の第 20 章で述べる。

# 第 20 章

# チェンジエージェントの役割

---

**この章の内容**

- チェンジマネジメントにおける課題と、一般的なチェンジマネジメントモデルを理解する
- 組織がアジャイルを導入するための手順を知る
- アジャイル原則の導入に際して発生する一般的な問題を回避する
- 模範を示して変革を導く

---

もしあなたが、自分の会社や組織にアジャイルプロダクト開発を導入しようと考えているなら、この章を参考に準備してほしい。アジリティを導入するということは、新しい考え方、文化、組織構造、フレームワーク、テクニックを学び、実践するということだ。この章では、アジャイルプロダクト開発テクニックを導入するための主要な原則と手順を説明する。また、筆者たちの会社 Platinum Edge で使用しているものを含め、一般的なチェンジモデルも紹介する。さらには、模範を示しながら変革を先導することや、アジャイル移行に際して避けるべき一般的な落とし穴についても取り上げる。

## 20-1　アジャイルになるには変革が必要

プロジェクトマネジメントに対する従来のアプローチは、プロセスやツール、包括的なドキュメント、契約交渉、そして計画に従うことに重点を置いている。アジャイルプロダクト開発でもそれらに取り組むことに変わりはないが、より重点を置いているのが、個人と対話、動くソフトウェア、顧客との協調、変化への対応だ。

ウォーターフォールの組織は、一夜にしてその状態になったわけではないし、一夜にして変わるわけでもない。何十年も掛けて習慣を形成し、各領域ができあがり、それを守り、従来の考え方を強化してきたことが根付いた組織もあるだろう。そういった組織構造は何らかの変革を必要としている。リーダーたちは人材育成に対する新しい考え方を身に付け、実際の作業にあたるメンバーたちに権限を与える方法を知るべきだ。そしてメンバーたちは協力しながら、慣れないアプローチを自己管理でこなしていく必要がある。

## 20-2　待っていても変革は実現しない

変革には、プロセスの定義以上に人間が深く関わっている。人は変化に抵抗するもので、その抵抗は個人的な経験、感情、そして恐怖心に基づいている。デイビッド・ロックが開発した、脳の仕組みを基にしたモデルは、しばしば変化する社会的状況において、人間の行動に影響を与える 5 つの重要な領域を特定している。これは SCARF モデルと呼ばれ、以下の英語の頭文字を取っている。

- 地位（Status）：周囲に対して相対的に判断する自分自身の重要性

- 確実性（Certainty）：何が起こるかを予測する能力
- 自律性（Autonomy）：自分がコントロールしているという感覚
- 関係性（Relatedness）：他人と一緒にいてどれだけ安心できるか
- 公平性（Fairness）：人から公平な扱いを受けていると思えるか

私たちの脳は、これらの領域を脅威、あるいは報酬と捉え、反応する。私たちはその場を切り抜けるためにこの反応に依拠しており、行動にも反映される。皆さんは、これらの領域のどれが自分に脅威を感じさせるものか分かるだろう。変化することは誰にとっても困難であり、その理由は様々だ。

筆者たちが組織変革を支援する際は、脅威に対する反応を目の当たりにする。そして我々が最初に組織と接するのは、アジャイルであることの意義やスクラムの仕組みを学ぶための正式な講座を、コンサルタントやトレーナーとして依頼された時が多い。2日間のクラスが終わると、受講生たちの間で、新しい考え方や仕事のやり方を導入することへの期待感が高まり、それがいかに理にかなっているかについて話すようになる。しかし期待感が高まっただけでは変革は実現しない。

スクラムはシンプルだし、アジャイルの価値観と原則は、ほとんどすべての人が共感できるものだ。しかし、スクラムを実践することは簡単ではない。プロダクトやサービスを開発するためのスクラムは、新たなポジション、未知のルール、初めてのフィールドで、未経験の試合に挑むようなものだ。ある日アメフトのチームにコーチが、「今日はサッカーのやり方を学ぶ。15分後にピッチに集合してくれ。すぐ始めるぞ」と言ったらどうなるだろう？　アメリカ人なら誰もがテレビで見たり、幼い頃に経験したりした程度にはやり方を知っているかもしれない。しかし即座に切り替えることはできない。

まず様々な混乱が起きるだろう。チームが新しいことを学び、一丸となって競技で成果を上げるためには、古いルール、技術、トレーニング、考え方を捨てなければならない。そんな時、選手たちは次のような質問を投げかけてくるだろう。

- 手は使えますか？
- 何回タイムアウトを取れますか？
- 私はオフェンスですか？　ディフェンスですか？
- キックオフの時どこに並べばいいですか？
- ゴールを蹴る時、誰がホルダーになるのですか？
- ヘルメットはしないんですか？
- このシューズではうまく蹴れないのですが？

アジャイルテクニックへの移行は一夜にして実現するものではないが、あなたとあなたの組織のリーダーたちが、アジャイル移行に対してチェンジマネジメントのアプローチを取れば実現する。既にウォーターフォールを実践している組織の場合、経営陣がアジャイルトランスフォーメーションにコミットしてから移行が完了するまでに、少なくとも1～3年は掛かるだろう。コミットとは、単にトレーニングやコーチングのための予算を承認することではない。コミットとは、リーダーたちが変革の先導を外部コンサルタントに依頼するのではなく、自ら先導する方法を学び始めることを意味する。それは旅の始まりであり、目的地ではないのだ。

## 20-3　チェンジマネジメント、そして変革に向けた戦略的アプローチ

戦略や規律がないまま組織変革の取り組みをしようとすると、大抵は失敗する。ここで言う失敗とは、変革後の組織の姿が、望んでいた姿になっていないことである。多くの場合、失敗の原因はゴールが不明確であること、あるいは、変革計画が、望ましい変革を阻害する最大のリスク要因や課題に対処していないことにある。

チェンジマネジメントで取れるアプローチは様々だ。ここでは、Platinum Edge のものを含め、いくつかのアプローチを紹介する。

## レヴィンの変革モデル

クルト・レヴィンは、1940年代の社会・組織心理学の革新者であり、効果的な組織変革を理解するための礎となるモデルを確立した。現代の変革モデルのほとんどが、図20-1に示す「解凍―変革―再凍結」というレヴィンの理論に基づいている。

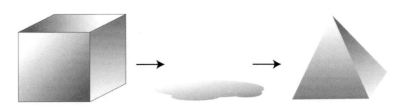

図20-1　レヴィンの理論「解凍―変革―再凍結」

四角い氷の形を変えたい場合、まず氷を溶かして液体に変え、形を変えられるようにする。その後、液体を任意の形に凍らせる。図の最初の2つの状態の間に「解凍」があり、解凍の間に「変革」が起きる。

### 解　凍

第1段階は、変革を起こす前に必要な準備、つまり既存の信念、価値観、行動に疑問を投げかけることを表している。再検討することや、新しいバランスへの動機を探すことが、有意義な変革への参加と賛同につながる。

### 変　革

次の段階は、不確実性と、その不確実性を解決して新しい方法で物事を行うことを表している。この移行段階で、新しい信念、価値観、行動が形成される。変革を起こす鍵は時間とコミュニケーションだ。

### 再凍結

人々が新しい方法を受け入れるにつれて自信と安定性が増し、確固たる新しいプロセス、構造、信念体系あるいは一連の行動が形成し始める。

この単純なパターンが、本章で取り上げるものを含め、ほとんどのチェンジマネジメントツールやフレームワークの基盤となっている。

## ADKAR の変革への5つのステップ

Prosci社はチェンジマネジメントとベンチマーキング研究において先進的な組織の1つであり、チェンジマネジメントツールとしてADKARを提唱している。ADKARとは、個人と組織が変革を成功させるために必要な5つの要素（認知、欲求、知識、能力、強化）の頭文字を取ったものである。ADKARは、個人にとっては目標志向のモデルであり、組織にとっては共に議論し行動するためのフォーカスモデルである。

組織の変革にはやはり個人の変革が必要であり、関係者全員の、個人的な変革に影響を与えることが成功の秘訣だ。

ADKARは、個人が変革を実現させていく道のりを示している。そこには5つのステップがあり、それぞれが組織の変革活動と合致している。通常、下記の順番で進んでいくが、筆者たちの経験では、実際の進み方は直線的にはならない。各ステップを何度も行ったり来たりする必要があるだろう。

## 認　知

　人間は、そう簡単には変われない。変革の取り組みがトップダウンで行われる時、人々が口で同意したことを行動に移すかどうかは別だ。行動と発言の不一致は自然なことで、そこに他意はないのだ。変革に対する経営陣の意欲を刺激しているものは何なのか。それを認識し、理解しなければ、あるいは何かを変えるべきだと本人が思わなければ、個人の変革意欲は高まらないのだ。変革を実現し、それを維持するための第一歩は、組織の個々人に情報を提供し、既存の課題についての共通理解を促し、その上で同じ方向を向いているかどうかを判断することだ。これが基礎となり、この基礎なくして変革の取り組みは進展しない。

## 欲　求

　取り組むべき課題に対する認識を基に、個人は、その課題に取り組むために変革が必要かどうか、あるいは変革が望ましいかどうかについての意見を持つようになる。問題意識と、それに対してできること、すべきことを考えることが、次のステップである。ひとたび組織内の個人に意欲が芽生えれば、変革に向けて共に動く動機が生まれる。

## 知　識

　欲求は重要だが、それだけでは変革は起こらない。変革プロセスにおける次の重要なステップは、どのように変化を起こすか、また、各個人がその変化にどう貢献できるかについて知ることだ。その変化が自分にとって何を意味するのかということを、組織全体の中の個人が理解する必要があり、リーダーたちは、組織全体で協力しながら教育と行動を促進する必要がある。トレーニングやコーチングを通じて理解やスキルを広げていくと、必要な知識が身に付きやすくなる。

## 能　力

　変革の方法に関する新たな知識を得た上で実行に移すには、スキルを習得し、役割を再定義し、パフォーマンスに対する新しい期待値を明確に設定する必要がある。その際、他の取り組みを遅らせたり、習慣や責務を新しく置き換えたりする必要があるかもしれない。継続的なコーチングとメンタリングが必要となる場合もある。リーダーたちは、この優先順位の再考が求められ、推奨されているということを明確にする必要がある。

## 強　化

　変革を一度成功させたところで定着はしない。古い習慣に戻らないように、継続的な是正措置とコーチングによって新しい行動、スキル、プロセスを強化しなければならない。

　ADKAR モデルには、上記のステップを支える評価とアクションプランがあり、リーダーや個人の変革の旅を導いていく。スクラムを使って各ステップを検査し、適応させながら、反復的に ADKAR を活用すべきである。

## コッターの変革を導く 8 段階のプロセス

　ジョン・P・コッターが提唱する、変革を導く 8 段階のプロセスは、組織で回避可能な、変革の取り組みに失敗する一般的な 8 つの原因を明らかにし、それぞれに対処して変革をうまく先導するために取るべき行動を示している。

- ● **危機意識を醸成する**：リーダーの取るべき行動は、現状に満足している人々に危機感を持たせることだ。人は現状に慣れ、それをこなしていくことを学ぶ。変革の必要性を他者に認識させるには、危機感を醸成することだ。直ちに行動することの重要性をリーダーから伝えなければならない。

20-3　チェンジマネジメント、そして変革に向けた戦略的アプローチ

- **変革推進のための連帯チームを築く**：リーダーの取るべき行動は、リーダー同士の連帯チームを築いて導いていくことだ。たとえ組織の最上位の地位にある人物が積極的な変革推進者だったとしても、1人だけでは成功は望めない。変革が必要で、そのためのビジョンが必要な時は、幹部層、取締役、管理職、さらにはそういった正式な役職以外でも影響力を持つリーダー的な人材が団結する必要がある。連帯して変革を推し進めるのだ。

- **戦略的ビジョンと取り組みを策定する**：リーダーたちは組織の人々に変革のビジョンを伝える必要があるが、コッターの推測では必要量の1/1000も伝えられていないそうだ。たとえ人々が現状に不満を持っていたとしても、そのメリットを信じ、変革が可能だと確信しない限り、変革のために犠牲を払うとは限らない。連帯チームとして、未来が過去や現在からどう変わるのか、またその未来を実現させるためには具体的にどうしたらいいのかを、明確に定義する必要がある。第9章では、プロダクトやサービスのビジョンやロードマップについて述べているが、チェンジマネジメントもまた、どこに向かうのかという明確なビジョンから始める必要がある。

- **有志の協力を求める**：リーダーの取るべき行動は、有志の協力を集めることだ。大勢の人々が賛同し内部で推進していけば、変革は加速し、変化を持続させることができる。リーダーたちがビジョンと必要性を効果的に伝えれば、人々は自分が信じ始めた大義に結集するはずだ。それでも集まらない場合は、伝える内容、伝え方、その頻度を見直そう。

- **障壁を取り除くことによって行動を可能にする**：リーダーの取るべき行動は、人々が行動に至るまでの障害を取り除くことだ。障害には、意識に上がる程度のものもあれば、現実に障害となっているものもある。そのどちらも克服しなければならない。「適切な」場所にある1つの障害物が、失敗のたった1つの理由ともなり得る。多くの人は障害（プロセス、ヒエラルキー、あるいはサイロを越えて働くこと）と向き合うことを避ける傾向があるため、リーダーはサーバントリーダーとして行動し、最前線で変革を実行する個人のエンパワーメントを低下させている阻害要因を特定し、取り除かなければならない。

- **短期的な成果を生み出す**：リーダーの取るべき行動は、短期的な成果を生み出すことだ。通常、変革の最終的な目標は短期間では達成できないため、途中段階で成功や進歩が認識されなくなると、関係者全員に疲労が蓄積する可能性がある。変化の証を、早期に、定期的に取り上げて示すべきである。そうやって礎を固めていくことにより、困難な時期を乗り越えて士気が高まり、継続的な努力と進歩の動機付けにつながり、さらに変革を促していくことができる。

- **勢いを維持する**：リーダーの取るべき行動は、勢いを持続させることだ。短期的な成功を祝うと、変革が完了したかのような誤った安心感を与える。しかし変革を実現させるためには短期的な成功を1つ1つ積み上げていく必要があるので、成功のたびに自信と信頼度を高め、さらに邁進するよう促そう。変革を推進している間は常にビジョンを伝え続けるのだ。

- **変革を定着させる**：リーダーの取るべき行動は、変革を定着させることだ。そのためには、変革のプロセスをたどる間、成果や新しい行動習慣を、企業文化の発展や強化に関連付け、古い習慣への回帰を防ぐことが大切だ。成果が現れたり、新しい行動が実現したら、企業としての成功と明確に関連付けて、関係者全員が分かるようにしよう。

## 20-4　Platinum Edgeの変革ロードマップ

　筆者たちは本書を通じて、アジャイルプロセスが従来のプロジェクトマネジメントとは異なることを強調してきた。組織をウォーターフォールからアジャイルな考え方に移行させることは大きな変化である。このような変革を企業に指導してきた経験から、確実にアジャイル組織になるための重要なステップを次のように特定した。

　図20-2は、アジャイルトランスフォーメーションを成功させるためのアジャイル移行ロードマップだ。

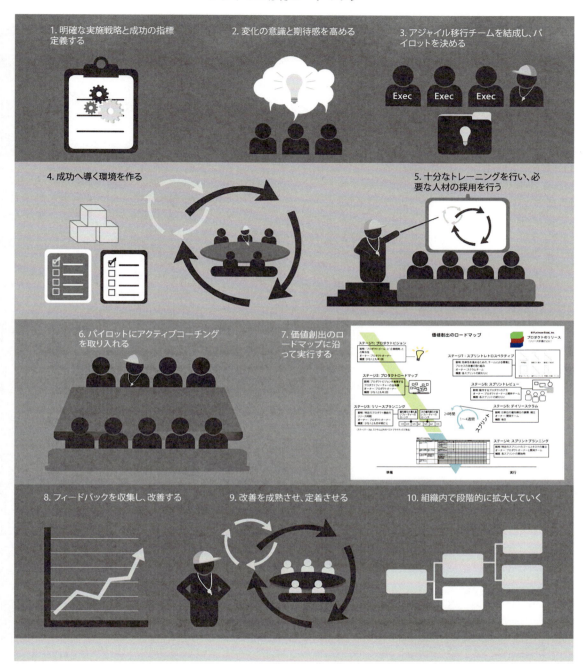

図 20-2　Platinum Edge のアジャイル移行ロードマップ

## ステップ 1：アジャイル監査を実施し、実施戦略と成功の指標を定義する

組織のアジャイル監査とは、
- 既存のプロジェクトマネジメント、プロダクト開発、企業構造、目標、企業文化について、3〜5週間掛けて見直す
- 効率性、有効性、アジリティを向上させる機会を特定する

20-4　Platinum Edgeの変革ロードマップ

287

● 実施戦略とロードマップを作成し、提示する

実施戦略とは以下の概略を示す計画のことである。

● 移行の土台となる現在の強み
● 現在の体制で直面するであろう課題
● アジャイルプロダクト開発に移行するためのアクション項目

<秘訣>
　　実施戦略は、評価または現状監査の形で、外部のアジャイル専門家が実行するのが最も効果的である。

第三者に依頼するにしても、自分自身で評価するにしても、必ず以下の点を考慮しよう。

● **現在のプロセス**：現在どのようにプロダクト開発をしているか。何がうまくいっていて、何が問題なのか。

● **将来のプロセス**：アジャイルアプローチからどのような利益を得られるのか。どのようなアジャイルメソッドやフレームワークを使用するのか。鍵となる変更点はどのようなものか。チームとプロセスの観点から、変革後の会社がどのような姿になるのか。

● **段階的な計画**：既存のプロセスからアジャイルプロセスへ、どのように移行するのか。すぐに変わるものは何か。半年後に変わるものは何か。1年後以降に変わるものは何か。この計画は、一連のステップを提示するロードマップとなり、アジャイル成熟度において持続可能な状態へと会社を導くものでなければならない。

● **メリット**：アジャイルに移行することで、組織内の個人やグループ、そして組織全体にどのような利益をもたらすのか。アジャイルテクニックは、ほとんどの人にとってメリットがあるが、そのメリットを具体的に示そう。

● **潜在的な課題**：最も困難な変化は何か。どのようなトレーニングが必要になるのか。アジャイルアプローチで最も苦労する部門や人材は誰か。どの領域が混乱するか。障害となりそうなものは何か。それらの課題をどのように克服するのか。

● **成功要因**：アジャイルプロセスに切り替える際に、どのような組織的要因が役に立つのか。新しいアプローチに対して、会社はどのように取り組むのか。どのような人や部門がアジャイル推進者になるのか。

　優れた実施戦略は、企業がアジャイルプラクティスに移行する際の道しるべとなる。戦略のおかげで、支援者たちは明確な計画に基づいて一丸となることができ、組織のアジャイル移行に対する現実的な期待値を設けることができる。

　初めてのアジャイルプロダクト開発の取り組みでは、成功を測定するための定量化可能な方法を特定しよう。指標を活用することで、ステークホルダーや組織に対してすぐに成果を示すことができる。指標は、スプリントレトロスペクティブで具体的なゴールと議題を提供し、チームが明確な期待値を設定する上で役に立つ。

<秘訣>
　　人とパフォーマンスに関連する指標は、個人ではなくチームにひも付けると効果的だ。スクラムチームはチームとして自己管理し、チームとして成功し、チームとして失敗するので、チームとして評価されるべきだ。

　成果の指標を把握しておくことは、業務全体を改善する上で役に立つだけではない。指標は、最初のプロダクトを終えて、アジャイルプラクティスが組織全体に拡大し始めた時に、成果を示す明確な証拠となるのだ。

## ステップ2：意識と期待感を高める

アジャイル移行の「方法」を示すロードマップができたら、組織内の人々に、これから訪れる変化を伝える必要がある。アジャイルアプローチには多くの利点がある。社内のすべての人にその利点を伝え、今後の変化への期待感を持たせよう。以下に意識を高める方法をいくつか紹介する。

- **教育する**。組織の人々がアジャイルプロダクト開発について知っていることはわずか、あるいは皆無かもしれない。アジャイル原則とアプローチ、そして新しいアプローチに伴う変化について人々を教育しよう。アジャイルの wiki を作成したり、ランチタイムの勉強会を開催したり、ホットシートディスカッション（変革やアジャイルについての心配事を安心して話し合ったり、質問したりできる、リーダーたちとの対面式ディスカッション）を開催して、移行に関する懸念に対処することもできる。
- **様々なコミュニケーションツールを活用する**。ニュースレター、ブログ、イントラネット、メール、対面式ワークショップなどのコミュニケーションチャネルを活用して、組織に起こる変化について知らせていこう。
- **メリットを強調する**。アジャイルアプローチが、組織として価値の高いプロダクトを生み出し、顧客満足を向上し、従業員の士気を高める上でどのように役立つかを社内の人々に知ってもらおう。第21章にアジャイルプロダクト開発の利点を挙げた優れたリストがあるので、このステージで利用してほしい。
- **実施計画を共有する**。移行計画を全員に公開する。公式にも非公式にも話題に上げよう。計画について説明し、質問に答えよう。筆者たちは移行ロードマップをポスターサイズで印刷したり、組織全体に配布したりすることも少なくない。
- **最初のスクラムチームを参加させる**。できるだけ早いステージで、最初のアジャイルパイロットで働く可能性のある人たちに、今後の変化について知らせる。パイロットのスクラムチームメンバーが熱心なアジャイル実践者になるように、移行計画に参加させよう。
- **オープンになる**。新しいプロセスに関して、率先して会話をする。オープンに話し、質問に答え、アジャイル移行に関する神話を打ち消すことで、ネガティブな噂が社内に回らないようにしよう。先に述べたホットシートセッションのような構造化されたコミュニケーションは、オープンなコミュニケーションの好例である。

意識を高めることで、これから訪れる変化を支える気持ちが生まれ、変化に伴う当然の恐怖心が緩和される。コミュニケーションは、アジャイルプロセスの導入を成功させるための重要なツールとなる。

## ステップ3：アジャイル移行チームを結成し、パイロットを決める

組織レベルでアジャイルトランスフォーメーションを担当できるチームを社内に作る。このアジャイル移行チームについては第18章で説明しているが、組織全体のプロセス、報告の要求、およびパフォーマンスの測定を体系的に改善する幹部やその他のリーダーで構成される。このチームには、組織の適応性とレジリエンスを高めることに情熱を注ぎ、それを支えることに誠実に向き合える人材を正しく選ぶことが最も重要である。

アジャイル移行チームは、開発チームがスプリント内でプロダクトのフィーチャーを作成するのと同じように、組織的な変革をスプリントで実行していく。移行チームは、各スプリントでアジリティを支える最も優先順位の高い変革に焦点を当て、可能であれば、パイロットのスクラムチームメンバーを含むすべてのステークホルダーとのスプリントレビューで、その実施状況をデモする。

アジャイル移行を1つのパイロットから始めることは、スクラムチームというもののひな形を確立し、アジャイルアプローチの利点を示す素晴らしい方法である。ひな形があることで、組織全体の業務をほとんど混乱させることなく、アジャイルメソッドでの作業方法を知ることができる。また、最初に1つのパイロッ

トに集中することで、変化に伴い必然的に発生するねじれを解消することができる。図 20-3 は、アジャイルアプローチから特に恩恵を受ける開発のタイプを示している。

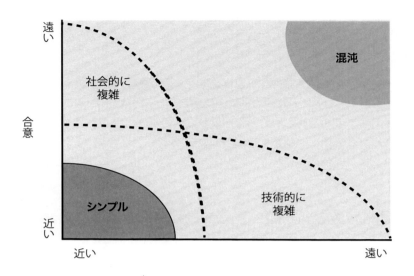

図 20-3　アジャイルテクニックの恩恵を受けられるプロダクト開発の取り組み

　将来のスクラムチームのひな形になる最初のアジャイルパイロットを選定する時は、以下のような資質を持つプロジェクトを探そう。

- **適度に重要**：パイロットのために選ぶプロダクトは、社内の関心を引く程度に重要なものであることが大切だ。ただし、最も重要なプロダクトは避けておこう。パイロットプロジェクトでは、失敗し、そこから学ぶ余地を残しておきたい。後の「20-6　変革の落とし穴を避ける」で述べる、責任転嫁に関する注意点を参照のこと。
- **適度に目立つ**：パイロットは、組織に影響力がある主要な人々の目に触れるべきものだが、組織の議題の中で一番目立つほど重要なものにはしないでおこう。新しいプロセスに適応するためには自由が必要である。重要すぎるプロダクト開発を選ぶと、新しいアプローチを初めて試す時に必要な自由が許されないかもしれない。
- **明確で扱いやすい**：要件が明確で、その要件の定義と優先順位付けにコミットできるビジネスグループが担当するプロダクトを選ぶ。無限に拡張できるプロダクトではなく、明確な終着点を持つプロダクトを選ぶようにする。
- **大きすぎない**：一度に稼働する部分が多くなりすぎないように、同時に作業するスクラムチームが 2 つ以下で完了できるパイロットを選ぶ。1 つのチームが担当できるパイロットが望ましい。
- **測定可能である**：スプリント内で測定可能な価値を示すことができるパイロットを選ぶ。

&lt;豆知識&gt;

　アジャイル移行に限らず、どのようなタイプの組織変革であっても、人がそれに適応するには時間が必要だ。大規模な変革の最中は、改善する前に企業やチームのパフォーマンスが一度低下することが研究で分かっている。次ページの図 20-4 に示す**サティアの曲線**は、チームの期待感が高まり、混乱し、最終的に新しいプロセスに適応するまでのプロセスを示している。

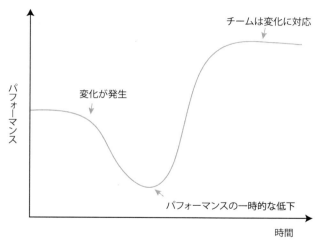

図 20-4　サティアの曲線

　1つのアジャイルプロダクト開発でアジャイルテクニックを成功させたら、将来の成功のためのひな型と基盤が整ったことになる。

## ステップ 4：成功へ導く環境を作る

　アジャイル原則に、「意欲に満ちた人々を集めてプロジェクトを構成します。環境と支援を与え仕事が無事終わるまで彼らを信頼します。」がある。
　成功を導く環境づくりについては第 6 章で概説している。アジャイルの 4 つの価値観と 12 のアジャイル原則（第 2 章参照）をじっくりと真剣に学び、成功へ導く環境づくりをしているのか、それとも今のままで十分だと現状を正当化しているのかを見極めよう。
　物理的、文化的環境の修復と改善には、できるだけ早く着手すること。

## ステップ 5：十分なトレーニングを行い、必要に応じて新規採用する

　トレーニングは、アジャイルの考え方に移行する際の重要なステップである。経験豊富なアジャイル専門家との対面トレーニング、そしてアジャイルプロセスで演習をこなしていく能力は、チームがアジャイルの導入を成功させる上で必要な知識を吸収し、深めていく最善の方法である。
　トレーニングが最も効果を発揮するのは、チームのメンバーが一緒にトレーニングを受け、学び、共有した経験を職場に持ち帰った場合である。そこからチームメンバーの間に共通の言語と理解が生まれるからだ。アジャイルトレーナーやメンターとして筆者たちがチームと関わる時、よく耳にするメンバーの会話は次のようなものだ。「マークが教えてくれた方法覚えてる？ クラスで試した時はうまくいったよね。実際に試してみようか。」プロダクトオーナー、開発チーム、スクラムマスター、ステークホルダーが同じクラスに参加できれば、チームとして仕事をする際に、学んだことを生かすことができるのだ。
　移行開始時に、必要な役割に穴があれば、人材を採用してこの問題を解決しておこう。専任のプロダクトオーナーと、プロダクトオーナーによる明確な指示がなければ、パイロットが成功する可能性はどれくらいあるのだろうか？ チームの自己組織化能力にどのような影響が出るだろう？ スクラムマスターがいなければ、いったい誰が、数多くのやり取りを取り仕切るのか？ 最低限、最初のスプリントゴールを達成するための必要なスキルを持つ人材が開発チームにいない場合、最初のスプリントはどうなってしまうのか？
　穴があるなら、できるだけ早いステージで人事部門と連携し、採用に向けて動こう。そしてアジャイル専門家にアドバイスを求め、経験豊富なアジャイル実践者のネットワークを利用しよう。

20-4　Platinum Edge の変革ロードマップ

## ステップ６：パイロットにアクティブコーチングを取り入れる

　明確なアジャイル実施戦略、トレーニングを受けた意欲のあるチーム、プロダクトバックログを持つパイロットプロダクト、そして成功のための明確な尺度を手に入れたら、いよいよ最初のスプリントを実行する準備が整ったと言えるだろう。おめでとう！

　パイロットチームにとって、アジャイルは新しいアプローチだということを忘れてはならない。チームのパフォーマンスを高めるにはコーチングが必要だ。正しいスタートを切るために、アジャイルの専門家にコーチングを依頼しよう。

#### ＜秘訣＞

　繰り返し実践することで生まれるのは完璧さではなく習慣だ。正しく始めることが大切なのだ。

　スクラムチームが最初のスプリントを計画する時、あまり多くの要件を抱えすぎないことが重要だ。新しいプロセスや新しいプロダクトについて学び始めたばかりであることを覚えておこう。最初のスプリントでは実際に完了できそうな量より少な目の作業を手掛けることが多い。典型的な進行を次に説明する。

#### ＜覚えておこう！＞

　プロダクトビジョンステートメント、プロダクトロードマップ、最初のリリースゴールで全体的な目標を設定した後、プロダクトバックログに必要なものは、スクラムチームが開発を開始するための、1スプリント分のユーザーストーリーレベルの要件（第10章を参照）のみだ。

- **スプリント１**では、スクラムチームはスプリントプランニング中に完了できると想定した作業の25％分を引き受ける。
- **スプリント２**では、スプリント１が成功したと仮定して、スプリントプランニング中に完了できると想定した作業の50％分を引き受ける。
- **スプリント３**では、スプリントプランニング中に完了できると想定した作業の75％分を引き受ける。
- **スプリント４以降**では、スプリントプランニング中に完了できると想定した作業の100％分を引き受ける。

　スプリント４になる頃には、スクラムチームは新しいプロセスに慣れ、プロダクトについても詳しくなり、こなせるタスクをより正確に見積もることができるようになっているはずだ。早く終わるチームは加速も早いなど、高いパフォーマンスを発揮するパターンを早いステージで知る上でもスプリントは短いほうが望ましい。

#### ＜注意！＞

　いくら計画しても不確実性は避けられない。分析麻痺に陥ることなく、方向性を定めて出発しよう。

　最初のスプリントでは、アジャイルプラクティスから離れないように努めることが大切だ。次のことを念頭に置いてほしい。

- たとえ何も進展がなかったように感じても、特に誰かが行き詰まりを感じているなら特に、デイリースクラムは欠かさないように。障害を報告することを忘れずに。
- タスクを割り当てる時に開発チームが頼るのは、プロダクトオーナーやスクラムマスターではなく、スプリントバックログだ。開発チームは自己管理するということを忘れずに。
- スクラムマスターは、開発チームを外部の仕事や干渉から守るということを覚えておくこと。
- プロダクトオーナーは、開発チームと直に仕事をし、質問に対応し、完成した要件をすぐにレビューして受け入れることに慣れること。

　最初のスプリントの道のりは平坦ではないだろう。アジャイルプロセスは学習と適応の旅なのだから、それでいいのだ。

スクラムチームがスプリントプランニングを行う方法については第 10 章で、スプリントを日々実行するための詳細は第 11 章で説明している。

## ステップ 7：価値創出のロードマップを実行する

パイロットを選んだら、古い方法論や習慣で使っていた計画をそのまま使うという罠に陥らないようにしよう。最初からアジャイルプロセスを使うこと。

本書を通して価値創出のロードマップを概説している。価値創出のロードマップの全体概要は第 9 章で紹介し、その 7 つのステージについては第 9 章から第 12 章にかけて、それぞれを説明している。

## ステップ 8：フィードバックを収集し、改善する

最初は当然ミスをする。それは問題ない。最初のスプリントを終えたら、スプリントレビューとスプリントレトロスペクティブという 2 つの重要なイベントでフィードバックを集め、改善しよう。

最初のスプリントレビューでは、プロダクトオーナーがスプリントゴールと完成したプロダクトの機能と共に、会議体の形式と方向性を示すことが重要になる。スプリントレビューの目的はプロダクトのデモをすることだ。この時、派手なプレゼンや資料は不必要なオーバーヘッドになる。ステークホルダーは、最初こそ飾りっ気のないやり方に驚くかもしれないが、スライドやリストのような演出に代えて、実際に動くプロダクトのインクリメントを見せられれば、すぐに感心することだろう。大切なのは、透明性と可視性。話すのではなく、見せることなのだ。

最初のスプリントレトロスペクティブでも、ある程度の方向性を示す必要があるかもしれない。第 12 章にあるような、あらかじめ決められた形式でこのイベントを行うことは、会話を弾ませる上でも、愚痴放題のセッションを避ける上でも役に立つだろう。

最初のスプリントレトロスペクティブで特に念頭に置きたい点は以下のとおりだ。

- どれだけ多くのユーザーストーリーを完成させたかではなく、スプリントゴールをどの程度達成できたかを念頭に置く。（アウトプットよりも達成したアウトカムを重視すること。）
- 設計、開発、テスト、統合、文書化に関する完成の定義を満たすために、要件をどの程度完了できたかを確認する。
- 成功の指標や望ましいアウトカムをどのように達成したかを話し合う。
- アジャイル原則にどれだけ忠実であったかについて話し合う。私たちは原則を携えて旅に出るのだ。
- たとえ小さな成功であっても、それを祝い、同時に問題と解決策についても検討する。
- スクラムチームは、チームでこのイベントを管理し、改善方法について合意に達し、行動計画を完成させた上でイベントを終える。

スプリントレビューとスプリントレトロスペクティブの詳細については、第 12 章を参照してほしい。

## ステップ 9：改善を成熟させ、定着させる

検査と適応によって、スクラムチームはチームとして成長し、スプリントごとに成熟していく。

アジャイル実践者は、成熟のプロセスを合気道の「守破離」に例えることがある（104 ページ）。第 8 章で紹介したように、この概念は、人が新しいスキルを習得する際にたどる以下の 3 つの段階を表している。

- **守の段階**では、新しいスクラムチームが正しくプロセスをたどれるように、アジャイルコーチやメンターと密接に働くこともある。
- **破の段階**では、スクラムチームは、自分たちで考えた対応がうまくいったか、あるいはうまくいかなかったかについて話す上でスプリントレトロスペクティブが有効なツールであることに気づくだろう。この段階では、メンバーはまだアジャイルメンターから学ぶことがあるが、お互いからも学び合ったり、他のアジャイル専門家から学んだり、さらには他人にアジャイルスキルを教えることで自ら

学びを得たりすることもあるだろう。

● **離の段階**では、スクラムチームは、アジャイルの価値観と原則が唱える精神に基づき、どうすればうまく行くか認識した上でプロセスをカスタマイズすることができる。

スクラムチームとして成熟するために、最初はアジャイルのプロセスを使用したり、価値観を順守したりするために集中的な努力とコミットが必要である。しかし最終的には、スプリントを重ねるごとに改善し、組織の他の従業員に刺激を与えながら順調に進んでいくだろう。

時間を掛けてスクラムチームとステークホルダーが成熟すれば、企業全体がアジャイル組織として成果を上げ、成熟することができる。

## ステップ 10 : 組織内で段階的に拡大していく

パイロットを成功させることは、組織をアジャイルプロダクト開発に移行させるための重要なステップだ。パイロットの成功とアジャイル方法論の価値を証明する指標があれば、アジャイルテクニックを適用できる新たな機会を支援してもらうためのコミットを会社から得ることができる。

アジャイルの効果を組織全体に広げていくには、次のことから始めよう。

● **新しいチームを支援する**。成熟期に達したスクラムチーム（最初のアジャイルパイロットに取り組んだ人々）は、組織内のアジャイルアンバサダーになれるだけの専門知識と熱意を持っているはずだ。このような人たちは、新しいチームの学習と成長を支援する実践コミュニティの一員になることもできる。コミュニティについては第 8 章で詳述している。

● **測定基準を再定義する**。新しいスクラムチームや新しいプロダクトごとに、組織全体における成功の測定基準を特定する。

● **方法論的（戦略的）に拡大する**。大きな成果を出せば心が躍るが、全社を上げた改善にはプロセスの大幅な変更が必要だ。組織が処理できる以上のスピードで動いてはいけない。複数チームで作業する様々な方法については、第 19 章を参照してほしい。

● **新しい課題を特定する**。最初のアジャイルパイロットで、当初の実施計画では想定しなかった障害が発見されたかもしれない。必要に応じて、戦略と成熟度ロードマップを更新しよう。

● **学び続ける**。新しいプロセスを展開する際には、新しいチームメンバーに、アジャイルテクニックを効果的に使いこなすための適切なトレーニング、メンタリング、およびリソースを提供しよう。

これらはアジャイルプロダクト開発をうまく移行させるために有効なステップである。ステップをたどり、拡大していく際にも、立ち戻ることでアジャイル原則を実行しながら組織の成功を推進していくことができる。

## 20-5　模範を示しながら導く

これまでに述べたアジャイル移行を成功させるための 10 のステップは、アジャイルトランスフォーメーションにおいて非常に役立つものだが、すべての変革を成功に導く上で不可欠なものは、経営陣の当事者意識である。コンサルタントやコーチは助言をくれるが、実際に変革を起こすのは、その組織なのだ。組織のリーダーたちは、自分たちが形成しようとしている新たな文化を実現させる責任がある。アジャイルのリーダーは、いつでも自分たちが見られていること、そして、アジャイルで適応力のあるリーダーになるためには学習が極めて重要であることを理解しているはずだ。

### アジャイル組織におけるサーバントリーダーの役割

サーバントリーダーシップについては本書を通して頻繁に言及している。アジャイルトランスフォーメーションにおいては、リーダーの思考が「このチームのどこが悪いのか？」から、「自分がどのように支

えられるのか？」という問いかけへと変化する。文化的な変化を遂げる時は、リーダーたちが共に変化を経験し、古いやり方に見切りをつけていることを人々が認識しているほうが成功の可能性が高くなる。

アジャイルリーダーは、指揮統制型のマネジメントを実践する代わりに、明確なビジョンを設定する。しかしそのビジョンを達成する方法は、人々が自分で考えるように促す。彼らが新しいビジョンに向かって走り出したら、リーダーは近くで励まし、必要な支援をし、障害となるものをどんどん排除していく。サーバントリーダーシップの成果を上げる秘訣については、この後のセクションで紹介する。

高いパフォーマンスを発揮するチームは透明性が高い。パイロットチームは、すべてを透明化するように努める。そうすることで、経験的プロセス制御の一環として必要な調整を施すことができる。ベロシティなど一部の情報は、マネジャーにとってはチームパフォーマンスを向上させるためのチャンスに思えるかもしれない。しかしその罠にはまらないでほしい。ベロシティは押し付けるべき目標ではないし、その数値は生産性の指標としては無意味である。重要なのはチームのアウトカムだ。（ベロシティを計画ツールとして適切に利用する方法については、第15章を参照のこと。）リーダーは、チームが共有したレトロスペクティブの結果から、取り除くことができる組織的な阻害要因に関する情報を得ることができるだろう。チームが潜在能力を最大限に発揮できるように、サーバントリーダーとしてチームに貢献しよう。

**＜秘訣＞**
チームは心理的安全性を感じることで成長する。ハーバード大学のエイミー・C・エドモンドソン博士は、心理的安全性を「自分のアイデア、質問、懸念を共有したり、間違いを認めたりしても、制裁を受けたり恥をかかされたりすることがないと信頼できている状態だ」と定義している。研究によると、心理的安全性は適度なリスクテイク、自分の考えを話すこと、創造性を可能にする。心理的に安全な状態にある人は、自分が自分自身であることに心地良さを感じている。

## 成功するサーバントリーダーシップの秘訣

サーバントリーダーシップを成功させる秘訣をいくつか紹介しよう。

- **個人と組織の能力を高める**：チームの能力が高まれば高まるほど、チームの業績は向上する。個々のチームメンバーがチームの成功に貢献できるようになっていくと、チームはより優れた価値を提供できるようになる。個人が多様な方法でチームの成功に貢献できるようトレーニングに投資しよう。不慣れな仕事をこなしながらスキルや能力を伸ばせるよう、チームメンバーにあえて不慣れな仕事を選ぶよう促そう。そうすることで、個人の能力だけでなく、チームの能力も高めるのだ。そしてT型、π（パイ）型、M型の個人と、π型、M型のチームを作っていく。（T型、π型、M型については第7章を参照のこと。）

- **例外管理を実践する**：必要とされる場所で奉仕する。チームが成長し、伸び伸びと仕事をこなしているのであれば、邪魔をしない（ただし支援は続ける）。あなたを最も必要としているチームに注意を向けるが、やはり邪魔はしないこと。どのような支援が必要かを聞いてみて、その支援を提供する。スプリントのバーンダウンチャートを確認すれば、進捗状況を明確に把握でき、傾向を見る絶好の機会になる。バーンダウンチャートは、あなたが支援できる場所を明確に教えてくれる。（バーンダウンチャートについては第11章を参照のこと。）

- **マネジャー対クリエイター（開発者などモノづくりを担当する人々）の比率を調整する**：アジャイル組織は自己組織化し、自己管理する。スクラムチームに必要なのはマネジャーの支援よりも、サーバントリーダーの支援だ。マネジャー対クリエイターの比率は、プロダクト開発に当たる人数に対するマネジャーの比率が適切かどうかを評価する上で役に立つ。アジャイルな組織は、クリエイターに対するマネジャーの比率が低い。なぜなら、クリエイターは自分たちの仕事をうまくこなすための権限を与えられており、マネジャーはマイクロマネジメントすることではなく、クリエイターに必要な支

援と信頼関係を提供することに時間を振り向けているからだ。組織はサーバントリーダーが支える、より権限を与えられたチームメンバーを持つことになる。

## 20-6　変革の落とし穴を避ける

　組織は、アジャイルプラクティスを実施する時に、一般的ではあるが深刻な間違いを犯す可能性がある。表 20-1 は、いくつかの典型的な問題の概要と、その解決策を示している。

表 20-1　よくあるアジャイル移行の問題と解決策（その 1）

| 問題点 | 説明 | 解決策 |
|---|---|---|
| フェイクアジャイル、ダブルワークアジャイル、あるいはその両方 | 組織が「アジャイルを実践している」と言っても、実際にはアジャイル開発で使われるプラクティスをいくつか取り入れているだけで、アジャイル原則に則らずにウォーターフォールの成果物やプロダクトを作り続けていることがある。これは**フェイクアジャイル**と呼ばれることもあり、アジャイルテクニックのメリットを得られない。フェイクアジャイルについては第 23 章で詳述している。<br>ウォーターフォールのプロセス、文書、会議体に加えてアジャイルのプロセスをこなそうとすると、仕事が 2 倍になる。この**ダブルワークアジャイル**の状態ではすぐにチームが燃え尽きる。もし仕事が 2 倍になっていたら、それはアジャイル原則を守っていないということだ。 | 1 つのプロセス（アジャイルプロセス）に従うことを主張する。アジャイルでない原則やプラクティスを避けるために、経営陣に支援してもらおう。 |
| トレーニング不足 | 実践的な講座に投資することで、どんなに優れた書籍、動画、ブログ、ホワイトペーパーよりも迅速に、良い学習環境を提供することができる。トレーニングが不足している場合は、アジャイルプラクティスに対する組織の全体的なコミットが不足していることが多い。トレーニングは、スクラムチームがこのリストにある問題の多くを避ける上でも役に立つということを覚えておいてほしい。 | 実施戦略にトレーニングを組み込む。チームに適切なスキルの基礎を与えることは、成功する上で不可欠であり、アジャイル移行の開始時にも不可欠だ。 |
| 機能しないプロダクトオーナー | プロダクトオーナーの役割は従来のアプローチにはない。スクラムチームには、ビジネスニーズと優先順位付けの専門家で、日常的にスクラムチームのメンバーとしてうまく仕事ができるプロダクトオーナーが必要だ。プロダクトオーナーが不在だったり、決断力に欠けていたりすると、アジャイルプロダクト開発の取り組みはすぐに失速する。 | 優れたプロダクトオーナーになるための時間があり、専門知識と気質も備えた人物とパイロットを開始する。<br>プロダクトオーナーが適切なトレーニングを受けていることを確認する。<br>スクラムマスターは、優れたプロダクトを構築するために、アジャイル原則や、スクラムのようなアプローチをどう活用するかについてプロダクトオーナーに教えることができ、プロダクトオーナーがうまく機能できていない要因を取り除くこともできる。阻害要因を取り除いてもうまくいかない場合、スクラムチームは、プロダクトに関する意思決定ができ、スクラムチームの成功を支えられるプロダクトオーナーと交代させるよう主張するべきである。 |
| 自動テストの欠如 | 自動テストなしでは、スプリント内で作業を完全に完了させ、テストすることは不可能かもしれない。迅速に作業をこなすスクラムチームにとって手動テストでは時間が掛かりすぎる。 | 今日、市場には低価格でオープンソースのテストツールが数多く出回っている。適切なツールを調べ、開発チームとして、そのツールを使うことにコミットしよう。 |

表20-1　よくあるアジャイル移行の問題と解決策（その2）

| 問題点 | 説明 | 解決策 |
|---|---|---|
| 移行に対する支援の欠如 | 移行を成功させることは難しく、何の保証もされていない。最初は経験者と共に正しく進めるのが得策である。 | アジャイルプロダクト開発に移行すると決めたら、移行を支援してくれるアジャイルメンターの助けを借りよう。メンターは、多様な経験と公平な視点を持つ外部の人物であることが理想だ。<br>プロセスは簡単だが、人間は複雑である。行動科学と組織改革を理解する経験豊富なパートナーと共に、専門的な移行支援に投資することが得策だ。 |
| 不適切な物理的環境 | スクラムチームが同じ場所で作業できない場合、あるいはリアルタイムで現実に近いコラボレーションができない場合、対面コミュニケーションで得られる利点が失われる。スクラムチームは、同じエリアで作業をするか、分散しているのなら同じタイムゾーンで作業できる場合に最もうまく機能する。 | スクラムチームが同じ建物にはいるものの、同じエリアで作業できていない場合は、チームを同じ場所に配置しよう。<br>スクラムチームが継続的にコラボレーションできるように、スクラムチーム用の部屋やエリアを作ることを検討してほしい。<br>スクラムチームのエリアには、延々と話す人や、ちょっとした頼みごとをしてくるマネジャーなど、集中力を削ぐ人たちをなるべく近づけないことが大切だ。<br>分散したスクラムチームでパイロットを始める前に、できる限り同じ場所にいる優秀な人材を確保しよう。どうしても分散したスクラムチームで作業をしなければならない場合は、第16章で、分散型チームを管理する方法を確認してほしい。 |
| 粗末なメンバー選考 | アジャイルプロセスを受け入れない、他人とうまく協力できない、自己管理の能力がないというようなスクラムチームのメンバーは、新しいアジャイルパイロットを内側から妨害することになる。 | スクラムチームを編成する時は、チームメンバーの候補がアジャイル原則をどの程度実行できるかを考慮しよう。重要なのは柔軟性と学ぶ意欲である。 |
| 規律の乱れ | アジャイルプロダクトには、依然として要件設計、開発、テスト、リリースが必要であることを忘れてはならない。その作業をスプリントで行うには、例えばテストをスプリントの最後に後回しにするといった古い習慣に陥らないようにするための規律が必要だ。 | 短いイテレーションで動く機能を提供するためには、より細かい規律が必要だ。進捗は常に安定して、継続的である必要がある。<br>デイリースクラムは、スプリントを通して前に進んでいることを確認する上で役に立つ。<br>規律に対するアプローチをリセットする機会としてスプリントレトロスペクティブを活用する。 |
| 学習支援の欠如 | スクラムチームは、チームとして成功し、チームとして失敗する。1人のミスを非難すること（**責任転嫁**とも言う）は、学習環境を破壊し、イノベーションを破壊する。 | スクラムチームは、最初から学びの余裕を残し、成功も失敗もチームとして受け入れることにコミットするといいだろう。 |
| 何もなくなるまで薄める | 古いウォーターフォールの習慣を残すことでアジャイルプロセスの効果を薄めてしまうと、その利点を侵食することになり、最終的には利点が全くなくなってしまうだろう。 | プロセスを変更する時は、立ち止まって、その変更がアジャイルの価値観と原則に則しているかどうかを検討しよう。互換性のない変更は受け入れないことだ。「ムダなく作れる量を最大限にすること」が不可欠であることを忘れないようにしよう。 |

　お気づきかもしれないが、これらの落とし穴の多くは、組織からの支援不足、トレーニングの必要性、古いプロジェクトマネジメントの慣行への逆戻りに関連している。もしあなたの会社が前向きな変化を支援し、チームがトレーニングを受けることができ、スクラムチームがアジャイルの価値を守ることに積極的なコミットをすれば、アジャイル移行は成功するだろう。

20-6　変革の落とし穴を避ける

## アジャイルリーダーシップの落とし穴を避ける

組織変革の観点から避けるべき落とし穴をお伝えしたところで、組織のリーダーを成功に導くためのヒントをいくつか紹介する。

- **適切な人材に責任を持たせる**：多くのリーダーは、直属の部下にプロダクトデリバリーの責任を課している。アジャイル組織では、作るものと、それを顧客に届ける時期に関する責任はプロダクトオーナーにあり、プロダクトの品質に関する責任は開発チームにある。組織のリーダーは、サーバントリーダーとなって、プロダクトオーナーがより良い決断を下せるように支援し、顧客のニーズを満たすプロダクトを構築できる有能な開発チームを形成する機会を創出する。プロダクトオーナーや開発チームが責任を持つものに対して、組織のリーダーが責任を持とうとすると、フラストレーションやモチベーションの低下につながる。

- **様々な可能性に対してオープンになる**：多くのリーダー、特に組織に入ったばかりのリーダーは、新しい組織で使われているアジャイルプラクティスよりも、以前の組織で使われていたアジャイルのほうが優れていると思っている。新しい組織の現在地に立ち、なぜ彼らが彼らの方法でプロダクトを開発するのかを学ぼう。その組織で採用しているトレーニングと足並みを揃えるために、あなたも同じトレーニングに参加しても良いかもしれない。その組織におけるアジャイルの方向性を意図せずに損なわないように注意しよう。

- **トレーニングを受ける**：変革を成功させたいのなら、まずはリーダーが模範を示すのが最も効果的だ。リーダーがトレーニングを受け、自分たちが作りたいアジャイル文化の模範を示す。これはリーダーとして最も重要な、最初のステップである。そうでなければ、パイロットチームは、トレーニングを受けていないリーダーがアジャイルテクニックを実践しないのに、なぜ自分たちが実践しなくてはならないのかと不思議に思うだろう。トレーニングに時間とエネルギーを投資することで、この罠にはまらないようにしよう。

- **検査して適応する**：スプリントレビューは、チームを支援していることを示すためだけでなく、検査と適応の機会として利用しよう。指導の機会はスプリントレビュー中に明らかになることが多い。あなたがスプリントレビューを欠席するということは、チームの取り組みを軽視しているのと同じだ。第12章で述べた「オリンピックのような舞台」でのパフォーマンス向上の機会を活用しよう。

- **自らアジャイルを実践する**：リーダーたちでチームを作り、スクラムをやってみよう。バックログを作成し、それを組織に対して透明化する。スプリントプランニング、デイリースクラムを行い、スプリントレビューで自分たちの仕事を組織にデモし、チームのレトロスペクティブを行う。スクラムが組織にとって良い策だと思うなら、あなた自身にとっても良いものなのではないだろうか？ リーダーがスクラムを実践しているのを見れば、メンバーも自分たちのスクラム実践を改善するモチベーションが高まるだろう。

- **他者を信頼する**：スクラムチームは、早期に、そして頻繁に失敗する。失敗は学習する上で欠かせない。マイクロマネジメントは避け、できるだけチームが自分たちで問題を解決できるようにする。リーダーならば、苦労して学んだ経験に代わるものがないということを知っているだろう。自然の流れで出た結果を、忘れがたい学習の機会につなげよう。第8章で説明しているように、チームが自律し、熟達し、目的を持ち、そこから利益を得るためには、従来のマネジメント方法を忘れる必要がある。

## 20-7　変革がうまくいっていない兆候

以下の質問リストは、あなたが兆候に気づき、問題のある状況にどう対処すべきかを提案する上で役に立つだろう。

- 「ScrumBut」に陥っていないか？

「ScrumBut」は、組織が部分的にスクラムを導入している時に発生する。不完全な機能でスプリントを終えるなど、アジャイル原則に従うことを妨げる古い慣習がないか注意すること。

**＜覚えておこう！＞**

スクラムには3つの役割、3つの作成物、5つのイベントがある。もしあなたのチームがこれらの基本的なフレームワークの構成要素を勝手にいじっていたら、その理由を考えてみよう。スクラムによって検査し適応させることを望んでいない何かが浮き彫りになってしまうからだろうか？

● 古い習慣で文書化や報告をしていないか？

もし、あなたがまだ膨大な文書や報告に何時間も費やしているのであれば、それはあなたの組織が進捗報告に関してアジャイルアプローチを受け入れていない証拠だ。報告にもアジャイル作成物を使う方法をマネジャーに理解してもらい、ダブルワークをやめよう。

● スプリントで50のストーリーポイントを完了させるチームのほうが、ストーリーポイント10のチームより優れているのだろうか？

そうではない。ストーリーポイントは相対的なものであり、1つのスクラムチーム内で一貫性があるものであって、複数のスクラムチームを比較するものではないということを忘れないでほしい。ベロシティはチームの比較指標ではない。単に、スクラムチームが自分たちの計画に役立てるための、スプリント終了時の事実である。チームのパフォーマンスを知る最良の方法は、スプリントレビューに参加することだ。ストーリーポイントとベロシティについては第10章、スプリントレビューについては第12章で詳しく説明している。

● ステークホルダーは、いつになったらすべての仕様を承認してくれるのか？

開発を開始するために包括的な要件の承認を待っているのであれば、それはアジャイルプラクティスに従っていないということだ。アジャイルでは1スプリント分の要件が揃えば、すぐに開発を始めることができる。筆者たちが共に作業に当たっているスクラムチームは、早ければ2日目から開発を始めている。

● コスト削減のためにオフショアを利用しているのか？

スクラムチームは同じ場所で作業するのが理想だ。いつでも顔を合わせてコミュニケーションできることは、オフショアチームで見られる初期の時間単価の節約よりも多くの時間とお金を節約し、より高額なミスを防ぐことができる。

**＜秘訣＞**

オフショアリングは一般的だし、我々も大賛成だ。しかし中途半端なオフショアリングはやめよう。スクラムチームを地理的に同じ場所で編成し、同じようなタイムゾーンで終日共同作業ができるようにするといいだろう。1つの大陸に、同じ場所で働く完全なスクラムチームを配置し、別の大陸には別の完全なチームを配置することを推奨する。

オフショアチームと仕事をする場合は、メンバーそれぞれにビデオカメラを提供したり、接続が途切れないバーチャルチームルームを設けたりするなど、優れたコラボレーションツールに投資しよう。短いスプリントによって、検査と適応が頻繁にできるようになるし、オフショアやベンダーとの雇用契約においても特に有用である。

● 開発チームのメンバーが、タスクを完了させるためにスプリントの期間を延長したがっていないか？

もしそうであるならば、その開発チームは、機能横断的に仕事をしたり、優先度の高い要件にスウォーミングできていないのかもしれない。開発チームのメンバーは、専門外のタスクであっても互いに助け合いながらタスクを終わらせていく。

この問題は、タスクを過小評価し開発チームが処理できる以上の作業量をスプリントに盛り込もう

とする外部からの圧力を示唆している場合もある。

- 開発チームのメンバーが、次に何をすべきか聞いてくるか？
  スプリントプランニングが終わって開発作業が進行しているのに、開発者がスクラムマスターやプロダクトオーナーの指示を待っているようでは、自己組織化できていないということだ。開発チームがスクラムマスターやプロダクトオーナーに、次にやることを伝えるべきであり、その逆ではない。

- チームメンバーがスプリント終了後までテストを後回しにしていないか？
  アジャイル開発チームは、スプリント期間中、毎日テストを行うべきである。開発チームのメンバー全員がテスターだ。

- ステークホルダーがスプリントレビューに顔を出しているか？
  もしスプリントレビューに参加しているのがスクラムチームのメンバーだけだとしたら、ステークホルダーに頻繁なフィードバックループの大切さを思い出してもらう必要がある。ステークホルダーがスプリントレビューを欠席するということは、プロダクトの動く機能を定期的にレビューし、早期に軌道修正し、プロダクト開発の進捗を直接確認する機会を失っているということだと伝えよう。

- スクラムチームがスクラムマスターに威張り散らされることに不満を持っていないか？
  指揮統制の手法は自己管理の対極にあり、アジャイル原則と真っ向から対立する。スクラムチームメンバーは仲間であり、チームにボスはいないのだ。すぐにアジャイルメンターと話し合い、スクラムマスターが持っている自分の役割に対する認識をリセットしよう。

- スクラムチームの残業が多くなっていないか？
  各スプリントの終盤に、急いでタスクを終わらせるようになっていたら、持続可能な開発を実践しているとは言えない。見積もりを過小評価するようなプレッシャーがないかなど、根本的な原因を探そう。このような場合、スクラムマスターは開発チームを指導し、プロダクトオーナーのプレッシャーからメンバーを守る必要があるかもしれない。開発チームが作業を管理できるようになるまで、各スプリントのストーリーポイントを減らそう。

- レトロスペクティブに参加しているか？
  スクラムチームのメンバーがスプリントレトロスペクティブを避けたりキャンセルしたりし始めたら、ウォーターフォールに逆戻りしたということだ。検査と適応の重要性を思い出し、レトロスペクティブを欠席する根本原因に目を向けよう。もし前進していないのであれば、現状に満足しているせいで後退することになる。その時点でのスクラムチームのベロシティが素晴らしかったとしても、開発スピードは常に向上するものだから、レトロスペクティブには参加して、前進し続けよう。

# 第6部 知っておくべきトップ10のリスト集

第6部では…

- アジャイルプロダクト開発の10大メリットを知る。
- アジャイルを成功させるための10大要素を理解する。
- アジャイルになれていない10の兆候を見極める。
- 押さえておくべきリソース10選：学習、ネットワーキング、コミュニティコラボレーションを通じてアジャイルプロフェッショナルになるためにリソースを活用する。

# 第 21 章

# アジャイルプロダクト開発の10大メリット

---

**この章の内容**
- プロダクト作りから確実にやりがいを得る
- 報告を容易にする
- より良い結果を出す
- リスクを減らす

---

この章は、アジャイルアプローチが組織、スクラムチーム、プロダクトにもたらす10大メリットを示す。

**＜覚えておこう！＞**

アジャイルプロダクト開発のメリットを活用するには、アジャイル原則を信頼し、アジャイルの様々なプラクティスやアプローチについて詳しく学び、自分のチームに最適なものを見つける必要がある。

## 21-1　顧客満足度の向上

スクラムチームは、顧客が満足するプロダクトを生み出すことにコミットする。顧客を幸せにするアジャイルアプローチには、次のようなものがある。

- 顧客が本当に望むものを提供できるように、プロセスを通して顧客とコラボレーションし、フィードバックを収集する。
- プロダクトオーナーは、プロダクト要件と顧客ニーズの専門家、または、そのような情報をどこで入手できるかを知っている人によって担うようにする（プロダクトオーナーの役割については、第7章と第11章を参照のこと）。
- 変化に迅速に対応するために、プロダクトバックログを常に更新し、優先順位を付ける（プロダクトバックログについては第10章を、変化への対応における役割については、第14章を参照のこと）。
- スプリントレビューのたびに、ステークホルダーに対して動く機能のデモを行う（スプリントレビューの実施方法については、第12章を参照のこと）。
- 各リリースで、より早く、より頻繁にプロダクトを市場に送り出す。

## 21-2　プロダクトの品質向上

顧客は高品質のプロダクトを求めている。アジャイルメソッドでは、品質を最大限に高めるための優れた対策が講じられている。スクラムチームは、以下のことを行って品質確保に努める。

- プロダクトの問題を防ぐため、品質に対して先手を打つアプローチを取る。

- 卓越した技術、優れた設計、持続可能な開発を取り入れる。
- プロダクトのフィーチャーに関する知識が可能な限り適切なものとなるよう、ジャストインタイムで要件を定義し、精緻化する。
- ユーザーストーリーに受け入れ基準を用意し、開発チームがユーザーストーリーを理解しやすく、プロダクトオーナーが正確に検証できるようにする。
- 開発チームが問題にいち早く対処できるように、開発プロセスに継続的インテグレーションと徹底的なテストを組み込む。
- 新しいプロダクトのインクリメントが以前のインクリメントを台無しにしないように、テスト自動化ツールを活用する。
- スプリントレトロスペクティブを実施し、スクラムチームがプロセスや作業を継続的に改善できるようにする。
- 完成の定義を使用して、開発、テスト、統合、文書化の作業を完了する。

アジャイルの品質についての詳しい情報は第 17 章を参照してほしい。

## 21-3　リスクの低減

アジャイルのプロダクト開発テクニックにより、絶対的な失敗の可能性をほぼ排除する。つまり、大量の時間とお金を費やしても投資収益が得られないという事態を防ぐ。スクラムチームは、以下の方法でリスクを低減する。

- スプリント単位で開発することで、初期投資してから、そのプロダクトやアプローチが失敗するのか成功するのかを判断するまでの時間を短縮する。最も価値があり、最もリスクの高い項目がプロダクトバックログの最初に来るようにすることで、リスクに前倒しで対処する。プロダクトのリスクと機会の評価については、第 13 章を参照のこと。
- 最初のスプリントから一貫して、出荷可能な機能に何らかの価値を付加して、常に動く機能を統合していくことで、プロダクトが完全に失敗しないようにする。
- 各スプリントの完成の定義に従って要件を開発し、将来プロダクトに何が起きようとも、スポンサーに使用可能な完了済みの機能が提供されるようにする。
- 以下の手段で、プロダクトやプロセスについてのフィードバックを常に提供する。
  - □ デイリースクラムと、定期的な開発チームとのコミュニケーション
  - □ 要件に関する日々の定期的な明確化と、プロダクトオーナーによるフィーチャーのレビューと受け入れ
  - □ 完了したプロダクトの機能についての、ステークホルダーや顧客からのインプットを得るためのスプリントレビュー
  - □ 開発チームがプロセスの改善についてディスカッションする場であるスプリントレトロスペクティブ
  - □ エンドユーザーが定期的に新しいフィーチャーを確認し、反応する機会であるリリース
- 自己資金が得られるプロダクトで早期に収益を上げ、事前に経費をあまり必要とせずに組織がプロダクトを得られるようにする。

リスクマネジメントについての詳しい情報は第 17 章を参照してほしい。

## 21-4　コラボレーションと当事者意識の向上

開発チームがプロダクトの責任を担うことで、大きな結果を生み出すことができる。アジャイル開発チームは、コラボレーションし、プロダクトの品質とパフォーマンスの当事者意識を持つために、以下のことを

行う。

- 開発チーム、プロダクトオーナー、スクラムマスターが日常的に緊密に連携できるようにする。
- ゴール駆動のスプリントプランニングを実施し、開発チームがスプリントゴールにコミットし、それを達成するために作業を整理できるようにする。
- 開発チームのメンバーが完了した作業、今後の作業、障害、チームの士気について整理できるように、開発チームが主導するデイリースクラムを実施する。
- スプリントレビューで開発チームがプロダクトのデモを行い、ステークホルダーと直接話し合う。
- スプリントレトロスペクティブを実施し、開発チームのメンバーが過去の作業をレビューし、スプリントが進むごとにより良いプラクティスを提案できるようにする。
- 開発チームのメンバー間ですぐにコミュニケーションやコラボレーションができるように、同じ場所で作業する。チームが分散している場合は、ビデオ会議でつながりを保つ。
- 見積もりポーカーやフィスト・オブ・ファイブなどのテクニックを使い、合意形成によって意思決定を行う。

開発チームがどのようにして要件の工数を見積もり、要件を分解し、チームの合意を得るかについては第9章を、スプリントプランニングとデイリースクラムについては第11章を、スプリントレビューとレトロスペクティブについては第12章を参照してほしい。

## 21-5　より関連性の高い指標

スクラムチームが時間とコストを見積もり、パフォーマンスを測定し、意思決定を行うために使用する指標は、従来のプロジェクトの指標よりも関連性が高く、正確であることが多い。アジャイルの指標がチームに最適な方法で持続可能な前進と効率化を促すため、顧客に対しても価値が早期に、かつ頻繁に提供されるはずだ。アジャイルプロダクト開発では、次のようにして指標を提供する。

- 各開発チームのパフォーマンスとケイパビリティに基づいて、タイムラインと予算を決定する。
- 他の誰でもなく、作業を行う開発チーム自身が、要求に対する工数見積もりを提供するようにする。
- 絶対的な時間や日数ではなく、相対見積もりを使用することで、個々の開発チームの知識やケイパビリティに合わせて、見積もり工数を正確に調整する。
- 開発チームのプロダクトの知識が増えるのに合わせて、見積もり工数、時間、コストを定期的に洗練化する。
- 各スプリント内で開発チームのパフォーマンスについての正確な指標が提供されるように、スプリントバーンダウンチャートを毎日更新する。
- チームがいつ開発を終了し、新たな投資機会に資本を振り向けるべきかを判断できるように、将来の開発に掛かるコストとその価値を比較する。

<注意！>

このリストから**ベロシティ**が抜けていることにお気づきかもしれない。ベロシティ（第15章で詳述する開発スピードの尺度）は、タイムラインとコストを決定するために使用できるツールだが、チームごとに調整を行う時にしか機能しない。チームAのベロシティは、チームBのベロシティとは何の関係もないのだ。また、ベロシティは、測定や傾向の把握には適しているが、管理のメカニズムとしては機能しない。開発チームを特定のベロシティの数値に合わせようとしても、チームのパフォーマンスを乱し、自己管理を妨げるだけだ。

相対見積もりについて詳しく知りたい場合は、第9章を参照してほしい。タイムラインと予算を決定するためのツールや、資本再配分に関する情報については、第15章で知ることができる。

## 21-6　パフォーマンスの可視性の向上

アジャイルプロダクト開発では、チームのメンバー全員が、プロダクト開発の進捗をいつでも知ることができる。チームは、次の方法を使ってパフォーマンスを一目で分かるように可視化することができる。

● スクラムチーム、ステークホルダー、顧客、その他プロダクトについて関心がある組織内の全員が、オープンで誠実なコミュニケーションを重視する。

● スプリントバックログを更新して、毎日スプリントのパフォーマンスの測定結果を提供する。スプリントバックログは、組織内の誰でもレビューすることができる。

● デイリースクラムで、開発チームの当面の進捗と障害についての洞察を毎日提供する。デイリースクラムで発言できるのはスクラムチームだけだが、プロダクトチームのメンバーなら誰でも見学して、話を聞くことができる。

● タスクボードを使って、スプリントバーンダウンチャートを開発チームの作業エリアに毎日掲示することで、進捗を物理的に表示する。

● スプリントレビューで成果のデモを行う。スプリントレビューは組織内の誰でも参加できる。

プロダクト開発の可視性の向上は、以下の節で説明するように、投資管理の強化と予測可能性の向上につながる。

## 21-7　投資管理の強化

スクラムチームは、以下のような理由により、数多くの方法で投資実績を管理し、必要に応じて修正することができる。

● 開発全体を通して優先順位を調整することで、変化に対応しつつ、時間と価格が決まったプロダクトを生み出すことができる。

● 変化を受け入れることで、チームが市場の需要などの外部要因に対応できる。

● デイリースクラムを行うことで、問題が発生した時にスクラムチームが迅速に対処できる。

● スプリントバックログを毎日更新することで、スプリントバーンダウンチャートにスプリントのパフォーマンスが正確に反映され、スクラムチームが問題を発見した時にすぐに変更を加えることができる。

● 対面での会話により、コミュニケーションと問題解決の障害が排除される。

● スプリントレビューで、ステークホルダーがリリース前に動くプロダクトを見て、プロダクトについて意見を述べることができる。

● スプリントレトロスペクティブによって、スクラムチームはスプリントが終了するたびに情報に基づいた軌道修正を行うことができ、プロダクトの品質を高め、開発チームのパフォーマンスを向上させ、プロセスを洗練化することができる。

● 自己組織化し、自己管理するチームは、自己資金でプロダクトを生み出すことができる（自己資金によるプロダクトについては、第15章を参照のこと）。

アジャイルプロダクト開発全体を通して検査し、適応させる機会が多くあるため、プロダクトオーナー、開発チーム、スクラムマスター、ステークホルダーなど、プロダクトチーム全員がコントロールを行い、最終的により良いプロダクトを生み出すことができる。

## 21-8　予測可能性の向上

アジャイルプロダクト開発テクニックは、プロダクト開発の進捗に応じて物事がどのように進むかをチームが正確に予測するのに役立つ。ここでは、予測可能性を向上させるためのプラクティス、作成物、ツー

ルをいくつか紹介する。

- スプリントの期間と開発チームの割り当てを、開発期間を通して同じに保つことで、チームが各スプリントの正確なコストを把握できる。
- 個々の開発チームのスピードを元に、チームがリリース、残りのプロダクトバックログ、または要件グループのタイムラインと予算を予測することができる。
- デイリースクラム、スプリントバーンダウンチャート、タスクボードの情報を使って、チームが個々のスプリントのパフォーマンスを予測することができる。

スプリントの期間についての詳しい情報は、第 10 章を参照してほしい。

# 21-9　チームの構造の最適化

　自己管理では、通常であればマネジャーや組織が行う決定が、スクラムチームのメンバーの手に委ねられる。アジャイルプロダクト開発では、開発チームの人数が 3〜9 名と限られているため、必要に応じて複数のスクラムチームを編成する場合がある。自己管理され、人数が制限されているアジャイルプロダクト開発では、チームの構造と作業環境を独自にカスタマイズできるということだ。以下にその例を挙げる。

- 開発チームは、特定のワークスタイルや個性を持つ人たちを中心にチームを編成することができる。ワークスタイルを中心とした組織は、以下のようなメリットをもたらす。
  □ チームメンバーが自分の望む方法で働けるようになる
  □ 自分の好きなチームに貢献できるように、チームメンバーのスキル向上を奨励する
  □ 良い仕事をする人同士は一緒に働くことを好むものであり、自然に集まるようになるので、チームのパフォーマンスが高まる
- スクラムチームは、チームメンバーのワークライフバランスを取るための調整を行うことができる。
- 開発チームが自分たちで行う作業量を見積もることで、プロダクトオーナーは、プロダクトバックログの項目を完了するために必要なスクラムチームの数を決定できる。
- 究極的には、誰とどのように仕事をするかについて、スクラムチームが自分たちでルールを作ることができる。

### ＜覚えておこう！＞
　チームのカスタマイズという考え方により、アジャイルな職場の多様性がより高まる。従来のマネジメントスタイルを採用する組織は、全員が同じルールに従い、同じ方法で働く、均一で画一的なチームになりがちだ。アジャイルな職場環境は、サラダボウルの例えによく似ている。サラダに全く異なる味の食材が混ざり合ってもおいしい料理ができるように、多様性と協力を重視する。アジャイルプロダクト開発では、全く異なる強みを持つ人たちがチームとして混ざり合い、素晴らしいプロダクトを作ることができる。

# 21-10　チームの士気向上

　楽しく働いている人たちと仕事をすることは、満足感とやりがいにもつながる。アジャイルプロダクト開発では、スクラムチームの士気を次のような形で向上させる。

- 自己管理するチームの一員となることで、創造的で革新的になり、その貢献が認められるようになる。
- 持続可能な働き方を重視することで、ストレスや過労で燃え尽きることがなくなる。
- サーバントリーダーのアプローチを奨励することで、スクラムチームの自己管理が進み、指示命令方式が積極的に回避される。
- スクラムチームに貢献し、阻害要因を取り除き、開発チームを外部の干渉から守る専任のスクラムマスターを任命する。
- 支援と信頼の環境を提供することが、メンバーの全体的な意欲と士気を高める。メンバーは自律性、

達成感、目的意識、帰属意識の向上から恩恵を受ける。

- 顔を合わせて会話することで、ミスコミュニケーションによるフラストレーションを軽減することができる。
- 機能横断的に働くことで、開発チームのメンバーが新しいスキルを学び、他のメンバーに教えながら成長できる。

チームのダイナミクスについては、第 16 章で詳しく説明している。

# 第 22 章

# アジャイルプロダクト開発を成功に導く10大要素

---

**この章の内容**
- スクラムチームが必要とする環境とツールを確保する
- すべてのスクラムの役割に適切な人材を充てる
- 明確な方向性と十分なサポートでチームを動かす

---

この章はアジャイル移行を成功させる決め手となる 10 大要素を紹介する。移行を始める前にすべてを満たす必要はないが、それらを認識し、できるだけ早いステージで対応の計画を立てる必要があるだろう。

**＜秘訣＞**
筆者たちは、最初に紹介する 3 つの要素が、とりわけ成功に影響する指標であると捉えている。この 3 つをしっかりと押さえておくことで成功の可能性が飛躍的に高まる。

## 22-1　専任のチームメンバー

プロダクトが長期的な資産と見なされるには、安定性のある専任チーム、さらに言えば永続的なチームが必要であることを第 8 章で説明している。チームが長く続けばプロダクトと顧客に関する知識が蓄積されていく。何年も勤勉に取り組み、レトロスペクティブを繰り返すことによりパフォーマンスは向上していく。転職などによりチーム編成の微調整が必要になることもあるが、組織としてはチーム編成をできるだけ崩さずに済むよう努めるべきである。

さらに、プロダクトオーナー、開発チームメンバー、スクラムマスターといった専任のチームメンバーが、一度に 1 つの目標に集中することが非常に重要だ。チームメンバーが 1 時間ごと、1 日ごと、1 週間ごと、あるいは 1 か月ごとに役割や担当が切り替わるなら、複数のタスクリストをこなすことで手一杯になり、能力を最大限に発揮できなくなる。タスクを切り替えるたびに思考も切り替える状況は、時間を浪費し、その代償も大きいのだ。

**＜秘訣＞**
もし、スクラムチームを専任にできるほどの人材がいないというのなら、いくつもの優先事項を同時に担当できる人材も足りないはずだ。アメリカ心理学会は、タスクスイッチをすると生産時間の最大 40％も浪費されると報告している。

人材を使い回しすれば、そのツケが回ってくるということだ。

## 22-2　コロケーション

アジャイル宣言が最初に挙げている価値観は「個人と対話」である。この価値観を正しく実行する方法が、開発中に明確かつ効果的な対面コミュニケーションができるよう、チームメンバーを同じ場所に配置するコロケーションだ。

分散型チームにありがちな課題の1つに、地理的な隔たりや時差のせいで対面コミュニケーションが困難になり、結果として文書でのコミュニケーションに頼ってしまうというものがある。とりわけ問題解決を目的とする場合、文章でのコミュニケーションは遅延や誤解を招きやすく、結果としてコストがかさむことになる。リアルタイムの対面コミュニケーションが足りないと、信頼度が低下し、自分以外の人の考えや行動、作業内容が認識しづらくなる。

第6章では、アジャイル環境で特に重要な要素として、このコロケーションについて述べている。ベル研究所の分析によれば生産性を上げる重要な要因の1つがコロケーションで、その差は最大50倍にもなる。コロケーションによって顧客満足度が上がり、より多くの動く機能を提供でき、レスポンスタイムも向上したのである。ビデオ会議をはじめとするデジタルコラボレーションツールなどのテクノロジーによって、離れた場所でもより効果的なコラボレーションが実現する。しかし、このようなテクノロジーは、分散型チームのコラボレーションを補うことはできても、物理的に仲間の隣で仕事をすること以上の価値や持続性はない。チームを成功に導く環境づくりについては第6章を参照のこと。

## 22-3　完成＝出荷可能

スプリント終了時に出荷可能な機能がない状態は、アジャイルのアンチパターンである。完成とは出荷可能を意味する。潜在的に出荷可能な機能がないまま終わるスプリントは、定義上スプリントとは言えない。

開発チームは、スウォーミングしてユーザーストーリーを完成させる。つまり一度に1つのユーザーストーリーに皆で取り組み完成させてから、次のユーザーストーリーに着手する。新しいユーザーストーリーを開始する前に、開発者それぞれが責任を持って、完成の定義の全項目（テストの自動化を含む）が満たされていることを確認する。プロダクトオーナーは、受け入れて新しいユーザーストーリーに移る前に、スクラムチームの完成の定義（第10章で説明したユーザーストーリーの受け入れ基準も含む）に照らして完了した仕事をレビューする。

## 22-4　スクラムで露呈した課題への対処

スクラムが問題を解決することはないが、スクラムによって課題が明らかになる。プロセス、方針、組織構造、スキルセット、役割、作成物、イベントの有効性、透明性、その他無数の課題における弱点や抜けが、スクラムを使うことで浮き彫りになるのだ。それにどう対処するかはチーム次第。反復的な検査と適応を要するスクラムフレームワークのおかげで、問題が分かった時点で対処することが可能だ。スクラムチーム自身がその項目に対して権限を持っている場合は、自分たちで対処すべきだ。権限がない場合は、現状に責任を持ち、組織内での影響力がある人たちに問題をエスカレーションしよう。スクラムチームがより良い顧客価値を提供できるように、現状を変えてくれるはずだ。スクラムによって露呈した問題をエスカレーションして解決するには、アジャイル移行チームを使う方法が効果的だ。詳しい方法については第20章を参照のこと。

## 22-5　明確なプロダクトビジョンとロードマップ

プロダクトオーナーはプロダクトビジョンとプロダクトロードマップに責任を持っているが、この2つのアジャイル作成物を明確なものにするには他のメンバーの力も必要だ。プロダクトオーナーは、顧客と市

場の最新のニーズをビジョンとロードマップに反映させないとならない。そのため、プロダクト開発中はステークホルダーや顧客と接触し、強固な協力関係を築く必要がある。開発チームはプロダクトビジョンから個々のユーザーストーリーに至るまで、取り組むものすべての目的を完全に理解していないとならない。目的主導の開発はビジネスと顧客に価値をもたらし、効果的にリスクを低減する。

　明確な目的がなければ、人々は迷い、当事者意識が弱まる。メンバー全員が目的を理解しているチームは一丸となることができる。「最良のアーキテクチャ・要求・設計は、自己組織的なチームから生み出されます。」というアジャイル原則を思い出してほしい。

　ビジョンとプロダクトロードマップを策定する仕組みについては、第9章で説明している。

## 22-6　プロダクトオーナーのエンパワーメント

　プロダクトオーナーの役割は、開発チームが生み出す価値を最適化することである。プロダクトオーナーは、プロダクトや顧客に関する深い知識を持ち、開発チームと一日中連絡を取ることができ、優先順位に関する決定を下す権限を持ち、開発チームがプロダクトの方向性について指示を待ったり、不適切な判断をしたりしないよう、いつでも即座に明確な説明ができることが理想だ。

　プロダクトオーナーに以下のような特徴がある場合、スプリント終了時に価値ある出荷可能な機能を提供するのにかなり苦労するだろう。

- 厳しいビジネス上の決断を下すのが不得意だ。
- 開発チームをサポートしたり、顧客やステークホルダーと直にやり取りをしたりする以外のタスクが多すぎて、開発チームが連絡を取れない。
- 1つのプロダクトに対して複数のプロダクトオーナーが任命されているため、開発チームが説明を求めるべき人が明確でない。
- ステークホルダーがプロダクトオーナーの決定を覆す。

スクラムチームにおける役割はすべて不可欠であり、どれも等しく重要だが、権限がなく非効率的なプロダクトオーナーは、最終的にスクラムチームが顧客の必要とする価値を提供できない原因になることが多い。プロダクトオーナーの役割については第7章を参照のこと。

## 22-7　開発者の多様性

　初めてのアジャイルプロダクト開発に着手する時に、プロダクトバックログ内の全項目に必要なスキルを理想的なレベルで持っている開発チームが携わることはないだろう。しかし、できるだけ早くスキルカバレッジを達成することを目標にしよう。また、テストを含め、1つのスキルについて特定のメンバーに依存している場合、チームはスプリントゴールを達成することが難しくなる。

　チームには、知的好奇心を持ち、新しいことを学び、実験し、指導し、また指導を受けることも楽しみ、できるだけ速く作業を完成させるために協力し合える人材が、初日から必要なのである。開発チームの多様性については第7章でより詳しく説明している。

## 22-8　スクラムマスターの影響力

　実際に作業を行うメンバーに決定権を与えるスクラムでは、指揮統制のリーダーシップではなくサーバントリーダーシップのアプローチが必要だ。正式な権限に照らせば、スクラムマスターはマネジャー、つまり上司になる。しかしスクラムマスターに必要なものは正式な権限ではない。スクラムチームメンバーやステークホルダー、その他の第三者と協力して、開発チームが支障なく機能できるような道を作る権限を、組織のリーダーから与えられるべきである。

　役職とは関係なく組織内の人間に対する影響力（clout）があるスクラムマスターならば、作業環境を最適化して

チームを力強く支えることができる。第7章で、様々な種類の影響力について詳しく説明している。組織は、スクラムマスターがサーバントリーダーシップのソフトスキルを身に付け、命令したり指示したりする癖を捨てられるよう、トレーニングとメンタリングの機会を提供する必要がある。

## 22-9　リーダーたちの学習支援

　組織のリーダーがアジャイルになろうと決めたなら、考え方を変える必要がある。しかし変化を取り入れるために必要な学習プロセスの一貫したサポートを提供しないリーダーは多い。組織が変革を達成するためには、リーダーたちが変革に賛同してから1年から3年は掛かるのが現実だ。賛同するということは、トレーニングやコーチングのための予算を承認すること以上の意味がある。それは、リーダーも変革に参加し、内部から変革を先導するために必要なことを学び、時間と労力と行動をもって賛同することを意味するのだ。

　アジャイル原則から得られるメリットを最初のスプリントから期待するのは非現実的である。メンバー全員で共同作業をするという初めてのプロセスでは、多少の失敗が許されるアジャイルパイロットを選定する必要がある。適切なパイロットの選び方については第20章を参照してほしい。

　学習支援が単なるリップサービスであれば、スクラムチームはそれをすぐに察知して、新しいことに挑戦するモチベーションを失い、トップダウンの指示を待つやり方に戻ってしまうだろう。

## 22-10　移行サポート

　第20章では、いきなりサッカーのやり方を学ばされるアメフトチームに例えてアジャイル移行の説明をしている。移行を成功させるためにはリーダーシップとチーム、どちらに対しても優れたコーチングが必要だ。アジャイルコーチングは次のような形で移行を支援する。

- 規律が乱れ始めたり、ミスが生じたりした場合、その場で軌道修正する
- トレーニングを強化する
- それぞれの役割に特化した課題に対する1対1のメンタリングを提供する
- エグゼクティブリーダーシップのやり方と考え方を調整する

　信頼できるアジャイル専門家によるコーチングと、その具体的なステップについては、第20章のPlatinum Edge のアジャイル移行ロードマップを参照してほしい。

# 第 23 章

# 組織がアジャイルでない10の兆候

---

**この章の内容**
- アジャイルテクニックを採用することによる組織のメリットを理解する
- アジリティを妨げる潜在的な兆候を認識する
- フェイクアジャイルに注意する

---

アジャイルを採用する企業が増えているが、ビジネスアジリティそれ自体がゴールではない。アジャイルは目的を達成するための手段である。Scrum Alliance によると、アジャイル導入を実践している人たちは、メリットとして次のようなことを挙げている。

- 市場投入までの時間が短縮される
- ビジネス側との連携が深まる
- プロダクトの開発の可視性が向上する
- 要件の変更を管理する能力が向上する

アジャイルになるための旅に終わりはない。しかしアジャイルの価値観と原則が道しるべになってくれる。この章では、旅の途中で踏んでしまう可能性のある罠、つまり組織がアジャイルになれていないことを示す兆候を紹介する。

## 23-1　プロダクトインクリメントが出荷可能ではない

この兆候を見つけるのは簡単だ。プロダクトチームがスプリントの終わりに出荷可能なプロダクトインクリメントを提供できなければ、やり方が間違っているということだ。アジャイルプロダクト開発では、各スプリントで、動くプロダクトインクリメントを組み込んでいく。プロダクトオーナーが、そのプロダクトインクリメントをリリースしないと決めることはあっても、そのインクリメントは、潜在的に出荷可能なものである。アジャイルプロダクトチームは完成の定義を順守することで、正しい方法で正しいプロダクトインクリメントを作ったという自信を築いていく。スプリントの終わりに出荷可能なプロダクトインクリメントがない場合、チームが苦戦しており、助けが必要かもしれないということだ。

プロダクトのデモが本番環境を想定したものではない、関係者にプロダクトを使わせたがらない、動くプロダクトよりも凝ったプレゼンに注意を向けようとする、といった兆候がないか目を光らせよう。このような状況にあるチームは、時間が足りていないことを暗に伝えるために、しばしばスプリント期間を延長する。しかしこれはアンチパターンである。

この状況を乗り切るためのアジャイルの価値観と原則は以下のとおりだ。

- 価値観 2：「包括的なドキュメントよりも動くソフトウェアを」

● 原則 7：「動くソフトウェアこそが進捗の最も重要な尺度です。」

スクラムチームは動くプロダクトに価値を置き、毎回スプリントレビューで価値あるインクリメントをデモする。

## 23-2　リリースサイクルが長い

リリースサイクルが長ければ長いほど、アジャイルになる可能性は低くなる。リリースサイクルが長くなるのは、通常、すべてのリスク対処と価値提供を最後にリリースするという、従来のウォーターフォール開発の結果である。あるいは、すべてを一括してデリバリーしようとしている結果の可能性もある。「短さ」の基準は組織や業界によって異なるが、長いより短いほうが良いという原則は不変である。

長いリリースサイクルを短縮するには、MVP（実用最小限のプロダクト）に集中することが大切だ。スピード・トゥ・マーケットの優位性は否定のしようがない。なぜなら早期の市場参入によって以下のようなメリットがあるからだ。

● 市場シェアをいち早く獲得する機会を得られる。
● 最終顧客からのフィードバックをいち早くキャッチすることで、プロダクトの実現可能性を検証し、方向転換に掛かるコストを低減できる。
● 早期に投資対効果（ROI）を得られ、将来の1ドルより現在の1ドルのほうが価値があることを実感できる（正味現在価値の基本）。
● 内部または外部の陳腐化を避けられる。

アジャイルプロダクト開発では、早期かつ頻繁にリリースする。短いフィードバックサイクルは、チームが学習し、プロダクトを段階的に顧客のニーズに合わせ、リスクを低減する上で役に立つ。

チームが短いリリースサイクルを実現できない時は、次のような兆候がないか注意してみよう：プロダクトオーナーが、すべてが揃うまでリリースをためらう、開発チームが仕事の質に自信を持てていない、従来のウォーターフォールアプローチを求めるベンダーと契約している。そして最も分かりやすい兆候が「他の部分が完了するまでリリースできない」というフレーズが聞こえてくることだ。

スクラムチームは、最もリスクが高く価値のある要件から取り組む。早期の失敗は早期の学習とみなされ、成功の一形態となりうる。早いステージで仮定を検証し、良いアイデアを吟味したいところだ。筆者たちが関わる組織のほとんどが、1週間単位のスプリントを採用している。顧客の望みは、もっと多く、もっと早く、なのだ。

この状況を乗り切るためのアジャイル原則は以下のとおりだ。

● 原則1：「顧客満足を最優先し、価値のあるソフトウェアを早く継続的に提供します。」
● 原則3：「動くソフトウェアを、2〜3週間から2〜3か月というできるだけ短い時間間隔でリリースします。」

キーワードは、「早期に」、「継続的に」、「価値あるプロダクトを」、「頻繁に」、そして「短期間で」、である。

## 23-3　ステークホルダーの関与が不足している

アジャイルでないことが分かる兆候として、ステークホルダーやスポンサーの関与不足がある。プロダクトが顧客のニーズを確実に満たすためにはステークホルダーからのフィードバックが不可欠だ。ステークホルダーからのフィードバックがないと、チームは不安定な状況に置かれ、舵のない船を航海しているような状態になってしまう。

ステークホルダーの関与が足りない兆候として、プロダクトビジョンやロードマップ作成のセッションやリリースプランニングへの不参加、そして最も分かりやすいところではスプリントレビューへの不参加がある。スプリントレビューでの検査は、ステークホルダーにとってもフィードバックを提供する最高の機

会である。

　ステークホルダーの関与に責任を持つのはプロダクトオーナーだ。しかし筆者たちはスクラムマスターにも「決して1人でランチを食べてはいけない」とアドバイスをしている。なぜなら効果的かつタイムリーに阻害要因を排除するために、人間関係と組織全体への影響力を構築しておくべきだからだ。

　この状況を乗り切るためのアジャイルの価値観と原則は以下のとおりだ。

- 価値観3：「契約交渉よりも顧客との協調を」
- 原則8：「アジャイルプロセスは持続可能な開発を促進します。一定のペースを継続的に維持できるようにしなければなりません。」
- 原則5：「意欲に満ちた人々を集めてプロジェクトを構成します。環境と支援を与え仕事が無事終わるまで彼らを信頼します。」

　持続可能なペースを維持しながらスポンサーやステークホルダーと頻繁に協働するスクラムチームは、より高い成果を上げる。スポンサーやステークホルダーが、チームに必要な環境とサポートを提供し、信頼して仕事を任せることによって、チームはより良いプロダクトをより速く構築するモチベーションをさらに高めることができる。

## 23-4　顧客と連携できていない

　前述したように、スクラムチームとステークホルダーの関係は重要だが、開発チームと、ステークホルダーや顧客の間に見えない壁がある場合も、アジャイルでない兆候である。技術チームをビジネスパートナーから遠ざけるという間違いを犯している組織もある。このような場合、チームが必要とする重要なフィードバックを受けることができない。

　＜覚えておこう！＞
　　開発チームが間接的に2次情報源から情報を得る場合、子供の伝言ゲームのようなことが起きる。伝言を、1人の子供が隣の子にささやくたびに内容が変わっていき、最初にささやいた子が最後の子から受け取る伝言は、全く違うものになっているのだ。同じように、顧客からのフィードバックも、間に人が入ることで意味がねじ曲げられたり、フィルターが掛かったりして、本来の意味や意図を失ってしまうことがある。

　開発チームが顧客との距離を縮め、頻繁なやり取りをすればするほど、顧客の問題や課題をよりよく理解できるようになる。開発チームの仕事がより現実の世界に則したものになり、実際にある状況で実際の人々の問題を解決するというモチベーションが、彼らの仕事をより有意義なものにする。

　この状況を乗り切るためのアジャイルの価値観と原則は以下のとおりだ。

- 価値観1：「プロセスやツールよりも個人と対話を」
- 原則2：「要求の変更はたとえ開発の後期であっても歓迎します。変化を味方につけることによって、お客様の競争力を引き上げます。」
- 原則4：「ビジネス側の人と開発者は、プロジェクトを通して日々一緒に働かなければなりません。」

スクラムチームが個人と対話に焦点を当て、変化を歓迎し、その変化を味方に顧客の競争力を引き上げ、ビジネス側の人と日々一緒に働くことで、顧客のニーズを正確に捉えることができる。

## 23-5　スキルの多様性に乏しい

　スキルの多様性に乏しいチームは、依存関係や制約の犠牲となる。成熟したスクラムチーム（長い間一緒に仕事をし、時間を掛けてチーム全体のスキルの多様性を高め、効果的に自己組織化できたチーム）は、一般的に、成熟していないスクラムチームよりも機能横断的である。スクラムチームが特定の人に依存する状況を排除することで、より速く動き、より高品質なプロダクトを生み出すことができる。（単一障害点の排除については第7章で詳述している。）

時間の経過と共に、各人のスキルの数とレベルが上がるにつれ、スキルの差による制約や遅れはなくなっていく。スクラムチームにとって重要なのは肩書きではなくスキルなのだ。「この人がいないと無理だ」というリスクなしに、日々スプリントゴールに貢献できるチームメンバーがいることが理想だ。まだ習得していないスキルを必要とするタスクに取り組むことは、チームの能力を自然に高める第一歩である。チームが新しいスキルを習得するまで、必要なスキルを持つ外部のコーチが短期間チームに加わることも有効だ。第7章と第16章で述べているように、M型の個人とM型のチームを作ろう。

この状況を乗り切るためのアジャイル原則は以下のとおりだ。

- 原則9：「技術的卓越性と優れた設計に対する不断の注意が機敏さを高めます。」
- 原則11：「最高のアーキテクチャ・要件、設計は、自己組織的なチームから生み出されます。」

技術的卓越性を追求する自己組織化された機能横断的なチームは、個人とチーム両方の能力を高める。

## 23-6　プロセスを自動化していない

回避可能なプロダクトの欠陥が発生することも、アジリティが阻害されている兆候である。一般的に、不十分なテストは欠陥を見逃すもとだ。手動でテストを行うチームは時間が掛かり、徹底性が低い。手動テストでは、今日の環境で要求される変化のペースに追いつくことができず、何度変更が加えられても、依然としてすべての機能が動くのだという確信を得られない。

不完全な自動化も、プロダクトインクリメントをタイムリーにリリースする障壁となる。ソフトウェア開発では、継続的インテグレーションと継続的デプロイメント（CI/CD）のパイプラインによって、テストだけでなく、デプロイメントスクリプトも自動化できる。

テストおよびデプロイメントの自動化を完成の定義に含めることは、アジャイルになるために非常に重要である。自動化なしでは、早期かつ頻繁に納品することができず、テクノロジーや市場の変化に迅速に対応することができない。

この状況を乗り切るためのアジャイルの価値観と原則は以下のとおりだ。

- 価値観4：「計画に従うことよりも変化への対応」
- 原則3：「動くソフトウェアを、2〜3週間から2〜3か月というできるだけ短い時間間隔でリリースします。」
- 原則9：「技術的卓越性と優れた設計に対する不断の注意が機敏さを高めます。」

## 23-7　仕事よりもツールを優先している

ツール（デジタルツールを含む）はスクラムチームの役に立ってくれる。しかし不必要なオーバーヘッドやアンチパターンを引き起こすこともある。プロダクトそのものの開発よりもツールのメンテナンスにより多くの時間と労力が必要になっていたなら、それはアジャイルでない兆候だ。チームの焦点が構築しているプロダクトではなく、ツールに当てられている場合、そのチームはアジャイルではない。

### ＜秘訣＞

プロダクト開発作業に役立つツールを購入する時は、1日1分程度で更新できるツールが良いということを覚えておいてほしい。更新にそれ以上の時間を要するツールは、最適なツールと言えない。

ふさわしくないツールの例としては、以下のようなものがある。

- 対面で話す代わりにバックログ項目に長い説明文を書かなければならなくなる。
- タスクボードのワークフローが、チームが定義したプロセスではなく、ツールのプロセスに従うことを強いる。
- アクセスが不便。

- ステークホルダーやマネジャーによるトップダウンやマイクロマネジメントを助長するようなレポートが必要になる。
- 要件の更新や段階的精緻化が簡単にできない。

経験上、最もアジャイルなチームは5インチ×3インチのインデックスカードと付箋を使っていて、タスクボードには目前の仕事が示されており、バックログが壁に貼ってあり、完全に透明化されている。リモートチームは、物理的なツールと同様の体験ができるデジタルツールを使う。筆者たちが関わるチームは、ツールによっては、利点よりも、購入費用や、それらを使いこなして管理するための複雑さが勝ると感じていることが多い。第6章に挙げたツール導入のリトマス試験を使って、プロセスやツールよりも個人と対話を重視する方法をより深く理解してほしい。

高価な企業向けツールに投資する前に、まず次のようにスクラムで使用した、アジャイルアプローチの透明性と、レポートに対する軽量なアプローチを活用できているかどうかを検討しよう。

- スクラムチームのプロダクトバックログやスプリントバックログ、バーンダウンチャートに必要に応じてアクセスする。(プロダクトバックログやスプリントバックログ、バーンダウンチャートについて詳しくは第9章、第10章、第11章を参照のこと。)
- スクラムチームのスプリントレビューに出席し、チームがスプリント中に達成したことを正確に把握する。
- 15分以内のデイリースクラムに参加し、その日チームが取り組んでいることや障害について具体的に聞く。
- レポートでは状況説明が限られ、質問に対してすぐに返答が得られない。スクラムチームとリアルタイムで話をして、現実と実際の状況を把握する。大規模な組織でも、シンプルなスプレッドシートを活用してアジャイルという海をうまく航海してきた。スプレッドシートを使ったシンプルなリリースとスプリントのバーンダウンチャートについては第11章を参照のこと。

ツールによってアジリティが阻害されている状況を乗り切るためのアジャイルの価値観と原則は以下のとおりだ。

- 価値観1：「プロセスやツールよりも個人と対話を」
- 原則6：「情報を伝えるもっとも効率的で効果的な方法はフェイス・トゥ・フェイスで話をすることです。」
- 原則10：「シンプルさ（ムダなく作れる量を最大限にすること）が本質です。」

## 23-8　クリエイターに対してマネジャーの比率が高い

大規模な組織では、中間管理職が多くなりがちだ。多くの組織では、人事、トレーニング、開発に関する技術的な指示を複数のマネジャーが担当しており、それ以外の方法でどのようにうまく機能させるかを見つけられていない。しかし、マネジャーとプロダクトを生み出す個人のバランスは調整する必要がある。クリエイターに対してマネジャーの数が多いことも、アジャイルでない兆候の1つだ。

例えば、それぞれ11人の選手からなる2つのプロ・サッカーチームが、試合に向けて集中的に練習した結果、チームBがチームAに1-0で勝ったとする。

両チームは次の試合に向けてのトレーニングに戻った。チームAのマネジャーは、解決策を得るためにアナリストを呼んだ。両チームを入念に分析した結果、チームBはゴールキーパーが1人、残りの10人が、ディフェンダー、ミッドフィルダー、フォワードとしてフィールドに散らばっているのに対し、チームAは、10人がゴール前に固まっていたことが分かった。そして1人のフォワードが、他のメンバーにパスすることなくボールをゴールまで運ぼうとしていたのだ。

チームAのマネジャーは、コンサルタントにチーム再編のアドバイスを求めた。ゴール前のメンバーが多すぎることは明らかだったからだ。コンサルタントは、ゴール前に5人配置し、5人のディフェンダーが、

フィールド全体を見渡すゴールキーパーからフォワードへの指示を伝えるように提案した。また、アシスタントコーチを倍増し、フォワードのトレーニング強化とゴールへのモチベーションを高めることも提案した。

次の試合でもチームBがチームAを下したが、今度は2-0だった。

フォワードはクビになり、アシスタントコーチの起用とディフェンダーのモチベーションを上げる戦略は評価されたが、マネジャーは再度分析を要請した。その結果、より時代に合った練習施設を建設し、最新モデルのシューズに投資して、次のシーズンに備えることにした。

**＜覚えておこう！＞**
組織のプロセスを管理する人に費やす1ドルの価値と、プロダクトを作る人たちに費やす1ドルの価値は同じではない。

顧客のニーズに応えるため、従業員に自己組織化する権限を与えよう。有能な人材を求めて、組織は採用、研修、面接に注力する。才能と経験を雇うのだ。その投資を活用するには、従業員を信じて仕事を任せることだ。プロダクトを作らない人への投資は最小限に抑えよう。

この状況を乗り切るためのアジャイル原則は以下のとおりだ。

- 原則5：「意欲に満ちた人々を集めてプロジェクトを構成します。環境と支援を与え仕事が無事終わるまで彼らを信頼します。」
- 原則11：「最良のアーキテクチャ・要求・設計は、自己組織的なチームから生み出されます。」

顧客のために最善を尽くす権限を与えられた、高度に自律し、密に連携したチームは、より高い成果を上げる。従来のマネジメントの指揮統制よりも、自律、熟達、目的を重視しよう。自律し、熟達し、目的を持った人々から成るチームの利点については第8章を参照してほしい。

# 23-9　スクラムで明らかになったことに対処しない

アジャイルでないことの別の兆候として、スクラムの透明性によって露呈した問題に正面から取り組むのではなく、その問題を回避しようとしている場合がある。スクラムなどのアジャイルフレームワークは問題を解決するモデルではない。露呈した問題は恐らく既に存在していて、スクラムの持つ明確な透明性によって浮き彫りにされただけなのだ。アジャイルの考え方を実行するためには、問題の表面的な症状ではなく、真の根本原因に対処し、それを取り除かなければならない。根本原因を分析する手法については第4章を参照してほしい。

例えば、トヨタ自動車の製造ラインでは長年にわたって「アンドンのひも」が使われていた。是正が必要な問題を発見すると、作業員がひもを引いてラインを即座に停止させるのだ。ひもを引いても叱責されることはない。そして、従業員が協力して問題を根本から解決することで、その問題が後続のラインに渡ることなく、解決のためのコストも抑えることができたのだった。スクラムによって露呈した問題に対処する場合も同じである。問題の根本原因に対処し、組織内の他の誰にも影響を与えないようにするのだ。

以下の兆候を見逃さないようにしよう。

- 手強い根本原因ではなく、表面的な症状に対処している。
- スクラムチームが、アジャイルな方法で仕事を進めるのを妨げる組織の制約に気づいても、その問題が繰り返し無視される。
- スクラムチームが、何も変わらないだろうという諦めからスプリントレトロスペクティブを省略する傾向がある。

これらは、組織のリーダーがアジャイルトランスフォーメーションによる変化にコミットしていないという明らかな兆候である。問題があることを誰もが知っているなら、少しずつ解決していけばいいのだ。

このような状況に役立つアジャイル原則は以下のとおりだ。

- 原則 12：「チームがもっと効率を高めることができるかを定期的に振り返り、それに基づいて自分たちのやり方を最適に調整します。」

## 23-10　フェイクアジャイルを実践している

　最後にフェイクアジャイルについて説明しよう。フェイクアジャイルはアジャイルのように見えてアジャイルを実践していないことだ。

　2019 年、フォーブスのスティーブ・デニングが、組織が真にアジャイルを実践しているかを示す指針として、以下の 3 つの法則を紹介した。

- **顧客の法則**：顧客に価値を提供することがすべてであり、それが組織にとって最も大切なことだという執念。
- **小さなチームの法則**：小規模で自己組織化されたチームがすべての作業を行い、短いサイクルで顧客に価値を提供することに集中して遂行するという前提。
- **ネットワークの法則**：官僚主義やトップダウンのヒエラルキーを排除し、チームが相互作用するネットワークとして運営するための継続的な努力。

デニングによれば、フェイクアジャイルには以下のような特徴がある。

- **初期ステージのアジャイル**：アジャイルの旅に終わりはない。したがって初期ステージではまだ移行が完了していない。アジャイルプラクティスやアジャイルテクニックをいくつか導入すれば、すぐに結果を出すことができるが、より多くのアジャイルプラクティスを使いこなすには、時間と経験が必要である。重要なのは、早いステージで「目的を達成した」と勘違いしないようにすることだ。
- **名ばかりのアジャイル**：組織の言っていることだけでなく、その組織がどのように運営されているかを見極める必要がある。本当にアジャイルの考え方を実践して、スタートアップ企業のようなスピードで動けているのだろうか？ 単に既存の非アジャイルなプラクティスの名称をアジャイル用語に置き換えているだけではないだろうか？
- **ソフトウェアのためだけのアジャイル**：アジャイルムーブメントはソフトウェア開発から始まったが、アジャイルテクニックの恩恵を受けるのはソフトウェアを作る人だけではない。アジャイルはソフトウェアチームだけのものだと誤解しないでほしい。ソフトウェアチームが成功するためには、シニアリーダーから人事、財務、事業開発まで、組織のすべての部分がアジャイルにならなければならない。
- **停滞するアジャイルジャーニー**：アジャイルと、頑固な従来のプラクティスが衝突すると、フェイクアジャイルの実践を強いられることがある。ここで緊張感が高まってしまうと、リーダーは「私たちはもうアジャイルになっている」と言って、アジャイルリーダーやコーチを退ける可能性もある。アジャイル原則と官僚主義は相容れないものであり、最終的にはどちらか一方しか生き残れない。
- **ブランド化されたアジャイル**：アジャイル宣言と 12 の原則から、様々なアジャイルブランドが生まれた。自分たちのブランドが唯一無二かつ真のアジャイルテクニックだと主張するコンサルタントやトレーナーには気をつけよう。
- **フレームワークのスケーリング**：アジャイルにおいてスケーリングはアンチパターンである。段階的に精緻化し、顧客にとって最小限の価値のあるインクリメントに分解することでアジリティが実現する。様々なアジャイルフレームワークの中から、自分の組織に最適なものを選択すること。
- **アジャイルライト**：アジャイルの考え方を取り入れることなく、緩くアジャイル原則を適用しようとしている組織がある。アジャイルの考え方がなければ、一連のイベントも不活発で退屈なものになってしまう。

先に挙げたリスト以外にも、目立たないものの、よくあるフェイクアジャイルの兆候がある。

- 組織が、スクラムチームにまで PMO が規定したシステム開発ライフサイクル（SDLC）に従うこと

を要求し続けている。

- 組織が、アジャイルテクニックと従来の役割を組み合わせたハイブリッドアプローチを試みている。この状況は、帆を張るのと同時に錨を降ろし、動けと言っているようなものだ。どちらかを選ばなければならない。フェイクアジャイルの組織は、アジャイル原則を可能にする役割に加えて、またはその代わりに、従来の役割を保持し、採用し続けている。アジャイルの役割と従来の役割は同じものではなく、必要とされるスキルセットも大きく異なる。スクラムの役割については第7章を参照のこと。
- 組織が、ビジネスまたは顧客向けのプロダクトオーナーに加えて、あるいはその代わりに、テクニカルプロダクトオーナーを使っている。

　もし、あなたの組織にこれらの10大アンチパターンが見られるなら、正面から対処しよう。プロダクト開発に対するアジャイルアプローチの利点は広範であり、実証済みであり、価値がある。アジャイルの価値観と原則を継続的に使用して、ビジネスにおけるアジリティ向上への旅を軌道に乗せ続けよう。

# 第 24 章

# アジャイルプロフェッショナルのためのリソース10選

**この章の内容**
- アジャイル移行を成功に導くサポートを活用する
- 活発なアジャイルコミュニティに参加する
- 一般的なアジャイルアプローチに関するリソースにアクセスする

アジャイルプロダクト開発に関する情報やサポートを提供する組織、ウェブサイト、ブログ、企業は数多く存在する。読者のアジリティ向上を助けるリソース10選を紹介する。

## 24-1 『Scrum For Dummies』

Platinum Edge は、情報技術 (IT) やソフトウェア開発以外の業界や業務におけるスクラムのガイドブックとして、『Scrum For Dummies』(Wiley) 第3版を2023年に出版した。スクラムは、たとえ発展途上のプロジェクトであっても、早期の経験的フィードバックが必要なあらゆる状況に適用できる。

『Scrum For Dummies』では、ゲームソフト開発、有形財の生産 (建設、製造、ハードウェア開発)、また、医療、教育、出版などのサービス産業におけるスクラムの使い方について取り上げている。

さらにはオペレーション、ポートフォリオマネジメント、人事、財務、営業、マーケティング、カスタマーサービスといった業務におけるスクラムの応用についても詳しく述べている。

また、人間関係、家庭、セカンドライフ計画、そして教育といった人生の様々な局面でスクラムを取り入れる方法についても触れている。

## 24-2 Scrum Alliance

www.scrumalliance.org

Scrum Alliance は専門家会員による非営利の組織である。スクラムの理解と活用を促進するため、トレーニングや認定講座の提供、また世界各地でスクラムギャザリングを主催してローカルなスクラムユーザーコミュニティを支援している。

ウェブサイトにはブログ、ホワイトペーパー、ケーススタディなど、スクラムを学び、スクラムで仕事をするためのリソースが揃っている。第18章でスクラムアライアンスの認定資格をリスト形式で紹介している。

## 24-3 Agile Alliance

www.agilealliance.org

Agile Alliance は、グローバルに展開するアジャイルコミュニティの元祖であり、アプローチに関係なく、12 のアジャイル原則と主要なアジャイルプラクティスを広めることを使命としている。ウェブサイトでは、様々な記事、動画、プレゼンテーションを含む広範なリソースを提供している。下記のページから世界各地のローカルなアジャイルコミュニティを検索できる。

www.agilealliance.org/communities/

## 24-4　Business Agility Institute

businessagility.institute

Business Agility Institute（BAI）は、ビジネスアジリティを研究・提唱するグローバルな組織で、ビジネスアジリティを、「未来に何が起ころうとも、ビジネスの目的を達成するための自由、柔軟性、レジリエンスをかなえる組織の能力、行動、働き方」と定義している。

BAI では、ビジネスアジリティを実現するためのオペレーティングモデル、数多くのケーススタディ、研究書、動画などの広範なライブラリを提供している。また、世界各地のミートアップ、支部、コネクションのネットワークも紹介している。ビジネスアジリティに関する様々な組織の活動を分析する報告書『State of Business Agility』を毎年発行している。

## 24-5　International Consortium for Agile（ICAgile）

www.icagile.com

ICAgile は、教育、意識向上、認定資格を通じて個人のアジャイルジャーニーを支援するコミュニティ主導型の組織である。ICAgile の学習ロードマップは、ビジネスアジリティ、企業とチームへのアジャイルコーチング、バリューマネジメント、デリバリーマネジメント、アジャイルエンジニアリング、アジャイルテスト、そして DevOps のキャリアを広げる支援をしている。

## 24-6　Mind the Product/ProductTank

www.mindtheproduct.com

Mind the Product は、プロダクトに情熱を注ぐ人々による世界最大のコミュニティである。また、プロダクトリーダーが互いにつながり、共有し、学ぶためのミートアップである ProductTank も設立している。世界各地に 15 万人以上のメンバーを擁し、ブログ発信や国内外のイベントやミートアップの主催、そしてプロダクトマネジメントの第一人者によるトレーニングの提供をしている。クオリティの高いリソースも提供しており、アジャイルプロダクト開発チームが直面する課題に関する、他では得られない最新情報を見つけることができる。各地の ProductTank ミートアップ情報は下記リンクよりアクセスできる。

www.mindtheproduct.com/producttank

## 24-7　Lean Enterprise Institute

www.lean.org

Lean Enterprise Institute は、リーン思考とリーン実践者のコミュニティを広げるために、書籍、ブログ、ナレッジベース、ニュースを発信し、イベントも開催している。アジャイルプロダクト開発を追求する際には、まずリーン思考を取り入れることを忘れないでほしい。Lean.org は、一人一人の状況に合ったリーンのトピックを探せる素晴らしい出発点である。

## 24-8　エクストリームプログラミング

　　　ronjeffries.com

　ロン・ジェフリーズは、ケント・ベックやウォード・カニンガムと並ぶエクストリームプログラミング（XP）開発アプローチの発案者である。自身のウェブサイト ronjeffries.com で XP の発展を支援するリソースやサービスを提供している。同サイトの「What Is Extreme Programming?（エクストリームプログラミングとは何か）」のセクションでは、XP の中核を成すコンセプトを分かりやすく紹介。XP 関連の記事やリソースは下記の wiki でも利用できる。

　　　wiki.c2.com/?ExtremeProgrammingCorePractices

## 24-9　プロジェクトマネジメント協会のアジャイルコミュニティ

　　　www.projectmanagement.com/topics/agile/

　プロジェクトマネジメント協会（PMI）は、プロジェクトマネジメントの世界最大規模の非営利会員組織である。世界各国に約 300 万人の会員を擁し、アジャイルの実践コミュニティを主宰するだけでなく、アジャイル認定資格の PMI アジャイル認定プラクティショナー（PMI-ACP）を提供している。

　ウェブサイトでは、アジャイルプロジェクトマネジメントに関する論文、書籍、セミナーなどのリソースを提供し、PMI-ACP 認定のための情報や要件も掲載している。

## 24-10　Platinum Edge

　　　www.platinumedge.com

　Platinum Edge は 2001 年の創業以来、企業の投資対効果（ROI）を最大化するため、様々なサービスを提供している。Global 1000 の企業や精力的なアジャイルコミュニティとの取り組みから生まれた、アジャイルの実践、ツール、革新的なソリューションに関する最新の考察や情報をブログで発信している。

　また、第 20 章で詳述している以下の項目に関するサービスも提供している。

- **アジャイル監査**：現状の組織構造とプロセスを監査し、結果につなげるアジャイル導入戦略を策定する。また、企業のアジャイル移行の取り組みへのフィードバックを提供し、行った投資が期待どおりの結果を生み出しているかを評価する。
- **人材支援**：Platinum Edge のトレーニングを受けた優秀な人材を紹介し、スクラムマスター、プロダクトオーナー、開発者など、スクラムチームを立ち上げるのに最適な人材を見つける支援を提供している。
- **トレーニング**：あらゆるレベルを対象にした、企業向けのアジャイルおよびスクラムのトレーニング、そして認定資格講座を提供している。ニーズに合わせてカスタマイズできるトレーニングや、資格取得を目的としないトレーニング、さらには以下の資格認定講座も提供している。
  - □ 認定スクラムマスター（CSM）
  - □ アドバンスト認定スクラムマスター（A-CSM）
  - □ 認定スクラムプロダクトオーナー（CSPO）
  - □ 認定スクラムデベロッパー（CSD）
  - □ LeSS、Scrum@Scale、SAFe アプローチによるスケーリング
  - □ PMI アジャイル認定プラクティショナー（PMI-ACP）試験の準備
- **アジャイルトランスフォーメーション**：適切なコーチングは将来の成功に大きく影響する。Platinum Edge はアジャイルトレーニングのフォローアップとして、コーチングとメンタリングを組み込み、実際の現場で正しい実践が行われるための支援をしている。

# 索　引

**英数字**

| | |
|---|---|
| 4つの価値観 | 13 |
| 12のアジャイル原則を定義する | 17 |
| ADKARの変革への5つのステップ | 284 |
| Agile Alliance（www.agilealliance.org） | 320 |
| Business Agility Institute（http://businessagility.institute） | |
| | 321 |
| CapEx（資本的支出） | 9、180 |
| CI/CDパイプライン | 139 |
| CoE | 258 |
| DA | 280 |
| DSDM | 6 |
| FDD | 6 |
| ICAgile（icagile.com） | 321 |
| IID | 6 |
| International Consortium for Agile（ICAgile） | 321 |
| Lean Enterprise Institute（www.lean.org） | 321 |
| LeSS | 270 |
| 　—Hugeフレームワーク | 271 |
| 　—基本フレームワーク | 270 |
| Kanban University | 263 |
| Mind the Product/ProductTank | |
| 　（www.mindtheproduct.com） | 321 |
| OpEx（運営支出） | 180 |
| PDSA（Plan-Do-Study-Act）アプローチ | 5 |
| Platinum Edge | 322 |
| 　—の原則 | 25 |
| 　—の変革ロードマップ | 286 |
| ROI→投資対効果 | |
| Scaled Agile Framework®（SAFe®） | 277 |
| 　—ART | 277 |
| 　—RTE | 278 |
| 　—PIプランニング | 279 |
| 　—システムアーキテクト/エンジニア | 278 |
| 　—による大部屋プランニング | 277 |
| 　—プロダクトマネジメント | 278 |
| Scrum Alliance | 320 |
| 　—A-CSM/A-CSPO/A-CSD | 263 |
| 　—CSM /CSPO/CSD | 263 |
| 　—CSP-SM/CSP-PO/CSP-D | 263 |
| 『Scrum For Dummies』 | 320 |
| Scrum.org | 263 |
| Scrum@Scale | 274 |
| 　—CPO | 276 |
| 　—EAT | 275 |
| 　—EMS | 276 |
| 　—SoS | 274 |

| | |
|---|---|
| 　—SoSoS | 275 |
| SDLC | 318 |
| SWOT | 179 |
| Tシャツサーズ | 135 |
| XP→エクストリームプログラミング | |

**あ　行**

| | |
|---|---|
| アーキテクチャの決定 | 266 |
| アーリーアドプター | 45 |
| アクティブコーチング | 292 |
| アジャイル | 2、7、60 |
| 　—コストマネジメント | 212 |
| 　—コミュニケーションマネジメント | 230 |
| 　—スケジュールマネジメント | 190、204 |
| 　—スコープマネジメント | 192 |
| 　—タイムマネジメント | 203、211 |
| 　—チームダイナミックスマネジメント | 219 |
| 　—調達マネジメント | 198 |
| 　—トランスフォーメーション | 13、182、257、280、283 |
| 　—品質マネジメント | 237 |
| 　—ポートフォリオマネジメント | 183 |
| 　—予算マネジメント | 213 |
| 　—リスクマネジメント | 244、246 |
| アジャイルアプローチ | 60 |
| アジャイルアライアンス | 12 |
| アジャイル移行チーム | 182、258、289 |
| アジャイル環境 | 25、82、199、210、261 |
| アジャイル監査 | 287 |
| アジャイル計画 | 111 |
| アジャイル原則 | 12、17、165 |
| アジャイル作成物 | 216 |
| アジャイル推進者 | 88、258 |
| アジャイル宣言 | 11、12、165 |
| アジャイルソフトウェア開発宣言 | 5、12 |
| アジャイルチーム | 9、60、217 |
| アジャイルテクニック | 63 |
| アジャイルプロジェクト | 5、7 |
| アジャイルプロセス | 2、19、29、38、41 |
| アジャイルプロダクト開発 | 8 |
| アジャイルメソッド | 6、13、32 |
| アジャイルメンター | 68、91、261 |
| アジリティ | 1 |
| アジリティマネジメント | 177 |
| アッベ、エルンスト | 21 |
| 石川ダイアグラム | 56 |
| 一時停止と方向転換のコスト | 216 |
| インテークシステム | 184 |

| | |
|---|---|
| ウージェック、トム | 30 |
| ウェイク、ビル | 132 |
| ウォーターフォール | 3、32、62 |
| ウォマック、ジェームズ・P | 64 |
| 動くソフトウェア | 5、12 |
| 運用サポートの準備 | 139 |
| エイカー、ショーン | 106 |
| エクストリームプログラミング（XP） | 23、70、322 |
| エコノミー、ピーター | 53 |
| エドモンドソン、エイミー・C | 295 |
| エピック（エピックユーザーストーリー） | 119 |
| エンタープライズテスト | 244 |
| オーナーシップ | 95、100 |
| オンラインコラボレーションツール | 228 |

**か　行**

| | |
|---|---|
| 会　議 | 36 |
| 回帰テスト | 162、244 |
| 開　発 | xiii、160 |
| 開発運用（DevOps） | 139 |
| 開発者の多様性 | 310 |
| 開発チーム | 42、67、227、260、269 |
| 科学的手法 | 50、51 |
| 片付けるべきジョブ | 48 |
| 　―のレンズ | 47 |
| 価値（V） | 8、9、42、180 |
| 価値創出のロードマップ | 111 |
| カニンガム、ウォード | 70、322 |
| 完成の定義 | 165 |
| かんばん | 64 |
| 機会費用（OC） | 8 |
| 技術的負債 | 182 |
| 機能横断的なチーム | 224 |
| 機能テスト | 244 |
| キャパシティ | 143、179、247 |
| 共感マップ | 47 |
| グディット、ダニエラ | 187 |
| グリーンリーフ、ロバート・K | 223 |
| クリエイターに対するマネジャーの比率 | 316 |
| クリステンセン、クレイトン | 47、48 |
| クロッケ、ウルリッヒ | 187 |
| 敬　意 | 93 |
| 形式にこだわらない | 25 |
| 継続的インテグレーション（CI） | 139、240 |
| 継続的な改善 | 38 |
| 継続的デプロイ（CD） | 139 |
| ケーガン、マーティ | 44 |
| 欠陥の軽減 | 256 |
| ケネディ、ジョン・F 米大統領 | 52 |
| ケラーマン、ガブリエラ・ローゼン | 106 |
| 検査と適応 | 10、113、175、189 |
| 公開性（オープンさ） | 93、226 |
| 恒久的なチーム | 9、101 |
| 工数の見積もり | 121、122 |
| コードの共同所有 | 240 |
| コーバーン、アリスター | 74、230 |
| 顧　客 | 5、12、41、43、314、318 |
| 顧客セグメント | 45 |
| 顧客マップ | 46 |
| コッター、ジョン・P | 285 |
| コッターの変革を導く 8 段階のプロセス | 285 |

| | |
|---|---|
| 固定価格 | 199 |
| 固定期間 | 199 |
| コミット | 91、254、256 |
| コラボレーション | 53 |
| 　―と当事者意識の向上 | 303 |
| コラボレーションツール | 80 |
| コロケーション | 309 |
| コンウェイ、メルビン | 280 |
| 　―の法則 | 280 |
| コンテキストスイッチ | 64 |
| コンフォートゾーン | 100 |
| コンポーネントのコミュニティとメンター | 273 |
| 根本原因分析（RCA） | 54 |

**さ　行**

| | |
|---|---|
| サーバントリーダーシップ | 222 |
| サイクルタイム | 65 |
| サポートチャネル | 142 |
| サザーランド、ジェフ | 6 |
| ジェフリーズ、ロン | 70、322 |
| 仕掛作業 | 224 |
| 自己管理 | 95、98、219 |
| 自己組織化 | 95、97 |
| 実際のコスト（AC） | 8 |
| 実践コミュニティ（CoP） | 107 |
| 実用最小限のプロダクト（MVP） | 52 |
| 自動テスト | 161、243 |
| シネック、サイモン | 113 |
| 資本再配分 | 215 |
| ジャストインタイム（JIT） | 41、63 |
| 集　中 | 76、92 |
| 柔軟な文書ツール | 37 |
| シューハート、ウォルター | 5 |
| 重要な成功要因 | 46 |
| 熟　達 | 105 |
| 出荷可能な機能の作成 | 160 |
| 「守破離」 | 104、293 |
| シュワーバー、ケン | 6 |
| 主要ステークホルダー | 46 |
| 障　害 | 163、209 |
| 常設チャット | 79 |
| 情報ラジエーター | 164 |
| ジョーンズ、ダニエル・T | 64 |
| 初期ステージのアジャイル | 318 |
| 初期予算 | 213 |
| ジョンソン、スペンサー | 223 |
| 自律したチーム | 106 |
| 自律性 | 105 |
| シリロ、フランチェスコ | 93 |
| 親和性の見積もり | 134 |
| 親和性の見積もり | 134 |
| 心理的安全性 | 295 |
| スウォーミング | 72、146 |
| スキルの多様性 | 314 |
| スクラム | 5、66、309、317 |
| 　―のイベント | 67 |
| 　―の価値観 | 165 |
| 　―の作成物 | 67 |
| 　―の役割 | 67 |
| スクラム・オブ・スクラムズ | 267、268 |
| スクラムマスター | 33、67、88、158、260、310 |

| | |
|---|---|
| スコープクリープ | 10 |
| スコープの肥大化 | 4 |
| ステークホルダー | 68、90、158、261、313 |
| ステータスと進捗の報告 | 232 |
| ストーリーマッピング | 53 |
| スピアーズ、ラリー | 222 |
| スピラ、ジョナサン | 92 |
| スプリント | 60、68、156 |
| スプリントゴール | 145 |
| スプリントバックログ | 68、143、152、165 |
| —のタスク | 146 |
| スプリントプランニング | 68、126、142、144、193、200 |
| スプリントレトロスペクティブ | 69、171、194、266 |
| —の実施 | 173 |
| スプリントレビュー | 68、167、168、194、266 |
| —でのフィードバック収集 | 171 |
| スモークテスト | 244 |
| スラッシング | 64、167、295 |
| 脆弱性または侵入テスト | 162 |
| 静的テスト | 162、244 |
| 責任転嫁 | 297 |
| セキュリティテスト | 244 |
| センゲ、ピーター・M | 101 |
| 先手を打って貢献する | 157 |
| 専任のチーム | 95、223、308 |
| 専用エリアの設置 | 75 |
| 相対的見積もり | 72 |
| 即応的に貢献する | 157 |
| 組織的なコミット | 254 |

### た　行

| | |
|---|---|
| 大規模アジャイルへの対応 | 265 |
| タイム＆マテリアル | 199 |
| 竹内弘高 | 5 |
| タスク | 119 |
| タスクスイッチ | 224、225 |
| タスクボード | 155、165 |
| タックマン、ブルース | 103 |
| タックマンモデルで導くチームパフォーマンス | 103 |
| ダブルワークアジャイル | 296 |
| 単一障害点 | 26、96 |
| 段階的精緻化 | 112 |
| 小さなチームの法則 | 318 |
| チーム | 25、26、37、38、107、165、222、306 |
| チーム哲学を変える | 94 |
| チームビルディング | 103 |
| チェンジエージェントの役割 | 282 |
| チェンジマネジメント | 283 |
| チャネル | 46 |
| ディシプリンドアジャイル（DA）ツールキット | 280 |
| デイリースクラム | 68、193、273 |
| デイリースタンドアップ | 150 |
| デイリーハドル | 150 |
| テーマ | 119 |
| テスト駆動開発（TDD） | 240 |
| デスマーチ | 24 |
| デニング、スティーブ | 318 |
| デマルコ、トム | 187 |
| デモの準備 | 168 |
| 統合 | 266 |
| 統合テスト | 162、244 |

| | |
|---|---|
| 投　資 | 179、188 |
| 投資対効果（ROI） | 40、115 |
| トラベラー | 273 |

### な　行

| | |
|---|---|
| 内部収益率（IRR） | 179 |
| なぜなぜ分析 | 55 |
| ネットワークの法則 | 318 |
| 野中郁次郎 | 5 |

### は　行

| | |
|---|---|
| バートン、ブレント | 183 |
| ハーバード・ビジネススクール | 47 |
| バーンダウンチャート（スプリントバーンダウンチャート） | |
| | 152、165 |
| ハイテクなコミュニケーション | 79 |
| バザー形式でのスプリントレビュー | 272 |
| パットン、ジェフ | 53 |
| パフォーマンステスト | 244 |
| パレート、ヴィルフレド | 55 |
| —の法則（80/20の法則） | 55 |
| 反復的な開発 | 37 |
| ピアレビュー | 262、240 |
| ビジネス価値 | 122 |
| ビジョンステートメント | 115-117 |
| ビデオ会議 | 79 |
| 費用構造 | 199 |
| ピンク、ダニエル | 105 |
| 品質保証（QA） | 237 |
| ファウラー、マーティン | 7 |
| フィーチャー | 4、119 |
| フィスト・オブ・ファイブ | 90 |
| ブーチ、グラディ | 6 |
| フェイクアジャイル | 296、318 |
| フォローアップミーティング | 151 |
| 負荷テスト | 244 |
| 複数チーム | 211、266、273 |
| 物理的な環境作り | 73 |
| ブランチャード、ケン | 223 |
| ブランド化されたアジャイル | 318 |
| フル SAFe | 277 |
| フローレンス、P・サーガント | 21 |
| プロジェクトマネジメント協会 | vi、69、322 |
| —のアジャイルコミュニティ | 322 |
| プロセスの自動化 | 315 |
| プロセス文書 | 36 |
| プロダクトインクリメント | 68 |
| —が出荷可能ではない | 312 |
| プロダクトオーナー | 33、67、84、157、240、259、268、 |
| | 275、310 |
| プロダクトキャンバス | 44、165 |
| プロダクト計画作り | 266 |
| プロダクト投資リターンの予測 | 180 |
| プロダクトバックログ | 68、124、165 |
| プロダクト発見ワークショップ | 50 |
| プロダクトビジョン | 110、113、192 |
| プロダクトビジョンステートメント | 72、165 |
| プロダクトポートフォリオ投資の見直し | 189 |
| プロダクトミックス | 180 |
| —のバランス | 183 |
| プロダクト要件の決定とユーザーストーリーの作成 | 130 |

索　引

プロダクトロードマップ　72、117、165、192
分散したチームのプロダクト開発マネジメント　227
ペアプログラミング　240
ページェント　78
ベック、ケント　70、322
ペルソナ（架空の人物像）　129、165
ベロシティ（チームの開発速度）　72、205-209、214、224
ベンダー
　—との協働　201
　—の選定　198
ポートフォリオ SAFe　277
ポッペンディーク、メアリー＆トム　64、102
ポモドーロテクニック　93

## ま 行
マーク、グロリア　187
マキューン、グレッグ　184
マクキャンドレス、キース　53
マクスウェル、ジョン・C　51
マシュマロチャレンジ　30
見積もりポーカー　132
メール　36
メラビアン、アルバート　74
目　的　106
模範を示しながら導く　294
モルトケ、ヘルムート・フォン　111

## や 行
勇　気　94
ユーザーの特定　129
ユーザー受け入れテスト　162、244
ユーザーストーリー　72、119、126
　—と受け入れ基準　241

　—の作成手順　128
ユニットテスト　162、244
要件
　—と見積もりの洗練化　126
　—の分解　119、131、266
　—の優先順位付け　123
予測可能性の向上　305

## ら 行
リース、アンドリュー　106
リース、エリック　52
リードタイム　65
リーン　63
　—とプロダクト開発　64
リーンコーヒー・アプローチ　107
リップマノヴィッチ、ヘンリー　53
リファクタリング　21
リベレイティング・ストラクチャー　54
リモートワークの成功を支援するツール　81
リリース計画　112、126、136
リリースプランニング　72、126、136、193、266
ルース、ダニエル　64
レイトン、マーク・C　viii、11
レヴィン、クルト　284
　—の変革モデル　284
レンシオーニ、パトリック　45
ロイス、ウィンストン　3、62
ローテクなコミュニケーション　77
ロック、デイビッド　282
ロビショー、アレクシ　106

## わ 行
ワーキングアグリーメント　104

# 監訳者あとがき

『Agile Project Management for Dummies, 3rd Edition』を邦訳し、『これならうまくいく　アジャイルプロジェクトマネジメント　決定版』として出版できたことは、私たちにとって非常に貴重な経験となりました。

DX 推進の流れに伴い、「アジリティ (機敏性)」という言葉が急速に注目を集めています。「アジャイルリーダーシップ」「アジャイル HR」「アジャイルマーケティング」「アジャイルプロジェクトマネジメント」といった概念が広がり、今やアジャイルな働き方は、競争が激化する現代において、企業が生き残るための不可欠な手法となっています。本書は、アジャイルをどのように成功へ導くか、その具体的なヒントを求める方に向けて書かれています。

振り返れば、2011 年に監訳者の一人である張がアジャイル支援コンサルタントとして駆け出しのころ、アジャイルに関するリソースは非常に限られていました。その中で出会ったのが、Mark さんのアジャイル実践のための素晴らしい知見が詰まっていた『Agile Project Management for Dummies』でした。この書籍は、張にとって貴重なガイドブックとなり、多くの企業でアジャイルの実践を支援する際に大きな助けとなりました。

張が Mark さんと再び出会ったのは、2020 年のコロナ禍の厳しい時期でした。その頃、DX のニーズが急速に高まり、プロジェクトマネジメントオフィス (PMO) メンバーにはアジャイルへの移行が求められていました。Mark さんが創設者・経営者として務める Platinum Edge 社は、誰よりも先駆けて日本向けに認定スクラムマスター/プロダクトオーナー (CSM/CSPO) のオンライン研修を整備、提供しました。これらの研修では、プロダクトの企画から計画作り、アジャイルチームのあり方、ステークホルダーの巻き込み方、そして効果的なプロダクト開発の進め方まで、一貫して教えていただきました。その結果、PMO メンバーたちはアジャイルの本質を理解し、顧客に対する効果的なアジャイル支援を行うための知識とスキルを身につけることができました。これらの研修の内容の一部は本書に含まれています。

本書では、プロジェクトやプロダクト開発においてアジャイルで成果を上げるために必要な価値観と原則、環境の整え方、チーム編成のポイントをわかりやすく解説しています。理論にとどまらず、スクラムにリーンや XP を組み合わせる実践方法や、チームの理想的な行動パターン、アジャイルプロセスの実施方法をステップバイステップで明確に示しています。さらに、アジャイル導入における回避すべき落とし穴や、実際の経験談も豊富に盛り込み、実践に役立つリソースが充実しています。アジャイルを全社的に展開するための大規模アジャイルフレームワークの活用法や、変革を成功させるための道筋も概説されています。

Mark さんは、より多くの企業にアジャイルの知見を広めるために、自ら『Agile Project Management for Dummies, 3rd Edition』の日本での出版権を Wiley 社より取得し、本書を日本のアジャイル関心者や実践者に届けることを目指しました。アジャイル変革の旅路を歩んでいる最中の当社は、アジャイルを始めようとしているプロジェクトマネジャー、アジャイルを推進する変革リーダー、アジャイルプロダクトチームに

とって、本書はアジャイルのスタート方法を学ぶためのガイドとして、現在の実践を見直すためのチェックリストとして、また困ったときの辞書として、様々な場面で活用できると考え、私たちは Mark さんの思いに応える形で翻訳を進める決意を固めました。アジャイルの普及が進む中、本書はプロジェクトマネジメントのアップグレードとアジャイルプロダクト開発の両方のアプローチを示し、アジャイルの関心者・実践者にとって格別な 1 冊となるでしょう。

## 謝　辞

　本書の邦訳を実現するにあたり、以下の方々のご支援とご協力に感謝いたします。

　まず、邦訳を依頼してくださった Mark さんと出版を快諾していただいた SIB Access 社には深く感謝申し上げます。Mark さんの経験と知見を日本の読者と共有できることを嬉しく思い、アジャイルの実践を深め、さらなる成長へと繋がることを心より願っています。

　弊社の関知道会長、権田勇治社長と沼田克彦常務に心から感謝申し上げます。経営者の強力なサポートと信頼がなければ、アジャイルの取り組みもこの翻訳も実現しなかったでしょう。背中を押していただいたおかげで、翻訳作業を短期間で進め、本書を皆様にお届けすることができました。また、組織のアジャイルの普及に賛同し、自らアジャイルを学ぶ姿勢を示せた弊社役員の皆様、アジャイル専門組織であるビジネスアジャイルセンターの南充広所長、望月大輔副所長、スクラムマスター/アジャイルコミュニティの皆様、この翻訳を実現できたのも、皆様のアジャイルに対するご期待及びご支援があったからです。

　本書の邦訳にご協力いただいた細谷由依子さんと大塚信乃さんに心より感謝申し上げます。多くの文献を参照し、適切な訳語を選んでいただき、本書を形にしてくださいました。

　より読みやすくするためにご協力いただいた不破三智さん、小野智弘さん、本郷拓人さん、冨島僚さん、田中太一さん、中島弘高さん、須貝太郎さん、堀越咲さん、福島寛啓さん、入江夕梨花さんに深く感謝いたします。ボランティアとしてレビューにご協力いただいたおかげでより良い書籍となりました。今後も共にアジャイルの旅を歩み続ける仲間として、この道を共に進んでいけることを信じています。

　デジタルの力でより良い社会の実現を目指す日本において、本書がアジャイルプロジェクトマネジメントの理解と実践に役立ち、読者の皆様が多くのプロジェクトやプロダクト開発で成功を収められることを心より願っております。

監訳者　株式会社テプコシステムズ　社長付（DX・アジャイル推進担当）

張 嵐、横田和彦

## 監訳者プロフィール

**張 嵐**（ちょうらん）

工学博士、株式会社テプコシステムズ　社長付。

留学で来日。博士号取得後は、大手電機メーカーで MDA (Model-driven Architecture) の研究開発やオフショア開発に従事。

2011 年からはエネルギー企業の情報子会社でアジャイル開発の普及に努め、SAFe、LeSS、Scrum@Scale、DA など複数のアジャイルフレームワークを学び、実践し、多くの大企業にアジャイルトレーニングとコンサルティングを提供。また、大手 SIer でのアジャイル PMO サービスの立ち上げを牽引。

2022 年以降、「外部」のアジャイル支援者から「内部」の変革当事者として、東京電力グループの仲間と共にアジャイルのジャーニーを進行中。

認定資格 PMP、SPC、CSP-PO/CSP-SM を保有。


**横田和彦**（よこたかずひこ）

株式会社テプコシステムズ　社長付。

1986 年に入社。以来、東京電力の情報システム開発に携わり、2014 年に配電システム部長。2016 年〜2019 年に東京電力ホールディングスに出向、その期間中に張さんと共に東京電力のアジャイル導入ロードマップを描き、「アジャイルガイド」、および関連の研修プログラムの作成にリーダーとして務める。

2022 年にコンサルティング・ソリューション推進室長として SAFe の導入を推進。2023 年から現職。DX/アジャイル推進担当として活動中。

認定資格 SPC（SAFe Practice Consultant）を保有。

**Mr. Agile®直伝**

## これならうまくいく　アジャイルプロジェクトマネジメント［決定版］

2024年11月20日　初版第1刷発行

| | |
|---|---|
| 著　者 | マーク・C・レイトン（Mr. Agile®）<br>スティーブン・J・オスターミラー<br>ディーン・J・カイナストン |
| 訳　者 | 株式会社テプコシステムズ |
| 監訳者 | 張　嵐／横田和彦 |
| 発行者 | 富澤　昇 |
| 発行元 | 株式会社エスアイビー・アクセス<br>〒183-0015 東京都府中市清水が丘3-7-15<br>TEL: 042-334-6780/FAX: 042-352-7191<br>Web site: http://www.sibaccess.co.jp |
| 発売元 | 株式会社星雲社（共同出版社・流通責任出版社）<br>〒112-0005 東京都文京区水道1-3-30<br>TEL: 03-3868-3275/FAX: 03-3868-6588 |
| 印刷製本 | デジタル・オンデマンド出版センター |

Translation Copyright © 2024 株式会社テプコシステムズ

Authorized translation from the English language edition, entitled Agile Project Management for Dummies, 3rd Edition by Mark C. Layton, Steven J. Ostermiller, and Dean J. Kynaston, Copyright © 2023 Mark C. Layton.

All rights reserved. No part of this book may be reproduced or transmitted in any form or by any means, electronic or mechanical, including photocopying, recording or by any information storage retrieval system, without permission from Mark C. Layton.

JAPANESE language edition published by SIBACCESS CO. LTD.,

Japanese language Copyright © 2024 TEPCO SYSTEMS CORPORATION.

Jprinted in Japan　　　　　　　　　　　　　　　　　　ISBN978-4-434-34947-8

**SiB access**　SiB means *Small is Beautiful* and/or *Simple is Better*.